内容提要

本书是在"瘦肉型猪规模化养殖及产业化技术研究与开发"的研究成果基础上，结合大量的文献资料及相应的调查研究，精心编撰而成。读者不难看出，本书确确实实有不少的新技术及先进经验。

本书涉及猪的品种及杂交利用、饲料、饲养、经营管理、疫病防治及环境控制等，在较系统地介绍基本技术的基础上，重点阐述了猪的品种（品系）选择与杂交利用、种猪性能测定、人工授精技术，饲料营养价值的评定及饲料配制，生产工艺流程、电脑软件的应用；过去养猪学兽医部分多以临床兽医学为主，本书以规模化养殖为特点，侧重介绍了预防兽医学内容；环境控制是我国规模化养猪存在的薄弱环节，本书用较多的篇幅加以叙述。

规模化养猪新技术

段诚中　主编

中国农业出版社

主　编　段诚中

副主编（以姓氏笔画为序）

王红宁　王康宁　吕学斌　李学伟
张道永　曾友为

编　委（以姓氏笔画为序）

王文贵　邓小东　邓良伟　付茂忠
白　林　乐国伟　乔绍权　刘书亮
吴　琦　何志平　应三成　张克英
张国治　陈代文　陈晓晖　林　毅
杨晓梅　周小秋　姚爱莉　贾　刚
高冰飞　陶　勇　梅自力　龚建军

前 言

我国养猪历史悠久，养猪业在国民经济及人民生活中占有十分重要的地位。长期以来，我国养猪多采用小农经济饲养模式进行，把养猪作为一种副业来经营。改革开放以来，随着农村生产的发展，广大人民生活水平不断提高，市场需要更多、更优质的瘦肉，我国养猪业已逐渐由家庭副业养猪方式，向规模化、商品化生产变革，走入商品生产轨道。在东部沿海发达地区及大、中城市近郊，规模化养猪发展迅速，还兴建了一批高度集约化的现代化养猪场，促进我国养猪业进入新的阶段。

我国幅员辽阔，自然条件、农业生产和经济条件差别较大，特别是中、西部地区，规模化养猪正处于起步阶段。如何立足当地基础条件，调整养猪生产结构，充分运用现代科技成果，研究解决关键技术问题，提高肉猪的饲料转化率、出栏率及瘦肉率，不断降低成本，稳步地发展规模化生产，已成为养猪界共同关心的问题。

为此，国家科技部在“九五”期间下达了“瘦肉型猪规模化养殖及产业化技术研究与开发”科技攻关课题，组织湖北、四川及国内有关科研、教学生产单位进行专题研究，取得了新的进展。在此基础上，有关专家查阅了大量文献资料，并作相应的调查研究，将二十多年来国内发展规模化养猪的实用技术及先进经验进行了研讨，撰写成书，以期供我国发展规模养猪生产及科研、教学参考。

规模化养猪涉及猪的品种及杂交利用、饲料、饲养、经营管理、疫病防治及环境控制等多个学科领域，本书在较系统地介绍基本技术的基础上，重点阐述了猪的品种（品系）选择与杂交利用、种猪性能测定、人工授精技术；饲料营养价值的评定及饲料配制；生产工艺流程、电脑软件的应用。疫病防治部分过去多以临床兽医学为主，本书则以规模化养殖为特点，侧重介绍了预防兽医学内容；环境控制非常重要，也是我国规模化养猪存在的薄弱环节，本书用较多的篇幅加以叙述。

规模化养猪在我国发展很快，各地不断创新，有不少新的实用技术与成果，书中资料难免存在一定局限性，加以水平有限，不妥之处望读者批评指正。

编　者

2000 年 6 月

目录

第二章　猪场适宜品种（品系）的选择与利用 23

第四章 猪的营养与饲料饲养 129

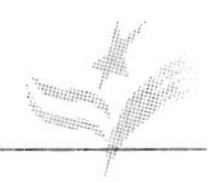

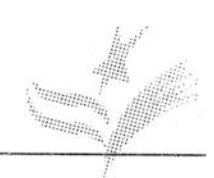

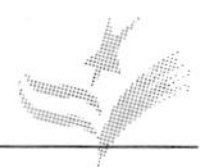

第一章 规模化养猪的类型与规模大小

一、规模化养猪与农户传统养猪的区别

（一）传统养猪

传统养猪是以分散饲养，户营为主的饲养方式。饲养数量少，一般几头，多的也只有十余头；养猪业为家庭副业，以积肥和解决自食为目的；饲料以青粗饲料（野草、农副产品等）为主，精饲料喂量少；种母猪为地方猪种，肉猪主要是含本地猪血缘（50%）的二元杂交猪。传统养猪舍简陋，缺乏必要的保温或降温设施，受自然条件影响较大，种猪的生产水平低，哺乳仔猪存活率低，死亡率高，高达15%～20%；肉猪多采用吊架子饲养，生长慢，育肥期长，90千克体重的猪饲养期一般在200天以上，长的达1年之久；肉猪胴体瘦肉率低，为40%～50%，胴体脂肪含量高达30%～40%。，随着养猪科技和人民生活水平的提高，以及人民对优质猪肉的要求，沿用传统的饲养技术和品种已逐渐不能适应市场的需求，不利于新的养猪科学技术和科研成果的推广运用，影响了养猪生产水平和猪肉胴体质量的提高。

（二）规模化养猪

1. 规模化养猪的概念及意义 规模化养猪是指生产单位或专业户在一定的环境条件下，以商品生产为基本特征，通过对资

金、技术、管理等生产力诸多要素的增加，质量的提高和结构的调整，在稳定和提高生产效率的基础上，取得规模经济效益的养猪生产经营方式。规模化养猪是现代养猪生产方式的一种，要求以良种猪为饲养对象，以良种猪的饲养标准为依据，实行标准化饲养；按生产工艺流程来组织生产，实行科学的管理；根据猪的不同生理和生长阶段的要求，为猪的生产生长提供良好的环境条件；达到生产出高质量的产品和获得良好经济效益的目的。

随着改革开放的不断深入和市场经济的发展与完善，加速了我国从传统养猪向现代养猪转变的进程。我国在 80 年代以后，规模化养猪在广大农村迅速发展，出现了许多养猪专业户和养猪实体，养猪业已跨出行业界限，各行各业纷纷加入养猪队伍行列。饲养规模不断扩大，由农户传统饲养 2～5 头，增加到年出栏几十头到几百头、几千头乃至上万头的适度规模养殖场，养猪业正在由千家万户普遍饲养向适度规模专业经营转变。特别是 90 年代以来，在我国沿海地区和大中城市近郊兴建的商品肉猪场，其饲养规模、技术含量和科技水平、设备设施投入、环境条件、产品数量质量等方面，与过去传统养殖相比有很大提高。在广州、山东等省区出现了几万头、几十万头的商品猪场，猪种优良，猪舍环境条件良好，实现了产仔母猪和哺乳仔猪、保育仔猪离地饲养；实现了按工厂化的工艺流程科学合理的组织管理方式，电脑的运用使猪场的管理得到明显改善，规模化养猪生产水平明显提高。

规模化养猪可促进我国现阶段养猪生产关系的合理调整，是养猪生产力进一步发展的客观要求，它有利于加速养猪生产的专业化、商品化、现代化进程。按现代养猪生产工艺流程组织实施的规模化养猪，广泛应用了先进的科学技术和新的管理技术，能充分发挥猪的生产潜力，达到高产、优质、低耗、高效的目的，对养猪生产的发展具有重大意义，主要表现在以下方面。

（1）有利于养猪科技成果的转化，促进生产力水平的提高

传统养猪方式都以户养为主，分散饲养，规模小，无法容纳更多、更高新的养猪科技和实行现代化管理，严重影响新的科学技术和科研成果的推广运用。在饲养地方猪为主的广大农村，推广以二元杂交肉猪为主的养猪生产，各级政府投入了大量资金和人力，耗时多年，饲养管理仍较粗放，全程配合饲料推广面还不到30%，生产力水平较低，母猪年产胎次1.6～1.8窝，肉猪饲料转化率3.5以上，胴体瘦肉率48%左右。近几年来在我国大中城市近郊和沿海地区，先后发展起来的一批出栏几千头至几万头规模不等的规模化养猪场，以瘦肉型良种猪为饲养对象，采用工厂化养猪的设备设施和生产工艺流程，实行标准化饲养、环境控制和现代化管理，养猪生产水平显著提高。种猪年产2.2窝，肉猪170～180天体重达100千克，饲料转化率3.2以下，瘦肉率60%以上，出栏率150%以上，经济效益显著。

（2）有利于稳定猪肉的市场供应　规模化养猪立足于自繁自养，有完善的制种体系，生产工艺流程，常年均衡生产猪肉，保证市场供应，缓解了传统副业养猪的季节性与市场需求均衡性之间的矛盾。

（3）有利于降低成本，提高经济效益　规模化养猪企业，可充分运用价值规律、供求规律和竞争规律，实现人、财、物的优化配置，有效地利用劳动力资源和先进的设备设施，提高了劳动生产率和设备利用率，降低单位产品的生产费用，达到高投入、高产出、高效益的目的。

（4）有利于副产物和废物的综合利用　副产物和废物的综合利用是养猪业面临的重大课题，若不积极开发利用，将会导致环境污染，也必将带来企业的经济损失。规模大的养猪企业，有较强的经济实力，有条件购置副产物和废物加工及处理的设备设施，进行综合利用。如皮、毛、内脏等可引进技术，加工增值；粪污发酵产生的沼气，可提供能源，粪或沼渣经处理可生产有机肥料，从而获得良好的经济效益和生态效益。

规模化养猪是今后养猪业发展的方向，无疑对养猪生产的发展有着明显的推动作用。但是，我国地域辽阔，自然环境复杂，各地社会经济条件差别较大，养猪经营规模存在明显的区域性；同一地区内部，农村与城市近郊、平原与山区，规模经营也存在程度上的差异。规模化养猪生产经营属商品经济范畴，健全的社会服务体系是其重要依托，良种繁育体系、饲料生产体系、环境工程体系、疫病防治体系、技术服务体系、产品流通及价格体系、加工储运体系，这些都是我国养猪生产进一步发展的保证。因此各地区应根据自身的社会经济发展和自然环境条件，确定适宜的发展模式与规模。

2. 规模化养猪的基本特点　每个国家依据其工农业和科学技术的发展水平以及市场条件，对规模化养猪的形式、内容、任务等有不同要求，概括起来，规模化养猪有如下基本特点。

（1）按照生产工艺流程专业化的要求，将猪群划分为若干生产工艺群，主要有繁殖母猪群、保育仔猪群和生长肥育猪群。繁殖母猪群又包括后备母猪群、配种母猪群、妊娠母猪群和分娩哺乳母猪群。

（2）应用现代科学技术理论将各生产工艺群，按“全进全出”流水式生产工艺过程要求组织生产。首先是按一定繁殖间隔期组建一定数量的分娩哺乳母猪群，通过母猪（包括后备母猪）配种、妊娠、分娩、仔猪哺育等工作，以保证生产工艺过程中各个环节对猪只数量的需要。年出栏 1～3 万头的肉猪场，通常以 7 天为一个繁殖间隔周期即每隔 7 天组建一批分娩哺乳母猪群。

（3）拥有能适应各类猪群生理和生产要求的，又便于组织“全进全出”各工艺流程猪群数量相适应的专用猪舍。专用猪舍包括公猪舍、配种舍、妊娠舍、分娩舍、仔猪保育舍、生长猪舍、肥猪舍（生长肥育猪舍）等，通过工程技术的处理，这些专用猪舍一般能满足猪的生物学特性和各类猪只对环境条件的需要。

（4）拥有优良遗传素质、高生产性能的猪群和完善的繁育制种体系；拥有严密的兽医卫生制度、合理的免疫程序和符合环境卫生要求的污物、粪便处理系统。

（5）能均衡地供应各类猪群所需的各种全价饲料，按饲养标准配制各类猪群所需的饲粮，实行标准化饲养；拥有一支较高文化素质、技术水平和管理能力的职工队伍；全年有节律地、均衡地生产出既定数量和规范化的优质产品。

3. 规模化养猪具备的物质技术条件

（1）经营方向正确　在兴建猪场之前，应进行认真细致的市场调查研究，经分析论证和科学预测，确认具备了规模养猪的基本条件后，才能着手建场，避免盲目行动。猪场的经营方向和经营规模，应与自己的经济实力、技术水平和当地资源等条件相适应，片面追求经营规模的作法是危险的。

（2）经营者及成员素质高　经营者及成员文化、科技及经营管理素质的高低，是规模化猪场是否成败的关键。生产经营规模扩大后，经营管理环节增多，需要的生产投入和产品产出也增多，这就要求生产经营者懂技术、善管理、会经营、统观全局、科学预测，正确解决什么时候生产、生产多少、怎样生产等一系列问题，而这些都必须依赖于生产经营者素质的提高。素质越高，对养猪科技和科技人才追求更强烈，越易吸收新的科学技术，使科学技术变成生产力，获得更佳的经济效益。

（3）具有雄厚的资金　饲养规模扩大后，生产需要的各类猪群的猪舍、设备设施及附属建筑等增多，需要一次性资金投入大。一个年出栏 10 000 头商品肉猪的自繁自养生产场，从用地、建舍、设备设施到引种（550～600 头）及种猪培育等，总投资约需 600～700 万元。饲料是养猪的物质基础，饲料费支出是养猪企业支出中的主要部分，饲料费约占养猪生产成本费用的 70%左右，一个 10 000 头的自繁自养商品猪场，日需饲料量 11～12 吨，年需饲料量 4 000～4 200 吨，仅购饲料一项就需要大量的流动资金。可见，如果没有雄厚的经济实力和良好的资金来源作保证，猪场将无法正常运转。

（4）有一支强大的技术队伍　规模化猪场是科技含量高的企业，繁育体系的建立、饲料配方的筛选、生产工艺流程的实施、疫病防治程序的制定与执行、副产品及废物的开发利用等生产环节，并非简单劳动就可完成，它需要熟悉动物遗传育种、饲料营养、防病治病、环境控制、现代管理和市场营销的理论知识、具备实践经验丰富的专业科技队伍和文化素质较高的技术工队伍。

（5）市场条件优越　规模化养猪生产同其它企业生产一样，属于商品经济范畴，只有通过市场才能体现其产品的价值和效益的高低。在交通方便、经济发达、市场前景好、社会化服务体系健全的地区发展规模化养猪，才能在市场竞争中立于不败之地。在经济不发达的山区和边远地区，由于资金和饲料资源缺乏、技术薄弱、管理能力差、社会服务体系不健全，发展规模化养猪应慎重。

（6）技术关键　要想成功地办好一个现代养猪企业，必须采取以下五项关键措施。

饲养的种猪应是良种：优良种猪是高效、优质商品猪生产的基础。现代养猪生产中的良种应该是经过多年选育及配合力测定而形成的专门化配套品系或经筛选的高效杂交组合，它们具有很高的遗传潜力，表现出繁殖力高、生长快、耗料少、产肉性能好、抗病能力强等特性。未经选育的地方猪种或来源不清的种猪，生产性能较低，不适宜用于现代化养猪生产。优秀种公猪的引进尤为重要，直接影响到整个猪群的性能水平和猪场的经济效益，因此，种公猪应来源于经过多年选育的核心群或种猪性能测定站经性能测定的优秀个体。

平衡饲料与科学饲养管理：现代化的养猪生产方式，猪群常年饲养在猪舍内，所需的营养物质必须全部由人们提供。这就要求根据不同类群和不同生理生长阶段猪群的营养需要，科学合理

地制定饲料配方，生产全价配合饲料，并严格按照生产工艺科学饲养管理。

控制群发病：规模化养猪采用高密度的饲养方式，极易造成疾病的传播，各种传染病至今仍然是世界养猪业的大敌，例如猪瘟、猪肺疫、猪水泡病、伪狂犬病、蓝耳病等烈性传染病可能造成全群毁灭，必须高度重视，采取有效的预防措施，控制或消灭群发病。预防的主要措施有全进全出、免疫注射、投药预防、隔离消毒等。

猪舍及设备设施：规模养猪首先要有各类猪舍和与之相应的设备设施。修建猪舍时首先要弄清各类猪群所需的环境条件，采用工程措施来满足猪只对温度、湿度、光照、通风换气等的需要，有利于氨气、二氧化硫等有害气体的排出，尽可能使生产不受季节影响，从而有效地实行全年流水式生产作业。

科学的经营管理：规模化养猪是流水式生产作业，各个生产环节紧密联系、相互制约，必须有一套先进的经营管理方法，详细的记录记载，合理的报表制度，这是分析猪场生产经营管理的第一手资料，是生产经营管理者了解猪场生产和解决实际问题的基础。

4. 当前我国规模化养猪存在的主要问题

（1）决策的盲目性　近几年发展起来的规模化商品猪场，一些经营者短期行为明显或另有所图，部分猪场是在猪价高的时候，未经认真分析论证和市场调查盲目兴建。由于片面地看重猪价，而忽视了规模化养猪具备的物质技术条件，结果以失败而告终。

（2）资金短缺，技术力量薄弱　部分规模化猪场，固定资产多数来源于银行贷款，流动资金严重不足，运转困难。不少规模化商品猪场几乎没有技术力量，不重视自身科技队伍的培养和建设，仅存依靠聘请技术顾问，缺乏常年专职技术人员，往往因技术跟不上使猪场遭受了重大的经济损失。

(3) 饲养管理落后，不重视疫病防治　在饲养上，由于受传统养猪的影响，饲养粗放，饲料营养不平衡，猪只生长速度慢，饲料利用率低；管理混乱，未按现代养猪生产工艺组织生产，造成设备设施、猪舍利用和人力等方面的巨大浪费；不少猪场因存在猪舍及设施布局不合理，内部设计不配套，猪舍间距小；不重视防寒保暖、通风降温和疫病防治，猪只死亡率高。

(4) 制种体系不完善　不少商品肉猪生产场，没有形成或不够重视自繁体系的建立，仔猪来自农村千家万户，这样不可避免受到疾病的严重威胁，加之仔猪大小、质量参差不一，整齐性差，影响肥育效果和胴体品质。

(三) 规模化养猪与传统养猪的区别

1. 生产目的与经营方式　规模化养猪以获得较高的经济效益为目的，采用的是专业化、商品化的经营方式；传统养猪则是家庭副业，采取分散饲养的经营方式，以解决积肥、自食为主要目的。

2. 猪种及经营规模　规模化养猪饲养的种猪为瘦肉型良种猪，饲养数量多，品种规格一致；肉猪是按拟定的杂交组合生产，产品质量高，经营规模大，少则数百头，多者数千头、数万头；传统养猪饲养的种猪主要是地方猪种，肉猪主要是含地方猪血缘的杂种一代，饲养头数少，种猪 1～5 头，出栏肉猪一般 10 头以下。

3. 饲料及饲养方式　规模化养猪是按饲养标准配制日粮，采用全价配合饲料，实行标准化饲养，采用直线育肥法的饲养方式；传统养猪则以青粗饲料为主，搭配少量精饲料，饲养方式有熟饲，也有生饲，采用“吊架子”育肥法。

4. 猪舍环境　规模化养猪是按现代化养猪生产工艺流程方式组织生产，建有与不同生理生长阶段猪群相适应的符合猪生物学特性的专门猪舍，能基本满足各类猪群对环境条件的要求，部分环节达到人为控制，受自然条件影响少；传统养猪圈舍简陋，

黑暗潮湿，冬季不保温，夏季不防暑，受自然条件影响极大。

5. 生产效率与饲养效果 生产实践证明，规模化养猪生产效率明显高于传统养猪，一般母猪年产胎次和仔猪育成率可提高10%，圈栏利用率可提高30%，生产成本可节约10%以上，劳动效率可提高5倍~10倍，肉猪180日龄体重可达100千克，出栏率150%以上，耗料指数在3.2左右，胴体瘦肉率在60%以上。在传统养猪条件下，商品肉猪出栏时间一般需要7~8个月（出栏体重90~100体重），长的达1年之久，出栏率低，胴体瘦肉率40%~50%。

二、规模化养猪场的类型

规模化养猪场类型的划分因采用的划分标准不同而异。根据养猪场年出栏商品肉猪的生产规模，规模化猪场可分为三种基本类型，年出栏10 000头以上商品肉猪的为大型规模化猪场，年出栏3 000~5 000头商品肉猪的为中型规模化猪场，年出栏3 000头以下的为小型规模化猪场，现阶段农村适度规模养猪多属此类猪场。根据猪场的生产任务和经营性质的不同，又可分为母猪专业场、商品肉猪专业场、自繁自养专业场、公猪专业场。

（一）母猪专业场

饲养母猪的专业场以饲养种猪为主，除少数母猪专业场饲养地方猪种，达到保种目的外，一般饲养的都是良种母猪，如长白猪、大约克夏猪、杜洛克猪以及培育品种或品系。母猪专业场又包括两种类型，一是以繁殖推广优良种猪为主的专业场，当前全国各地的种猪场，多属于这种类型，它为我国猪种改良及养猪生产的发展作出了重大贡献。二是以繁殖出售商品仔猪为目的的母猪专业场，饲养的种猪应具有高的繁殖力，这种母猪多数为杂种一代，通过三元杂交生产出售仔猪供应育肥猪场和市场。目前，单纯以生产优质仔猪的母猪专业场，在全国范围内还并不多见。

母猪专业场的要求及特点：

（1）固定资产投入较大 母猪专业场占地面积大，征地投入高；修建的猪舍技术要求复杂，猪舍建筑需要投入大量的资金。猪舍主要有种公猪舍、配种舍、妊娠舍、产仔舍、仔猪保育舍和待售种猪和商品仔猪舍。由于不饲养生长育肥猪，不需修建肥猪舍。

（2）技术条件要求高 在母猪规模化饲养过程中，每隔一定时间组织一群母猪进行配种，从而将繁殖母猪分成若干群，同群母猪集中饲养，采取比较一致的饲养方式，使其所产仔猪相对一致。在母猪发情配种、妊娠诊断、母猪妊娠、分娩、仔猪哺育和仔猪保育等生产环节上，对技术要求高，其技术工作的重点是提高母猪的配种率、产仔数、仔猪成活率和断奶重。

（3）饲养繁殖母猪专业场的主要收入是出售仔猪或后备种猪，另有淘汰母猪育肥少量收入。其经济效益的高低，主要取决于良种、饲养管理和技术水平，同时受到市场对仔猪的需求、仔猪价格、饲料价格和母猪饲养成本等因素的影响。繁殖母猪和仔猪的饲养管理水平先进，市场对仔猪的需求量大，仔猪价格高，饲料价格低，对饲养繁殖母猪有利；相反，繁殖母猪和仔猪的饲养管理技术落后，仔猪单价低，饲料价格又高，对饲养母猪专业场不利。

此外，母猪的淘汰比例是影响猪群生产水平和提高猪场收入的重要因素之一。母猪淘汰率高，猪群中青年母猪占的比例大，猪群生产水平低，同时由于淘汰母猪数量的增加，增加了后备种猪的培育费用；相反，母猪淘汰率过低，猪群老龄母猪数量增加，生产性能明显降低，尽管没有增加后备猪的培育费用，但由于生产水平低，猪场经济效益不高。为保证种猪群良好的年龄结构和性能水平，母猪淘汰率每年以25%～30%为宜。更新猪群所需的母猪来源于后备猪，繁殖或引进的后备猪群数量应适当高于淘汰母猪数量，以确保一定的选择强度。但后备猪群不宜过大，后备猪群大，虽然增加了选择强度，却加大了培育费用。如过小的后备猪群，缺乏选留机会，不能保证猪群质量。

（二）商品肉猪专业场

商品肉猪专业场，专门从事肉猪肥育，是以生产肉猪为经营目的。目前我国商品肉猪专业场包括两种形式，也代表了两种技术水平，反应了商品肉猪专业场的发展过程，一种是以专业户为代表的数量扩张型，此类型是规模化养殖的初级类型，在广大农村普遍存在。这种类型，仅仅是养猪数量的增加，而无真正具有规模经营的实质内涵。从本质上讲，饲养管理技术与我国传统养猪无多大差别，饲养的仍然是含地方猪种血缘的杂种一代肉猪，生产水平低，市场竞争力薄弱，经济较脆弱，生产者仅凭个人经验经营，只有朴素的市场观念和盈利思想，当市场行情好时，农户纷纷饲养，一旦价格回落，又纷纷停产，稳定性极差。另一种是通过资金、技术和设备武装的较大规模的养猪经营形式，是规模化养猪的最高形式，这种形式有的称之为现代化密集型，它改变了传统的饲养方式，饲养的是优质瘦肉型猪，采用的是先进的饲养管理技术，具备现代营销手段，并能根据市场变化规律合理组织生产；猪场生产不仅规模扩大，而且产品质量也明显提高，并采用了一定机械设备；生产水平和生产效率高，生产稳定，竞争力强。

分析商品肉猪专业场的类型和要求，具有以下特点：

（1）固定资产投入少　商品肉猪专业场以饲养肉猪为主，肉猪饲养密度大，占地少，可节省征地或租地费；由于不饲养种猪，不需修建种猪舍和仔猪培育舍，减少了基本建设的大量资金投入；肥猪舍与种猪舍和仔猪培育舍相比，要求不高，成本费低。

（2）仔猪来源稳定　商品肉猪专业场的仔猪应来源于以繁殖经营仔猪为目的的繁殖场，仔猪来源稳定，品种组合一致，规格整齐。肉猪场可从饲养繁殖母猪专业场成批购买体况相似的仔

猪，不同批次的仔猪组成不同的猪群，分批分阶段进行集约化饲养，同一猪场内可同时饲养着处于不同阶段的几批猪，同一批次的肉猪，在肥育结束时基本能成批上市，也有利于猪舍的定期消毒。

（3）肉猪场经营猪群单一，技术要求相对简单，其技术效果主要表现在增加产品的产量、提高产品的质量和降低每千克增重的饲料费用等方面，适宜的饲养规模是其重要因素。随着饲养头数的扩大，将会引起包括技术条件在内等多种因素的变化，也会引起投入新的劳动、流动资金和固定资产的变化。一般说来饲养规模的扩大，由于机械设备能力的提高，能在饲料调制、饲喂、饮水、清除粪污等生产环节上节省劳动力，但应该看到规模扩大后，如果没有相应的配套技术措施作保证，虽然能节省劳动力，但产品的产量和质量有可能下降。在这种情况下，就应当权衡节省劳动力与单位生产力降低的得失，经营规模扩大与否应慎重。

（4）肉猪场的主要收入是出售肥猪，在肉猪生产费用中饲料费占70%～80%，可见，如何减少饲料消耗及饲料费用支出，降低每千克增重的饲料费，是提高肉猪经营收入的关键。

目前，对饲养商品肉猪专业场不利的是专门从事仔猪生产的母猪场少，仔猪多来源于母猪分散饲养的广大农村，导致猪源不稳定，质量差，规格不整齐，疾病很难或无法控制，一些规模化猪场也因此受到巨大损失而倒闭。

（三）自繁自养专业场

自繁自养专业场即母猪和肉猪在同一猪场集约饲养，自己解决仔猪来源，以生产商品猪为主，在一个生产区培育仔猪，在另一个生产区进行肥育，我国大型、中型规模化商品猪场大多采取这种经营方式。种猪应是繁殖性能优良、符合杂交方案要求的纯种或杂种，如培育品种（系）或外种猪及其杂种，来源于经过严格选育的种猪繁殖场；杂交用的种公猪，最好来源于育种场核心群或者种猪性能测定中心经性能测定的优秀个体。仔猪来源于本

场种猪，不受仔猪市场的影响，稳定性好；在严格的疾病控制措施和标准化饲养条件下，仔猪不易发病，规格整齐，为实现“全进全出”的生产工艺管理提供了有效保证，产品规范。

自繁自养专业场的要求及特点：

（1）母猪规模　饲养母猪的数量，主要依据于年出栏商品肉猪的数量。年出栏商品猪的数量越大，母猪饲养规模越大，相反母猪饲养数量就小。母猪饲养数量可用以下公式进行计算：

母猪数量（头）=［计划年出栏肉猪数（头）×繁殖周期（天）］/［365（天）×窝产活仔数（头）×出生至出栏各阶段的成活率（%）］

繁殖周期是指繁殖母猪从发情配种开始，经过妊娠、分娩、哺乳、断奶生产环节，到下一次发情配种之间的时间间隔。如母猪哺乳时间 35 天，断奶至配种的平均间隔时间 14 天，加母猪妊娠期 114 天，则繁殖周期为 163 天。出生至出栏各阶段成活率包括哺乳期成活率、保育期成活率和生长肥育期成活率。假如母猪窝平产活仔数 10 头，母猪繁殖周期 163 天，哺乳期成活率 90%，保育期成活率 95% 和生长肥育期成活率 98%，计划年出栏肉猪 5 000 头所需母猪数约 266 头（［5 000×163］/［365×10×90%×95%×98%］=266 头）。

（2）固定资金占用量大　自繁自养的专业场，占地面积较大，按母猪计算，每头母猪均摊占地约 40～50 平方米；所有不同类型的猪舍（包括种猪不同生理阶段的猪舍和生长肥育猪舍）必须专用，种猪舍工程处理复杂，技术要求较高。包括征地、猪舍猪栏、设备设施及附属建筑物等投入，按母猪计算，每头母猪分摊约 1.2 万元，一个 100 头母猪饲养量的自繁自养专业场就需资金 120 万元左右（征地费少，可降低费用）。可见，与饲养母猪的专业场和饲养肉猪的专业场相比，占有固定资金数量最大。这种类型猪场适合于社会化服务体系健全、资金有保证等地区或单位。

(3) 人员素质　生产按照工艺流程进行，各工艺环节比较完善和复杂，要求拥有从事遗传育种、饲料营养、疾病控制等各类科技人才和懂管理、善经营的经营者。

(4) 生产经营策略　自繁自养场能降低每头仔猪的生产成本，也能避免仔猪在出售过程中受到各种应激因素造成的损失，养母猪的效益和出售肥猪的收入均可增加。经营上要把繁殖场和肥育场的生产经营技术和经济效益的计算经验结合起来运用，以达到降低生产成本、提高生产力水平与经济效益的目标。

(5) 生产工艺　要求根据猪不同生理生长阶段的要求，按照现代养猪生产科学管理方法的要求，把猪群分成若干工艺类群，然后分别置于相应的专门化猪舍，实行流水式生产作业。这样有利于提高猪舍、设备设施的利用率和劳动生产率，降低生产投入和单位产品的生产成本；同时又由于有专门化的猪舍，能较好地满足各类猪群对环境条件的要求，有利于猪遗传潜力的充分发挥。

(四) 公猪专业场

饲养公猪的专业场，专门从事种公猪的饲养，目的在于为养猪生产提供量多质优的精液。公猪饲养场往往与人工授精站联在一起，由于人工授精技术的推广与应用，进一步扩大了种公猪的影响面，种公猪精液质量的好坏，直接关系到养猪生产的水平，为此种公猪必须性能优良，必须来源于种猪性能测定站经性能测定的优秀个体或育种场种猪核心群（没有种猪性能测定站的地区）优秀个体。饲养的种公猪包括长白猪、大约克夏猪、杜洛克猪等主要引进品种和培育品种（品系），饲养数量取决于当地繁殖母猪的数量，如繁殖母猪数量为50 000头，按每头公猪年承担400头母猪的配种任务，则需种公猪125头，公猪年淘汰更新率如为30%，还需饲养后备公猪40头，因此该地区公猪的饲养规模为165头。人工授精技术水平高，饲养公猪数可酌减。建场

数量既要考虑方便配种，又要避免种公猪饲养数量过多导致浪费。

三、养猪专业场规模的确定

（一）影响养猪专业场规模的主要因素

在一定时期和范围内，自然、经济、技术、社会等因素与经营规模有着密切的联系。经营规模的大小，受到内外部各种主客观条件的影响，如生产力水平、社会需求量、自然资源状况和生态条件、社会经济条件、经营管理水平与资金数量等诸多因素，而且各种因素又以不同的方式出现，为区分问题的现象和本质，既要对各种影响因素作全面定性分析，又要从众多因素中找出具有决定作用的主要因素来研究。

1. 生产力水平 这是影响规模养猪的决定因素。随着生产力水平的提高，必然要求生产要素数量的增加和质量的提高，从而引起生产要素结构组合发生变化，并使得经营规模扩大。但在养猪生产水平比较低的情况下，生产经营者的文化、科技素质不高，养猪生产手段主要靠手工操作，社会分工又不发达，服务体系不健全，流通渠道不畅通，生产经营规模不宜过大。

2. 市场状况 市场对猪肉品质的要求，是确定饲养品种的主要依据。活猪价、猪肉价格、饲料价格以及猪粮比价等市场价格则是影响猪场饲养规模的主要因素。市场需求量、猪的销售渠道和市场占有率关系到猪场的生产效益和养猪场的兴衰。市场对猪肉产品需求量大、价格体系稳定健全，经营规模可大一些；反之则宜小，只有这样，做到以需定产，才能避免生产的盲目性。

3. 管理人员水平和技术人员素质 规模化猪场成败的关键是猪场的管理水平。企业支配者的素质越高，管理先进，就能抓住有利时机，就能招揽科技人才，就能大胆引进、消化吸收新的科学技术，获得更好的经济效益。如果管理人员素质不高，饲养规模以小为好。

技术人员和饲养人员素质的高低以及对养猪技术掌握的熟练程度，是关系到猪种的生产性能否得到充分的发挥，能否有效地控制疫病，保证各类猪群的正常生产发育和较高的成活率。若现有人员素质不高，饲养规模宜小不宜大。

4. 自然资源条件 自然资源的丰富与否，特别是饲料资源的多少、利用现状、质量的好坏往往成为影响经营规模的制约因素；生态环境的保护和改善，对经营规模也有很大影响。

5. 社会经济条件 社会经济条件的好坏、社会化服务程度、价格体系的健全与否、价格的稳定性，对扩大经营规模有相当重要的影响。

6. 资金数量 规模化养猪生产，在征地、建舍、设备设施、饲料供给、粪污处理等方面所需资金投入多，且资金盈利率低，生产周期长。因此，建场规模必须量力而行，如资金拥有数量大的，在其它条件具备的情况下，经营规模可适当大一些。

（二）确定养猪专业场规模的方法

1. 确定经营规模的主要指标与步骤 在规模养猪生产中，猪是中介体，是生产要素和利用的组合，必须和一定数量的猪群结合起来，才能转化为现实生产力，因而在研究养猪生产经营规模时，通常把猪群的大小作为度量规模大小的主要指标。

最佳经营规模的确定，一般可按以下步骤进行：

（1）考察经营单位所处的自然、经济、技术、社会环境条件及生产力水平，找出影响规模经济效益的主要因素。

（2）确定评价经营规模的前提条件和评价指标。

（3）纵向时间序列和横向多点收集有关资料。

（4）建立数学模型，进行分析、评价和推断。

（5）提出实现适度经营规模的措施，预估其经济效益。

2. 经营规模的确定方法 确定养猪规模的方法有适存法、综合指数法、盈亏平衡分析法、线性规划法、投入产出法、成本函数法等多种方法，现将前三种方法即适存法、综合指数法、盈亏平衡分析法简述如下。

(1) 适存法　考察一定区域、一定时期内养猪生产各种不同规模水平的变迁过程，根据“适者生存”这一自然选择原理，就不难判定哪种规模为最佳规模。在某一区域，经过价值规律的调节作用，若某一规模水平出现的概率较高或朝某一规模变化的趋势明显，这一规模水平即为优选规模水平。表 1.1 是某地区 1990—1996 年 7 年间农村专业户养猪规模的变迁情况。

表 1.1　某地区 1990—1996 年间农村专业户养猪规模的变迁情况

年份 \ 存栏数 %	< 10	11 ~ 20	21 ~ 30	31 ~ 40	41 ~ 50	51 ~ 60	61 ~ 70	71 ~ 80	> 80
1990	20	18	17	13	11	8	6	5	2
1991	18	16	15	15	13	10	6	4	3
1992	15	12	13	18	16	13	7	3	3
1993	12	9	10	21	22	15	6	3	2
1994	9	7	11	22	24	16	5	5	1
1995	7	5	9	24	25	17	7	3	3
1996	6	6	8	25	26	18	6	3	2

在这段时间内，养猪生产有向 30 ~ 60 头规模集中的趋势，由 1990 年的 32%上升到 1996 年的 69%；超过 70 头规模的基本维持在 8%以内，小于 30 头规模的饲养专门户由 1990 年的 55%降到 1996 年的 20%。由此可见该地区近期内常年存栏 30 ~ 60 头的饲养规模为最佳规模。此法虽然简单，但分析所需的时间长，且容易受到外部客观环境条件变化的影响，导致分析结果出错。

(2) 综合指数法　通过分析比较不同经营规模的猪群效率、猪群性能水平、资金效率、劳动生产率、饲料转化率等重要指标，评定不同经营规模间的经济效益和综合效益，并以此确定最优经营规模。

具体作法是，先找出评定指标并进行评分，其次合理确定各指标的重要性（权重），然后采用加权平均的方法，计算出不同规模的综合指数，获得最高指数值的经营规模即为优选规模。设 X_i 表示各项指标的评分值，W_i 表示各项指标的权重，Y_J 表示某一规模的指数值，其计算公式：

$$Y_J = \sum_{J=1}^{N} w_i x_i$$

综合指数法的关键在于正确选择评价指标和评价指标的权重，同时还需考虑时间、指标、消耗费用和基本条件等方面的可比性。

表 1.2 是某地 1994 年农户不同养猪规模的头均投入资金、资金盈利率和户均纯收入。设三项指标的权重为 2∶4∶4，评分标准见表 1.3，按综合指数评定方法，求分得户均饲养 39.0、34.3 和 27.5 头规模的综合指数值较高，分别为 50 分、48 分和 46 分，表明 27.5～39.0 头饲养规模为该地区 1994 年的优选规模（表 1.4）。

表 1.2　某地 1994 年农户不同养猪规模调查

户均养猪头数	头均投入资金（元/头）	资金盈利率（%）	户均纯收入（元/户）
8.2	150.5	16.5	258.0
15.8	131.8	39.8	852.7
21.0	127.3	55.6	1 451.6
27.5	118.5	68.9	2 238.1
34.3	104.0	69.2	2 561.5
39.0	92.5	67.3	239.6
45.0	80.3	32.9	1 124.5
53.0	79.6	43.4	1 828.8
65.0	73.3	11.0	600.5

（3）盈亏平衡分析法　盈亏平衡分析法是通过分析养猪生产中的产量、成本、价格、效益之间的数量关系，为达到拟定的经营目的，对经营规模作出优化选择的一种方法。

养猪生产成本可分为固定成本和变动成本两种。猪舍占地、猪舍圈栏及附属建筑、设备设施等投入为固定成本，它与产量无

关；饲料费、仔猪购买成本、人工工资及福利、水电费、医药费、固定资产折旧和维修费等为变动成本，与养猪产量呈某种关系。利用盈亏平衡分析法可求得两种经营规模即盈亏平衡时的经营规模和计划盈利 R 时的经营规模。

表 1.3　各项指标的评分标准

得分值＼标准	评分标准		
	头均投入资金（元/头）	资金盈利率（%）	户均纯收入（元/户）
5	70～95	61～75	2 151～2 600
4	91～110	46～60	1 651～2 150
3	111～130	31～45	1 251～1 650
2	131～150	16～30	800～1 250
1	>150	<15	<800

表 1.4　综合评分结果

饲养头数＼得分值＼指标	头均投入资金（元/头）	资金盈利率（%）	户均纯收入（元/户）	总得分	排序
8.2	1×2=2	2×4=8	1×4=4	14	9
15.8	2×2=4	3×4=12	2×4=8	24	7
21.0	3×2=6	4×4=16	3×4=12	34	6
27.5	3×2=6	5×4=20	5×4=20	46	3
34.3	4×2=8	5×4=20	5×4=20	48	2
39.0	5×2=10	5×4=20	5×4=20	50	1
45.0	5×2=10	3×4=12	3×4=12	34	5
53.0	5×2=10	3×4=12	4×4=16	38	4
65.0	5×2=10	1×4=4	1×4=4	18	8

设固定成本 FC，固定资产折旧费 B，变动成本 VC，猪价 P，盈利为 R，计划盈利 R 时的经营规模 Q，则得计算式：$Q \times P = B + Q \times VC + R$，求得 $Q = (B + R)/(P - VC)$。当 R 为零时，得盈亏平衡时的经营规模 $Q \doteq B/(P - VC)$。

通过上述盈亏平衡分析法的剖解，不难看出此法具有一定的局限性。第一是在一个具体生产单位中，有时很难完全区分固定成本和可变成本，因而也就很难确定盈亏平衡点；第二计算公式都是作直线处理，这在实际生产中并不完全相符，因而计算结果只能是在一定范围内的近似值。

为便于理解盈亏平衡分析法，下面列举一例。某一养猪场，修建猪舍、征地及设备设施等固定资产总投入100万元，计划10年收回投资；每千克生猪增重的变动成本为5.2元，100千克体重出栏的市场价格为6.2元；上圈（或购入）仔猪体重为22千克，所有杂费和仔猪成本平均每头150元，求盈亏平衡时的经营规模和计划盈利5万元时的经营规模。

根据上述题意有，$W_1 = 22$千克，$W_2 = 100$千克，市场价格$P = 6.2$元/千克，变动成本$VC = 5.2$元/千克，盈利$R = 5$万元，仔猪成本$C = 150$元/头，固定资产年折旧$B = 100$万元/10年$= 10$万元/年，则求盈亏平衡时的经营规模Q：

$$W_2 \times P \times Q = B + C \times Q + (W_2 - W_1) \times VC \times Q$$

$$100 \times 6.2 \times Q = 10\text{万} + 150 \times Q + (100 - 22) \times 5.2 \times Q$$

$$Q = 1\ 562\text{头}/\text{年}$$

计划盈利50 000元时的经营规模Q：

$$W_2 \times P \times Q = B + C \times Q + (W_2 - W_1) \times VC + R$$

$$100 \times 6.2 \times Q = 10\text{万} + 150 \times Q + (100 - 22) \times 5.2 \times Q + 5\text{万}$$

$$Q = 2\ 348\text{头}/\text{年}$$

计算结果表明，该养猪场年出栏100千克体重肉猪1 562头时达到盈亏平衡，为达到年盈利5万元的目标，需年出栏肉猪2 348头。

（三）养猪专业场的饲养规模

现代化养猪生产，总的说来都必须具备一定规模，才便于组织生产，提高猪舍及机械设备的利用率，才会产生较好的经济效益。现代养猪不是规模越大越好，规模扩大后在饲料供应、疫病控制、粪便处理等还存在一定问题，特别是投资大、投产周期长，要求管理技术水平高。

在国外，近些年的趋势也是不搞规模很大的养猪场。美国年产1万头肉猪规模的猪场很少；日本则普遍为农户小规模的集约化养猪，采用现代化养猪设备、全价饲料和良种等先进科学技术，一户两三个劳动力养30～40头母猪，年产肉猪500～700头。生产实践证明，经营规模与生产效率存在着密切联系，一般说来经营规模越大，生产效率越高。据统计资料报道，美国经营140头的小型猪场，每生产一头重45千克猪的成本是52.73美元，经营3 000头的猪场，每生产一头45千克猪的成本下降到40.62美元，如果规模增加到1万头，生产相同重量的猪成本可进一步降到38.32美元。德国饲养母猪的小型猪场，以饲养50头母猪规模的效益为最好。日本的资料报道，饲养300头以上的专业户，养一头肉猪所需的平均劳动时间，是饲养5头以下的1/7，为50～99头的1/2；每个劳动力的每天产值，饲养300头的为3 363日元，为饲养5头以下养猪户1 019日元的3.3倍，为经营50～99头养猪户2 102日元的1.6倍。

我国养猪业，与美国、欧洲等发达国家的养猪业不同，各地的社会经济条件、自然资源和地理气候差异较大，社会服务体系和价格体系尚不健全，因此养猪的经营规模也不相同，具有明显的区域性和不同程度上的差异，各地应根据当地的具体条件合理确定。广东省推行的集约化养猪的优选规模是300头母猪、年产肉猪5 000头生产线和600头母猪、年产肉猪1万头生产线，在广东农村，多采用100头母猪生产线（年产肉猪1 500～1 700头）和200头母猪生产线（年产肉猪3 000～3 400头）两种规模。在台湾，为防止粪尿等污物对环境的污染，大规模的养猪生产受到限制，养猪5 000头以下规模的猪场居多，5 000头以上的猪场较少。四川农业大学对四川省丘陵、平原、山区7个县市的养猪生产进行了调查，采用最小二乘法进行统计，分析结果表明，不同类型地区、不同县市的最优饲养规模不同。平原地区，饲养规模在1 000头以上的最佳饲养规模为4 130头，1 000头以下的最佳饲养规模为 247 头；盆周山区，对全部样本进行统计分析，得最佳饲养规模为 593 头，不包括 1 000 头样本的最佳饲养规模为 196 头；在丘陵地区，最佳饲养规模为 441 头。

参考文献

[1] 陈清明、王连纯主编．现代养猪生产．北京：中国农业大学出版社，1997
[2] 陈润生主编．猪生产学．北京：中国农业大学出版社，1995
[3] 赵书广、卢朝义等．规模化养猪技术．北京：农业出版社，1990
[4] 陈春良、陆振清．瘦肉猪饲养手册．上海：科学技术文献出版社，1996
[5] 李汝敏等．实用养猪学．北京：农业出版社，1992

第二章 猪场适宜品种（品系）的选择与利用

一、我国现有猪种概述

我国养猪历史悠久，幅员辽阔，地形地势复杂，南北跨纬度约50度，气候复杂多变，加之历史的演变，社会经济条件的变化和人们对肉食需求的改变，猪的饲养条件也随之改变，因此不同时期和不同地域的人们对猪种改良提出了不同的要求。许多养猪工作者经过长期选育，引进国外猪种，逐渐形成了我国丰富多彩的猪种。这些品种包括：地方猪种、培育猪种和国外引进品种三类。

（一）地方猪种的类型及主要性能

1. 地方猪种 根据我国地方猪种的体质外貌、生产性能和饲养管理方法，结合产地的地理气候等自然条件和农业生产、社会经济、人们迁移等因素，以及学者对我国地方猪种类型的划分研究，可以将我国地方猪种划分为六个类型：华北型、华南型、华中型、江南型、西南型、高原型。

2. 地方猪种的主要生产性能 几千年来，在我国劳动人民的精心培育下，逐渐形成了丰富多彩的地方猪种，具有优良的种质特性，且很早就被世界各国重视。据《大英百科全书》载："早在两千年前，罗马帝国就引进了中国猪，去改良他们的原有猪种，而育成了罗马猪。"经考证，当时引入的是中国华南猪种。

18世纪初，英国引入广东猪种，与本地猪杂交，逐渐形成了对世界猪种影响较大的巴克夏猪和约克夏猪。近代美国的一些猪种在早期的育成过程中，也曾引入过中国猪的血缘。例如，在波中猪的育成过程中，曾于1816年引入“大中国猪”与之杂交；在切斯特白猪（Chester White）的育成过程中，1818年以后也曾引入过中国华南白色猪（White Chinese Pigs）的血缘；在20世纪70年代之后，欧洲的许多国家（如法国、英国、美国）以及日本、匈牙利相继引入我国的高繁殖力品种太湖猪，对我国太湖猪的高繁殖力性状十分感兴趣，经过饲养、繁育和扩群，已对其进行了多项研究，并作了广泛的报道。

我国地方猪种的特点主要是繁殖力高、抗逆性强、肉质好、性情温顺、消化粗纤维能力强，能较好地利用青粗饲料。

（1）高繁殖力　对我国具有代表性的猪种民猪、太湖猪、金华猪、内江猪等10个猪种进行繁殖成绩进行研究，结果见表2.1。

从表上可知，以上10种地方猪的平均初情期为101.83天，范围从64.0天到141.87天；初情平均体重为24.30千克，范围从8.19～40.5千克；而国外主要猪种的初情期在200天左右，几乎是中国猪的一倍。地方猪中，北方猪种和大型猪种（民猪、大围子猪、内江猪）性成熟较迟，而小型猪种（姜曲海猪、二花脸猪）性成熟较早。

从产仔数和排卵数看，我国的地方猪种可分为多产型（如太湖猪、金华猪、民猪等）和常产型（姜曲海猪、大围子猪、内江猪、大花白猪等），它们的排卵数初产平均为15.52枚、经产平均为22.62枚，最多为二花脸猪，初产、经产分别为20.0枚、28.0枚。活产仔数平均为9.44头，经产为12.4头，最多的二花脸猪初产为11.46头，经产为13.59头。多产型猪的特点是初产母猪与经产母猪的产仔数差距较大，相差3～4头，到4～5胎时达到高峰。香猪乃我国自然形成的小型猪，每胎仅6头左右。

本地母猪性成熟早，可从性激素分泌早而浓度高找到部分解

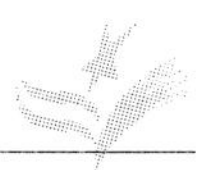

释，如嘉兴黑猪120日龄血清含雌二醇59.5皮克/毫升，比同龄的大约克夏猪39.5皮克/毫升高50%；金华母猪120日龄为80.6皮克/毫升；大花白猪90日龄含23.4皮克/毫升，同龄的长白母猪仅为10.4皮克/毫升，差异达到显著水平。

我国地方品种的公猪也有较强的繁殖力，初配日龄，地方品种平均为128天，而大约克夏、长白猪平均约210天左右，地方品种明显早于外国品种；配种期的睾酮浓度，中国的平均水平为3.72纳克/毫升，其中嘉兴黑猪420日龄为4.67纳克/毫升，同龄的金华猪为3.47纳克/毫升，而同龄的大约克夏仅为0.95纳克/毫升；大花白猪60～70日龄为1.75纳克/毫升，同日龄的长白幼公猪仅为0.24纳克/毫升。精液中首次出现精子的时间，大围子猪为75天，大花白猪62天，而大约克夏猪为120天；从曲精细管直径上看，大围子猪75日龄为166.6微米，而大约克夏猪90日龄仅为50～60微米；中国地方公猪的睾丸增重较快，从60日龄开始，睾丸即迅速增长，90日龄时，睾丸平均重为29克，120日龄时平均重为48克。国外品种180日龄尚不足130克，而我国的二花脸猪在同龄时达到159.7克。二花脸猪90日龄时40克，已接近长白猪130日龄的睾丸重量。可明显看出，我国的地方猪种无论在睾丸重量、生精组织发育、精液中首次出现精子的时间以及睾丸酮的含量上都明显早于外国品种。

（2）抗逆性强　中国猪种历来以抗逆性强而著称。抗逆性主要是指机体对不良环境的调节适应能力。不良环境主要包括气候、湿度、海拔高度以及耐粗饲、饥饿、疾病侵袭等方面。

抗寒与抗热性能：我国地方猪的抗寒力与我国地方猪种的皮肤及皮下脂肪较厚，冬季被毛的真毛长、绒毛密，皮肤及毛大部分为深黑色，基础代谢率低有关。据段英超测定，民猪在90千克时，粗毛和绒毛总数，民猪为100根/平方厘米，哈白猪为21根/平方厘米，品种间差异极显著（$P<0.01$）。

在民猪与哈白猪、河套大耳猪与长白猪成年母猪处于低温的

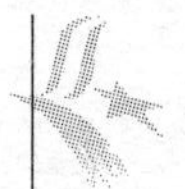

表 2.1 一些本地母猪的繁殖表现

繁殖项目 / 猪种	初情日龄（日）	初情体重（千克）	性成熟日龄（日）	卵泡成熟日龄（日）	排卵数（枚）		经产母猪妊娠20～30天胚胎死亡率（%）	妊娠期（日）		总产仔数		活产仔数		初生全窝重（千克）		断奶窝重（千克）		日泌乳量（千克）	乳头数
					初产	经产		初产	经产	初产	经产	初产	经产	初产	经产	初产	经产		
民猪	142.00	32.90	142.0	169.0	14.9	20.0	37.0	—	113.9	12.20	15.55	10.56	13.59	—	—	—	—	5.6	—
河套大耳猪	—	—	—	—	—	—	—	—	114.3	8.40	10.11	8.19	9.01	6.58	7.80	35.51	45.33	—	—
姜曲海猪	78.30	11.32	104.2	60.0	—	—	—	—	—	10.37	12.91	9.77	12.05	7.14	9.22	105.45	122.94	—	—
二花脸猪	64.0	12.60	—	60.0	20.0	28.0	—	—	113.2	12.42	15.30	11.46	13.59	8.97	10.46	99.01	128.54	—	18.13
嘉兴黑猪	—	—	120.0	—	12.8	25.68	22.6	—	114.6	10.82	15.02	10.19	14.07	—	—	—	—	7.97	17.33
金华猪	74.8	12.2	103.8	70.0	21.2	24.4	18.0	112	115.3	10.56	14.22	10.13	13.26	6.92	8.48	93.01	128.70	5.47	16.21
大围子猪	116.0	27.0	123.0	144.0	12.0	—	17.6	113.1	—	9.78	13.45	9.37	12.91	8.83	10.88	127.08	166.04	5.24	—
内江猪	117.7	40.5	131.3	152.0	12.2	15.0	29.0	112.0	114.9	9.35	10.40	—	9.80	8.73	8.95	—	125.65	—	—
香猪	120.0	8.19	—	—	—	—	—	—	—	7.10	8.10	7.10	8.10	4.34	4.78	24.40	32.30	—	10.00
大花白猪	—	—	—	—	—	—	—	—	114.3	8.45	10.11	8.19	9.01	6.58	7.80	35.51	45.33	—	—
平均	101.83	20.67	118.47	115.71	15.52	22.62	24.8	112.63	114.36	9.93	12.40	9.44	11.5	7.26	8.55	74.28	99.35	9.24	15.42

对比中，发现北方猪的体温调节能力较强（如民猪心跳加快、河套大耳猪呼吸数增加），例如民猪在零下28℃的寒温下，12分钟内不出现寒颤和不安，长白猪则在4分钟后就出现寒颤。

我国地方猪种的抗热力均显著优于外国猪种，如当气温由22.5℃升至32℃时，哈白猪的呼吸次数增加了47.94次/分，民猪增加了31.87次/分；大花白猪和长白猪比较，当人工控制气温由27℃升到38℃时，呼吸次数分别增加52.6次/分和60.8次/分。

耐粗饲能力：猪的耐粗饲能力一直没有度量的客观标准。许多研究者长期以来都着眼于对粗纤维的消化力。从民猪与长白猪、内江猪与长白猪的对比中，无论低纤维（3%）甚至高纤维（19%）均无显著差异。耐粗饲与盲肠的的发育程度有关，据测定，金华猪7月龄大肠占整个肠道重量的60.4%，而长白猪为55.3%，前者比后者高5.09个百分点（$P<0.05$）。一般来说，盲肠发酵可为猪提供15%左右的有效能量。据许梓荣对粗纤维在金华猪或长白猪盲肠中的消化率的研究表明，当饲粮粗纤维为8.8%～11.3%水平时，金华猪显著高于长白猪。这也可能是我国地方猪耐粗饲的原因之一。

对饥饿的耐受力：在人为低水平的饲养条件下（前30天按维持需要，后30天按维持需要的2/3标准饲养），民猪比哈白猪的耐受力强。二花脸猪在低营养水平下体重仍有增长，比长白猪高1倍多。采食粗料型饲粮速度，地方猪种比培育猪种快。

高海拔适应力：内江猪和长白猪同时从成都平原（海拔500米）运到甘孜（海拔3 400米），与当地藏猪比较生理生化指标。一定时期后，内江猪的红细胞、血红蛋白与γ－球蛋白含量都比长白猪增加得多，达到或接近藏猪水平。血糖明显升高，等于甚至超过藏猪。而长白猪发病率与死亡率高，内江猪无一死亡。初步证明，内江猪对高海拔的适应能力强于长白猪。

（3）肉质优良　中国地方猪肉素以味香质嫩而著称。这可

能与地方猪多以农户散养为主，生长时间长，采集饲料资源（特别是青绿饲料）丰富多样，相应采食氨基酸种类和数量比外种猪饲养的单一玉米—豆粕型日粮有一定的关系。20 世纪 80 年代，中国主要地方猪种种质特性的研究课题组，对我国 8 个主要地方品种进行了背最长肌颜色、pH、系水力（失水率）、大理石纹等 8 个肉质性状的初步研究，研究表明：①我国地方猪种的肉色鲜红，无 PSE 肉和 DFD 肉，猪肉颜色多为 3 分和 4 分（5 分比色卡），长白猪和哈白猪都偏淡（<3 分），光密度值地方猪肉比长白猪高 0.20 个单位；②我国地方猪屠宰后 45 分钟肌肉 pH 均属正常（>6.2），高于长白猪 0.26 个单位。③肌肉系水力强，7 个品种失水率平均低于外种猪 6.8%；④肌肉大理石纹适中，多数为 3 分和 4 分（按 5 级分制评分）；⑤本地猪肌肉组织结构较合理，与改良品种相比，肌纤维直径细 16%，单位面积密度则大 30%，水分含量低（69.5%～74.6%），比外种猪低 2.8%，肌内脂肪含量平均为 4.97%，比外种猪高 2.23 个百分点。

以上特点，乃是我国地方猪肉口感好、味香、细嫩多汁的主要原因。在地方猪的开发利用上，应打好肉质这块品牌，让我国的地方猪肉在国际市场占领一席之地。

（4）生长发育　我国地方猪生长发育较慢，日增重在 320～430 克之间；单位增重饲料消耗高，平均在 3.85～4.22 之间；皮下脂肪厚，平均背膘 4 厘米左右，最厚的海南岛文昌猪可达 7 厘米；瘦肉率 38%～42%左右。

（5）特殊基因　在我国地方猪种资源的特殊基因中，具有较大优势的是矮小基因（或微小基因）。如著名的香猪、藏猪、五指山猪、西双版纳微型猪和台湾的兰屿小耳猪等，它们的成年体重一般在 40～50 千克左右，比国外的小型猪如明尼苏达的荷曼小型猪、汉福特小型猪（成年体重 70～90 千克）都要小。

由于猪在解剖、生理上与人类相似点较多，易于作许多医学试验，所以微型猪用作实验动物已越来越被医学界重视。微型猪

体成熟较早，幼小时又无奶腥味，是烤乳猪的原料猪，在市场上有较好的前景。

3. 地方猪种在现代养猪生产中的利用 随着养猪生产的快速发展，我国地方猪种的优良特性在培育现代猪种中能发挥较好的作用。如新培育的四川白猪、新太湖猪等品系都利用了我国地方猪种的高繁殖性能。据 Mike Ellise 报道：用50%和25%的太湖猪血缘的外种猪，产仔数平均可提高 3 头和 1 头。

在适度规模化猪场和条件较好的农户，用洋×洋本的三元杂交仔猪生产肉猪，既能保持理想的生长速度，又可获得较理想的产仔数和肉的质量。据“四川省瘦肉型猪规模养殖及产业化技术研究与开发”课题组对 D（杜洛克）×LB（长本）三元杂交后代的仔猪进行生长发育测定，其日增重可达 799 克，耗料指数 3.18，瘦肉率 58%。

（二）培育品种

培育品种的目的是保留我国地方品种母性强、发情明显、繁殖力高、肉质好、适应性强、能大量利用青粗饲料等优点，改进其增重慢、饲料转化率低、屠宰率低、体型结构不良、胴体中皮下脂肪多、瘦肉少等缺点。

我国培育猪种的主要方法是利用外国猪种为父本，以各地的地方品种为母本，进行不同程度的杂交，当获得理想个体后，再采用自群繁育的方法选育而成。新品种（系）形成的过程可归纳为三种方式：有的是利用原有血缘不清的杂种群，加以整理而成；有的是以原有杂种群为基础，再用一个或两个外引品种杂交后自群繁育；有的是按照事先预想目标，有计划地引入外血横交而成。

1. 培育猪种类型的划分 我国的培育品种按毛色划分为白色品种、黑色品种和黑白花品种；按其适宜的用途，可将其分为脂肪型、肉用型、肉脂兼用型三种经济类型，这是对现代猪种常用的分类方法之一。其划分标准见表 2.2。

表 2.2 中国培育猪种经济类型的划分标准

划分标准	瘦肉型	肉脂兼用型	脂肉兼用型	脂肪型
瘦肉率（%）	>56	50~55.9	45~49.9	<45
膘厚（厘米）	<3.0	3.1~4.0	4.1~5.0	>5.0
体长>胸围（厘米）	>15	10~14.9	5~9.9	<5
眼肌面积（厘米^2）	>28	25~27.9	19~24.9	<19

根据我国人民生活水平不断地提高和肉食结构的改变，对瘦肉量需求也越来越大，因此现阶段培育的品种主要是瘦肉型品种。例如新近培育的湖北白猪、四川白猪、新荣昌猪等，其杂交生产的肉猪瘦肉率都接近或超过60%。

2. 培育猪种的主要生产性能

外形：与地方型品种比较，培育品种猪个体高大，成年公猪平均活重224千克，母猪178千克。体长、胸围、体高明显增大，背腰宽平，大腿丰满，小腿粗壮有力。改变了地方品种种猪凹背、大腹、后躯发育差、四肢结构不良、卧系等缺陷。培育猪种猪皮一般比地方猪种薄，体质较细致紧凑。

生产性能：培育猪种能较好地适应当地饲养管理条件，繁殖力保持了地方猪的多产性，平均每窝产仔数9.73~11.40头，高产品种可达13头以上，如四川白猪Ⅰ系。仔猪初生重显著大于地方品种，平均1千克以上，范围1.13~1.25千克，性成熟较迟，一般4~5月龄开始发情；种猪生长发育迅速，6月龄体重可达75~85千克；肥育迅速、屠宰率和瘦肉率较高，20~90千克平均日增重600克以上，屠宰的胴体瘦肉率平均52.78%。

培育品种与外国品种比较，培育品种的发情明显、繁殖力强、抗逆性强，肉嫩多汁，保留了原地方品种许多特性。耐粗饲能力较外种猪强，能在较低的饲养水平下生长。同时在抗寒性、耐热性以及抗病力等方面，有着良好的表现。在肉质方面，培育猪种肌纤维较细、单位面积肌纤维多，肌肉纹理好，pH高，肌间脂肪含量高。少见PSE肉和应激综合征。

培育猪种如与外种公猪配套生产商品肉猪，生长发育性能更好，接近外国品种。如杜洛克与湖北白猪杂交生产的商品肉猪，平均日增重683克、料肉比3.51∶1、瘦肉率64.01%；上海白猪与杜洛克公猪杂交生产的商品肉猪，日增重658克、瘦肉率61.66%；四川白猪与杜洛克公猪杂交生产的商品肉猪，日增重789.5克、料肉比3.07∶1、瘦肉率59.6 %。杜×大川商品肉猪的日增重845.2克、料肉比2.97∶1、瘦肉率62.1 %。

由于培育品种在选育程度上远不及外国良种，所以品种的外形整齐度较差，体躯结构尚不理想，腹围较外国品种大，后躯不如外国品种丰满。

（三）国外引入的主要猪种及性能

我国先后从国外引入有大约克夏（大白猪）、长白猪（兰德瑞斯）、杜洛克猪和汉普夏猪等主要瘦肉型猪。这些品种的共同特点是生长速度快、瘦肉率高（60%以上），用这些猪作父本进行经济杂交都能显著提高商品猪的生长速度和瘦肉产量。目前，以外种猪为主的各杂交组合（如：DLY、DYL、DY等杂交模式）在国内各规模化猪场得到广泛应用。

1. 主要猪种

（1）大约克夏猪（大白猪）　大约克夏猪原产于英国约克夏郡及附近地区，该品种是以当地的猪种为母本，引入我国广东猪种和莱塞特猪杂交育成，1852年正式确定为新品种。大约克夏猪可分为大、中、小三型，为目前国外所有猪种中分布最广的品种之一。目前在世界分布最广的是大约克夏猪，因其体型大、毛色全白，故又名大白猪，为世界著名的腌肉型猪。我国自1957年由澳大利亚引入大约克夏猪后，近年又相继从英国、美国、加拿大等国引进大约克夏种猪。

大约克夏猪全身被毛白色，头颈较长，脸微凹，耳中等大小而直立，体躯长，体型匀称，四肢结实，肌肉发达。成年公猪体重250～300千克，母猪体重230～250千克。其主要特点是生长

快，饲料报酬高，产仔较多，胴体瘦肉率高。

大约克夏猪繁殖力高，初产母猪产仔数 9~10 头，经产母猪产仔数 10~11 头，活产仔数 10 头左右，60 日龄断奶窝重 133 千克，在良好的饲养管理条件下，仔猪断奶到 100 千克阶段平均日增重 689 克，料肉比 3.09:1，胴体瘦肉率 61%左右。据美国 NBS（National barrow Show）1999 测试 7 头大约克夏猪成绩为：日增重平均为 886.3±67 克，最高为 940.4 克，背膘 18.21±2.8 毫米、最薄为 1.37 厘米。据丹麦中央测定站 1994 年测定结果：日增重 982 克、耗料指数 2.28、瘦肉率 61.9%，肌内脂肪含量 1.03%。

大约克夏猪引进我国后，经多年的风土驯化，在我国已经有了良好的适应性。据四川省种猪性能测定站测定：1999 年测定 9 头猪的成绩平均为：日增重 932.7±43.5 克、膘厚 1.45±0.26 厘米、耗料指数 2.65±0.09，最好的猪为日增重为 972.60 克、膘厚 1.58 厘米、耗料指数 2.54。用大约克夏猪作父本，与我国本地猪作母本进行二元杂交，均可以取得较好的杂交效果。其与民猪、华中两头乌、大花白猪、荣昌猪、内江猪等杂交，杂种猪日增重分别提高 26.8%、21.2%、24.5%、19.5%、24.1%。其杂种猪的眼肌面积和瘦肉率都有提高。在三元杂交中用作第一父本与本地母猪杂交，后代母猪再与杜洛克或汉普夏交配，三元杂交肉猪的成绩更为理想。大约克夏猪在我国规模化养猪生产中以及在国外商品猪生产中，常用作母本或第一父本，生产二元、三元杂种肉猪。

（2）长白猪　长白猪原名兰德瑞斯，我国称长白猪，原产于丹麦，是世界上最著名的腌肉型猪种之一，世界许多国家都引入饲养。我国于 1964 年起相继多批由瑞典、日本、英国、荷兰、法国等国引进；1980 年首次从原产国丹麦引进长白猪，这批长白猪的质量好于以前引进的长白猪。以后我国各省相继从加拿大、英国、荷兰引入新选育的长白猪种，为我国现有长白猪的选育提高奠定了良好的基础。

长白猪全身被毛白色，头小清秀，鼻嘴直长，耳中等大而向前伸，背腰特长，后躯丰满，整个体形呈前窄后宽的楔子型，乳头7~8对。成年公猪体重可达400~500千克，成年母猪体重可达300千克。

繁殖性能较好，初产母猪产仔数8~9头，经产母猪产仔数10~11头，在良好的饲养管理条件下，生长发育很快，6月龄体重可达90千克，料肉比3:1以下，瘦肉率60%以上。据美国NBS 1999年测试4头长白猪的成绩为：日增重平均914.2±104克、最大为1 040.9克，背膘平均24.07±3.87毫米、最薄为18.79毫米。据丹麦中央测定站1994年测定结果：日增重960克、耗料指数2.38、瘦肉率61%、肌内脂肪含量1.03%。

长白猪引入中国以后，适应性较强，性能接近或超过国外测定水平。据四川省种猪性能测定站1999年对13头长白猪的测定：日增重平均为897.68±67.5克、膘厚1.53±0.26厘米、耗料指数为2.78±0.19。其测试期最好的一头猪日增重为1 038克、膘厚1.15厘米，耗料指数2.57。长白猪作为终端父本，与我国的地方品种进行二元杂交，效果显著。长白猪与约克夏猪一样，在国内规模化养猪生产中以及在国外商品猪生产中，常用作母本或第一父本，生产二元、三元杂种肉猪。

可见，长白猪具有生长快，饲料利用率高，瘦肉率高，母猪产仔数多，泌乳性能较好等优点。与我国地方猪杂交，效果显著。因而长白猪在改良我国地方猪种，提高瘦肉率方面成为一个重要的父本品种。但是长白猪也存在体质较弱，抗逆性较差，对饲养条件要求较高等缺点。

（3）杜洛克猪　原产于美国东北部，其主要亲本是纽约州的杜洛克和新泽西州的泽西红，所以又称杜洛克泽西，是世界著名的鲜肉型品种。我国于1978年第一次从英国引入，以后又相继从美国、日本、匈牙利等国引入多批杜洛克猪。

杜洛克猪以全身被毛红色为特点，色泽从金黄色到棕红色，

深浅不一。头较清秀，耳中等大，耳根直立稍下垂，体躯宽深，四肢粗壮，体质结实，适应性强，背腰成年时稍显弓形。成年公猪体重350~500千克，母猪200~350千克。

初产母猪产仔数9头左右，经产母猪产仔数10头左右。在良好的饲养管理条件下，159日龄体重可达90千克，平均日增重760克，料肉比2.25:1，瘦肉率62.45%。据美国NBS1999年测试12头杜洛克猪的成绩为：日增重平均814.1±39.6克、最大为844.6克，背膘平均2.41±0.39厘米、最薄为1.63厘米。据丹麦中央测定站1994年测定结果：日增重936克、耗料指数2.37、瘦肉率59.8%、肌内脂肪含量2.04%。

引入中国后，适应力较强，生产性能与国外接近，据四川省种猪性能测定站1999年对5头杜洛克猪的测定：日增重平均为896.31±53.3克、膘厚1.48±0.19厘米、耗料指数为2.54±0.11。在商品猪生产中，杜洛克猪为父本与中国地方猪杂交，可以明显地提高地方猪的生长速度、饲料转化率和瘦肉率，因其较耐粗放、抗病力较强，在高海拔地区特别受欢迎；在平原地带和沿海地区，杜洛克猪一般都作为三元杂交的终端父本或二元杂交的父本。

杜洛克猪生长快，饲料转化率高，抗逆性强，但它有产仔数少，泌乳力低等特点，用作为终端父本，既可提高瘦肉率，还可提高肌内脂肪，改善肉的风味。

（4）汉普夏猪　原产于美国肯塔基州，是美国饲养与登记最多的一个代表品种，也是美国八大猪种中胴体瘦肉率最高的瘦肉型品种。此猪于1982年引入我国。

汉普夏猪的毛色特点是有一条白带围绕肩和前肢，其余部分为黑色。嘴较长而直，耳中等大小而直立，体躯较长，肌肉发达。成年公猪体重315~410千克，母猪250~340千克。

产仔数一般每窝10头左右。据美国NBS 1999年测试4头汉普夏猪的成绩为：日增重平均735±75.6克、最快的一头为

833.4克，背膘平均2.01±0.19厘米、最薄为1.83厘米。据丹麦中央测定站1994年测定结果：日增重845克、耗料指数2.53、瘦肉率61.5%、肌内脂肪含量1.10%。国外利用汉普夏与杜洛克猪杂交生产杂种公猪作父本，大约克夏猪与长白猪杂交生产杂种母猪为母本进行双杂交能显著提高商品猪的生产性能。

（5）皮特兰猪　原产于比利时，是目前世界上胴体瘦肉率最高的猪种。

皮特兰猪为白肤色带有黑色至栗色花斑，耳直立，体躯短，耳宽，后躯肌肉特别发达。其瘦肉率特别高，背膘很薄，饲料利用率高，但日增重，繁殖性能较低，劣质肉（PSE肉）发生率较高，并具有高度的应激敏感性。

皮特兰猪因瘦肉率特别高，在国外主要用于商品猪生产，作为父本与抗应激品种杂交，生产商品猪。

2. 外种猪的利用　外种猪进入中国后，通过培育与提高，并利用其品种间的杂种优势，在现代肉猪生产中发挥了重要的作用。近年来在沿海和内陆的许多地方，规模化养猪迅速崛起。这些猪场中大部分都采用DLY或DYL三元杂交模式生产商品肉猪，大大提高生长速度和瘦肉率（平均都在60%以上），为我国猪肉抢占香港、澳门和国际市场起到积极作用。据“四川省瘦肉型规模化养殖及产业化技术研究与开发”课题组杂交组合试验报道：肉猪达100千克日龄：DY为152.15天、DLY为167.51天、DYL为171.15天；日增重：DY为967.38克、DLY为875.88克、DYL为842.75克；耗料指数：DY为2.87、DYL为2.89、DLY为3.02；瘦肉率：DY为63.41%、DYL为64.4%、DLY为63.61%。

二、品种（系）的选择

猪育种工作的中心任务就是使猪群经济性状得到遗传改良和使生产者获得更大经济效益。猪群遗传改良的实质就是通过选择

来发掘有遗传优势的个体，然后将这些遗传优良的公、母猪留作种用，以产生最优秀的个体，并迅速扩大其在群体中的基因频率的过程。这个选择的过程就叫选种。数量遗传学中遗传力理论是帮助我们实现这一过程的重要遗传参数。

（一）性状的选择

1. 性状的遗传力及遗传相关 遗传力是代表由遗传变异决定的表型变异部分，即代表由遗传变异中可遗传给下一代的最大部分。广义上讲，遗传力定义为遗传变异两者间与总的表型变异的比值。实际上，并不是所有的遗传变异都可遗传给下一代，只有由许多基因共同作用造成的加性变异可遗传给下一代，因此狭义上讲，遗传力可定义为由于加性基因作用的表型变异部分。简单地说，遗传力是由遗传引起的变异部分。50%遗传力表示这一特定性状，一半变异是遗传的，一半变异是环境的。遗传力值越高，通过表型选择该类性状，其遗传进展速度越快。对低遗传力性状进行个体选择，选择反应较差。因此，了解各类性状的遗传力、遗传相关和适宜的选择方法，是确定育种目标，制定育种规划和组织纯种繁育工作的基础。

猪的繁殖性状属低遗传力性状（表 2.3），其遗传力估计值一般为 0.1 左右，主要包括产仔数和产活仔数、仔猪初生个体重和初生窝重、泌乳力、断奶个体重和窝重、使用年限。对种公猪还包括性成熟年龄、精液质量、性欲等。对种母猪还包括排卵率、重配间隔等性状。生长性状属中等或稍高遗传力性状，其遗传力估计值一般为 0.4 左右，主要包括日增重、采食量、饲料转化率和达 90 千克体重的日龄。猪胴体性状一般属于高遗传力性状，其遗传力估计值为 0.4～0.6（表 2.3）。采用个体表型选择对该性状可以获得较大的遗传进展。肉质性状的遗传力属中高遗传力范畴，可以看出，pH 遗传力居中，系水力、嫩度和多汁性遗传力居中偏低，而肌内脂肪含量，肉色饱和度、脂肪酸组成属高遗传力性状。

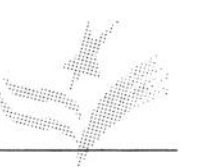

表 2.3　性状的遗传力（h^2）估计值

性　　状	遗传力（h^2）	作　　者
繁殖性状：		
活仔数	0.10	Mike Eills（1998）
产仔数	0.10	Mike Eills（1998）
3 周龄仔猪数	0.08	Mike Eills（1998）
断奶仔猪数	0.06	Mike Eills（1998）
仔猪断奶成活率	0.05	Mike Eills（1998）
初生重	0.15	Mike Eills（1998）
3 周龄重	0.13	Mike Eills（1998）
断奶重	0.12	Mike Eills（1998）
初生窝重	0.15	Mike Eills（1998）
3 周龄窝重	0.14	Mike Eills（1998）
断奶窝重	0.12	Mike Eills（1998）
排卵率	0.35	Mike Eills（1998）
重配间隔	0.20	Mike Eills（1998）
生长发育性状：		
日增重	0.34	
采食量	0.38	
饲料转化率	0.31	
达 90 千克体重日龄	0.55	
胴体性状：		
瘦肉量	0.46	
背膘厚	0.40	
眼肌面积	0.48	
胴体长	0.60	
胴体重	0.25	
肉质性状：		
pH_1	0.27	Schworer，D.（1980）
	0.25	Johansson，K.（1985）
	0.29	Johansson，K.（1985）
	0.15	De Vries 等（1994）
	0.00	Hoverier 等（1992）
	0.23	Dietal 等（1993）
	0.29	Hovenier 等（1992）
	0.11	Lo 等（1992）

（续）

性 状	遗传力（h^2）	作 者
肉色饱和度	0.42	Cameron，N.D.（1980）
	0.16	Schworer，D.（1980）
	0.45	Lo 等（1992）
肌肉嫩度	0.37	Schworer，D.（1980）
	0.37	Scheper（1979）
	0.23	Cameron（1990）
肌肉多汁性	0.23	Schworer，D.（1980）
	0.19	Jensen 等（1967）
	0.18	Cameron（1990）
	0.12	Lo 等（1992）
肌内脂肪含量%	0.58	Schworer，D.（1980）
	0.54	Schworer，D.（1980）
脂肪酸组成：		
C_{16}:0	0.71	Cameron，N.D.（1990）
C_{18}:0	0.53	Cameron，N.D.（1990）
C_{18}:1	0.67	Cameron N.D.（1990）
C_{18}:2	0.67	Cameron，N.D.（1990）

遗传相关是性状育种值间的相关，它来源于基因的多效性，是一个或多个基因在同一时间影响不同性状的能力。遗传相关提供了两性状间遗传关系的强度和方向（正或负）的估计，并揭示了一个性状在发生变化后，另一个性状可能发生的变化。遗传相关主要用于预测相关性状对选择的反应，正的遗传相关表示对某一性状的选择会导致相关性状所需的进展，相反，负的遗传相关则表示对某一性状的选择会对另一性状产生不需要的变化。

生长、胴体性状和繁殖性状间的遗传相关 从表 2.4 可以看出：产仔数和日增重基本上是呈正的遗传相关。与饲料利用率和背膘厚基本上呈负遗传相关。屠宰率和繁殖性状间呈负的遗传相关。产活仔数与日增重也呈正遗传相关，与背膘厚有的为正相关，有的为负相关。由此表明，对生长速度选择可能使猪的产仔数得到改进。相反，胴体方面的遗传进展（如屠宰率得到提高）则可能降低产仔数。

表 2.4 生长、胴体性状和繁殖性状间的遗传相关

性状	品种	日增重	饲料转化率	背膘厚	屠宰率	作者
产仔数	大白猪	-0.08	0.08	0.11	—	Legult (1971)
	大白猪	0.06	-0.15	-0.18	-0.63	Morris (1975)
	长白猪	0.44	-0.21	-0.36	-0.49	Morris (1975)
	长白猪	0.44	-0.19	-0.08	—	Kerr 和 Cameron (1996)
	长白猪	0.20	—	0.05	—	Kerr 和 Cameron (1996)
产活仔数	长白猪	0.06				Vogt Comstock & Rempel (1960)
	大白猪	0.17	—	-0.47	—	Morris (1975)
	大白猪	0.15	—	-0.42	—	
	大白猪	0.42	—	-0.48	—	Morries (1975)
	长白猪			-0.05	—	Johannson & Kennedy (1983)
3 周龄窝重	大白猪	0.13	-0.09	-0.15	-0.45	Morris (1975)
	长白猪	0.77	-0.40	-0.21	-0.65	Morris (1975)
3 周龄仔猪数	长白猪	0.50	-0.36	-0.42	—	Morris (1975)
	长白猪	0.59	-0.53	0.04	—	Morris (1975)
断奶仔猪数	大白猪	0.09	0.01	0.08	—	Legault (1975)
	大白猪	-0.12	0.07	-0.04	—	Christensen (1980)
8 周龄窝重	大白猪	0.06	0.09	-0.11	—	Legault (1971)

生长性状与胴体性状间的遗传相关(表 2.5)表明,生长性状与背膘厚呈正的遗传相关,与胴体瘦肉率呈负的遗传相关。因此,要使生长速度和胴体瘦肉率同时提高必须对这两性状进行选择。

表 2.5 生长性状与胴体性状间的遗传相关

性状	背膘厚	胴体瘦肉率
生长速度	0.34	-0.25
采食量	0.45	-0.37
饲料转化率	0.36	-0.43

生长性状与肉质性状间的相关(表 2.6)表明,生长性状与肉质性状相关性较低。这表明通过对生长性状的选择不会影响肌肉质量。但 Lo 等(1992)报道,对生长速度的选择会改变肉的风味。

表 2.6 生长性状和肉质性状间的遗传相关

性　　状	生长速度	采　食　量
pH	0.14	0.04
肌内脂肪含量	-0.09	0.22
肉　　色	0.21	-0.24

胴体性状和肉质性状间的遗传相关（表 2.7）总的看来较低，其中背膘厚、胴体瘦肉率与肌内脂肪含量间存在较大的负遗传相关，表明猪胴体瘦肉率的提高、背膘变薄，会降低肌内脂肪含量。相反，肌内脂肪含量的提高，使肉质得到改善会导致胴体瘦肉率的降低。

表 2.7 胴体性状和肉质性状间的遗传相关

性　　状	背膘厚	胴体瘦肉率（%）	作　　者
pH_1	—	-0.10	De Vires 等（1994）
肌内脂肪含量	-0.37	-0.37	De Vires 等（1994）
	—	-0.44	Hovencr 等（1992）
	-0.03	—	Jensen 等（1967）
肉　　色	—	0.01	De Vires 等（1994）

2. 性状的选择 在生产实际工作中，根据猪性状遗传力不同，对不同的性状应采取不同的选择方法。对猪繁殖性状的选择主要集中在对其产仔数进行选择，由于产仔数属低遗传力性状，受环境影响较大。其表型值很难正确地反映其遗传潜能，因此对产仔数等繁殖性状一般采取家系选择。多数研究表明，生长性状的遗传力属中等范畴，胴体性状、肉质性状属于高遗传力性状，因此，通过表型选择该类性状可获得一定的遗传进展。

（1）指数选择（index selection）

繁殖性状指数选择：包括家系指数选择和繁殖指数选择。

家系指数选择（family index selection）是利用个体本身及其亲属的所有繁殖性状信息纳入一个指数，以提高选择的准确性。这些信息包括个体的、其后代的、双亲的、祖父母的、同胞的以

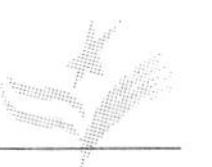

及系谱中任何其它亲属的生产性能。这样不论是公猪或者是母猪其育种值都可以得到较准确的估计。特别是由于近年来，计算机的迅速发展，使得日处理庞大数据成为可能，该方法正在被大多数育种者接受，并应用来提高产仔数。E.Avalos 和 C.Smith (1987) 研究了 6 种家系指数对产仔数选择的准确性。

$$I_1 = b_{11}D$$

$$I_2 = b_{21}D + b_{22}DFS$$

$$I_3 = b_{31}D + b_{22}DFS + b_{33}DHS$$

$$I_4 = b_{41}D + b_{42}DFS + b_{43}DHS + b_{44}SFS$$

$$I_5 = b_{51}D + b_{52}DFS + b_{53}DHS + b_{54}SFS + b_{55}SHS$$

$$I_6 = b_{61}D + b_{62}DFS + b_{63}DHS + b_{64}SFS + b_{65}SHS + b_{66}SD$$

上式中,b 为回归系数或偏回归系数,其余为各种亲属的表型值,D 代表母亲,S 代表父亲,SD 代表父亲的母亲,DFS 代表母系全同胞,SFS 代表父系全同胞,SHS 代表父系半同胞。每头母猪用 2 产记录,后备母猪从第一胎中选留,假定每窝有 3 公和 3 母可供选择,且父亲和母亲无亲缘关系。选择时考虑以下两种情况:第一(C_1)利用所有母猪(已选择和未选择)的信息。第二(C_2)利用核心群母猪(占总母猪数 1/3)的信息。表 2.8 列出了不同遗传力和两种选择情况下 6 种家系指数选择的准确性。

表 2.8 不同家系指数选择的标准性

指　　数	遗传力						选择的准确性降低(%)
	0.05		0.10		0.15		
	C_1	C_2	C_1	C_2	C_1	C_2	
I_1 (D)	0.15	0.15	0.21	0.21	0.26	0.26	11 ~ 21
I_2 (以上 + DFS)	0.18	0.16	0.24	0.23	0.29	0.27	2 ~ 4
I_3 (以上 + DHS)	0.22	0.19	0.27	0.25	0.31	0.29	4 ~ 10
I_4 (以上 + SFS)	0.25	0.20	0.32	0.27	0.37	0.32	3 ~ 6
I_5 (以上 + SHS)	0.28	0.22	0.35	0.30	0.40	0.35	7 ~ 11
I_6 (以上 + SD)	0.29	0.23	0.36	0.31	0.41	0.36	3 ~ 5

选自 Avalos, E.Smith, C.Anim.Prod.1987, 44:153 ~ 164

公母比例为 1:10

可以看出，基础指数 I_1（D）准确性最低（0.15～0.26），由于它只利用了母亲的资料，随着亲属信息量的增加，其选择准确性不断提高。但即使是利用全部信息的指数 I_6，而且遗传力按 0.15 计算，对产仔数的选择准确性也仅能达到 0.29～0.46。

由于公猪的选择方法和配种比例不同，利用 I_6 所取得的遗传进展（表 2.9）也不同。每窝选留父亲家系的一头公猪（即家系内选择），遗传进展最低（0.20～0.75），选留全部公猪时，遗传进展最高（0.31～0.75）。

表 2.9　应用指数 I_6 初生窝仔猪数的期望遗传进展

公猪选择方法	遗传力					
	0.05		0.10		0.15	
	C_1	C_2	C_1	C_2	C_1	C_2
每窝选留一头公猪	0.26	0.21	0.47	0.40	0.64	0.57
每窝选留全部公猪	0.31	0.25	0.54	0.47	0.75	0.67
每父系家系选留一头公猪	0.20	0.17	0.36	0.32	0.50	0.45

选自 Avalos，E. Smith，C. Anim. Prod. 1987，44:153～164

公母比例为 1:10

繁殖指数选择是将猪主要繁殖性状合并为一个指数，称为繁殖指数，按繁殖指数对个体或群体的繁殖性能进行遗传评估，决定选留或淘汰母猪，提高群体繁殖能力，现介绍我国台湾在进行场内测定时所使用的繁殖指数。

我国台湾根据养猪生产实际和种猪评估目的不同，制定了 6 种繁殖性能指数，用于对各种猪场种猪繁殖性能的效果评估，对台湾种猪群繁殖性能的改善起了十分重要的作用，但这些指数均以繁殖指数 SPI（sow productivity index，下同）为基础，本文主要介绍 4 种较常用的繁殖指数：①评估母猪初产繁殖性能——繁殖指数 SPI，SPI =（6.5 × 初生活仔数）+（2.2 × 校正 3 周龄窝重）+ 指数产次校正值；②预测母猪未来各胎的繁殖能力——母猪未来繁殖指数（MPSP），MPSP = 100 + 系数 b ×（已产各胎 SPT 平均 − 100），系数 b =（0.25 × 已产胎数）÷［1 + 0.25 ×（已产胎数 −

1)]；③评估母猪目前年生产能力——母猪年繁殖能力指数(PSPI)，PSPI = SPI × [(365 ÷ 校正配种间隔) ÷ 2]；④校正配种间隔 = 实测配种间隔 + 产次校正值

(初产校正值 = －6.23，2～5 胎校正值 = 0，6 胎以上校正值 = －0.06)。

生长性状和胴体性状的指数选择：在生产实践中，一般将生长性状和胴体性状相结合构成综合指数进行选择。丹麦在1980—1992 年间，坚持对长白猪日增重，饲料效率进行指数选择，结果使长白猪生长性能得到大幅度提高。日增重达到 910 克，提高 110 克，背膘厚为 1.38 厘米，下降 1 厘米，料肉比 2.41:1，下降 0.45 个单位。主要性能指标达到世界先进水平。英国M.Elliss报道了对大白猪应用指数选择 11 年的结果，所用指数如下：

公猪 $I_m = 100 + 0.39(DLWG - \overline{DLWG}) - 121.4(FCR - \overline{FCR}) - 1.1(USBF - \overline{USBF})$

母猪 $I_{Fm} = 100 + 0.04(DLWG - \overline{DLWG}) - 75(FCR - \overline{FCR}) - 1.0(USBF - \overline{USBF})$

式中 DLWG——校正日增重（克）

FCR——饲料转化率

USBF——活体背膘测定厚度

$\overline{DLWG}$、$\overline{FCR}$、$\overline{USBF}$分别表示各性状全期试验群的平均值。

通过 11 年的选择，结果表明平均日增重增加 9 克，饲料转化率降低 0.26 个单位（$P < 0.001$），背膘厚减少 12.3 毫米（$P < 0.01$），取得了明显的进展。

我国台湾，根据日增重、背膘厚和耗料指数三性状的经济重要性制定了本地区种猪测定的综合指数（I），用综合指数（I）进行选择，所用指数如下：

I = 100 + 130(日增重 − 平均日增重) − 40(背膘厚 − 平均背膘厚) − 40(耗料指数 − 平均耗料指数)(长白猪、大白猪)

I = 100 + 60(日增重 - 平均日增重) - 45(背膘厚 - 平均背膘厚) - 40(耗料指数 - 平均耗料指数)(杜洛克猪)

通过20多年的选育，台湾长白猪的日增重提高了110克，达910克，料肉比仅2.41:1，背膘厚下降10毫米，为13.8毫米，各项性能指标均达到世界先进水平，养猪业得到迅速发展，其商品猪质量可与欧美抗衡，牢固地占领了日本市场。

（2）最佳线性无偏预测法（BLUP法）　如前所述，选择指数可归纳任何数量性状以及任何来源的信息，以允许在个体总的遗传性能上选育。但该方法却未考虑环境对生产性能的影响，不能比较不同单位种猪的遗传潜力，所以选择只能在同代同群中选择。

自20世纪50年代初期，美国学者Charles R. Henderson提出BLUP（Best Linear Unbiased Prediction）方法，他于1973年又对该法的理论和应用进行了系统的阐述，该方法首先在牛的育种中得到了广泛应用，成为多数国家牛育种值估计的主要方法，80年代中后期BLUP法用于猪遗传评估中，大大地提高了遗传改良速度，如加拿大自1985年开始使用BLUP法以来，背膘厚的改良速度提高了50%，达100千克体重的日龄改良速度提高100%～200%。目前，美国、丹麦、加拿大、荷兰等国家也将BLUP法作为猪育种值估计的常规方法。例如，加拿大采用BLUP法估计背膘厚、日龄和指数的育种值（EBV），一头长白猪测定EBV成绩：背膘-0.9、日龄-2.0、指数134，说明这头猪比同群公猪降低背膘厚0.9毫米、快2天达100千克重，平均生产性能比其他猪具优良的遗传潜能。

BLUP育种值估计方法之所以能提高选种的准确性是由于具有以下优点：①充分利用了所有亲属信息；②可校正固定环境效应，更有效地消除由于环境造成的偏差；③能考虑不同群体、不同世代的遗传差异；④可校正选配造成的偏差；⑤当利用个体的多项记录时，可将由于淘汰造成的偏差降低到最低。近年来，由

于计算机技术的飞速发展以及在猪育种中的应用，使 BLUP 法又有所发展，如从公猪模型发展为动物模型，单性状育种值估计发展为多性状育种值估计；开发出一些优秀软件，如 PEST、GENESIS、PIGBLUP 等。

在国内，多数种猪场采用综合选择指数，结合体型外貌进行选择。近年来通过各种宣传和技术培训，已有 20 多个场已开始应用先进的多性状动物模型 BLUP 法及相应的软件 MTEBV 进行场内种猪的遗传评估，四川省为此建立了省内猪场电脑网络，各场按统一方法进行场内测定，包括称重和活体测膘，测定结果按标准数据库格式输入计算机并通过猪场电脑网络送到网络中心，中心采用两性状（达 100 千克体重日龄和背膘厚）动物模型 BLUP 法进行种猪的遗传评估。部分猪场使用 BLUP 法后，种猪性能得到显著提高，现在部分种猪场开始使用多性状动物模型最佳线性无偏预测法（MTBLUP）估计个体育种值。根据我国种猪生产现状，现介绍两个用于我国种猪性能育种值估计的 BLUP 模型。

母猪繁殖性能育种值估计模型：

$$y_{ijklm} = u + hys_i + l_j + a_{ijk} + p_{ijk} + e_{ijk}$$

式中 y_{ijk}——总产仔数的观察值

u——总平均数

hys_i——母猪产仔时场年季固定效应

l_j——母猪出生的窝效应，服从（0，$I\sigma_l^2$）分布

a_{ijk}——个体的随机遗传效应，服从(0，$I\sigma_a^2$)分布，A 指个体间亲缘关系矩阵

p_{ijk}——母猪永久环境效应，服从（0，$I\sigma_p^2$）分布

e_{ijk}——随机剩余效应，服从（0，$I\sigma_e^2$）分布

生长性能育种值估计模型：

$$y_{ijklm} = u_i + hyss_{ij} + l_{ik} + g_{ij} + a_{ijklm} + e_{ijklm}$$

式中　i——第 i 个性状（1 = 达 100 千克体重日龄，2 = 达 100 千克体重活体膘厚）

y_{ijklm}——个体生长性能的观察值

u_i——总平均数

$hyss_{ij}$——出生时场年季性别固定效应

l_{ik}——窝随机效应

g_{ij}——虚拟遗传固定效应

a_{ijklm}——个体的随机遗传效应，服从(0，$A\sigma_a^2$)分布，A 指个体间亲缘关系矩阵

e_{ijklm}——随机剩余效应，服从（0，$I\sigma_e^2$）分布

在使用 BLUP 模型估计性能育种值时，应注意以下两个问题：首先是资料收集，在资料收集时应注意资料的完整性，资料包括生产性能记录和系谱记录，在收集过程中，不能按主观愿望随意加以取舍，尽可能利用各个世代记录，记录越完整，估计的准确性和精确性就越高。其次是遗传参数，在使用 BLUP 模型估计性状育种值时，需要建立多元方程组，并知道随机效应的方差值或方差比值，这种方差比值也可从一些遗传参数（如遗传力、重复力）推算出来。一般来说这些方差的比值或遗传参数真值是不知道的，只能用估计值去代替。目前世界上用于遗传参数估计的方法有约束最大似然法（REML)。遗传参数有群体特异性，原则上应该用本群体资料估计遗传参数。但估计遗传参数需较大的样本，当样本数较大时用 REML 法估计遗传参数在计算上是很困难的。我国目前所发表的部分遗传参数的估计值样本较小，其方法也比较落后，可靠程度不高，因而在尚不能用大样本和新方法估计遗传参数的情况下，建议有选择性地运用国内外文献中报道的遗传参数估计值。

（二）适宜品种的确定

1. 国外猪品种使用情况　在养猪生产中，杂交是进行商品

猪生产的主要方法之一。欧美等国的杂种猪占商品猪的比例达80%，丹麦以前一直采用纯种长白种猪生产商品猪，近年来，也积极引进杜洛克、汉普夏和大白猪群，杂交生产商品猪，杂交品种（系）的选择是杂交生产成败的关键因素之一。

在当今世界养猪生产中，用于父本的品种主要强调生长肥育性状和胴体性状，主要的父本品种有：杜洛克猪（Duroc）、汉普夏（Hamphshire）、皮特兰（Pietrein）。近年来，在欧洲用作父本的还有比利时长白猪（Belgium Landrace）、德国长白猪（German Landrace），这些猪种瘦肉产量特别高，但属于应激敏感型猪，从氟烷基因检测结果看，比利时长白猪阳性（HP）率较高，用于生产鲜肉时，劣质肉出现比率较高，如果用来大幅度提高商品猪产肉量，应选择抗应激或应激不敏感的猪种作母本品系。用于作母本的品种主要强调繁殖性能、哺育力、适应性。主要母本品种有：长白猪（Landrace）、大白猪（Large White）、威尔斯猪（Welsh）、拉康比猪（Lacombe）、切斯特白猪（Chest White）；此外，以长白、大白与当地猪杂交育成的新品系，或以长白猪与大白猪杂交的半血杂种，或半血杂种与其一品种的回交杂种。

当今在世界范围内兴起的育种公司或改良公司，如PIC、DEKALB、HYPOR、COSTWOLD和SEGHER等，大多是以上述品种为基础，只不过出于商业目的而取了一些名称而已，如美国迪卡猪配套系（DEKLB），父系为杜洛克与汉普夏的杂种，母系为美国长白与大白杂交产生的半血杂种。

2. 我国猪品种使用情况 我国是世界上畜禽品种资源最为丰富的国家，就猪而言，仅中国猪种志所载有66个。在地方品种中，太湖猪以其高繁殖力而著称于世，它引起了欧美等养猪发达国家的高度重视，各国纷纷引进该种猪进行繁殖性能的研究。金华猪以“金华火腿”畅销世界，香猪是一个特有的小型猪，是烤乳猪的优良原料，香猪还可以作为试验动物；在当今世界畜禽资源品种日益贫乏的情况下，这些品种资源是我国育种工作的宝

贵财富，而且也将对世界育种产生深远的影响，意义十分重大。在选育的改良品种中，自1984年以来，通过引进国外品种在各地区与地方品种杂交，逐渐形成一批近年来在生产中大面积推广应用的改良品种，如哈尔滨白猪，上海白猪，新津猪，新淮猪，北京黑猪，东北花猪，北京花猪，这些品种的性能都比较优良，集国内外品种主要优点于一生，能够较好地应用于我国现代养猪产业发展的需要；国外引进品种主要用于我国养猪生产中的杂交改良和杂交生产商品肉用猪，最近20年来，在中国养猪生产中影响较大的引进品种主要有3~5个，它们分别是大白猪、长白猪、杜洛克猪、汉普夏猪和皮特兰猪，在杂交改良上，这些品种多用来改进我国猪产肉性能，成为选育合成新的改良品种的组成成分之一，在杂交改良上，这五个品种都作为父本系猪使用，但长白猪和大白猪也同时作为母系使用，这些品种的杂优猪适合于出口；国产杂优猪种，利用地方品种或改良品种为第一母系所生产的杂优母猪，再杂交生产商品肉猪的生产体系使用的配套品种组合称为国产杂优猪，如在养猪生产中大面积使用的杜×长本、杜×大本或杜×北京花猪、杜×湖北白猪、杜×四川白猪等杂交组合生产商品瘦肉猪属于这一类。总之，各地区应从实际出发，选定适合本地区的杂优猪生产模式，大量生产商品杂优猪。若利用引进品种为第一母系所生产的杂优母猪，再用引进品种杂交生产商品肉猪的生产体系所使用的配套品种组合称为引进杂优猪种，引进杂优猪种主要有两种类型，一是泛指杂优猪，当前在全国范围内生产出口的瘦肉猪普遍选用杜×长大或杜×大长杂优猪，二是特指杂优猪，部分地区直接进口父母代、祖代或曾祖代配套系如施格、PIC或迪卡等杂优猪。目前，饲养管理条件较好的近郊和出口基地可以推广和发展引进杂优猪；在商品肉猪的生产上，要全面应用杂优猪种，使上市肉猪中有80%左右为三元或多元杂优猪，不断提高我国商品猪生产水平。

（三）个体选择

1. 公猪的选择 俗话说："母猪管一窝，公猪管一坡"，一头公猪可配 20 头甚至更多的母猪，这些母猪可产上百头仔猪。因此，公猪对后代的遗传影响是显著的，公猪选择应从以下几方面考虑。

（1）生产性能。背膘厚度、生长速度和饲料转化率都属于中等或高遗传力的性状。因此，对后备公猪的选择首先应该测定该公猪在这方面的性能，并进行比较，选择具有较高性能指数的公猪。

（2）优秀后备公猪除性能指标数较高外，还应注意其外貌评定标准（表 2.10），在种公猪外貌评定中，应特别注意以下两个方面：

身体结实度：种公猪身体结实是非常重要的，因为公猪主要用于配种，需要有强壮、端正的肢蹄。

乳房发育：对公猪腹底线选择没有后备母猪重要。但公猪可以遗传诸如翻转乳头等异常腹底线给所生的小母猪。因此，如果要选留后代小母猪，则公猪应当具有正常的腹底线。

表 2.10 后备种公猪外形评分表

部　　位	评　定　说　明	评定分数	
		满分	得分
基本特征	符合品种特征，雄性特征明显，身体结实匀称，骨骼强壮；被毛光滑而有色泽；膘情适中	40	
头颈	头部大小适中，颈部坚实无过多肉垂	5	
背腰	平直，结合良好	10	
腹部	不下垂	5	
臀部	肌肉发达，腿臀围大	10	
四肢	肢蹄端正，无卧系；系短而强健，步伐开阔，行动灵活；无内外八字形	20	
乳房	发育正常，至少有 6 对正常乳头，乳头排列均匀整齐	5	
外生殖器官	睾丸发育良好，左右对称	10	

四川省畜牧科学研究院于1996—1999年期间测定了四川省内主要种猪场饲养的外种猪的体尺等主要外貌性状，制定了外种公猪的选留与淘汰指标（表2.11），可作选种时参考。

表 2.11　成年公猪的选留与淘汰指标

评定项目	成年种公猪
基本特征	符合品种特征，无凸凹背，体质结实，四肢坚实
体长	长白：170～180厘米　大约克：160～170厘米　杜洛克：140～150厘米
体高	长白：85～95厘米　大约克：85～95厘米　杜洛克：85～95厘米
繁殖性能	性欲强，配种受胎率高；射精量200毫升，精子活力0.8级以上
遗传缺陷	所配母猪的后代中患有锁肛、疝气等个体不超过5%
疾病	患过细小病毒、乙脑、伪狂犬等疾病的个体应淘汰
四肢	结实，无病变

2. 母猪的选择　母猪主要选择其母性能力（高产仔数和断奶重、温驯、易管理、身体结实），其次是背膘厚和生长速度。母猪应满足以下条件：①易受精、受胎，产仔数高；②母猪母性高，泌乳力强；③体质结实；④在背腰和生长速度上具有良好的遗传潜力。

后备母猪的选择标准还包括乳房发育、身体结实度和生产性能。

乳房发育：后备母猪至少需要沿着腹底线均匀分布且正常的12个乳头。后备母猪拥有的乳头数可在断奶前检查，当其达到配种年龄时，必需重新检查这些乳头的发育状况，如发现有瞎乳头，翻转乳头或其它畸形乳头时应当予以淘汰。后备母猪的无效乳头在产仔后将明显降低哺乳仔猪的能力，从而大大降低断奶仔猪数。因此，乳房选择是种用后备母猪选择中的一个重点。

身体结实度：必须从遗传学和经得起环境应激的能力两方面

来评价身体结实度。具有身体畸形的种母猪可能将其缺陷传递给下一代。很多后备母猪必须长时间站立在地面止，并且在配种时要支撑公猪的体重，因此肢蹄结构尤为重要，因为这些性状直接影响母猪的生产性能。通过淘汰群体中肢蹄较差的猪，可提高猪群肢蹄结实度。

生产性能：后备母猪选择的另一个标准就是种母猪的生产性能。包括胴体品质（背膘厚）和生长速度等性状。后备母猪应当具有比猪群平均水平更好的胴体品质和生长速度。

四川省畜牧科学研究院通过测定四川省内主要几个规模化猪场饲养的长白猪、大白猪、杜洛克猪、大白×长白猪4个品种组合329头6月龄后备猪、成年猪的体长、体高、胸围、活体背膘等主要性状，结合品种特征和规模化猪场种猪性能水平制定了规模化猪场成年猪的选留与淘汰指标（表2.12），可供参考。实施结果可促进猪群体型外貌和性能水平的整齐度。

表 2.12　成年母猪的选留与淘汰指标

评定项目	成年种母猪
基本特征	符合品种特征，无凸凹背，体质结实，四肢坚实
体长	长白：140～160厘米　大约克：140～150厘米 杜洛克：130～150厘米　大×长：140～155厘米
体高	长白：75～85厘米　大约克：75～85厘米 杜洛克：75～85厘米　大×长：75～85厘米
繁殖性能	窝产活仔，长白、大约克8～11头，长×大、大×长9～12头；连续3窝产活仔24头或3窝断奶仔猪20头以上；低于上述性能和断奶后30天不发情或连续3次配种失败应淘汰
遗传缺陷	所生仔猪中患有锁肛、疝气等个体不超过5%
疾病	患过细小病毒、乙脑、伪狂犬等繁殖障碍疾病，患乳房炎、子宫炎、阴道炎、蹄病等经治疗无效的母猪，以及生产性能低的母猪应淘汰
四肢	结实，无病变
年限	母猪连续使用超过5年

三、种猪性能测定

（一）国内外发展状况

猪群生产性能的改良，主要取决于育种和饲养管理技术两个方面，其中尤以育种的遗传改良为基础，而种猪的性能测定制度是育种改良的重要技术措施和保证条件。世界养猪先进国家，均建立了科学、严密的种猪性能测定体系，实行测定站测定与场内测定相结合的测定制度，进行良种的统一测定与登记管理，进行种猪展示和市场拍卖，对加速育种进程，推动种猪性能提高，改进猪肉品质，发挥了重要作用。丹麦在1909年首创猪的测定站，开展猪的后裔测定，并于1992年开始进行场内测定，经过几十年来严格的性能测定工作，结合配套的选育技术，使丹麦猪的生产性能取得突破性进展，将原来的脂用型猪改良为现在世界著名的肉用型和腌肉型猪，生长速度和饲料效率也大幅度提高。据1980—1994年间丹麦长白猪性能测定结果表明，日增重由771克增加到960克，耗料指数由2.86降低到2.38，效果十分显著。美国、加拿大、英国、荷兰等国家自60年代以来，开展良种登记管理和种猪性能测定，在猪种改良方面上了新台阶，成为为世界各国提供优良猪种的主要地区。我国台湾在20年前，其养猪生产水平与大陆相似，多采用本地土种猪和二元杂交猪。但随着大量外种猪的引进与饲养，特别是1974年成立了全省性的猪育种委员会以后，把种猪的性能测定纳入猪种改良的中心位置，并辅以配套技术措施，种猪质量得以迅速改良。1979年至1994年间，我国台湾长白猪的日增重提高77克、达877克；料肉比仅2.35:1；背膘厚下降10.8毫米，为13.0毫米，各项性能达世界先进水平。由此可见，种猪性能测定和严格科学的测定制度，对于猪种性能水平的改良和提高，具有十分重要的作用。我国为进一步加快提高猪种的质量步伐，已于1985年起先后在湖北、广

东、四川、北京等省市建立了种猪性能测定中心对核心群猪进行测定，举行优良种猪的公开竞价展示，在一些大型集约化猪场和重点种猪场已陆续建立了测定舍，开展场内核心群种猪的测定和选育工作。

（二）测定方法

种猪性能测定的方法可分为个体性能测定、同胞测定和后裔测定。个体性能测定是指对需要估计性能的个体直接进行测定。同胞测定是指对需要估计性能个体的半同胞和全同胞进行测定。根据亲缘系数（1/4 或 1/2）测定结果的准确性有所下降，但提高测定的同胞数可以改善测定的可靠性。后裔测定可直接观察后代有关数据。实践中存在所需时间长、工作量大等问题。因此，目前世界各国通常采用个体性能测定与同胞测定，或个体性能与后裔测定相结合的综合测定制度。

根据测定方式，种猪性能测定可分为中心站测定和场内测定两种方式。中心站测定是指性状的记录均在特定的中心测定站进行。而场内测定则是所有性状记录在本猪场进行。前者测定容量有限，并且测定成本高。后者测定容量大，测定成本相对较低，尤其适用于猪繁殖性能的测定。许多国家为了在相对标准的、统一的、长期稳定的环境条件和测验方法下开展测定，让供测猪能最大限度发挥其遗传潜力，并能准确测定猪的肥育性能和胴体品质，均采用中心测定站的测定方式。随着测定制度的发展，现种猪性能测定开始采用中心测定站测定同场内测定相结合的同步测定，用两方面的测定结果决定种猪的选留，如英国等实行此法；部分国家如德国、丹麦等已开始实行连续测定，即根据种猪一生中不断出现的测定结果进行育种值估计，并由育种值的高低决定其在群体中存在时间的方法决定种猪的选留。

由于各国的测定方法、测定制度不尽相同，因此测定技术也存在一些差异，具体地说有以下几方面内容：

1. 测定猪的条件　由核心群每年定期选送供测猪。后裔测

定规定1头种公猪与3～4头母猪交配所生的3～4窝仔猪，每窝选2公、2母送测，公猪去势，母猪不去势。根据这12～16头后裔的成绩评定种公猪，按4头全同胞成绩评定母猪。自1981年起丹麦改为后裔测定与个体性能测定相结合的制度，测定群由每窝选3头（1公、1母和1阉公）组成。实行同胞测定制度，则每窝选送阉公和幼母各1头，测定后屠宰不再返回核心群，其测定成绩作为同胞选择的依据。在我国大陆和台湾中心测定站目前则主要采用个体性能测定，即选送日龄在70日龄以下，体重25千克以下同胎健康无病的二头猪为一个送检单位，要求每胎不得超过两个送测单位，经预试后正式测定，测定后优秀个体推广使用。因此最佳测定头数、屠宰头数，应结合各国、各地实际情况，根据选择强度、测定成本、测定能力、测定目的而定。

2. 测定期　各国测定期差异较大，但均是按其体重而不按猪的日龄确定测定的起止时间，这主要是为了便于比较胴体性状。不同国家测定的起始和结束体重见表2.13。多数国家是从25千克开始至90或100千克结束。我国多从30千克开始至100千克结束。

表 2.13　猪的测定起始和结束体重

起始体重（kg）	结束体重（kg）	国　　家
25	90	丹麦、挪威、瑞士
25	100	德国、比利时、荷兰、瑞典
27	90（♂），83（♀）	英国
35	90（♂），100（♀）	法国
30	110（♂），90（♀）	中国台湾、美国
30	100	加拿大、中国

在实际测定中，由于很难做到按时称重和测量活体背膘厚度，因此在评定其性能指数时有必要对实际测量资料进行适当校正。

3. 饲喂方式　国内目前均按照美国制定的饲养标准进行饲

养，欧美洲大部分国家均是按本国制定的饲养标准进行饲养。饲养过程中，各国都非常注重饲料的稳定性，严格监测饲料质量，定期进行化学分析，并依分析结果及时调整饲粮组成。在测定中通常采取不限食方式，这主要是由于限食方式和按年龄或体重实行定额饲喂会限制个体采食能力的发挥，并导致测定站选择的种公猪与其后裔在生产条件下的育种值的不一致，因此，一些原来实行半限食或按体重定额饲喂方式的欧洲国家，现在都改为不限食方式。随着电脑的普及，先进给料系统的诞生及使用，能达到让猪只自由采食，又不浪费饲料的目的，还能通过特殊标记的耳牌，记录同栏群养猪只个体采食量，准确记料。

测定公猪多采用个体饲喂方式，母猪或公猪的同胞则常采用群饲方式。

4. 测定指标 不同的国家根据自己的实际情况，测定指标也不全相同。在丹麦等欧洲国家中心测定站，主要测定个体的日增重、饲料转化率、胴体瘦肉率，其瘦肉率的值实属估测值，是通过超声波扫描仪测定背膘厚度来估测的。背膘部位的测定位点为4个，分别是最后肋、最后肋后5厘米，最后肋前10厘米，最后肋前15厘米。这4个测量点都是离背中线7厘米处。美国、国内的测定指标则主要为日增重、背膘厚度等主要指标。活体背膘厚度测定部位是测肩胛骨后方（约4~5肋处），最后肋骨和腰荐结合距背中线3~5厘米处，左右两侧均可。也有只测后两点膘厚来代表平均背膘厚的。场内测定则主要是根据各种猪场的具体情况，测定指标较为简化，如美国主要测达110千克体重左右的日龄、背膘（第10肋骨处背膘）、眼肌面积、产活仔数、初生重、断奶成活率、21日龄窝重、达115千克重日龄；加拿大的测定指标目前主要为瘦肉率、采食量、达100千克体重的日龄、眼肌面积、眼肌面积在胴体中比率；在我国主要以日增重、背膘厚为主要指标，饲料转化率为辅。

5. 资料的处理办法 根据不同的测定指标及场内测定和中

心测定的具体情况，对测定资料的处理上也有一定差异。

美国、中国中心测定站对生产性能资料的处理方法：

平均日增重(ADG)＝(结束体重－开始体重)/测定日数

（单位：千克）

平均饲料利用率(FE)＝每栏饲料消耗总量/每栏测定猪总增重

平均背膘厚度(ABF)＝三点背膘厚度之和 / 3

（单位：厘米）

校正至100千克膘厚公式：

$$校正膘厚 = 实测膘厚 \times \sqrt{100/实测体重}$$

（单位：厘米）

$$性能指数(I) = 100 + 130(ADG - \overline{ADG}) - 40(FE - \overline{FE}) - 40(ABF - \overline{ABF})$$（长白、大约克猪）

$$性能指数(I) = 100 + 60(ADG - \overline{ADG}) - 40(FE - \overline{FE}) - 45(ABF - \overline{ABF})$$（杜洛克猪）

由于美国在测定结束体重为110千克，因此在校正其体重、日龄、背膘以及腰眼肌面积的公式上与我国有一定差异，如：

$$校正实测体重 = (测背膘日龄 - 测体重日龄) \times 0.795 + 实测体重$$

$$校正日龄 = 实测日龄 + 1.2571(标准体重 - 实测体重)$$

$$校正背膘 = 实测平均背膘 \times \sqrt{标准体重/校正实测体重}$$

（单位:厘米）

$$校正眼肌面积 = 10.63 \times 最后肋骨眼肌厚 + 0.0779(标准体重 - 实测体重)$$

在场内测定,评定猪只综合遗传力时,美国、中国台湾采用:

$$I = 100 + 180(ADG - \overline{ADG}) - 50(ABF - \overline{ABF})$$

在本指数的计算中，各性状间的比重为背膘59%，日增重41%。

加拿大对种猪的性能评定以前常采用：

$Is = -\$0.45EBV_D - \$1.83EBV_F$（父系）

$Id = \$6.18EBV_L - \$0.45EBV_D - \$1.83EBV_F$（母系）

这里：Is 指父系指数，Id 指母系指数，EBV_D 达到规定体重日龄的估计育种值，EBV_F 指背膘厚的估计育种值，EBV_L 指产仔数的估计育种值。

而近几年来已采用：

Is =＄6.31×瘦肉量 EBV－＄1.17×日龄 EBV－＄1.30×采食量 EBV＋＄0.39×眼肌面积 EBV＋＄1.91×%眼肌占胴体比率 EBV

Id =＄3.16×瘦肉量 EBV－＄0.59×日龄 EBV－＄0.65×采食量 EBV＋＄0.20×眼肌面积 EBV＋＄0.96×%眼肌占胴体比率 EBV＋＄12.37×产仔数 EBV

＄：美元。

（三）测定制度

1. 后裔测定 后裔测定制度是由丹麦首创，它对世界猪的选择改良起了重要作用。先后被欧洲一些国家和美国效仿实行。

后裔测定成绩排名在前 1/3，准确性大于 0.70 的公畜（相当于 12 头后裔测定），且各单项性状的“后裔性能育种值”均优于平均者，可作为本场核心猪群候选公畜，其优良的后裔仔猪可送中心测定站，作进一步评估；若成绩优良（在前 1/3 者）可作为正式核心公畜，否则其后裔不宜留为核心群，只能作为繁殖群公畜销售。

种公猪后裔测育种值评估公式（中国台湾）：

育种值＝2×B 值×平均后裔性能离均差

式中 B 值＝(性状遗传力×后裔总头数)÷(B1 值＋B2 值)

B1 值＝4＋性状遗传力×(4＋后裔总头数＋后裔胎数－2)

B2 值＝4×性状共同环境方差值×(后裔胎数－1)

育种值标准差＝性状标准差×$\sqrt{(C1值+C2值)}$

C1 值＝性状遗传力×（1－性状遗传力）

÷同期同品种总头数

C2 值 = 性状遗传力 ÷ 后裔总头数

B1 指数育种值准确性 = $\sqrt{\text{指数育种值 B 值}}$

由于数量遗传学的诞生，并在实践中得到广泛应用，后裔测定制度的一些缺点和不利之处，就逐渐暴露出来：

（1）由于测定站设备和容量有限，受测猪数量较少，经测定合格的种猪常常不能满足育种和生产的要求。

（2）世代间隔长，降低了单位时间内性状的遗传改良速度。实行后裔测定必须等待后代长到 6 月龄后才能得到测定成绩，作为选择亲本的依据，使平均世代间隔延长为 2～3 年，由后裔测定提高的选择准确性，尚不能抵偿因世代间隔延长而造成的损失，其遗传改良速度尚不及同胞选择和个体表型选择。

（3）选择强度低。后裔测定要求被测公猪至少提供 3～4 窝（每窝 3～4 头）后裔，由于种猪场提供的参加测定的种公猪数量有限，因此测定后选择的可能性很小，与个体表型选择比较起来选择强度就低得多，降低了选择反应。而且由于种猪场送检的供测猪数量少，因此对整个猪群的遗传素质没有代表性，测定结果不能准确反映场间猪群性能的差异。

（4）现在应用超声波进行活体测膘和眼肌面积的测定，对遗传力较高的胴体性状可以实行活体度量而按个体表型选择，不必要用屠宰少量后裔的方法去获取胴体资料。

（5）集中测定增加了猪群流动应激和疫病传播的可能。

（6）现在测定站的环境、设施、饲养管理条件等都较为理想化和标准化，与实际生产条件差异较大，在测定站选择出的优良种猪，在实际生产条件下的表现以及其后裔的性能表现优劣顺位可能不一致，使选择达不到预期的目的。由于后裔测定存在以上缺点，从 20 世纪 60 年代起欧洲和北美一些国家开始探索并采用新的测定制度，逐步由测定站后裔测定向场内个体测定、同胞测定或这几种测定制度相结合的方式转化。到现在为止大多数国家

都开展了场内测定。

2. 场内测定 场内测定即是在各种猪场内对需选择留作种用的仔猪进行测定，定期称量活重，结束时进行活体称重和测定背膘厚，我国场内测定通常只测定平均日增重和达到90千克体重的日龄，平均背膘厚，不统计个体饲料效率。场内测定的结果与中心测定站的结果不一定一致，这主要由于测定环境不同造成的，中心测定较场内测定设备完善，环境卫生标准，饲料营养平衡，管理条件规范。有时在中心测定站选择的优良个体在实际生产条件下，本身及其后裔的表现不一定最佳，在两种不同环境下表现优劣顺位上存在一定差异，这主要是因为基因型与环境的互作效应。据有关研究资料表明（表2.14、2.15），各国中心测定站与场内测定的遗传相关值不同，其中，北美的遗传相关值大大

表 2.14 中心测定（CT）与场内测定（FT）后裔性能间的遗传相关

资料来源	后裔性别		日增重[1]	背膘厚[2]
	CT	FT		
Standal（1977）	F[4]	M[4]	0.45	0.65
Bampton 等（1977）	M	F	0.23	0.34[3]
Schulte－Cuerne 和 Simon（1978）	F	M	0.06	0.08
Roberts 和 Curran（1981）	M	M	0.02	0.46[3]
	F	M	0.08	0.20
Groeneveld 等（1984）	F	M	0.08	0.20
Sonnicchsen 等（1984）	F	M	0.20	0.72
Sellier 等（1985）	M	M	0.45	0.32
	M	F	0.30	0.48
Merks（1989）	F	M	0.42	0.30
	F	F	0.46	0.29
	F	F	0.57	0.75

注：

1. 指中心测定时的日增重和场内测定时按年龄计算达到的体重；2. CT的胴体背膘厚和FT的超声波活体背膘厚；3. CT和FT的“C”点膘厚；4. F＝母猪，M＝公猪

选自 Merk.J.W，M.Livest.Prod.Sci.，1989，22：325～323

表 2.15 中心测定（CT）和场内测定（FT）间的遗传相关（RG）

CT 公猪性状	FT 达 90 千克日数		FT 背膘厚	
	公 猪	母 猪	公 猪	母 猪
达 90 千克日龄	0.80	0.74	0.07	0.00
背膘厚	0.30	0.09	0.85	1.04

选自 T.A.Van Diepen 和 B.W.Kennedy，J.Anim.Sci.，1989，67（6）1 425～1 431

超过欧洲，这主要由于欧洲在两种测定方式下环境差异大，而北美较小。为此，为更好、更准确地测定猪只性能，中心测定站的条件要尽可能接近场内测定条件，让中心测定向场内生产条件转变，在这种条件下选择出的性能较好的个体，比在中心测定优越条件下选择出的良好个体更适应环境，具有更大的生产潜力。为此，场内测定要与中心测定相结合，在场内对送往测定站测定的公猪的同胞（公猪和母猪）进行个体性能的测定，将场内所获得的日增重和活体背膘厚与测定站同胞资料合并，以估计育种值。这种测定制度大大增加了测定猪数量，提高了测定效率和降低了测定费用。场内测定除中心测定站相似的生产性能测定外，还包括母猪繁殖性能测定、后裔性能测定。因此场内测定的范围更广，测定结果更为准确。

（四）氟烷基因型检测

氟烷基因为一种应激基因，携带该基因的猪只在受到自然刺激因子（如转群、高热、低温、运输、驱赶、争斗、饥饿等）作用下，会出现异常反应甚至死亡的现象。这种现象又称应激综合征。该应激综合征主要发生于一些高瘦肉率猪种，如皮特兰、长白猪、大约克夏猪等，引起肉质下降，产生 PSE 猪肉。据报道，英国劣质肉损失约为全部屠宰猪肉量价值的 2.2%；美国每年损失约为 3.2 亿美元。在生长性状上表现为日增重高（任食），胴体性状上表现为瘦肉率高，屠宰率高和背膘薄。在繁殖性状上母猪产仔数少，公猪射精量低（表 2.16、2.17）。

表 2.16 不同表现型猪的经济性状

表现型	生长性状	胴体性状	繁殖性状	应激综合征
N N	优	劣	优	无
n n	优	优	劣	严重

表 2.17 不同基因型猪的经济性状

基因型	生长性状	胴体性状	繁殖性状	应激综合征
HAL^{NN}	优	劣	优	无
HAL^{nn}	劣	优	劣	严重
HAL^{Nn}	优	优	优	无

由表 2.16、表 2.17 可知含氟烷杂合子（HAL^{Nn}）的猪只在生长、胴体和繁殖性状上均优于纯合型（HAL^{NN}），因此在选种时，容易把这种部分猪只作为主要选择对象，使 HAL^{n}基因频率在猪群中比例增高，这在选种时需权衡利弊。

自 20 世纪 60 年代以来，人们就了解了该应激基因的存在，为了剔除该有害基因，各国开始了氟烷测验，即用氟烷麻醉的方法人工诱发猪的应激综合征，活体鉴别猪应激敏感性。在临床上应用的氟烷浓度通常为 1.5%～5.5%，混合氧气流量为 1 500～2 500毫升/分。将供测猪的鼻与嘴一起套入专用的氟烷麻醉机的测试罩内 3～5 分钟。测试开始 10 秒后，若被测猪四肢呈现僵直反应、体温升高、呼吸局促、心搏过速、皮肤发绀、全身颤栗等反应，则认为是氟烷阳性猪（HAL^{nn}），如果经 3～5 分钟测试后仍不出现肌肉僵硬症状，即为氟烷阴性猪（HAL^{NN}）或氟烷杂合子猪（HAL^{Nn}），对出现应激症状的阳性猪应立即停止测试，以免造成死亡。测定猪只年龄通常在仔猪出生后 8～12 周龄。

由于这种方法不能识别氟烷杂合子和氟烷阴性猪，且操作复杂，误差大，人们开始研究新的测定方法。发现猪的应激综合征主要是由猪兰尼受体基因（又称为氟烷基因 Hal）的突变引起的，即是 RYR1 基因中 C1843 突变为 T1843，使受体蛋白第 615

位精氨酸（Arg）变成了半胱氨酸（Cys），从而引起其结构和功能的变化。当应激发生时，Ca^{2+}大量非正常的释放，引起肌肉持续收缩，产生应激综合征。近年来，猪的应激综合征给世界养猪业造成巨大的损失，一些养猪业发达的国家纷纷开展氟烷基因的检测，淘汰 Hal 阳性携带者，甚至培育不含 Hal 应激基因的抗应激品系。

我国目前已引入大量外种猪用于商品肉猪生产，随着养猪规模化程度提高，采用外种猪间杂交生产商品猪的数量和比例不断增加，在种猪场开展 Hal 基因检测，剔除 Hal 应激基因日益重要和迫切。四川省种猪性能测定中心，已应用 PCR－RFLP 诊断技术将氟烷基因型作为种猪性能测定的常规指标进行检测。

具体检测方法分为三步：从全血或毛囊中提取 DNA；将提取的 DNA 进行 PCR 扩增；运用 HhaI 酶对 PCR 产物进行酶切以鉴别氟烷基因型。

1.DNA 的提取　血样 DNA 的提取：取 3～6 微升全血放入装有 1 毫升双蒸水的小离心管中，静止 30 分钟，去上清液，加入 DNA 提取液，56℃温育 30 分钟，然后 94℃变性 10 分钟，随后 0℃急冷。

毛囊 DNA 的提取：取 4～6 根带毛囊的猪毛从根部剪取 0.3～0.4 厘米于离心管中，加 DNA 提取液，再加含蛋白酶 K 的缓冲液，56℃温育 2.5 小时，然后 94℃10 分钟，使蛋白酶 K 失活，DNA 变性，然后放置 0℃急冷。

2.PCR 扩增的反应条件

10×buffer（含 $MgCl_2$15 毫摩尔）	5 微升
dntp（2.5 毫摩尔）	2 微升
引物　A	2 微升
引物　B	2 微升
双蒸水	18.4 微升
模板 DNA	20 微升

Taq DNA polymerase　　　　　　　0.6 微升

反应体系为 50 微升，所用引物 A 碱基序列为：5 - TCCAGTTTGCCACAGGTCCTACCA - 3；引物 B 碱基序列为：5 - ATTCACCGGAGTGGAGTCTCTGAG - 3。

将上述所有试剂及引物混入 PCR 导热管中，混匀，加 20 微升石蜡覆盖在其表面。

变性温度 94℃1 分钟，退火温度 63℃1 分钟和延伸温度 72℃1 分钟，进行 35 个循环的 PCR 扩增，然后 72℃延伸 10 分钟，最后 4℃保存。

3. 酶切及电泳　2%的琼脂糖 100 伏 30 分钟电泳检查 PCR 扩增产物，将 10 微升 PCR 扩增产物，用 10 微升的 Hhal 内切酶在 37℃下消化 3 小时，用 2%琼脂糖，在 30 伏电压下电泳 1.5 ~ 2 小时，EB 染色 20 ~ 30 分钟，在紫外线成像系统中观察酶切图谱，判别氟烷基因型。

从血样和毛囊中提取的 DNA，经过 PCR 扩增均能得到非特异性产物，其片断长度为 659bp，且通常血样中产物的浓度高于毛囊中产物浓度。由于 Hhal 内切酶的识别位点为 5’ - GCGC - 3’，它存在于 Hal^{n} 链中，当 RYR1 未发生突变时，1843 碱基为胞嘧啶 C，因此 Hhal 酶可把 659bp 片断酶切成 493bp 和 166bp 两条带，即为氟烷阴性纯合子（Hal^{NN}）；当胞嘧啶突变为胸腺嘧啶 T 时，则 Hhal 酶不能识别，因此只能看见一条带，为氟烷阳性纯合子（Hal^{nn}）；当 DNA 一条链发生突变，而另一条链正常时，Hhal 只能识别一条链，得到 659bp、493bp 和 166bp 三条带，为氟烷杂合子（Hal^{Nn}）。

目前，许多国家已经对大量的不同品种（系）猪进行了氟烷基因检测，概括起来，氟烷阳性发生率如下：比利时的皮特兰、长白猪发生率最高为 50% ~ 100%；爱尔兰、挪威和丹麦产的长白猪发生率为 4% ~ 9%；英国的长白猪为 11%左右；荷兰和法国的长白猪为 13% ~ 23%；德国长白猪为 80%。杜洛克和约克

夏猪发生率较低，为0%~3%。四川省种猪性能测定中心测定62头长白猪中，发生率为16%。

由于氟烷基因在上述外种猪中占有一定比例，在种猪生产群中要彻底将其剔除工作量是很大的，且耗时长久，经济上也不利，因此在选种选育时，一方面通过氟烷基因型检测，培育抗应激品系，另一方面制定科学的杂交育种方案，合理有效利用含氟烷应激基因生产优质高瘦肉率的商品肉猪。

（五）国内中心测定站测定方法

近年来，我国各主要种猪场在对现有种猪选育的基础上，还投入大量资金，相继从国外引进大批长白、大约克夏和杜洛克等优良种猪，为了检验评定各猪场种猪的性能水平，促进各场加强种猪选育工作，于1985年起先后在湖北、广东、四川、北京等省、市建立了种猪性能测定中心，并开展了大量的种猪性能测定工作，加快了种猪质量改进的进程，为规模化猪场和养猪生产提供了优良种源。目前我国尚未制定统一的测定方法，中心测定站主要采用个体测定，现以四川省种猪性能测定中心为例介绍测定方法。

1. 送检猪的要求 送检猪只送检日龄应在70日龄以下、体重为20~25千克，健康无病，送检前应注射三联苗、副伤寒、气喘病疫苗、口蹄疫苗、乙脑疫苗。同一公猪血缘的后代不得超过2个检测单位（同窝两头猪为1个检测单位）。

2. 日粮 种猪性能测定料配方见表2.18。

表2.18 饲料配方与营养需要

原料名称	玉米	豆粕	糖蜜	磷酸氢钙	碳酸钙	食盐	微量矿物质	维生素预混料	抗生素预混料	防霉剂	代谢能（兆焦/千克）	粗蛋白质（%）	钙（%）	磷（%）	赖氨酸（%）
比例	68.25	26.0	1.65	2.00	0.60	0.50	0.20	0.10	0.50	0.20	13.05	17.60	0.85	0.70	0.94

3. 饲养管理 测定在同一幢猪舍进行，1个检测单位的两个猪只同栏饲养，环境条件一致。送检猪只进场后统一编号，进入预试期。预试期间饲喂测定料，任食。在预试期间针对各送检猪只实际免疫情况进行强化免疫，同时还抽取各送检猪只2~3毫升血样进行氟烷基因型检测。每栏平均体重达30千克时开始测定，饲料生饲，计量不限量，自由饮水。测定开始之日起，每四周称重一次，计算阶段日增重和饲料报酬，送检猪只体重达100千克时结束测定。测定结束时测定猪只肩部、胸腰结合处、腰荐结合处三点背膘厚。

4. 测定内容 测定30~100千克体重期间日增重、耗料指数、平均背膘厚度，检测各猪只氟烷基因型。并根据平均日增重（ADG）、耗料指数（FE）和平均背膘厚度（ABF）三性状，计算种猪个体综合指数值，指数式为：

L、Y品种 $I = 100 + 130(ADG - \overline{ADG}) - 40(FE - \overline{FE}) - 40(ABF - \overline{ABF})$

D品种 $I = 100 + 60(ADG - \overline{ADG}) - 40(FE - \overline{FE}) - 45(ABF - \overline{ABF})$

其中L、Y、D分别代表长白猪、大约克夏猪、杜洛克猪。

5. 测定结果 种猪性能测定结果见表2.19、2.20和图2.1。

表 2.19 各品种猪性能测定结果

品种	头数	测试期平均日增重(克)	校正背膘厚(毫米)	耗料指数
长白猪	59	854.94	16.79	2.89
大约克夏猪	39	893.47	16.40	2.66
杜洛克猪	23	865.49	16.40	2.63

表 2.20 各品种氟烷基因型检测结果

品种	样本数（头）	Hal^{NN}	Hal^{Nn}	Hal^{nn}	Hal^{n}频率
长白猪	63	55	8	0	6.35%
大约克夏猪	39	39	0	0	0%
杜洛克猪	27	25	2	0	3.70%

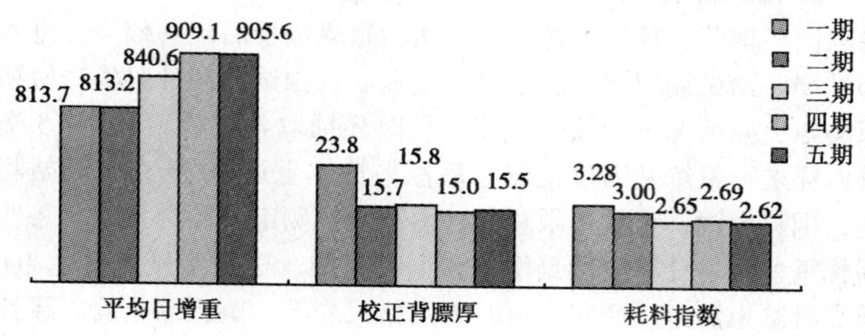

图 2.1　种猪性能测定结果

在五期测定中检测了 129 头送检猪只的氟烷基因型，其中 10 头猪只的氟烷基因型为阴性纯合子（Hal^{NN}），有 8 头长白猪、2 头杜洛克猪基因型为阳性杂合子（Hal^{Nn}），长白猪中 Hal^{n} 基因频率为 6.35 %，杜洛克猪中 Hal^{n} 基因频率为 3.70 %。

测定结果经有关专家评定，选择体型外貌较好、无明显遗传损征、不含氟烷阳性基因、综合指数值在 100 以上的优良个体参加种猪竞价展销。

四、杂交组合的选择

（一）杂交的方式

杂交是提高猪群遗传潜能的重要措施之一。它是指来自血缘无关群体，即不同品种或品系的家畜间的交配。杂交已在全世界畜牧生产中得到广泛的应用，并构成大多数国家商品猪生产的基础。杂交的目的是加速猪品种改良以及利用杂种优势来提高商品猪生产性能。根据其目的不同，杂交可分为育成杂交、改良性杂交及生产性杂交，其中，生产性杂交是通过杂交获得生活力强、生产力高的杂种猪用于育肥，利用其杂种优势来达到提高商品猪质量，增加经济效益的目的。它根据品种多少和利用方式的不

同，常分为以下几种杂交模式。

1．两品种简单杂交（又叫二元杂交）　它是我国养猪生产中应用广泛而且比较简单的一种方式。用两个品种（或品系）的公母猪进行杂交，利用杂种优势来生产商品猪（图 2.2）。当前在我国农村经济条件下，一般选择本地母猪与外种公猪（如长白猪、大白猪或杜洛克猪）进行杂交生产商品肉猪，二元杂交的优点在于杂交方式简单，仅需一次配合力测定，能获得个体杂种优势，具有杂种优势的后代比例能达到 100%。其不足在于繁殖性能的杂种优势不能得到充分利用，因为杂一代全作商品猪。

2．三品种杂交（又叫三元杂交）　从两品种简单杂交所得到的杂种一代母猪中，选留优良个体，与另一品种的公猪进行杂交，产生的后代作为商品肉猪（图 2.3）。三元杂交在我国养猪生产中具有重要作用。在经济条件较好的农村，一般采用本地母猪与长白或大白公猪杂交生产长本或大本二元杂种母猪，再用杜洛克杂交生产杜长大或杜大长商品肉猪。该方法的优点主要是能

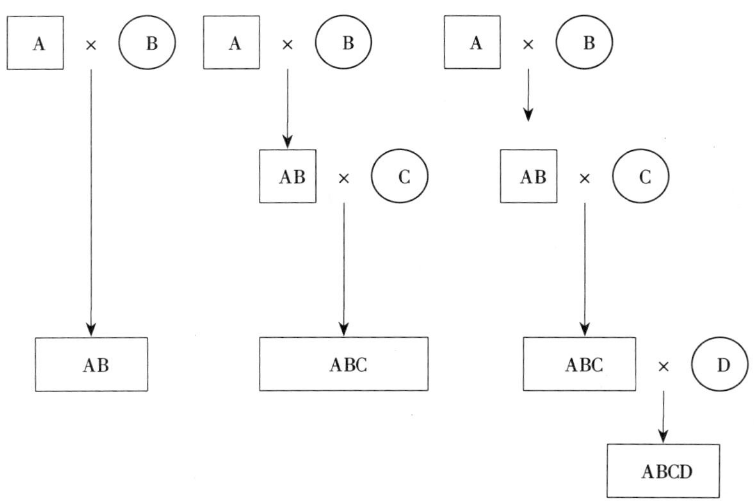

图 2.2　二元杂交　　图 2.3　三元杂交　　图 2.4　四品种简单杂交

获得较高的母本和后代的杂种优势，尤其是繁殖性能，通过杂种母本的再利用，杂种优势更高。一般来说，三元杂交方法在繁殖性能上的杂种优势率较二元杂交方法高出一倍以上。但该方法的缺点是杂交繁育体系较为复杂，需要保持三个品种（系），制种时间较长，需要两次配合力测定。

3. 四品种杂交　四品种杂交可分为两种形式，第一种形式是利用三品种杂交所得到的杂种母猪，再用另一品种的公猪与之杂交，杂交后代作商品猪（图 2.4）；另一种形式是用四个品种的猪，首先分别进行两两杂交，从其杂交后代选留优良个体，再进行杂交，又称为双杂交（图 2.5）。该方法可以充分利用杂种公母猪的杂种优势，但需要的亲本多，而且要进行杂种公猪和杂种母猪的制种，建立繁育体系复杂。

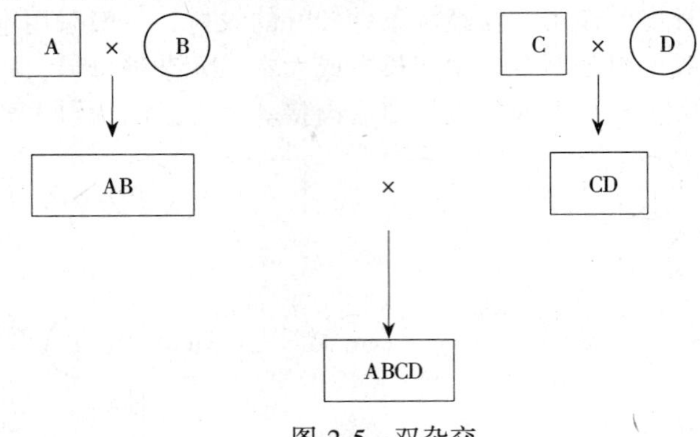

图 2.5　双杂交

（二）杂种优势

杂种优势（heterosis 或 Hybrid Vigour）这一术语是沙尔（G.H.Shull）早在 1914 年提出来的，以后逐渐被广泛应用。从遗传学观点看，杂交可理解为位点基因频率不同的两个畜群间的交配，这就意味着交配双方有关位点基因频率和基因型频率有着明显差异，这种差异的重组容易产生杂种优势。因此，我们可以把杂种优势定义为正、反交杂种后裔的某一性状平均数与双亲品种

该性状平均数之差，用百分数表示称杂种优势率（H%）。

$$H\% = \frac{1/2\left[(AB+BA)-(A+B)\right]}{1/2\times(A+B)}\times 100$$

这样，为了度量两种群间完整的杂种优势必须在杂交试验中设计正交群（MF_1）和反交群（MF_1'），以及父本纯繁群（MP_1）和母本纯繁群（MP_2），则杂种优势率又可表示为：

$$杂种优势率 = \frac{(MF_1+MF_1')-(MP_1+MP_2)}{MP_1+MP_2}\times 100\%$$

在一般书籍和文献中，通常把引进品种父本与本地猪母本杂交称为正交，反之则称为反交。如在杂交试验中，仅按正交群与两亲本均值之差来度量，则应注明正交杂种优势。需要说明的是，杂种均值可以大于亲本均值，也可以小于亲本均值，前者叫正杂种优势，后者叫负杂种优势。正杂种优势数值并不都是人们所期望的，例如达 100 千克体重日龄，背膘厚，料肉比均应以负杂种优势数值为好。其次，杂种优势大小仅指某一性状而言，并不代表其它性状，更不代表整个群间的杂种优势。如 A、B 两种群杂交时产仔数的杂种优势率为 10%，则 10% 只表明产仔数的杂种优势率，不能代表其它任何性状。因为其它性状如胴体性状的杂种优势率可能很小，甚至可能为负值。

1．杂种优势的理论基础 杂种优势与近交退化是同一个遗传机制的两个方面，两个现象的出现取决于动物个体的杂合度或纯合度，降低杂合度可出现近交退化，而当杂合度增高时，则出现杂种优势效应。Shull 和 East、Bruce 分别对杂种优势产生的原因作了大量的研究，提出了不同的假说，归纳起来有以下几种学说或理论。

（1）显性学说 众所周知，控制家畜的各性状的许多基因常有显隐性基因之分。早期以布鲁斯（Bruce，1910）等人为代表认为显性基因所控制的性状都表现优良，而隐性基因所控制的性状，往往表现较差。如果选用这些带有显隐性等位基因的亲本相

互进行杂交，那么，在子一代基因组合中，凡显隐性基因结合在一起，其性状都表现显性基因的作用，从而表现杂种优势。显性学说强调的是基因的互补作用，由于基因的互补，使每个位点上的隐性基因均被有利的显性基因所遮盖，从而杂种超过亲本。例如：假设控制猪的日增重有两对等位基因，AA 和 BB 的表型值为 600 克，aa 和 bb 的表型值均为 300 克。A 对 a、B 对 b 为完全显性，现有 AAbb 和 aaBB 杂交，F_1 则为 AaBb（表型值 1200 克），（其中 Aabb 表型值 900 克，aaBB 的表型值 900 克）。一代杂种平均值 1200 克较亲本 900 克日增重多 300 克，其主要原因就是显性基因起了重要作用，结果出现了杂种优势。

（2）超显性学说　超显性引起的杂种优势，是由两对以上的不同等位基因共同影响某一性状所造成的。该学说最先由 Shull（1911）提出，认为杂种优势是基因型不同的配子结合后产生的一种刺激发育的效应。后来 East（1918）认为某些位点上的等位基因在杂合体中发生的互作有刺激生长的功能。因此，杂合体比两个亲本纯合体显示更大的生长优势。在生产实践中，往往是若干对具有超显性作用的基因同时影响一个性状。仍以猪日增重为例，假设该性状由 A_1A_2 和 B_1B_2 两对基因控制，纯合子 A_1A_1、A_2A_2、B_1B_1、B_2B_2 的表型值为 300 克，A_1A_2 和 B_1B_2 表型值为 400 克，如用基因型为 A_1A_1 B_1B_1（表型值 600 克）和 A_2A_2 B_2B_2（表型值为 600 克）杂交，则 F_1 代 $A_1A_2B_1B_2$ 表型值为 800 克。超显性学说认为 F_1 代 A_1A_2 B_1B_2 的杂种优势是由于等位基因间的互作效应所致，这种互作效应使杂合体表现出更大的适应性。

（3）上位学说　上位学说指非等位基因间的互作，这种互作可能是互补，则出现正的杂种优势，也可能是相互抑制，则 F_1 代表现出倾向于低值亲本，杂种优势可能出现负值或零。由于上位基因互作的种类和性质十分复杂，上位效应造成的杂种优势往往也难于预测。因此，一般在估计杂种优势时，上位效应对杂种

优势的贡献常常忽略不计。

(4) 遗传平衡假说　该假说认为任何性状的形成都是这个性状在选择过程中受多种遗传因素及外界环境条件对该性状不同方向影响的效果。在基因型不同的个体间杂交时，杂种后代将具有不同比率的遗传平衡，其大小与亲本相比将出现增高或减小的变化，即出现正或负的杂种优势。

2. 杂种优势的类型　经过性能测定所得到个体记录可能受到三种效应的影响，如母猪产仔数可能受到：父本效应（指公猪配种，受精能力）；母本效应（母猪排卵数、生活力和抵抗力）；个体效应（指仔猪生活力和抵抗力）。因此，杂种优势一般也分为三种类型。

(1) 父本杂种优势（paternal heterosis）　取决于公猪基因型，是指杂种代替纯种作父本时公猪性能所表现的优势。表现在杂种公猪比纯种公猪性成熟早，睾丸较重，射精量较大，精液品质较好，受胎率较高，年轻公猪性欲强等特点。因此，父本杂种优势主要影响其繁殖性能，对生长和胴体性状影响不大。

(2) 母体杂种优势（maternal heterosis）　取决于母猪基因型，是指杂种代替纯种为母本时所表现出的优势。表现在杂种母猪比纯种母猪产仔多（一般来说产仔数母本杂种优势率为10%左右），泌乳力强，体质健壮，断奶窝重也相应较高，据报道 F_1 母猪断奶窝重的母体优势率达10%。母本杂种优势在生长和胴体性状上表现甚微。

(3) 个体杂种优势（individual heterosis）　又称直接杂种优势（direct heterosis）或后代杂种优势（offspring heterosis），指杂种仔猪本身呈现的杂种优势。主要取决于杂交商品猪的基因型。个体杂种优势主要表现在杂种仔猪比纯种仔猪生活力更强，死亡率降低，生长速度较快等方面。据资料报道，两品种杂交时仔猪断奶窝重的子代杂种优势效应在12%左右，杂种仔猪断奶至上市体重的日增重的优势率也可达到7%左右，而背膘厚，眼肌面积等

胴体性状的个体杂种优势很低，仅1%左右。

3．杂种优势及其效应的估计 因杂种优势效应是由群体特异和性状特异形成的，对杂种优势效应的估计必须进行杂交试验。为此，可以使用不同的试验设计。例如：采用双列杂交试验设计估计群体A与B间子代杂种优势和母本杂种优势的试验。子代杂种优势的估计：

$$h = 1/2 \times (AB + BA) - 1/2 \times (AA + BB)$$

式中 AA——纯系A的均数

BB——纯系B的均数

AB——A为父本B为母本的F_1代均数

BA——B为父本A为母父的F_1代均数

两个正反交F_1代含有不同母本效应和父本效应。因此必须对两个F_1代都进行测定。

母本杂种优势的估计：

$$hm = 1/2\,[C(AB) + C(BA)] - 1/2\,(CA + CB)$$

式中，C（AB）以C为父本F_1为母本的三元杂交均数，此处的F_1是以A为父本B为母本。

由上式可以看出进行母本杂种优势的无偏估计是需要很高的费用。

从表2.21、2.22可以看出，猪在繁殖性状上杂种优势表现得十分突出，特别是母本杂种优势，而肥育性状上的杂种优势表现中等，遗传力很高的胴体品质性状无杂种优势。从表2.23可以看出杂种优势效应的变异范围较大，由文献引用的杂种优势的平均值对育种规划计算来说仅仅是一个粗略的依据。

（三）遗传互补性

1．遗传互补性的概念 遗传互补性要涉及到多个性状的复合。一般来说，猪的生产性能和繁殖性能往往为负相关关系。如果两个群体在有关生产性能和繁殖性能间相互补充时，我们说两者存在遗传互补性（表2.24）。

表 2.21 猪子代杂种优势效应的平均估计值

性状		Sellier，1976		Johnson，1981	
		绝对数	相对数	绝对数	相对数
繁殖性能	产仔数	+0.30	3	+0.23	3.5
	断奶仔数	+0.45	6	+0.70	10.2
	断奶日增重（千克）	+0.50	5	+0.26	2.8
	断奶窝重（千克）	+9.00	12	+4.2	12.0
肥育性能	日增重（千克）	+40	6	+60	8.8
	肥育期（日）	-10	-5	-12.7	-6.9
	饲料转化率（千克/千克）	-0.08	-3	+0.02	0.6
胴体品质	背膘厚（厘米）	—	—	+0.04	1.3
	眼肌面积（厘米^2）	—	—	+0.23	0.8

表 2.22 猪母本杂种优势的平均估计值

性状		Sellier，1976		Johnson，1981	
		绝对数	相对值%	绝对数	相对值%
繁殖性能	产 仔 数	+0.75	8	+0.93	9.9
	断奶仔数	+0.95	11	+0.93	13.0
	断奶日增重（千克）	0	0	+0.15	2.8
	断奶窝重（千克）	+8.00	10	+6.40	16.7

表 2.23 猪各性状杂种优势变异范围

（Sellier，1976）

性状	子代杂种优势			母本杂种优势		
	最小	最大	N	最小	最大	N
产仔数	-0.4	+1.6	12	+0.3	+1.8	7
断奶仔数	-1.4	+1.7	12	+0.4	+1.2	7
断奶仔重（千克）	-5	+11	10	-4	+3	5
断奶窝重（千克）	-5	+26	10	+2	+18	5
日 增 重（克）	+10	+80	16			
屠宰日龄（天）	-3	-19	13			
饲料比率（千克/千克）	0	-0.27	14			

表 2.24 遗传互补性

	合成育种	二元杂交
生产性能	两样本均数	两样本均数
繁殖性能	两样本均数	高繁殖性能育种系
子代杂种优势	利用一半	全部利用
母本杂种优势	利用一半	没利用

繁殖性能几乎只依赖于母本的遗传素质，就生产性能而言，子代生产性能素质是决定性的。在一个杂交方案中，当一个具有高繁殖性能群体作为母本系，而另一个具有特别理想的生产性能群体作为父本系时，可以利用遗传互补性。

2. 利用遗传互补性的举例 我国有许多优良的地方猪均以高繁殖力著称，这样的群体作为母系是十分适宜的。一些欧洲猪种具有很高的生产性能，通过利用这一遗传互补群体差异可望得到一个持久地改善猪生产性能的结果。从以下合成育种和二元杂交比较可以看出利用遗传互补性的优点：使用二元杂交，可以全面利用一个群体母本高繁殖性能。

（四）杂交组合的确定

1. 配合力测定 早在 1942 年，Sprague 和 Tatum 根据对玉米数量性状的研究和杂交育种的经验，首次提出了配合力的概念。作为度量亲本间配合效果的指标。杂交育种经验告诉我们，亲本本身的表现与其杂交后代的表现并不一致，有些亲本本身表现很好，但所产生的杂交后代并不理想。相反，有些亲本本身的表现并不优秀，但能从它们的杂交后代分离出很优秀的个体或组合。优良品种不一定是优良的亲本。这种因双亲交配组合的不同而表现出后代的差异，表明不同亲本间有不同的组合能力，称为配合力（Combing Ability）。它是反映品种或品系通过杂交能够获得杂种优势的程度。配合力测定，可为最佳杂交组合筛选，正确选配亲本提供科学依据。

配合力可分为一般配合力（General Combining Ability，GCA）

和特殊配合力（Specific Combining Ability，SCA）。一般配合力是指一个纯育亲本在一系列杂交组合中的平均产量或其他性状的表现，更确切地说，GCA 是指某种群与其它种群杂交的后代均值，与所有种群两两间杂交的后代均值之间的差异。用公式表示：

$$GCA = u_i - u$$

式中，u_i 为 i 种群与其他种群杂交的后代均值，u 为所有种群间杂交的后代均值。

特殊配合力是指某一特定组合 F_1 的实测值与其由双亲一般配合力得到的预测值之差。即两种群特定杂交组合的后代均值，与其双亲性状平均数相比较的差值，用公式表示为：

$$SCA = u_{ij} - u_i - u_j + u$$

式中，SCA 是 i 与 j 种群杂交组合的特殊配合力，u_{ij}是 i 与 j 种群杂交后代均值；u_i 和 u_j 分别是 i 与 j 种群的一般配合力；u 是所有种群间杂交的后代均值。

通常采用双列杂交来测定配合力，最理想的试验设计是完全双列杂交，即包含所有种群间正、反交杂交组合和纯种繁殖组合。在生产中，由于受经费、场地限制，在猪育种中配合力测定一般都只设正交组，不设反交组和纯繁组。例如外种猪品种有 3 个 A、B、C，本地猪品种有 3 个 D、E、F。其正向杂交试验设计有 9 个杂交组合（表 2.25），每个组合可喂数目不等的仔猪，这样可采用线性模型来估计猪群的 GCA 和 SCA，筛选最佳杂交组合。

表 2.25　正向杂交试验设计

母本 父本	D	E	F
A	AD	AE	AF
B	BD	BE	BF
C	CD	CE	CF

2. 国外优良杂交组合利用概况 近年来，发达国家养猪生产向高产、优质、高效方向发展，据联合国粮农组织（FAO）生产年鉴 1994 年资料报道，欧洲猪存栏数和产肉量分别为21 958.1万头、2 471.8 万吨，分别占世界的 25.08%和 33.31%，以占世界 1/4 的存栏猪生产了 1/3 的猪肉。这反映出发达国家养猪生产科学与技术的进步。随着现代养猪生产技术的迅速发展，欧美等发达国家以其雄厚的技术实力，牢牢地占领了优质猪肉的市场。

在优质肉猪的生产过程中，各个国家根据自己的实际情况，采取了不同的杂交组合模式，但主要杂交方式还是采取杜长大、杜大长或专门化品系配套生产优质杂优猪。丹麦年存栏 1 400 万头猪，出栏 2 000 万头肉猪，80%用于出口，对欧盟市场出口中占总出口量 2/3。商品猪生产模式主要采取杜长大、杜大长或汉杜 × 长大或汉杜 × 大长的四元杂交模式。英国年出栏商品猪 1 400万头，价值 10 亿英镑，商品猪生产以级近杂交和三元杂交方式为主。此外，为增加户外饲养母猪的抗逆性，母猪品种组合为长杜和大杜，杂交组合为大长杜和长大杜。美国是一个养猪大国，年出栏肉猪 1 亿多头，年产值 100 多亿美元，商品猪生产体系采用三元或四元杂交与配套系杂交生产为主，小规模生产者采用三元或四元杂交方式，主要组合有杜长大、杜大长、汉杜 × 长大、汉杜 × 大长。大规模商品猪场多采用专门化品系配套生产商品杂优猪。

专门化品系是指具有一、二个突出性状，配置在完整繁育体系中不同阶层的指定位置，承担专门任务的品系。专门化品系又分为父系和母系。随着现代遗传育种学的进展，对性状间的相关研究证明，猪的重要经济性状间有的是正相关，有的是负相关，要求一个品种既具有产仔多、肉质好、又具有生长快、胴体瘦肉率高等优点是不切实际的。如果育种目标所选择的性状越多，则群体遗传进展越小。相反，如果在一个群体内选择一二个突出的优良性状，不仅可能，而且遗传进展也较快。在选择实践中，对专门化父系要求有优良的肥育性状和胴体性状，以及良好的雄性机能，对母系则要求具有良好的繁殖性状，辅以生长性状，然后通过配合力测定，确定优良的杂交配套组合，生产商品杂优猪。这种商品杂交猪能综合父、母系的优点，并且有高度的杂种优势，更能适应多变的市场需求。如迪卡猪合成系（图 2.6），它由五个专门化品系杂交而成，按其生产性能将 A 系 B 系作为父系猪，C 系 D 系作为母系猪，生产的 ABCD 优质商品猪畅销港澳市场。英国考索尔猪则采用三系配套生产商品猪（图 2.7），其中 A 系由更赛、长白威尔斯等多品种杂交育成的综合品系，B 系为纯种选育系，D 系为第二父系。荷兰对世界 20 多个高产猪种进行了细致的研究和杂交配合力测定，并从中选育成 9 个品系，从这些系间杂交中培育出了著名的亥波尔猪专门化品系（图 2.8）。作为杂交亲本，生产商品杂优猪。不断满足市场对优质肉猪的需求。

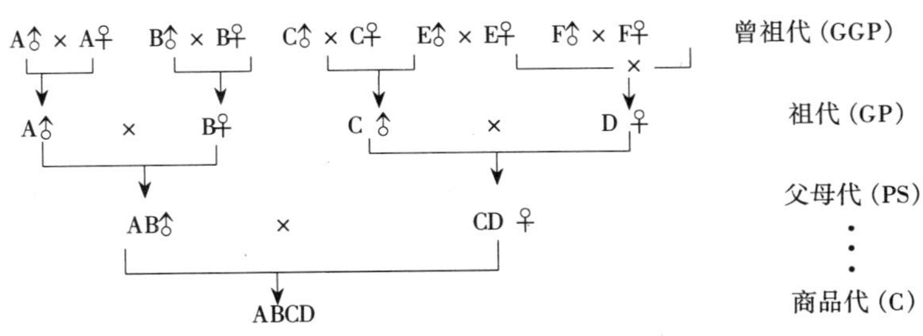

图 2.6　迪卡猪合成系

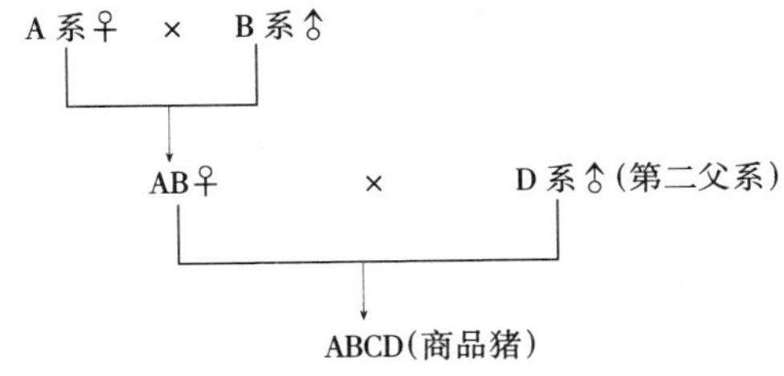

图 2.7　考索尔猪生产体系

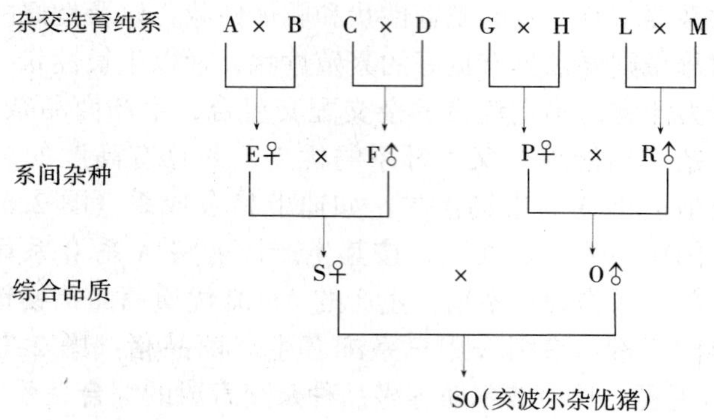

图 2.8　亥波尔杂优猪生产体系

3. 我国优良杂交组合利用概况　我国是 12 亿的人口大国，也是养猪生产大国。多年来，我国在猪的杂交模式的研究上取得了重大成就。20 世纪 70 年代中期，在全国范围推广公猪外来良种化、母猪本地良种化、商品猪杂交化的二元杂交模式，并开展了一些杂交组合试验，筛选了适合各地养猪生产实际的杂交组合。"七·五"期间，国内对 17 个品种系的 265 个杂交组合进行了 146 批次的试验，筛选出了 8 个优良杂交组合，分别为：杜洛克×（长白×北京黑猪）、大约克×（长白×北京黑猪）、杜洛克×上海白猪、杜洛克×湖北白猪、杜洛克×浙江中白猪、杜洛克×（长白×嘉兴黑猪）、杜洛克×（长白×太湖猪）、杜洛克×三江白猪，这些组合都在不同程度上促进了当时养猪生产的发展，但随着养猪科技的不断进步和发展，原来的二元、三元杂交猪已逐渐不能满足猪肉出口及人民对优质猪肉的需求，因此，在经济条件较好的沿海地区，规模化猪场大部分开始采用杜长大或杜大长三元杂交模式，而在经济条件较差的我国广大农村，其主要使用的品种仍为本地母猪或长本、大本二杂母猪。

随着养猪生产的不断发展，科技工作者应不断地研究、筛选出优良杂交组合供生产上应用，四川省畜牧科学研究院充分利用

品种资源，采用生产上使用的杜洛克（D）、大约克（Y）、长白猪（L）、四川白猪Ⅰ系（川）和本地猪（本）为杂交亲本，配制二元和三元杂交组合。设置二元杂交组合D×川、D×L、D×Y、Y×川、Y×L、L×Y6个，三元杂交组合D×LY、D×YL、D×Y川、D×L本4个，共10个杂交组合。试验结果表明：①各组合性能优良。达100千克体重日龄最长的为LY（198.99天），低于175日龄的组合有DY、DLY、Y川、DY川、DYL、D川（表2.26），各组合间差异显著（P<0.01），DY极显著地优于其它组合（P<0.01）；日增重仅LY、DL、D川和DL本4个组合低于800克，其余都在800克以上，尤以DY最高，达967.38克（表2.26），方差分析各组合间差异极显著（P<0.01），DY、DLY、Y川、DY川、DYL极显著地高于LY、DL等组合（P<0.01）；耗料指数以DY（2.87）最低，最高为LY（3.49）（表2.26）；瘦肉率的方差分析结果表明，组合间差异极显著（P<0.01），以DYL最高，为64.4%，其次为DLY、DY、DY川，极显著地高于Y川和DL本；肉质性状的测定结果表明，肌内脂肪D川（4.58%）和YL（4.58%）最高，仅DYL（1.84%）低于2%，肉质略差外，其余各组合肉质优良。②为规模化猪场提供先进可靠的杂交利用模式。按日增重、耗料指数和瘦肉率三性状制定的综合评定指数，指数值以DY最高，其次为DYL、DLY和DY川，其余6个组合的综合指数值都低于100。4个组合（DY、DYL、DLY和DY川）主要生产性能平均值：达100千克体重日龄为164.9天，日增重882.8克，耗料指数2.94，瘦肉率63.39%。可以看出4个组合在生长速度、饲料报酬和胴体瘦肉率方面均明显地优于当前广泛推行长×本、约×长本和杜×长本等杂交组合。因此，在规模化猪场，由于饲养管理水平较高，技术力量强，再加之组合生产性能优良，现已在四川省大力推广。

表 2.26 各组合生产性能

组合	头数	始重(千克)	达 100 千克体重日龄(天)	日增重(克)	耗料指数	瘦肉率(%)	肌内脂肪(%)	综合指数
D川	8	29.95 ± 2.12	174.54 ± 4.72	789.50 ± 32.61	3.07 ± 0.12	59.64 ± 2.43	4.58 ± 1.23	99.78
Y川	8	30.25 ± 4.99	167.79 ± 13.96	857.25 ± 89.20	2.99 ± 0.10	56.25 ± 3.14	2.74 ± 0.72	99.76
DY	8	30.46 ± 3.01	152.15 ± 3.33	967.38 ± 46.15	2.87 ± 0.05	63.41 ± 2.26	2.64 ± 0.51	100.87
DL	8	30.53 ± 1.19	177.09 ± 10.47	763.63 ± 74.32	3.23 ± 0.26	61.38 ± 2.54	3.58 ± 0.76	99.68
YL	8	31.39 ± 1.71	175.06 ± 8.57	836.13 ± 61.43	3.14 ± 0.16	60.81 ± 2.09	4.58 ± 1.12	99.94
LY	7	30.77 ± 2.38	198.99 ± 15.42	636.14 ± 87.86	3.49 ± 0.59	60.37 ± 2.78	2.74 ± 0.70	98.92
DLY	8	29.86 ± 2.88	167.51 ± 9.71	875.88 ± 69.51	3.02 ± 0.19	63.61 ± 2.20	4.31 ± 1.46	100.45
DYL	8	30.44 ± 1.94	171.15 ± 5.48	842.75 ± 45.29	2.89 ± 0.13	64.40 ± 2.05	1.84 ± 0.59	100.59
DY川	8	30.88 ± 3.92	168.78 ± 8.99	845.25 ± 82.32	2.97 ± 0.20	62.14 ± 2.29	2.64 ± 0.56	100.29
DL本	8	29.86 ± 1.51	176.64 ± 8.81	798.88 ± 108.55	3.18 ± 0.15	57.55 ± 3.21	3.66 ± 0.97	99.49
平均数	79	30.49 ± 2.85	172.97 ± 11.56	824.91 ± 107.06	3.09 ± 0.29	61.03 ± 3.80	3.28 ± 1.53	99.98

注:试验期间,该组合 4 头试验猪先后发病,并死亡 1 头,对测定结果产生一定影响

五、繁育体系的建立

（一）繁育体系的概念

猪的繁育体系是将纯种猪的选育提高、良种猪的推广和商品肉猪的生产结合起来，在明确使用什么品种，采用什么样的杂交生产模式的前提下，建立不同性质的各具不同规模的猪场，各猪场之间密切配合，形成一个统一的遗传传递系统。完整的繁育体系，通常是以原种猪场（核心群）为核心、种猪繁殖场（繁殖群）为中介、商品猪场（生产群）为基础的上小下大宝塔式繁育体系（图 2.9）。

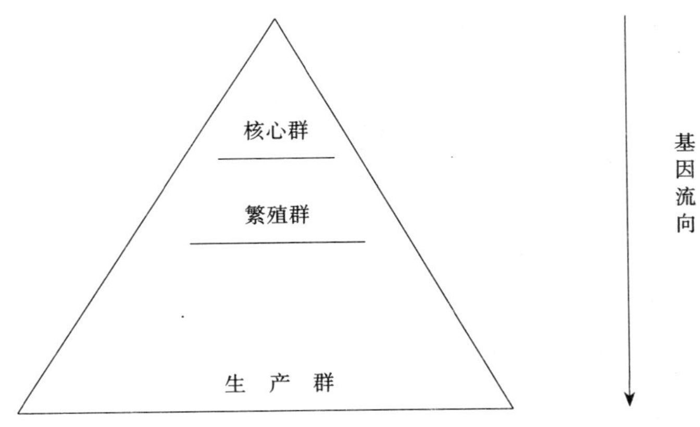

图 2.9　含三个层次的宝塔式繁育体系
（每个区域反映该层次个体的相对数量规模示意）

建立良种猪的繁育体系是现代养猪业的发展方向，标志着一个国家或一个地区养猪业发达程度。在现代养猪生产中，建立健全猪的繁育体系，能使猪的杂交利用工作有组织、有计划、有步骤地进行，有利于良种猪的选育提高和繁殖推广，可使在育种猪群中实现的育种进展逐年不断地传递并扩散到广泛的商品猪生产

群中。在繁育体系中，开展杂交所需的纯种猪，有专门的猪场和科研单位进行选育和提供，杂种猪也有专门的猪场制种，商品猪有专门的猪场进行肥育，在良好的组织管理条件下，就能达到统一经营，充分利用杂种优势，提高产品数量和质量，以取得高额的社会经济效益。

（二）猪场（群）**的专业化分工**

完整繁育体系要求建立不同性质和生产任务的猪场，并在统一的繁育计划下，依靠它们之间的密切协作完成猪群不断改良、提高生产力水平和获得最大经济效益的共同目的。各地可依据其社会经济条件和养猪生产力水平组建不同类型的猪场，一般划分以下三种类型：育种场或原种猪场（核心群）、繁殖场（繁殖群）和商品场（生产群）。

1．原种猪场（核心群）　处于繁育体系的最高层，在繁育体系内猪群的遗传改良上起核心和主导作用，因此又称这部分猪群为核心群。原种猪场的主要任务是根据繁育体系和育种方案的要求，进行纯种（系）的选育和新品系的培育。为此它必须建立自己的测定设施，或与专门的测定站相结合，开展细致的测定和严格的选择，以期获得最大的遗传进展。在其繁殖的后代中，经性能测定后选留性能水平优良的种猪，除保证核心群淘汰更新以外，主要向下一层（繁殖场）提供后备公、母猪，扩大或更新替补繁殖群，用于扩繁生产纯种母猪或杂交母猪，也可直接向生产群提供商品杂交所需的终端父本，或向人工授精站提供经严格测定和选择的优良种公猪，以便通过人工授精网扩大优良基因的遗传影响。没有品质优良的纯种，就不可能得到杂种效果显著的杂种猪。对本地猪的选种重点应放在繁殖性能上；对长白猪、大约克夏猪等作母本用的猪种，选种重点既要考虑生产效率，又要兼顾繁殖性能；对作父本用的杜洛克猪等品种（系），选种重点应放在生产效率和胴体品质上。

2．种猪繁殖场（繁殖群）　处于繁育体系的第二层，其主要任务是扩繁生产纯种母猪和杂种母猪，为商品猪场提供纯品种（系）和杂种后备猪，保证生产一定规模商品肉猪所需的种源，故有的国家又将繁殖群划分为纯种繁殖群和杂种繁殖群。繁殖群选种的重点应放在繁殖性能上。在一些四元杂交特定繁育体系中，种猪繁殖场还生产杂种公猪，为生产猪场提供杂交所需的杂种父本。繁殖群更新所需的后备公母猪应来源于核心群，不允许接受商品场的后备猪，也不允许向核心群提供种猪。

3．商品猪场（生产群）　处于繁育体系的底层，它拥有的母猪数量占完整繁育体系母猪总头数的85%左右，其主要工作任务是按照杂交计划要求，组织好父、母代的杂交，生产优质商品仔猪，保证肥猪群（肥猪场）的数量和质量要求，为市场提供优质的猪肉。在商品场内不做细致的选择和测定，工作重点应放在提高猪群的生产效率和改进肥育技术上，保证猪群健康，及时淘汰体质健康不良、肢蹄病、无乳症、外伤、繁殖障碍、老龄和性能低下的母猪。按照统一的育种计划接受育种场提供的终端父本猪，或由人工授精站取得指定品种（系）公猪的精液，组织好配种工作。育种场和繁殖场所做的严格测验和精心选择工作最终是为商品场服务的，从这个意义上讲，商品猪场是享受遗传改良成果的受益单位。认识这一点有很重要的现实意义，实践中少数大型商品猪场拥有表现型相对一致的高产母猪群和肥猪群后，往往企图进行新品种培育或选留种猪，不按统一的育种计划接受繁殖场提供的优良后备猪，事实证明这种“另起炉灶”的做法是错误的。商品猪场的种猪，虽然表现出相对一致的高产性能，但它们的基因型是杂合体，在进行“横交”时必然会出现基因重组，产生多种多样的性状分离的后裔群体。商品猪场由于不具备严格的、完善的和足够的测验设施及测定手段，缺乏进行新品种（系）培育所必需的基因资源、技术人员和经济实力，其结果事与愿违，不但没有培育出新品种（系），反而破坏了统一的育种计划和动摇了繁育体系的基础，最终使自己遭受重大经济损失。

总之认清育种场、繁殖场和商品场的各自性质、任务和在完整繁育体系中的所处的地位，是非常重要的。

（三）猪群的结构

开展猪的杂交利用，不仅需要建立相应的杂交繁育体系，还必须重视猪群的结构和组成。繁育体系内猪群结构是指原种猪场、繁殖场和商品场的繁殖母猪数量分别占完整体系内繁殖母猪总头数的比例。合理的猪群结构是实现杂交繁育体系的基本条件，是提高养猪生产水平不可忽视的重要问题。

猪群结构是指繁育体系各层次中种猪的数量，特别是种母猪的数量，以便计算出所需的种公猪数量和能生产出的商品肉猪。确定合理的猪群结构，可从以下两方面考虑：首先要确定商品肉猪的杂交方案和生产数量，具体采用哪种杂交方法，应根据已有的猪种资源、猪舍及设备设施条件、市场状况等进行综合判断；二是要考虑包括遗传、环境和管理等在内的各类猪群的结构参数，猪群本身的状况和性能表现，主要包括种猪的使用年限、配种方式、公母猪比例、种猪的淘汰更新率、母猪年生产力以及每头母猪年提供的后备种猪数等重要参数。

在了解上述因素的基础上，无论是顺推（从核心猪群到商品猪生产数量），还是倒推（从商品猪生产数量到种猪核心群），都能推算出繁育体系各层次中各级的猪群数量。如已知核心群（原种猪群）的规模，借助猪群的结构参数和杂交模式，就可推算出繁殖猪群、生产猪群的种猪数量以及所能生产出的商品肉猪数量；相反，在生产肉猪数量确定时，也可利用猪群的结构参数和杂交模式，确定出繁育体系中各层次的仔猪数、后备种猪数和种猪数。在繁育体系中，母猪的规模是关键，许多研究表明，采用常规的二元和三元杂交方案时，各层次母猪占母猪总数的比例大致是：核心群占2.5%，繁殖群占11.0%，生产群占86.5%，呈典型的金字塔结构。表2.27是赵昕红（1994）采用线性规划方法对完整繁育体系猪群结构进行优化，模拟2000年黑龙江省生

产商品猪1 300万头，在不同杂交方案和杂交组合下所得的结果。

表 2.27 黑龙江省猪完整繁育体系猪群结构

杂交方案	组合	核心群 H，S，M	核心群 L，LW	核心群 D	繁殖群	商品生产群	合计
二元杂交	L×H	1.87	0.48	—	10.75	86.90	100.00
	L×M	1.41	0.49	—	9.53	88.57	100.00
	LW×S	1.42	0.47	—	9.53	88.58	100.00
回交	L×L.H	1.88	0.49	—	10.75	86.88	100.00
	L×L.M	1.36	0.50	—	9.18	88.96	100.00
三元杂交	D×L.H	1.86	0.36	0.46	10.70	86.62	100.00
	D×L.M	1.35	0.31	0.47	9.14	88.73	100.00
	D×LW.S	1.35	0.30	0.47	9.14	88.74	100.00

（四）繁育体系的任务

（1）搜集与评估现有猪群生产力水平，研究考查猪群在杂交繁育体系中的价值，筛选出最好的猪群与高效杂交模式，并付诸实施。

（2）进行宝塔式生产结构的设计，确定层次数和每个层次猪群规模，使之保持合理的比例。

（3）对两个或多个经考查在杂交体系中具有价值的亲本种群进行群内的连续选择，使育种群获得最大的年遗传进展。

（4）采用人工授精技术，最大限度地利用优秀种公猪。人工授精还起着连接各层次的作用，因而实际上扩大了核心群的规模。

（5）使育种群的改良成果迅速地传送和扩散到商品群，使商品群也尽快地得到改良，把育种群与商品群之间的改良时距缩小到最小程度。

参 考 文 献

[1] 许振英．中国地方猪种种质特性研究．杭州：浙江科学技术出版社，1989

[2] 金善宝（编委会主任）. 中国培育猪种 . 成都：四川科学技术出版社，1992

[3] 陈清明、王连纯 . 现代养猪生产 . 北京：中国农业大学出版社，1997

[4] 陈润生 . 猪生产学 . 北京：中国农业大学出版社，1995

[5] 陈晓晖等 . 第三期种猪性能测定 . 四川畜牧兽医

[6] 陈晓晖等 . 第四期种猪性能测定 . 四川畜牧兽医 .2000（4）

[7] 施启顺、柳小春 . 养猪业中的杂种优势利用 . 长沙：湖南科学技术出版社，1997

[8] 台湾养猪科学研究所编 . 中国台湾省种猪场内检定年报，1994—1995

[9] 吕学斌等 . 丹麦、英国养猪生产技术考察报告 . 四川畜牧兽医，1998

[10] 陈晓晖等，氟烷基因型 PCR－RFLP 诊断技术及其对我省种猪的检测 . 2000（4）

[11] D.Fewson 著 . 张沅译 . 杂交效应和杂交参数 . 北京农业大学动物科技学院，1994

[12] Promod Mathur and Jacques Chesnais，International Training Cause on Swine Genetic Improrement，3，1999

[13] Falconer，D.S. Introduction to quantitative Genetics.3rd.ed. New York，Longman Scientific & Technical

[14] Griffing，B.Concept of general and specific combining ability in relation to diallel crossing system.，Aust. J.Biol.Sci，1956

第三章
猪的繁殖

规模化养猪在全国迅速发展，自繁自养、周期性的生产是其主要的生产模式，繁殖是整个生产环节的重中之重，因此了解猪的生殖生理，掌握繁殖技术（如同期发情、人工授精、精液常温保存技术等），最大限度提高繁殖力水平，是规模化养猪生产重要任务，也是企业成功的关键。

一、母猪的繁殖

（一）母猪生殖器官的解剖结构及功能

母猪的生殖器官解剖结构有：①卵巢；②内生殖道，包括输卵管、子宫、阴道；③外生殖器，即母猪的交配器官和生殖道，包括尿生殖道前庭、阴唇、和阴蒂；④副性腺，主要指位于子宫内的一些腺体，它们分泌的黏液，可以润滑生殖道，利于交配和杀死病原微生物。其黏液也是鉴定母猪发情、分娩时的特征预兆物。如图 3.1。

1. 卵巢 卵巢的位置、形态、结构、体积与猪的年龄和胎次有很大变化。初生仔猪的卵巢似肾脏，色红，一般是左侧稍大，约 5 毫米 × 4 毫米，右侧约为 4 毫米 × 3 毫米，20 千克的仔猪的卵巢为长圆形的小扁豆状，而到初情期的卵巢可达 2 厘米 × 1.5 厘米大小，且表面出现许多小卵泡，形似桑椹，也称桑椹期。初情期开始后，在发情的不同时间出现卵泡、红体或黄体，突出于卵巢的表面。卵巢随着胎次的增加由岬部的两旁向前下方移动。

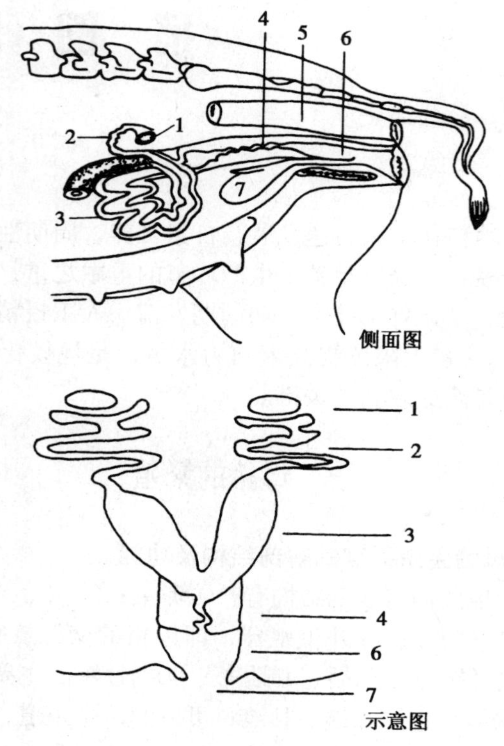

图 3.1 母猪生殖器官

1. 卵巢 2. 输卵管 3. 子宫角 4. 子宫颈 5. 直肠 6. 阴道 7. 外阴

2. 内生殖道

（1）输卵管 输卵管位于输卵管系膜内，是卵子受精和卵子进入子宫的必经通道。由三部分构成：①漏斗部，输卵管管道前端变大，形似漏斗，所以称漏斗部。其边缘有很多突出呈瓣状，叫做伞，伞的前部附着在卵巢上。②壶腹，是卵子受精的地方，位于管道靠近卵巢端的 1/3 处，有膨大，沿着壶腹向输卵管漏斗

方向有一个输卵管腹腔孔称为壶腹—峡接合处。③宫管峡结合处，沿壶腹后子宫方向输卵管变细，后端与子宫角相通。

输卵管的管壁由外向内分别为浆膜、肌肉层和黏膜构成。黏膜由纤维细胞和无纤维细胞构成。纤毛细胞由伞部向子宫方向减少，作用主要是运送卵子。无纤毛细胞含有特殊的分泌颗粒，为分泌细胞。

输卵管的机能主要是承受并运送精子，是精子获能、受精、以及卵裂的场所，还有一定的分泌机能。

（2）子宫　母猪为双子宫角型子宫，可分为子宫角、子宫体和子宫颈。子宫角可长达1～1.5米，宽1.5～3厘米，子宫角长而弯曲，管壁较厚。而子宫体长约3～5厘米，其黏膜形成很多纵襞，充塞于子宫腔内。

（3）子宫颈　子宫颈长达10～18厘米，内壁有左右两排相互交错的半圆形突起，前后两端突起较小，中间较大。子宫颈后端逐渐过渡为阴道，没有明显的阴道部。当母猪发情时，子宫颈口括约肌松弛，公猪的阴茎可以穿过子宫颈进入子宫内射精，因此猪为子宫射精型动物。

机能：子宫是胎儿发育的场所。发情时，通过子宫的收缩，可使精液加速进入输卵管；分娩时，以强力阵缩而使胎儿排出。内膜的分泌物和渗出物以及代谢产物，可为精子获能提供环境，又可提供孕体的营养。子宫角内膜所分泌的前列腺素 $PGF_{2\alpha}$ 对黄体有溶解作用，加之垂体分泌的促卵泡素，引起卵泡发育，导致发情。子宫颈是子宫的门户，可利精子进入和胎儿排出以及防止异物入侵子宫，保护胎儿在子宫内正常发育。

（4）阴道　为母畜的交媾器官，约长10厘米，除有环状肌以外，还有一层薄的纵行肌。

3. 外生殖器官

（1）尿生殖前庭　为阴瓣到门裂的短管。是生殖道和尿道共同的管道，前高后低，稍为倾斜。前庭分布有大量腺体称为前庭大腺，相当于公猪的尿道球腺，是母猪重要的副性腺，其分泌黏液有润滑阴门的作用，有利于公猪的交配。

（2）阴唇　构成阴门的两侧壁，其上下端为阴唇的上下角，两阴唇间的开口为阴门裂。阴唇的外面是皮肤，内为黏膜，二者之间有阴门括约肌及大量结缔组织。

（3）阴蒂　由两个勃起组织构成，相当于公畜的阴茎。海绵体的两个脚附着在坐骨弓的中线两旁，位于阴唇下角的阴蒂凹内。

（二）发情与适时配种

1. 母猪发情的调节　母猪发情周期得以循环是下丘脑—垂体—卵巢轴所分泌的激素之间互相作用的结果。在发情季节，下丘脑的某些神经纤维分泌促性腺激素释放激素（GnRH），沿着垂体门脉循环系统到脑下垂体前叶调节促性腺激素的分泌，垂体前叶分泌 FSH 进入血液运输到卵巢，刺激卵泡发育，同时 LH 也由垂体前叶分泌到血液中，与 FSH 协同作用，促进卵泡进一步生长并分泌雌激素。雌激素又与 FSH 发生协同作用，从而使卵泡颗粒细胞的 FSH 和 LH 的受体增加，于是加大了卵巢对于这两种激素的结合性，因而加速了卵泡的生长，并增加了雌激素的分泌量。这些雌激素就由血液循环到中枢神经系统，引起母猪发情。在这里，只有在少量孕酮的作用下，中枢神经系统才能接受雌激素的刺激，母猪才会出现外部表现和交配欲，否则卵泡虽发育，也无发情的外部表现，初情期第一次排卵但不伴随发情表现，就是这个原因。由此可见，母猪的发情是受雌激素和孕酮所调节，当孕酮达最低量的 24 小时后发情。

雌激素通过正负反馈的作用来调节下丘脑和垂体分泌促性腺释放激素和促性腺激素。正反馈是作用于下丘脑前区的视交叉，刺激促性腺激素于排卵前释放，其负反馈作用于下丘脑的弓形核、腹中核和正中隆起，以降低促性腺激素持续释放。当雌激素大量分泌时，一方面通过负反馈作用，抑制垂体前叶分泌 FSH，

另一方面又通过正反馈作用，促进垂体前叶分泌 LH，LH 在排卵前浓度达到最高峰，故又称排卵前 LH 峰。由于 LH 的作用，引起卵泡的成熟破裂而排卵。垂体前叶分泌 LH 是呈脉冲式的，脉冲频率和振幅的变化情况与发情周期有密切关系。在卵泡期，孕酮骤降，LH 的释放脉冲频率增加，因而使 LH 不断增加以至排卵前出现 LH 峰，引起卵泡破裂排卵。在黄体期，由于孕酮增加，对垂体前叶起负反馈作用，LH 脉冲频率就减少，当黄体退化时，LH 脉冲频率又再显著增加，这是由于黄体退化孕酮减少和雌激素不断增加的混合影响。因此发情周期中 LH 分泌的调节显然是受雌激素和孕酮复杂的互相作用的结果。

排卵后，LH 分泌量不多，但可促进卵泡的颗粒层细胞转变为分泌乳酮的黄体细胞而形成黄体。同时当雌激素分泌量高时，它会降低下丘脑促乳素抑制激素（PIH）的释放量，使促乳素的分泌量增加与 LH 一起对促进和维持黄体分泌乳酮起协同作用。当孕酮达到一定量时，通过对下丘脑和垂体的负反馈作用，抑制垂体前叶分泌 FSH，使卵泡停止发育，母猪就不再发情。这就是母猪受孕后不发情的原因。当母猪发情配种未孕、未配种、流产后、断乳后经过一定时期，子宫内膜产生 $PGF_{2\alpha}$，使黄体逐渐萎缩至完全退化，孕酮分泌量逐渐降低至全无，垂体不再受孕酮的抑制而大量分泌 FSH，刺激卵泡继续发育，母猪又再发情，出现发情征兆。其具体过程如图 3.2。

2. 初情期　初情期是指青年母猪初次发情和排卵的时期，是性成熟的初级阶段，也是具有繁殖能力的开始。此时生殖器官同身体一起仍在继续生长发育。这个时期的最大的特点是母猪的下丘脑—垂体—性腺轴的正、负反馈机制基本建立。接近初情期时，卵泡生长的加剧，卵泡的内膜细胞大量合成并分泌雌激素。通过正反馈作用，引起下丘脑分泌 GnRH 并作用于垂体，使垂体前叶分泌大量的促黄体素（LH），形成排卵所需要的 LH 峰。同时，雌激素与孕酮协同作用，使母猪表现出发情行为。有的母猪

第一次发情，特别是引入的外国品种，易出现安静发情，即只排卵而没有发情征状。这可能是由于初次发情，卵巢中没有黄体的存在，因而没有孕酮的分泌，不能使中枢神经系统适应雌激素的刺激而引起发情。

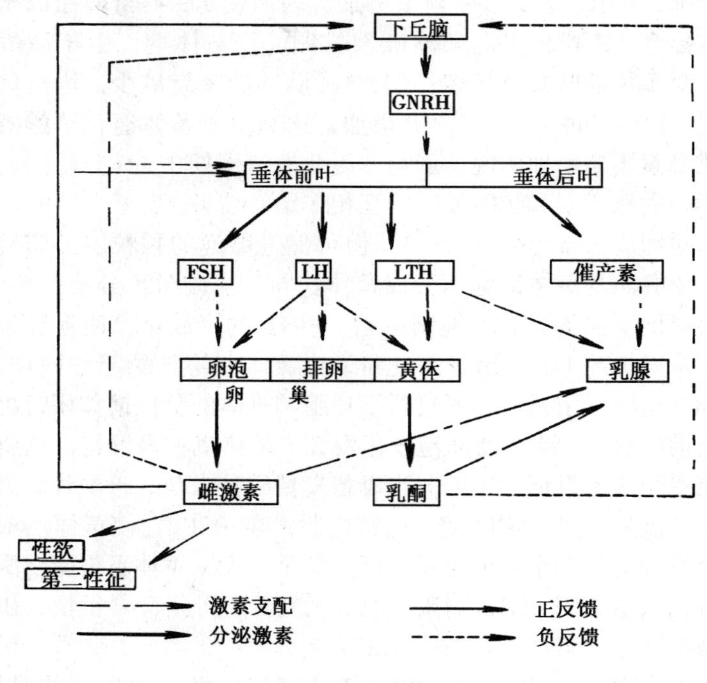

图 3.2　下丘脑—垂体—性腺轴

母猪的初情期一般为 5～8 月龄，平均为 7 月龄。我国的地方猪种可以早到 3 月龄（如太湖猪）。母猪在初情期时已具备了繁殖力，但此时母猪的下丘脑—垂体—性腺轴还不稳定，身体尚处在发育和生长的阶段，体重一般为成年体重的 60%～70%，此时不应配种，以免影响以后的繁殖性能，易造成产仔数少、初生体重小、存活率低、母猪负担过重等不良影响。

青年母猪的初情期受以下因素的影响：

（1）品种　中国地方品种初情期早于培育猪种、培育猪种又早于国外引进品种。个体小的品种较个体大的品种初情期早，如北方猪种和大型猪种（民猪、内江猪、大围子猪）初情期较迟（平均数为125天），而小型猪种如太湖猪和姜曲海猪的初情期较早（平均为71天）。但都比培育猪种早2～3个月。

（2）气候　包括温度、湿度和光照等因素，这些因素对母猪的初情期都有影响。如南方的猪比北方的猪初情期早，热带的母猪比寒冷或温带的初情期早。

（3）营养　过低或过高的营养对母猪的初情期都有影响。特别是过肥，将会延迟母猪初情期的出现或根本不发情。

3. 发情征状与周期

（1）母猪的发情征状　母猪的发情征状是由于雌激素与少量孕酮共同作用于大脑中枢系统和下丘脑，从而引起中枢兴奋的结果。母猪的发情征状表现在行为和阴户的变化上：发情初期，首先是阴门潮红肿胀，肿胀程度不一，有的明显，有的不明显。阴门开始肿胀时，食欲减退，表现不安，阴道逐渐流出稀薄、白色的黏液，这时常会逃避公猪的爬跨。发情中期，食欲显著下降，甚至完全不吃。在圈内起卧不安，常伴有鸣叫，啃门拱地（国外引入品种不明显），爬跨其它母猪，或接受其它母猪爬跨。频繁排尿，饲养员清扫圈舍时，喜欢接近饲养员。阴门肿胀似“桃”，充血光亮，以后逐渐皱缩，并呈淡红或暗红色，黏液由少变多，由稀变浓。用两手指捻此黏液，可拉成丝状。用手按压背腰部，往往呆立不动（即“静立反射”），此时进入发情盛期，可及时配种。发情后期，阴门肿胀减退，用手触摸背部会有躲避反应，食欲逐渐恢复正常。个别母猪，特别是培育猪种和引入猪种，一般只表现阴门红肿和静立反射，其它征状不明显。此时可用公猪试情，观察是否安静接受公猪爬跨来鉴别母猪是否发情。

（2）发情周期　发情周期是指后备母猪或发情未配种之母猪

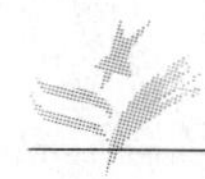

在上一次排卵至下一次排卵的间隔时间，它是母猪发情未配时表现的特有性周期活动。母猪正常发情周期的范围为 20 ~ 22 天，平均为 21 天，经产母猪较长，平均为 22.2 天，初产母猪稍短，平均为 20.4 天。品种之间有差异，如我国的小香猪发情周期平均为 19 天。猪是一年内多周期发情的动物，全年均可发情配种，这是家猪长期人工选择的结果，而野猪则仍然保持着明显的季节性繁殖的特征。

发情周期的机理：母猪的发情周期由黄体期和卵泡期组成，在一个正常的发情周期中，黄体分泌孕酮处于主导地位有一个相当长的时期，大约 15 ~ 16 天，称为黄体期，而雌激素由卵泡分泌占优势地位约 5 ~ 6 天，这一时期称卵泡期。母猪排卵后，残留在卵泡内的血液及颗粒细胞在促黄体素的作用下，逐渐内缩，并经由红体而最终突出于卵巢表面形成黄体。当卵子受精后，黄体分泌的孕酮可以相当长的时间保持在一个较高水平，抑制雌激素的上升，控制发情的再次出现。当卵子未受精时，黄体保持至周期的后期，由于卵巢上的卵泡不断发育增大及雌激素分泌量上升，使子宫内膜分泌的前列腺素 $PGF_{2\alpha}$引起黄体的迅速退化溶解，孕酮的分泌量急剧下降，逐渐成熟的卵泡分泌大量雌激素，此时母猪重新发情，并诱发下丘脑释放 GnRH，引起垂体分泌的 LH 达到高峰值，使母猪排卵。

(3) 适配月龄　后备母猪什么时候配种，是养猪生产中较重要的环节，配种是母猪繁殖的开始。配种过早将影响以后几胎的繁殖力，过晚将会错过情期，增加育成期的费用。在保证不影响母猪身体正常发育下，并获得后备猪初配后最好的繁殖成绩，必须选择好初次配种的时间即适配年龄。后备猪的适配月龄受品种、气候、饲养管理条件的影响。最佳配种时间一般在初情后的一个或二个情期配种为宜，即初情期后的 1.5 ~ 2 个月。在正常的饲养管理下，我国本地品种一般在 6 ~ 8 月龄，体重在 50 ~ 60 千克时初配，培育品种和引入品种 8 ~ 10 月龄，体重 90 ~ 100 千

克开始配种。有的因营养水平差，即使达到初配月龄，但体重未达到配种要求，应以体重为标准进行配种。当后备母猪达成年母猪体重的40%～50%开始初配。

4. 排卵与适时配种

（1）排卵

排卵的机理：母猪排卵时，首先降低卵泡内压，在排卵前1～2小时，卵泡膜在酶的作用下，引起靠近卵泡顶部细胞层的溶解，同时使卵泡膜上的平滑肌活性降低，卵泡膜被软化松弛，这样卵泡液排出并同时排出卵子，部分液体留在卵泡腔中。这整个过程都是由于雌激素对下丘脑产生正反馈，引起GnRH释放增加，刺激垂体前叶释放LH，使LH达排卵高峰，LH和FSH与卵泡膜上的受体结合而引起。

排卵时间：母猪排卵一般在LH峰出现后40～42小时，由于母猪是多胎动物，在一个情期中多次排卵，排卵最多时是在母猪接受公猪交配后约30～36小时，从外阴唇红肿算起，约在发情38～40小时之后。

排卵数：猪的排卵数有一定变化幅度，一般外种猪的排卵数最少为8个，最多21个，平均14个。不同年龄之间有差异，经产平均为16.8，初产及二胎平均为12.7个。我国地方猪初产的排卵数平均为15.52个，经产22.62个，最多的是二花脸猪平均为初产20.0个、经产28.0个。

（2）适宜的配种时间　受胎是精子和卵子在输卵管内结合成受精卵，以后受精卵在子宫内着床发育的过程。所以配种必须在最佳时间，使精子和卵子结合，才能达到最佳的受胎效果。在养猪生产中，配种员须掌握每头猪的特性，适时对发情母猪配种。配种最佳时间受以下两方面因素的影响：

精子在母猪生殖器官内的受精能力：在自然交配后的30分钟内，部分精子可达输卵管内。交配数小时后，大部分精子存在于子宫体、子宫角内，经15.6小时，大部分精子可在输卵管及子宫角的前端出现。精子在母猪生殖器官内最长存活时间是42小时，实际上精子受精力一般在交配后的25～30小时。

卵子的受精力：卵子保持受精力的时间很短，一般为几小时，最长时间可达15.5小时。

适宜的配种时间：较确切的配种时间是在配种后，精子刚达到输卵管时排卵为最佳时间。但在生产中，这一时间较难掌握。配种时，可按以下规律进行：饲养员按压母猪背部，若开始出现静立反射，则在12小时以后及时配种（图3.3）；若母猪发情症状明显，轻轻按压母猪背部即出现静立反射，则已到发情盛期，须立即配种。配种次数应在两次以上，第一次配种后8～12小时再配种一次，以确保较好的受胎率。据试验报到：母猪在开始接受公猪爬跨后25小时以内配种，受胎率良好，特别是在10～25.5小时可达100%。在以后的时间里配种，成绩较差。

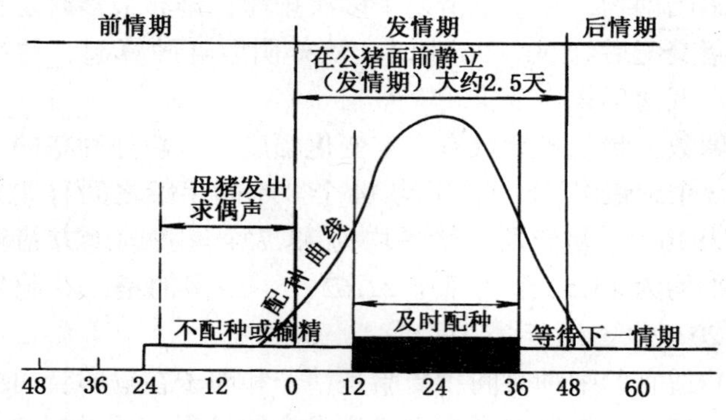

图3.3　母猪适时配种示意图

（3）配种方式　给母猪配种一般有三种方式：即“单配”“复配”和“双重配”

单配：在母猪发情时，只交配一次。它的优点在于能减轻公猪的负担，可以少养公猪和提高公猪的利用率。但此方法可能降低受胎率和产仔数。

复配：在母猪一个情期内，先后用同一头公猪配两次。即在发情母猪第一次接受爬跨后先配种一次，在间隔 8～12 小时后复配一次。其缺点是增加了饲养的公猪数，降低公猪利用率，优点可提高母猪的受胎率和产仔数。有资料表明，发情母猪每间隔 12 小时，连配 3 次，可提高妊娠率 3.4%，平均每窝产活仔数提高 0.5 头到 1.3 头。

双重配：在规模化猪场，最好采用双重配的方式，可提高母猪的繁殖成绩。方法是在母猪受精时，用同一品种的两头公猪或它们的精液（人工授精）与其交配。当第一次用一头公猪直配或人工授精，间隔 12 小时以后，再用另一头公猪直配或人工授精。优点在于因第一次配种没掌握好适宜的配种时间或第一头公猪的精液品质欠佳引起的损失有所弥补，另可减轻公猪的负担，保证精子的活力，从而可提高母猪的受胎率和产仔数。

（三）妊娠与分娩

1. 妊娠诊断

（1）妊娠的建立及维持　母猪受精后，母体经由孕体发出的信号（激素）确认胎儿的存在称妊娠识别，经由妊娠识别后，孕体和母体的联系和相互作用通过激素的媒介和其它生理因素而固定下来，从而开始妊娠，称之为妊娠建立。妊娠的维持则是在孕体发出的激素信号后，作用于子宫和黄体，有维持、促进黄体和抗溶黄体的作用。抵消 $PGF_{2\alpha}$溶黄体的作用，维持黄体的形态及内分泌机能，从而使妊娠得以维持。

（2）妊娠诊断的方法　妊娠诊断常有以下几种方法。

观察法：母猪的发情周期平均 21 天，若在 21 天后，母猪不再继续发情，可推断母猪已经妊娠，若在 40 天左右还没有发情，就可断定母猪已经妊娠；从行为上看，凡配种后表现安静、贪睡、食量逐渐增大，容易上膘，腹围逐渐增大的猪，都是已怀孕的象征；从乳头的变化来看，有些外种猪配种后 30 天，乳头开始变黑，轻轻拉长乳头，如果乳头基部呈现黑紫色的晕轮时，则

可认为已经妊娠。从母猪后面两后腿间，观察乳头的排列，可见乳头前端向外张开，乳头基部膨胀隆起，就可认为已怀孕。但有些外种猪的乳头及其基部周围常有晕状着色，乳头向外开张，好像已经怀孕。这种现象较多，生产上应注意区分。

激素诊断法：在母猪配种后的16~17天，注射人工合成雌性激素制剂，注射剂量为耳根部皮下注射3~5毫升，若注射后发情的母猪为空怀母猪，在5天内不发情的母猪就可认为是妊娠母猪。因为妊娠母猪的卵巢上有黄体分泌孕酮，注射激素也不会出现发情征状。如果母猪没有妊娠，黄体在18天后消失，配种后16天注射雌激素就会出现发情征状。这种方法的准确率可达90%~95%以上。使用激素应注意不要乱用，以免引起母猪体内激素分泌紊乱，引起生殖系统疾病，所以非专业人员禁止使用。另外，也可测定血液中或尿中的激素水平来进行早期妊娠诊断。

直肠触诊法：配种3周后，对体型较大的猪，用手伸入直肠内，触摸子宫中的动脉，如有明显的波动，则可认为妊娠。此种方法要求技术人员经验丰富，才有较高的准确率。缺点是只适用于体型较大的母猪，有一定的局限性，使用较少。

超声波测定法：超声波早孕诊断技术使用效果良好。利用超声波妊娠诊断仪，据“四川省瘦肉型猪规模化养殖及产业化技术研究与开发”课题组对648头母猪配种后30天进行检定，其诊断准确率达98.5%以上。结果表明超声波早孕诊断技术成熟可靠、方便易行，可有效地降低母猪空怀率。

超声波测娠仪的种类较多，现将较实用的PREG-TONEⅡ型手握式诊断仪的使用方法介绍如下：

将诊断仪探头放在诊断母猪的右侧，乳头基线上5厘米，小腿前缘处，诊断仪主轴的方向分别向猪体前和猪体左倾斜45度角，探头可左右移动10度（图3.4）。

测定前用食用油或润滑油涂抹在乳头和测定部位，使探头和皮肤接触良好，以确保测定的准确性。当妊娠诊断仪发出电话占线声“嘟、嘟、嘟、嘟”时，表示未怀孕，当发出“嘟——”的通话声时，表示已怀孕。

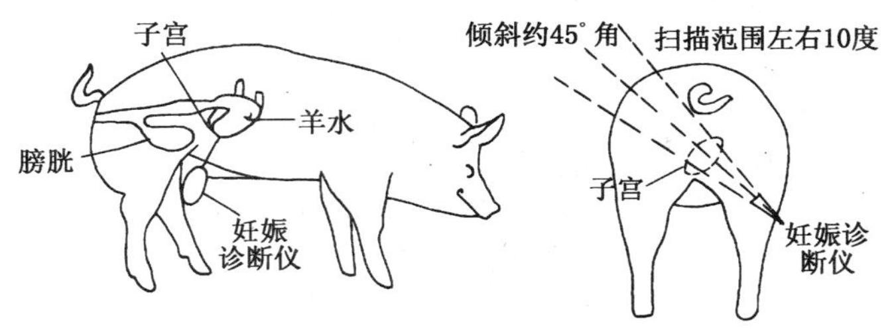

图 3.4　妊娠诊断技术示意图

妊娠诊断的方法较多，除上述几种以外，还可用 X 光照相法、阴道黏膜组织抹片镜检法、阴道和子宫颈管黏液检测法等。

2. 预产期的推算　正确推算母猪的预产期，有利于饲养员做好产前准备和接产的工作。母猪的妊娠期平均为 114 天，范围 110～120 天。预产期的推算方法一般有三种，现介绍如下：

（1）“三、三、三”的方法　即在配种日期上加上 3 个月，3 周又 3 天。如：一头母猪的配日期是 6 月 7 日，其预产期则是 6＋3＝9 月，7＋（3×7）＋3＝31（以 30 天为 1 个月），故为 10 月 1 日。

（2）“进四减六”的方法　即配种月份加上 4，日期减去 6。如上例：其预产期推算方法则为：6＋4＝10 月，7－6＝1 日，故为 10 月 1 日。

（3）查预产期推算表　此方法简单易行，适用于规模化养猪场（表 3.1）。

3. 分娩

（1）分娩的发动　猪妊娠的维持，主要是孕酮的作用，当孕酮一旦中断，则妊娠中止。母猪的分娩主要是在胎儿下丘脑—垂体—肾垂体腺轴垂体激活的结果。

表 3.1　母猪预产期推算表

日＼月	1	2	3	4	5	6	7	8	9	10	11	12
1	4.25	5.26	6.23	7.24	8.23	9.23	10.24	11.24	12.25	1.24	2.24	3.25
2	4.26	5.27	6.24	7.25	8.24	9.24	10.25	11.25	12.26	1.25	2.25	3.26
3	4.27	5.28	6.25	7.26	8.25	9.25	10.26	11.26	12.27	1.26	2.26	3.27
4	4.28	5.29	6.26	7.27	8.26	9.26	10.27	11.27	12.28	1.27	2.27	3.28
5	4.29	5.30	6.27	7.28	8.27	9.27	10.28	11.28	12.29	1.28	2.28	3.29
6	4.30	5.31	6.28	7.29	8.28	9.28	10.29	11.29	12.30	1.29	3.1	3.30
7	5.1	6.1	6.29	7.30	8.29	9.29	10.30	11.30	12.31	1.30	3.2	3.31
8	5.2	6.2	6.30	7.31	8.30	9.30	10.31	12.1	1.1	1.31	3.3	4.1
9	5.3	6.3	7.1	8.1	8.31	10.1	11.1	12.2	1.2	2.1	3.4	4.2
10	5.4	6.4	7.2	8.2	9.1	10.2	11.2	12.3	1.3	2.2	3.5	4.3
11	5.5	6.5	7.3	8.3	9.2	10.3	11.3	12.4	1.4	2.3	3.6	4.4
12	5.6	6.6	7.4	8.4	9.3	10.4	11.4	12.5	1.5	2.4	3.7	4.5
13	5.7	6.7	7.5	8.5	9.4	10.5	11.5	12.6	1.6	2.5	3.8	4.6
14	5.8	6.8	7.6	8.6	9.5	10.6	11.6	12.7	1.7	2.6	3.9	4.7
15	5.9	6.9	7.7	8.7	9.6	10.7	11.7	12.8	1.8	2.7	3.10	4.8
16	5.10	6.10	7.8	8.8	9.7	10.8	11.8	12.9	1.9	2.8	3.11	4.9
17	5.11	6.11	7.9	8.9	9.8	10.9	11.9	12.10	1.10	2.9	3.12	4.10
18	5.12	6.12	7.10	8.10	9.9	10.10	11.10	12.11	1.11	2.10	3.13	4.11
19	5.13	6.13	7.11	8.11	9.10	10.11	11.11	12.12	1.12	2.11	3.14	4.12
20	5.14	6.14	7.12	8.12	9.11	10.12	11.12	12.13	1.13	2.12	3.15	4.13
21	5.15	6.15	7.13	8.13	9.12	10.13	11.13	12.14	1.14	2.13	3.16	4.14
22	5.16	6.16	7.14	8.14	9.13	10.14	11.14	12.15	1.15	2.14	3.17	4.15
23	5.17	6.17	7.15	8.15	9.14	10.15	11.15	12.16	1.16	2.15	3.18	4.16
24	5.18	6.18	7.16	8.16	9.15	10.16	11.16	12.17	1.17	2.16	3.19	4.17
25	5.19	6.19	7.17	8.17	9.16	10.17	11.17	12.18	1.18	2.17	3.20	4.18
26	5.20	6.20	7.18	8.18	9.17	10.18	11.18	12.19	1.19	2.18	3.21	4.19
27	5.21	6.21	7.19	8.19	9.18	10.19	11.19	12.20	1.20	2.19	3.22	4.20
28	5.22	6.22	7.20	8.20	9.19	10.20	11.20	12.21	1.21	2.20	3.23	4.21
29	5.23		7.21	8.21	9.20	10.21	11.21	12.22	1.22	2.21	3.24	4.22
30	5.24		7.22	8.22	9.21	10.22	11.22	12.23	1.23	2.22	3.25	4.23
31	5.25		7.23		9.22		11.23	12.24		2.23		4.24

在妊娠分娩的后期，胎儿发育成熟后，其中枢神经系统垂体通过下丘脑分泌 CRH（促皮质素释放激素）诱发垂体前叶分泌

ACTH（促肾上腺皮质素），ACTH 作用于猪胎肾上腺皮质层使之分泌皮质醇，当皮质醇增多时，血液中的孕酮含量下降，雌激素和 $PGF_{2\alpha}$ 含量升高，在催产素的协同作用下，发动母猪的分娩。当分娩开始后，它反过来又可促进胎儿血浆内皮质醇进一步升高，加速分娩发动。分娩一旦结束后，皮质醇在体内的水平急剧下降。

胎儿激活胎儿下丘脑—垂体—肾上腺轴的机理：原来，胎儿的脑组织比母体血液高 0.4～0.8℃，在妊娠早期，胎儿的下丘脑尚未发育成熟，对此种温差无感受能力，当胎儿下丘脑的温度感受器发育成熟后（一般在妊娠后期于产前的 7～10 天），感受器感受到温度的差别而抑制胎儿下丘脑分泌 TRH（促甲状腺素释放激素），增加对 CRH（促皮质素释放激素）的分泌，使垂体前叶减少了甲状腺素的释放，增加了垂体前叶 ACTH 的分泌，以致使胎儿血浆内的皮质醇的浓度过高，触发一系列的分娩活动。

（2）母猪临分娩前的预兆　母猪多数在怀孕 114 天后产仔，为了及时给母猪接产，保证母猪的产仔安全，提高仔猪产后的成活率，必须掌握母猪产前的一些预兆。

乳房：母猪在分娩前 15～20 天，乳房开始膨胀，乳根与腹部界限明显，到产前一周左右，乳房肿胀，乳头向外开张成“八”字形，色红发亮。产前 2～3 天，部分乳头可挤出乳汁。一般来说，当前部的乳头能挤出乳汁，产仔时间不超出一天，当最后一对乳头能挤出乳汁时，约在 6 小时内即可产仔。母猪体况差的，乳头变化不明显。

外阴：分娩前数天，阴唇逐渐柔软、肿胀、增大，阴唇皮肤上的皱襞展开，皮肤稍变红。阴道黏膜潮红，黏液由黏稠变为稀薄滑润。

骨盆：骨盆部韧带在分娩前的数天内，变得柔软松弛，表现在尾根部两侧开始逐渐下陷，俗称“松胯”或“塌胯”，膘情较好的母猪不明显。原因是在妊娠末期，骨盆管内的血量增多，静脉郁血，促使毛细血管壁扩张，血液中的部分液体渗出管壁，浸润周围的组织。使得尾根两侧的荐坐韧带后缘由硬变得松软。荐髂韧带也变得松软。因此荐骨的活性增大，出现以上现象。

行为：在产前 6～8 小时，食欲减退或停食，当频繁排尿，精神极度不安，呼吸急促，挥尾，则数小时就要产仔。如母猪躺卧，四肢伸直，阵痛开始，且时间越来越短，全身用力“努啧”，阴户流出羊水，则很快就会产出第一头小猪。

当母猪出现上述征状时，就要做好产前的准备工作，随时准备接产。

（3）诱发分娩　诱发分娩是在怀孕母猪末期的一定时间内，注射某种激素制剂，诱发怀孕母猪在比较确定的时间内提前分娩，产出正常的仔猪。它的意义在于可将分娩控制在工作日和上班时间内，避开假日和夜间，便于安排人员进行护理；为下一次同时断奶和同期发情奠定好基础，便于规模化猪场进行周期性的生产管理。

猪诱发分娩的方法：①促肾上腺皮质激素作用于胎儿；②对胎儿或母体施用皮质激素类似物；③向母体施用 $PGF_{2\alpha}$ 或类似物；④临产前 12 小时内向母猪注射催产素。诱发分娩时应注意有效诱发分娩处理时间不能早于妊娠 111～112 天之前，适宜时间比预产期提前 1～2 天。投药处理后，其控制怀孕母猪分娩的时间准确度是在 30 小时内分娩。但实践中因很难控制在较准确的时间内生产，所以仍须安排饲养员昼夜值班。且此项技术尚有一定副作用，对母猪和仔猪产生某些不良的影响甚至会造成一定程度的损失，如产死胎、新生仔猪死亡、成活率低、体重轻等，所以应当慎用。

（四）影响母猪繁殖成绩的因素

1. 遗传力的影响　遗传力对猪的繁殖成绩起重要作用，虽然许多繁殖性状都是低遗传力，但对每一个具体的品种来说，存在较大的差异。如产仔数，品种间的均值差异可达 3～4 头。太

湖猪是世界上著名的高产仔数品种，其平均产仔数可达 15 头，最高可接近 20 头。外国品种比我国本地品种窝平均少产仔 2～3 头。实验证明，过度的近交，会引起繁殖性能下降。而杂交能提高繁殖性能，产仔数的杂种优势率可达 20%以上。

2. 繁殖障碍 母猪从正常生殖细胞开始，经过配种、受精、胚泡附植、妊娠、分娩及泌乳。其中任何一个环节出现问题，均可导致母猪的繁殖障碍。母猪的繁殖障碍主要表现为以下几方面：

（1）乏情 指后备猪达初情期时不发情，主要是因卵巢无周期性的功能活动，处于相对静止状态。病理性乏情是繁殖障碍的主要表现，它主要是由卵巢和子宫有疾患引起。对乏情的母猪可注射催情药如雌激素类药，可诱发发情。对达初情期的后备母猪，可通过运动刺激母猪发情。

（2）受精障碍 它可能是由于卵子或精子的结构和机能异常，配子不能正常运行到受精部位，或者是由于精子进入以前卵子死亡。受精障碍主要表现为不受精或异常受精。不受精主要由于卵子或精子异常、配种时间过迟、母猪的生殖道缺陷，妨碍精子和卵子达受精部位。生殖道疾病影响精子的存活和受精；异常受精是指在受精过程中出现异常受精的现象，如多精子受精、含有两个雌性原核卵的单精子受精，雌核发育或雄核发育等。异常受精可能由于配子的衰老或环境温度的升高而发生。

（3）生前死亡 一般包括早期胚胎死亡、自发流产、胎儿干尸化和胎儿出生时死亡。猪的胚胎死亡是在受精后 16～25 天，死亡率可达 25%以上。

3. 营养的影响 营养不足会延迟后备母猪的初情期的到来，对成年母猪造成发情抑制、发情无规律性、断乳后再次发情时间延长、排卵率低、乳腺发育迟缓，严重者将会增加早期胚胎死亡、死产和初生仔猪的死亡率。营养过度造成母猪偏肥，引起母猪不发情。

4. 环境的影响　环境是影响母猪繁殖成绩的重要因素。特别是高温、舍内有害气体（氨气、硫化氢等），当它们过高时，可以使母猪的胚胎死亡率增高，特别妊娠前两周的母猪尤其敏感。它还会降低泌乳母猪的采食量，引起母猪泌乳力降低，增加仔猪的死亡率。

5. 疾病的影响　某些病原性微生物是损害母猪繁殖力的重要原因，如猪的细小病毒病、伪狂犬病、乙型脑炎、猪繁殖障碍与呼吸综合征、钩端螺旋体病、脑心肌炎、布氏杆菌病、猪瘟等都会引起母猪的流产或死胎。

二、公猪的生殖

（一）公猪的生殖器官

公猪的生殖器官包括：性腺，即睾丸；输精管道，即附睾、输精管和尿生殖道；附性腺，即精囊腺、前列腺和尿道球腺；外生殖器，即阴茎等（图 3.5）。

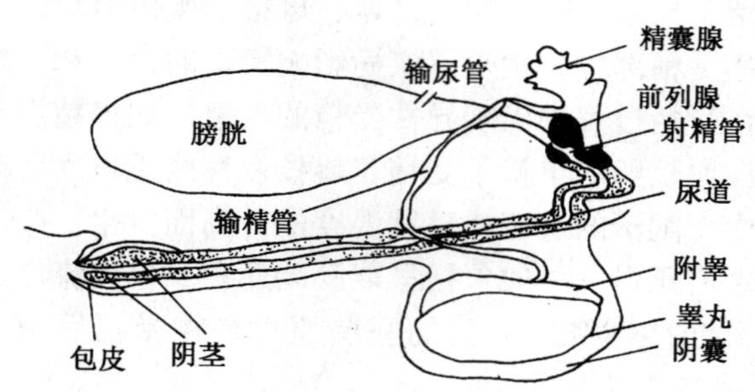

图 3.5　公猪的生殖系统

（1）睾丸　位于阴囊内，左右各一个，正常的睾丸两个大小相同。睾丸的机能是产生雄性激素和精子。猪的睾丸在胎儿期的后 1/4 期间才由腹腔下降入阴囊内。成年公猪有时一侧或两侧睾

丸并未下降入阴囊，称为隐睾。隐睾睾丸的内分泌机能虽然未受到损害，但精子的生成有一定温度的要求得不到满足，从而影响生殖机能，如系双侧隐睾，虽多少有点正常性欲，但无生殖力。

（2）阴囊　是维持精子正常生存的温度调节器官。阴囊从外向内由皮肤、肉膜、睾外提肌、筋膜和壁层鞘膜构成，并由一纵隔分为二腔，两个睾丸分别位于一个鞘膜腔中，阴囊调节睾丸温度功能是通过睾外提肌的收缩来实现的。

（3）附睾　是睾丸的输出管，同时也是精子发育、成熟和储存精子的地方。附睾分为头、体、尾三部分。附睾头及体具有吸收液体的作用，而尾部则无此作用。附睾管由附睾尾过渡为输精管，精子在附睾管内的酸性环境中（pH6.2～6.8），缺少果糖，所以精子不活动，消耗的能量很少。精子通过附睾管时主要借助附睾管肌的蠕动和上皮纤毛的波动，精子通过附睾管至附睾尾的时间一般为 10 天。在这段时间里精液不仅在附睾中被脱水、浓缩和储存，而且只有通过此过程才能发育成熟。精子成熟最显著的外观标志是尾部含有残存的原生质滴消失以及精子表面结构上的一系列变化，如头部变小、变硬，而且顶体更接近于头部。

公猪每次射精并不是将全部精子排出，但若配种过勤，会导致精液中不成熟精子比例升高；但若久不配种，则精子老化、死亡、分解并被吸收。

（4）输精管壶腹　公猪的输精管壶腹不很发达，壶腹末端和同侧精囊腺的排出管开口于尿道起始部背侧壁的精阜上。

（5）精囊腺　位于输精管壶腹外侧，精囊腺分泌物占精液体积的 12%～20%。

（6）前列腺　位于尿道内口之上和海绵体骨盆部周围，前列腺分泌稀薄、淡白色、稍具腥味的弱碱性液体可以中和进入尿道中的酸性液体，改变精子的休眠状态，使其活动能力加强，前列腺分泌物占精液体积的 55%～75%。

（7）尿道球腺　位于尿道骨盆部末端两边，其分泌黏稠胶状物，呈淡白色，尿道球腺分泌物占精液体积的10%～25%。

(8) 阴茎　为纤维型，纤细，海绵体不发达，不勃起时也是硬的；有S状弯曲，勃起时伸直。阴茎前端呈螺旋状，勃起时尤其明显，阴茎头不明显，没有尿道突，在不交配时一般阴茎保存于包皮内。

(9) 包皮　包皮腔前端背侧有一圆孔，向上和包皮盲囊相通，囊中常带有刺激性气味的分泌物。

(10) 雄性尿生殖道　是尿液和精液共同经过的管道。输精管、精囊腺、前列腺及尿道球腺均开口于尿道骨盆部。

(二) 公猪的生殖生理

1. 生殖的调节　大脑与公猪的生殖调控有密切的关系，与繁殖及性行为控制有关的许多激素是在大脑中的下丘脑和垂体前、后叶中产生的。下丘脑是嗅觉、视觉和听觉的协调中心，并且分泌促性腺激素释放激素（GnRH）（图3.6）。与母猪相比公猪的内分泌调节要简单得多，首先，在公猪的下丘脑中不存在周期中枢，其性活动不具有周期性，只有一个“紧张中枢”（或持续中枢）通过雄性激素的负反馈作用调节着GnRH的分泌；其次，公猪垂体前叶分泌的促性腺激素除了对GnRH有直接通过短反馈调节其分泌量，从而达到调节自身浓度的作用外，这些促性腺激素主要作用于睾丸。其中FSH作用于营养细胞，促进精子的发生，并产生多肽类的抑制素，它通过对下丘脑的长反馈作用调节GnRH以及垂体促性腺激素，某种程度也调节着精子的发生。而垂体前叶的LH作用于睾丸间质细胞产生雄激素，雄激素除了有促进长骨和肌肉生长的作用外，还可促进公猪的第二性征的形成，提高性欲和促进争斗行为的出现，促使性器官的生长、发育和成熟。

2. 精子的发生　精子的发生是在曲细精管中经过一系列的特殊细胞分裂而完成的。公猪精子形成需要7周的时间。

正常精子的发生和成熟，需要在比体温低的环境中完成，公

猪睾丸和附睾的温度为 35～36.5℃，大约低于直肠温度 2.5℃。这也就是猪睾丸和附睾位于体壁阴囊中的原因。当环境温度升高时，公猪睾丸提肌放松，增加阴囊皱折以扩大散热面积，降低睾丸和附睾的温度；而当温度下降时，睾丸提肌收缩，使睾丸和附睾更贴近身体，以提高睾丸温度。此外，睾丸血管网在睾丸表面经过降温后回到体壁时，与动脉血管接触，也降低了动脉血温，这种温度的调节保证了产生正常精子所需的温度条件。

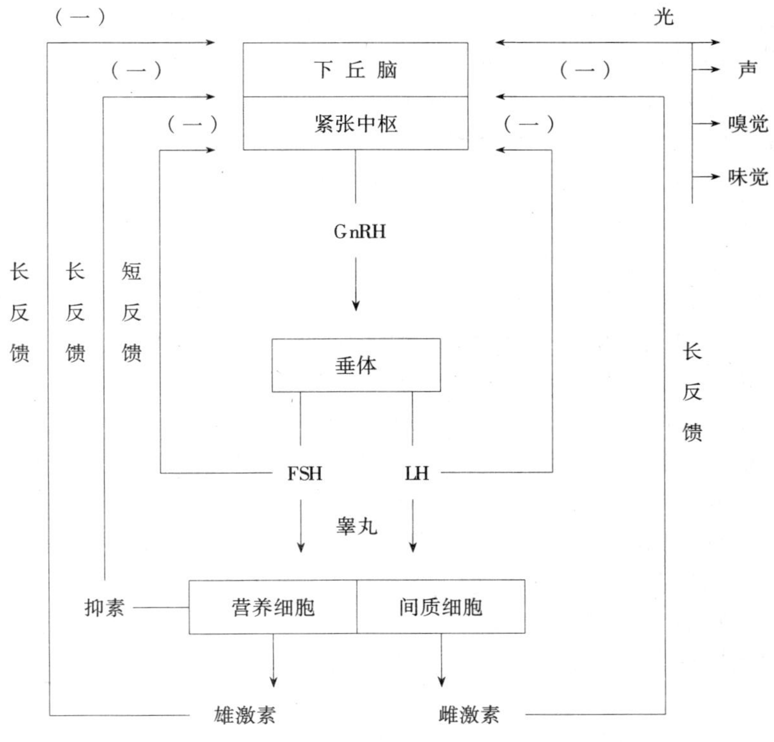

图 3.6 公猪生殖的激素控制

3. 初情期　是指公猪射精后，其射出的精液中精子活力达10%、每毫升精液中有效精子数为5 000万时的年龄，而不能理解为公猪的第一次射精。一般说来，公猪的初情期略晚于母猪，不同品种差异很大，一般为6~7月龄。影响公猪初情期的因素很多，如遗传、营养及环境因素等。

4. 适配年龄　公猪的适配年龄不像母猪那样容易确定，由于品种及个体的差异，公猪的适配年龄不能简单地根据年龄来推算，而应该根据精液品质来确定，只有精液品质达到交配或输精的要求，才能确定其适配年龄。有资料表明公猪7~12月龄时，精液体积和精子数量都有很大的提高，但小于9月龄精液品质较差，而公猪在2~3岁时精液的品质最好。由此可见，公猪的适配年龄至少不应小于9个月，并且注意使用强度不应过大。

（三）公猪的合理利用

正确地利用公猪将有助延长种用寿命，利用不当不仅缩短种用年限，也会提高种猪的培育成本。要最大限度地发挥优秀公猪的作用，合理利用至关重要。

1. 初配年龄和体重　适宜的配种期，有利于提高公猪的种用价值，过早使用会影响种公猪本身的生长发育、缩短利用年限。过晚配种会引起公猪性欲减退，影响正常配种，甚至失去配种能力，且优秀公猪不能及时利用。适宜的初配期一般以品种、体重和年龄来确定。我国地方猪种性成熟早于国外引进品种和培育品种，初配年龄为6~8月龄，体重60千克以上；引进品种和培育品种以8~10月龄，体重90千克以上为宜。

2. 性行为与调教　公猪在性成熟后，就会出现性行为，主要表现在求偶与交配方面。求偶行为的表现是：特有的动作，如拱、推、磨牙、口吐白沫、嗅等；特有的声音，如在动作的同时发出不连贯的有节奏的、低柔的哼哼声；释放气味，如由包皮排出的外激素物质，具有刺鼻的气味，用以刺激母猪嗅觉。交配行为爬跨与射精，交配是动物的一种本能行为，但也有一部分是经

过训练的，青年公猪初次配种缺乏经验，交配行为不正确，如有的公猪配种爬跨到母猪前部，对这种猪应予以调教。可使初配公猪与发情盛期的经产母猪交配，容易成功；或将配种场地暂移公猪舍前，让青年公猪能够观摩到有经验公猪的正确配种行为。配种时应给予一定的人工协助，如纠正爬跨姿势、帮助青年公猪将阴茎插入母猪阴道等。经过一段时间的学习后，交配行为会逐渐完善。

由于调教、饲养管理等，有时会产生一些异常性行为，如公猪的自淫，交配时爬跨行为正常，但又爬下，然后就坐在地上射精。对于自淫的公猪给予定期交配或采精，在交配时给予人工辅助，或保证每天运动可望得到纠正，若经反复调教得不到纠正，应予淘汰。

调教初期应尽量使用处于发情盛期的小母猪来训练小公猪爬跨，调教应在固定、平坦的场地，早晚空腹进行，每次 10 ~ 15 分钟为宜。

3. 使用强度 利用强度要根据年龄和体质强弱合理安排，如果利用过度就会出现体质虚弱、降低配种能力和缩短使用年限，相反如果利用不够，会出现身体肥胖笨重，同样导致配种能力低下。老龄公猪应及时淘汰更换。夏季配种时间应安排在早晚凉爽时进行，要避开炎热的中午；冬天安排在上午和下午天气暖和时进行，要避开寒冷的早晚。配种前、后 1 小时内不要喂食，不要用冷水冲洗猪身，以免危害猪体健康。在非配种季节或配种任务少的时候，要定期（7 ~ 15 天）采精，以维持公猪旺盛的性欲。

4. 公母比例 根据不同的配种方式，每头公猪一年负担的母猪头数也不相同。在母猪采用季节产仔的集中配种情况下，以母猪年产 2 窝，每次情期交配 2 次计，在采用本交的情况下，1 头公猪可负担 25 ~ 30 头母猪的配种任务，其中青年公猪负担要少些。若采用常年分娩、常年配种制度，每头公猪负担的母猪头

数可增加1倍左右。采用人工授精，每头公猪每次射精量约为200毫升，根据精子密度决定稀释倍数，一般可稀释1倍以上，在集中配种的情况下，可以负担400头母猪；常年配种可负担千头以上。公母比例不当，会造成公猪的负担过重或过轻，负担过重的公猪会降低受胎率和繁殖率，负担过轻的公猪，由于长期得不到使用，性欲降低，也会影响繁殖力。

5. 使用年限　公猪的一般使用年限为3～4年（4～5岁），2～3岁正值壮年，为配种的最佳时期，年更新率为30%。在一般的繁殖场如果使用合理，饲养良好，体质健康结实，膘情良好，可适当延长使用年限到5～6岁；而在育种场为缩短世代间隔，加快育种进展，使用年限较短约1～2年，对特别优秀的种公猪可采用世代重叠，延长利用年限。

6. 配种场地　固定的配种场地。由于长期配种留下的气味，容易刺激配种的顺利进行。一般配种场地宜靠近母猪舍而不宜靠近公猪舍，因为配种时所产生的气味有利于母猪的发情，也会引起不配公猪的不安。场地应平坦、无杂物，以免伤害公猪的肢蹄，影响配种。实行人工授精的猪场，一般建有专门的场地，与精液检查室相连。

（四）公猪的生殖障碍

猪的繁殖障碍是养猪生产中最难解决和直接影响养猪效益的难题。公猪在猪群中数量虽少，但影响面大，特别是在集约化饲养条件下，更应引起高度重视。公猪常见繁殖障碍有以下几种。

1. 遗传缺陷

（1）阴茎的缺陷　如阴茎偏向一侧或射精的开口位置不正。这些公猪虽然可以表现正常的性行为，但往往因为阴茎有关肌肉在交配时扭曲而不能插入，或插入后不能拔出。因此，不能正常射精，出现不育或低繁殖率的现象。有这类缺陷可以通过手术得到改善，但一般这类公猪应淘汰。另一类情况是由于交配时阴茎受损而导致不育或繁殖率低下。

(2) 隐睾　睾丸未下降到阴囊，致使睾丸在体内高温下受损，细精管上皮细胞受到破坏，造成无精症。这种损伤不可逆，隐睾有时是单侧有时是双侧。双侧隐睾尽管公猪也表现完整的性行为链，但无精子产生。单侧隐睾虽可育但精液产量明显减少，往往造成繁殖力低下。公猪隐睾如果外观不能确定可通过触摸进行检查，公猪隐睾一般高于其它家畜，而且多数为双侧，故应引起注意，这样的公猪发现后应立即淘汰。在寒冷季节检查时应特别注意，因为这时公猪睾丸的位置有所提高。

(3) 间性　间性是猪不育的重要来源之一。间性猪卵巢和睾丸可能是单侧的，有的甚至可以发情排卵，还可以产生后代，但产仔很少。间性母猪可能有较小的阴道，突出的阴蒂，较大的包皮鞘，有的还有阴囊发育，明显的獠牙，这样的猪应淘汰。

2. 环境应激

(1) 非生理性的暂时不育　营养不良或缺乏，过冷或过热，严重的应激等因素都有可能造成暂时性的不育，如果限制条件得到改善，可以得到恢复。但如果限制条件不能尽快改善，时间太长后有的暂时性不育会变为永久性的。如某些营养缺乏症对成年公猪来说是暂时的，但对青年公猪往往会造成永久性的不育。

(2) 低繁殖力　其造成的原因与暂时性不育相似，但损伤程度要轻些。

热应激：尽管公猪对热有一定的耐受能力，但高温往往引起体温上升，使肾上腺皮质激素的分泌增加，从而抑制了促性腺激素的分泌，另外高温还会造成细精管上皮细胞受损，特别是当气温达到29℃以上时往往造成精液量和质量明显下降，精子浓度下降，头部异常精子增加，而当热应激解除后，一般需要2～3周的时间才能恢复，这就是在夏季猪群受胎率低的一个重要原因。

使用频率：公猪的采精或交配频率也是影响公猪繁殖力的重要因素，青年每周2～3次，成年公猪每周3～4次为宜。不过由于公猪间个体差异较大，公猪的使用应与精液品质的监测结合起来，一般发现畸形精子或未成熟精子数量增加时，应立即停止使用。

营养水平：营养水平也是影响繁殖力的重要因素，如公猪对铜、锌、锰、硒和铁等矿物质缺乏十分敏感，而且维生素A和E对维持公猪的繁殖机能也有重要的作用。

3. 传染病感染 繁殖呼吸综合征、猪乙型脑炎、细小病毒、伪狂犬病等都可以通过精液传播，是引起繁殖障碍的疾病。这些疾病导致精液品质下降，受胎率降低，死胎、流产、木乃伊、弱猪大大增加。

目前对这些疾病还无有效疗法，应引起高度重视。在引种时应严格检疫、隔离，在确诊后用疫苗进行预防注射，平时应注意搞好猪场的消毒、隔离，猪舍内外卫生，消灭蚊子和老鼠。

三、人工授精

（一）人工授精概述

随着养猪生产的发展和产业化进程的推进，人们对猪人工授精的重要性的认识越来越深刻，在现代养猪生产和育种工作中，人工授精正成为一种非常重要的工具。

1. 人工授精的历史 人工授精始于1780年意大利生理学家Spallanzani首次用狗成功地进行了人工授精试验。到本世纪30年代，初步形成了一套较完整的操作方法，并从试验阶段进入实用阶段，成为家畜生产和改良的重要手段。

到20世纪40～60年代，世界许多国家如英国、丹麦、荷兰、瑞典、美国、加拿大、日本和前苏联等国都十分重视人工授精的研究与运用，到70年代全世界人工授精猪的数量达1 000万头，可见人工授精的发展已达到相当的水平。近年来，由于大规模的、高度集约化的现代化畜牧业的出现，更进一步促进了人工

授精的应用和发展。在此期间，对冷冻精液进行了深入的研究，并开始应用于生产和育种实践。我国常温精液保存与应用，在20世纪七八十年代已在各省区普及，推广应用效果良好。广西畜牧研究所、广东畜牧研究所、北京畜牧站等单位先后进行了猪冷冻精液的试验研究，受胎率尚可，但产仔数偏低，要在生产中加以应用还需要进一步完善。

2. 人工授精的优点 人工授精之所以被人们接受和广泛采用，是因为它同自然交配相比，至少具有以下优势。

(1) 减少公猪的饲养数量和降低生产成本 一头公猪的一次射精量可以供多头母猪授精，根据精子的密度不同而异，一般可供10头左右的母猪使用。因此，采用人工授精，猪场中公猪的比例可由自然交配的1:20左右降低到1:50左右，明显降低饲养公猪所需的猪舍、饲料和劳动力。在小型猪场（母猪数少于10头），购买公猪精液进行人工授精与自己饲养公猪相比，可以显著地降低成本。

(2) 迅速改良猪群的遗传潜力 最优秀的公猪数量有限，在自然交配方式下众多猪场共同使用一头公猪是不可能的，但在人工授精方式下通过引进优秀公猪的精液，是迅速提高猪群性能水平的有效措施。

(3) 提高猪场的生物安全性 众所周知，猪场疾病传播的一条重要途径就是从外面引进后备猪，要保证猪场的安全，需采取严格的隔离、消毒措施，耗费大量的人力和物力，而采用人工授精可以大大减少引猪的数量，减少引入疾病的可能（表3.2）；另外，采用人工授精也减少了猪只之间接触的机会。当然，人工授精也不是万无一失，有些疾病还是可以通过精液传播。

(4) 降低劳动力成本 给母猪实行人工授精的时间通常比自然交配和人工辅助交配所化的平均时间少。因此，配种时所需的劳动力投入减少。不过，采用人工授精在精液处理需要较多的人力投入，因此人工授精对劳动力的投入主要取决于每次采精配种

母猪的头数，如果输精母猪的头数增加，那么每次输精的时间就减少，数量越多，节约的时间和劳动力就越多，因此在大型猪场中，人工授精对劳动力的节约更为明显。

（5）减低母猪的应激水平　自然交配对母猪尤其是初配小母猪来说，是一个应激程度相当高的刺激，与此相反，人工授精的应激程度要低得多。因此，人工授精在降低应激程度方面比自然交配有较大的优势。

表 3.2　公猪精液中发现的病毒和细菌

病　　毒	细　　菌	
	不常见菌	常见菌
腺病毒	棒状杆菌	葡萄球菌
非洲猪瘟病毒	链球菌	假单胞菌
伪狂犬病病毒*	变形菌	埃希菌属
巨细胞病毒	沙雷菌	白喉杆菌
肠道病毒	芽胞菌	柠檬酸细菌
口蹄疫病毒	芽胞杆菌	微球菌
猪瘟病毒	肠杆菌	真杆菌
流行性乙型脑炎病毒	产气杆菌	
猪繁殖呼吸综合征病毒*	霉形体	
呼肠孤病毒	钩端螺旋体	
猪细小病毒*	猪布氏杆菌	
猪流感病毒	放线杆菌属	
水泡病病毒	猪丹毒杆菌	
传染性乳头状瘤病毒	沙门狮杆菌	

* 可通过交配感染和传播

（6）鉴别不育公猪，提高受胎率　在人工授精中，所采用的精液可以通过检查评定鉴别出质量的优劣，而自然交配却做不到这一点，所以从理论上讲，通过人工授精可以淘汰品质差的精液。不过，精液品质的精确评定需要专门的设备，在实际应用中不可能每次都对采集的精液进行准确的评定。

3. 人工授精的缺点　人工授精和其他任何事物一样，除具有优点外，也有不足之处，现总结如下：

(1) 需要培训技术人员。人工授精需要有专门的、熟练的技术人员才能达到满意的效果，任何一个环节的疏忽都会影响繁殖成绩。

(2) 长期保存稀释精液有一定的难度。现在最好的猪常温保存液仅能保存7天左右，冷冻保存技术还有待进一步研究才能在生产中应用。

(3) 增加实验室设备和试剂成本，必须具备常用的设备如显微镜、消毒设施、各种器皿及试剂。

(4) 如果使用感染了疾病公猪的精液，疾病传播的速度要比自然交配方式快得多，这是由于许多疾病可以通过精液传染，人工授精配种的母猪数量比自然交配要大得多，如果某头公猪染病而监测不力，就可能造成疾病的迅速扩散。

(二) 精液生理

1. 精液的特性　公猪精液主要由精子、精清和胶质组成，其每次射精量一般为200~400毫升（150~500毫升），精子密度$250 \times 10^6 \sim 350 \times 10^6$个/毫升，每次射精的总精子数400亿~500亿个。

正常精液应为乳白色或灰白色，有较强的气味，刚采集的新鲜精液在显微镜下观察为云雾状。

新采出的精液偏碱性pH7.5（7.3~7.9），以后由于外界温度、精子代谢程度等因素的影响，pH趋于下降，当精液有微生物污染或大量精子死亡时，由于氨气的增加而使pH上升。

据观测公猪的精液量与体重没有明显的关系，而总精子数与睾丸大小有关，睾丸大则总精子数一般也较多。公猪精液量和品质受品种、年龄、气候、采精方法、营养、体况、交配或采精频率等许多因素的影响。交配或采精频率越高，则精液量下降，未成熟精子的比例越高，精液品质下降；高温季节公猪的精液量和品质下降较寒冷季节快。

2. 精子的形态和结构　精子由头、颈、尾构成。其长度约

50微米。精子表面有脂蛋白膜，脂蛋白膜（又称质膜）把精子与周围环境隔离开来，维持细胞的理化特性。质膜是半透明的，通过各种运转方式调节细胞内各种物质的含量。质膜和生物电现象密切相关，这是组织兴奋性的决定因素，质膜上还有受体、许多抗原物质和酶系，起着接受化学信号改变细胞各种生理功能、参与免疫以及完成各种代谢作用等，由于质膜具有多方面的作用，因此在精液处理过程中应注意保持膜的正常结构和功能。

（1）头部　精子的头部呈扁卵圆形（8微米×4微米×1微米）。主要由核构成，核扁平，主要由DNA和组蛋白结合而成致密染色质构成，遗传密码就排列在DNA分子里，核的前面形成顶体，顶体是一双层薄膜囊，似前端的帽子。顶体的外表面由顶体外膜构成，与精子质膜紧密相连，顶体的内表面由顶体内膜构成，与精子核膜相连。顶体中含有许多与受精有关的酶如顶体酶、透明质酸酶、穿冠酶，受精时先进行顶体反应，顶体内的酶由精子质膜与顶体外膜融合而成的孔穴向外释放，透明质酸酶可以溶解卵子外围的卵丘细胞，穿冠酶可以溶解卵子的透明带，为精子进入卵子起开路作用。在精液保存过程中顶体常常受到破坏，甚至从头部脱落，就会影响精子的受精能力。

（2）颈部　位于头的基部，较细。颈部十分脆弱，受到影响易于折断。

（3）尾部　尾部中段被枕形的线粒体环绕，线粒体内存储了精子活动所需的能源。尾的纤丝可以收缩，推动精子前进。

3. 精清　是精囊腺、前列腺、尿道球腺和附睾的混合分泌物，是组成精液的主要成分。精清的作用是运送精子、为精子提供能源、缓冲和激发精子活力等。

（三）人工授精技术

1. 采精前的准备　采精一般在采精室进行。当公猪被牵引或驱赶到采精室时，能引起公猪的性兴奋。采精室应平坦，开阔，干净，少噪音，光线充足。采精人员最好固定，以免产生不

良刺激而导致采精失败，要尽可能使公猪建立良好的条件反射。设立假母猪供公猪爬跨采精，假母猪可用钢材、木材制作，高60～70厘米、宽30～40厘米、长60～70厘米，假母猪台上可包一张加工过的猪皮。

（1）公猪的调教　对于初次采用假母猪采精的公猪必须进行调教，方法是：①在假母台后驱涂抹发情母猪的阴道黏液或尿液，也可用公猪的尿液或唾液，引起公猪的性欲而爬跨假母猪；②在假母猪旁边放一头发情母猪，引起公猪的性欲和爬跨后，不让交配而把公猪拉下，爬上去，拉下来，反复多次，待公猪性欲冲动至高峰时，迅速牵走或用木板隔开母猪，引诱公猪直接爬跨假母猪采精；③将待调教的公猪拴系在假母猪附近，让其目睹另一头已调教好的公猪爬跨假母猪，然后诱使其爬跨。总之，调教要有耐心，反复训练，切不可操之过急，忌强迫、抽打、恐吓。

（2）物品准备　应准备好集精（杯、袋），以及进行镜检、稀释所需的各种物品，若采用重复使用的器材，在每次使用前应彻底冲洗消毒，然后放入高温干燥箱内消毒，亦可蒸煮消毒。

（3）采精人员的准备　采精人员的指甲必须剪短磨光，充分洗涤消毒，以消毒毛巾擦干，然后用75%的酒精消毒，待酒精挥发后即可进行操作。

2. 采精方法　猪人工采精的方法有电刺激法、假阴道法和徒手法，分别介绍如下：

（1）电刺激法　是将两极的探棒插入公猪的直肠并以低电压脉冲刺激生殖道的肌肉，诱发射精，即使阴茎没有完全伸直就可获得精液。这种方法对精子无害，但所得的精液比自然交配要稀，且成功率不高，所以使用不多，但该法可用于因腿伤不能爬跨而种用价值较高的公猪采精。

（2）阴道法　采用模拟母猪阴道环境的假阴道，当公猪爬跨发情母猪或假母猪时，迅速将公猪阴茎导入假阴道内，并采集精液。这种方法比较方便，但是由于公猪射精时间比较长，尿液和

细菌容易通过包皮污染阴茎，从而污染精液，加之假阴道使用前后需要进行洗涤和消毒，费时费力，故现在很少使用。

（3）徒手采精法　这是目前采集公猪精液使用最广泛的一种方法。该法与假阴道法相似，采精员戴上消毒手套，蹲在假母猪左侧，等公猪爬上后，用0.1%的高锰酸钾溶液将公猪包皮附近洗净消毒，当公猪阴茎伸出时，导入空拳掌心内，让其转动片刻，用手指由轻至紧，握紧阴茎龟头不让其转动，待阴茎充分勃起时，顺势向前牵引，手指有弹性、有节奏调节压力，公猪即可射精。另一只手持带有过滤纱布集精瓶收集精液，公猪第一次射精完成，按原姿势稍等不动，即可进行第二或第三、四次射精，直至完全射完为止，采集的精液应迅速放入30℃的保温瓶中，由于猪精子对低温十分敏感，特别是当新鲜精液在短时间内剧烈降温至10℃以下，精子将产生不可逆的损伤，这种损伤称为冷休克。因此在冬季采精时应注意精液的保温，以避免精子受到冷休克的打击不利于保存。集精瓶应该经过严格消毒、干燥，最好为棕色，以减少光线直接照射精液而使精子受损。由于公猪射精时总精子数不受爬跨时间、次数的影响，因此，没有必要在采精前让公猪反复爬跨母猪或假母猪提高其性兴奋程度。

3. 精液品质检查　采得精液后，要迅速置于30℃左右的恒温水浴中，以防止温度突然下降对精子造成低温打击，要求动作迅速，取样具有代表性，评定结果力求准确，操作过程中不应使精液品质受到危害，对精液品质标准要进行综合全面的分析。确定精子是否可以用于保存或输精。

（1）感观检查　精液的感观评定非常重要，主要包括气味、颜色和体积。判定精液是否有异味，如混有大量尿液则会有尿味，有异味的精液不能用于输精，应及时淘汰；公猪精液正常的颜色应当是灰白色或乳白色，如精液中出现异物、毛、血等，则说明精液已被污染，这样的精液也不能用于输精或保存，有血往往是由于在采精时伤及公猪的生殖器官或生殖器官疾患而引起

的，而出现尿液则说明采精时温度不适当；公猪的平均射精量为250毫升，范围为150~500毫升，发现射精量过少，必须查明原因，只有都符合正常要求的精液才能作进一步的检查和处理。

（2）镜检　其主要内容包括精子活力、密度及精子形态的检查。

● 精子活力的测定　精子的活力是指原精液在37℃下呈直线运动的精子占全部精子总数的百分率。测定方法是将一滴原精液滴在一张加热的显微镜载玻片上，显微镜工作台的温度应保存在37℃，采用五级评分法或十级评分法，五级评分法是：

五级：在视野中80%以上的精子呈直线前进运动，非常活跃，这样的精子评为五级，用“5”表示。

四级：在视野中有60%~80%的精子呈现比较非常活跃的直线前进运动，这样的精子评为四级，用“4”表示。

三级：在视野中有40%~60%的精子呈现活泼的直线前进运动，这样的精子评为三级，用“3”表示。

二级：在视野中有20%~40%的精子呈直线前进运动，这样的精子评为二级，用“2”表示。

一级：在视野中有不多余20%的精子呈直线前进运动，这样的精子评为一级，用“1”表示。

在视野中无前进运动的精子，则不分级，用“0”表示。

至于十级评分法，分为0~0.9级。视野中90%以上的精子作直线前进运动评为0.9分，80%作直线前进运动评为0.8分，其余的与此类推。好的精液在90%以上。十级评分法简明易掌握，应用较普遍。

由于精子的活力受环境条件的影响很大，为了得到客观、准确的结果，在评定时应注意如下方面：检查活力时应保存在恒温条件下进行；不要让阳光直接照射到精液样品上；远离易挥发的化学物质或消毒剂；要多看几个视野，把各个视野的评定分数加在一起，求出平均数；另外，在评定活力时一定要采用原精液，因为稀释后的精液会因使用不同的稀释液或稀释倍数而对精子的活力产生影响，得出错误的结果。

● 密度的测定　最常用的方法是白血球计数器。用白血球吸管吸精液至刻度“05”（稀释20倍）或者“0”（稀释10倍），然后再吸3%的氯化钠溶液至刻度“11”，用拇指及食指分别按住吸管的两端，使精液和3%的氯化钠溶液充分混合，然后弃去吸管前端数滴，将吸管尖端放在计算板与盖玻片的空隙边缘，使吸管中的精子流入计算室，充满其中。计算板的面积为一平方毫米，由刻度分成25个正方形大格，共由400个小方格组成。在计数板上根据均匀分布的原理，计数五个大格（80个小方格）内的精子数，计算时以精子的头部为准，采用的方法是计左不计右，计上不计下的原则。选择的五个大方格应位于一条对角线上或四角各取一个，在加上中央一个。求出五个大方格的精子数目后，然后根据下列计算公式计算出1毫升精液中精子的数目。

1毫升原精液内的精子数 = 5个大方格内的精子数×5(整个计算板25个大方格内精子总数)×10(1立方毫米内精子数,计算板的高度为1/10毫米)×1 000(1毫升精液内的精子数，1 000立方毫米为1毫升)×稀释倍数。

为了减少误差，应连续检查两个样品，如果所得结果相差较大，应再作第三次检查。

计算板法虽然比较准确，但费工费时，在生产条件下不便采精后都做检查，现在已经有了自动化程度很高的专门仪器，将分光光度计、电脑处理机、数字显示或打印机匹配，只要将一滴精液加入分光光度计中，就可以很快得到所需的精子密度和精子总数。

正常精液精子密度平均2.5亿（1亿～3亿之间），从镜检看精子密度高的精液往往呈云雾状。

●精子形态检查　正常的精子形态像蝌蚪（图 3.7），形态异常的活力不高，为了保证受胎率，必须检查精子的形态检查。

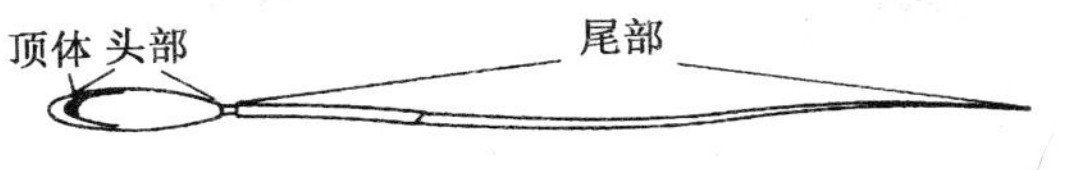

图 3.7　正常精子的形态

精子畸形一般分为四类（图 3.8）：①头部异常，头部巨大、瘦小、细长、圆形、轮廓不明显、皱缩、缺损、双头等；②颈部异常，颈部膨大、纤细、曲折、不全、带有原生质滴、不鲜明、双颈等；③尾部异常，弯曲、曲折、回旋、短小、长大、缺损、带有原生质滴、双尾等；④顶体异常，顶体不完全、异型等。在正常的精液中，总的畸形率应低于 25%，其中，头部畸形率不超过 5%，顶体畸形率也低于 5%，精子体部畸形率（原生质滴）为 10%，尾部的畸形率 5%。

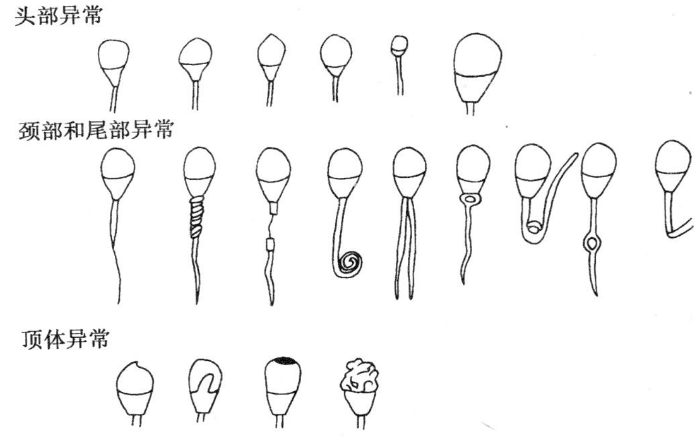

图 3.8　异常精子

计算精子的畸形率，方法是取少量精液，迅速做成抹片，用红蓝墨水染色 3 分钟，在高倍镜（>600 倍）下进行检查，观察精子总数不少于500个，并计算出畸形精子的百分率。

$$畸形精子百分率 = 畸形精子总数/500 \times 100\%$$

4. 精子畸形的原因　精液中大量畸形精子出现时，表明：精子的生成过程受到破坏；副性腺及尿道分泌物的病理变化；由精液射出起至检查过程中，没有遵守技术操作规程，精子遭到外界的不良影响。

具体说来，造成卷尾、双尾等尾部异常的精子是由于遗传因素所致，对这类的猪只应予淘汰；尾部曲折是由于精子受到温度（冷或热）、酸碱度突然改变的打击所致，无尾精子是由于机械应激或渗透压的突然改变，出现这类问题应对整个采精及其操作过程进行分析；原生质滴位于精子头尾交界处，原生质滴是由于精子的成熟度不够或公猪使用过度。

5. 精液的稀释和保存　精液经检查合格后，尚需经过稀释、分装、保存和运输等过程，最后用于输精。精液稀释是在精液里加一些配制好的、适宜于精子存活的并保存精子受精能力的溶液。在早期的人工授精，精液稀释的目的是单纯为了增加精液的容量，以便为更多的母猪输精，从而提高公畜的配种效能。现代的人工授精，精液稀释不仅要增加精液的容量，还能使精液短期甚至较长期地保存起来、继续使用，更便于长途运输，从而大大提高优秀公猪繁殖率。因为一头公猪每次射精所获得的精子数远远大于授精所要求的精子数，大约多15～30倍。

（1）稀释液的成分　一般精液稀释液包括有一种或多种保护剂，尽管目前采用的精液稀释液配方多种多样，但就其化学组成上来看主要有以下一些成分：

营养剂：减少精子自身能量消耗，以便延长精子寿命，一般为糖类，如葡萄糖、果糖。

稀释剂：主要扩大精液容量。因此这类物质的剂量，必须与精液具有相同的渗透压，一般采用等渗的氯化钠、葡萄糖、果糖、蔗糖以及某些盐类溶液。

保护剂：降低精液中的电解质浓度起缓冲作用，一般用于缓冲的物质有柠檬酸钠、磷酸氢二钠、磷酸二氢钾等。

抗生素：以阻止细菌生长，常用抗生素有青霉素、链霉素、庆大霉素、林肯霉素、胺苯磺胺等。

（2）稀释液的配制　猪精液常温保存常用的稀释液种类很多如 EDTA、Guelph、BTS、Zorpva、Reading 等（表 3.3）。

可以根据保存期的长短要求选择配方，配制时各种成分称量务必要准确，如果不能保证称量准确，最好采用配制好的商品稀释液粉，四川在“九五”国家重点科技攻关项目“四川瘦肉型猪规模化养殖及产业化研究与开发”课题中，利用国内外猪繁殖最新科研成果，根据猪精子生理代谢特点，研制成功的猪精液常温稀释液复合粉，在室温条件下保存期达 6 天，精子活力 0.5 级以上。该配方已在国内推广。

表 3.3　几种猪精液常温保存的稀释液配方

稀释剂	EDTA	Guelph	BTS	Zorpva	Reading
保存天数	3	3	3	5	5
D-葡萄糖	50	60.9	37.15	11.5	11.5
柠檬酸钠	3	3.7	6.0	11.65	11.65
碳酸氢钠		1.2	1.25	1.75	1.75
EDTA	1	3.7	1.25	2.35	2.35
Tris				5.5	5.5
柠檬酸				4.1	4.1
氯化钾					0.75
半胱氨酸				0.07	0.07
聚乙烯醇				1.0	1.0
青霉素	0.625	3.2	0.6	0.6	1.0
链霉素	1.0		1.0	1.0	0.50
林肯霉素					1.0
	加蒸馏水稀释至 1L				

由于稀释液在溶解后 1 小时内其 pH 出现明显的波动，到约 1 小时后才达到平衡（图 3.9）。pH 的变化可能对精子造成不利

的影响，因此建议稀释液宜在使用前1小时配制好。

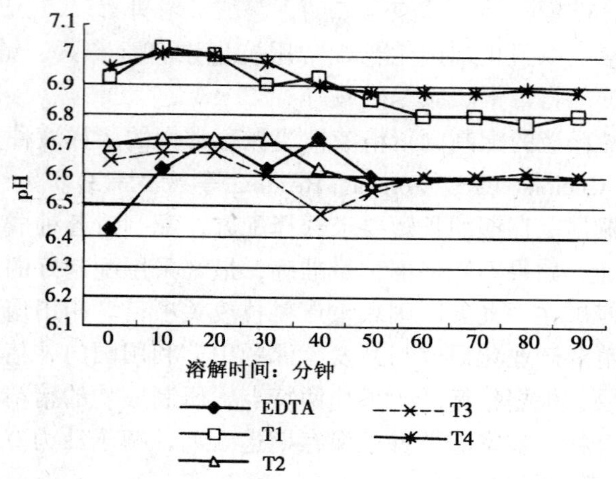

图 3.9　几种公猪常温精液稀释液溶解后90分钟内的pH变化模式

（3）精液的稀释和稀释倍数　在公猪的一次射精的精液中，包含的精子数远远多于一头母猪受精所需的数量。因而，可将精液稀释多倍，供多头母猪输精用，如果已测得精子密度，那么可按比例稀释，要求稀释后每毫升稀释精液含1亿个精子为原则进行稀释。如果密度没有测定，稀释倍数一般以2～4倍为宜。

加入精液稀释应在精液采出后尽快进行，因为新鲜精液不经稀释不利于精子存活，特别是当室温较低时，精子容易受到低温刺激，甚至出现温度性休克。所以在采出精液后，应注意保温，使集精瓶的温度在采精后维持在30℃左右，精液与稀释液的温度必须调整到一致，一般是将精液与稀释液置于同一温度（30℃）中，温度相同后即可进行稀释。方法是将一定量的稀释液沿杯壁缓慢倒入精液杯中，轻轻摇匀，如果稀释倍数大，先进行低倍稀释，防止精子所处的环境的突然改变，造成稀释打击。

（4）精液的保存　稀释后即进行保存。按保存的温度，可分

为常温（15～25℃）保存、低温（0～5℃）和冷冻（－79～－196℃）保存等三种。前两者，保存温度均在0℃以上，以液态的形式保存，故称液态精液，后者远远低于0℃以下，精液冻结，故称冷冻精液。无论哪种保存方式，都是以抑制精子的代谢活动、延长精子的存活时间而不丧失授精能力为目的。不过，到目前为止，只有牛的冷冻精液得到普及应用，猪的冷冻精液受胎率仍然偏低，还不能在生产中广泛应用，再者，冷冻精液必需具备成套设备，投资较大，而公猪精液的低温保存不如常温保存效果好。因此，精液常温保存在生产上具有很大的实用价值。

精液常温保存的原理是利用酸抑制精子的代谢活动，而不是通过温度达到这一目的。因为在中性和弱酸性的环境中，精子代谢正常，当降低到一定的酸度后，精子的活动受到抑制，在一定pH范围内，这种抑制是可逆的，当pH恢复到7左右时，精子可以复苏，如pH继续降低，超出此范围，则出现不可逆抑制。研究结果表明，不同的酸类对精子发生抑制的pH区是不相同的。一般认为，有机酸较无机酸为好，容易产生抑制，而且可逆性抑制区较宽阔。

加入稀释剂混合均匀后，即可存放、备用，直至稀释剂失效期为止。常温保存的温度虽然允许有所变化，但以16℃左右为最佳，可保存较长的时间。在精液存放阶段，精子多沉淀在容器的底部，因此，通常每天要将容器倒置1～2次，以保证精子均匀地分布在稀释液中。

总之，在精液稀释和保存过程中，以温度、pH值、渗透压等变化最小为好。

6. 运输　精液运输时应该注意事项：

（1）运输的精液应附有详细的说明书，标明站名、公猪的品种和编号、采精日期、精液剂量、稀释倍数、精子活力和密度等。

（2）运输过程中应防止剧烈的震荡和温度变化过大。

（3）低温保存的精液，应加冰维持低温运输；常温保存的精

液，也应维持较固定的温度。

7. 输精

（1）输精前的准备

器材的准备：输精管的种类很多，都能在人工授精中成功应用，有些输精管是一次性的，用后即抛弃；另一些则可重复使用，但每次使用后应彻底洗涤冲洗，然后放入高温干燥箱内消毒，亦可蒸煮消毒。

输精人员的准备：输精员的指甲必须剪短磨光，充分洗涤消毒，以消毒毛巾擦干，然后用75%酒精消毒，待酒精挥发后即可进行操作。

精液的准备：输精前应对保存后的稀释精液进行检查，活力不低于0.5级的精液方能进行输精。

母猪的准备：经发情鉴定后，将发情母猪阴户用肥皂水充分洗涤，除去污垢并进行消毒，然后用温开水冲洗，用消毒抹布擦干。

（2）输精方法　象自然交配一样，人工授精成功的关键因素是母猪适宜输精时间的确定，另外，使用灭菌的设备和良好的输精技术也很重要。输精过程基本上是模拟自然交配方式，先将输精导管涂以少许稀释液使之润滑，将输精管先倾斜向上方，然后水平方向前进，缓慢逆时针旋转插入母猪的阴道中，直至插入子宫颈内不能前进为止，被子宫颈嵌牢，然后向外拉松动一点，通过挤压缓慢将精液注入子宫内，一般3~5分钟，输完后缓慢抽出输精管，并用手掌按压母猪腰荐结合部，防止精液倒流。间隔12小时后，再输精一次。

（3）输精剂量　每头猪每次输精剂量为50~100毫升、有效精子数20亿~30亿个以上，可以保证良好的受胎率。另外，随着精子存放时间的延长，每次输精剂量中精子的数目应相应增加。

8. 人工授精实验室常用设备　建立一个一般人工授精实验室需要如下基本设备和用具（表3.4）。

表 3.4 人工授精实验室需要常用的设备和用具

品名	规格	数量
1. 设备		
假母猪台	长×宽×高=120厘米×25厘米×50厘米	1个
显微镜	100～600倍	1台
显微镜保温箱	木制或有机玻璃	1个
消毒箱/锅		1个
恒温水槽		1个
天平/电子称		1个
冰箱		1台
恒温干燥器		1台
精液保温箱		1台
子宫清洗器		1个
猪保定器		1个
输精安抚鞍		1个
pH试纸/pH仪		若干/1台
蒸馏水玻瓶		2个
2. 用品		
猪精液稀释液复合粉		若干
多次性输精管		5只
一次性输精管	猪用	若干
输精瓶/注射器	猪用	若干/5只
量杯	猪用/50毫升	各2只
量筒	250、500、1 000毫升	各2只
烧杯	250、500、1 000毫升	各5只
纱布	500、1 000毫升	若干
橡皮手套	医用	若干
盖玻片	医用	1合
载玻片		1合
润滑液		1瓶
玻棒		数只

参 考 文 献

[1] 崎龙雄著，北京农业大学养猪教研室译．养猪大成（第三版）．北京：农业出版社
[2] Milk.Ellis 著，胡锦平译．猪的繁殖基础．中国养猪工业手册
[3] 陈清明等．现代养猪生产．北京：中国农业大学出版社，1997
[4] 董伟．家畜繁殖学．北京：农业出版社，1984
[5] 陈健雄．美国猪的人工授精技术．养猪，1998
[6] 应三成等．公猪长效稀释液配方的筛选．西南农业学报，2000
[7] Japan Livestock Technology Association. Preservation of semen. In Manual of Feeding Management for Pigs. 1994
[8] Colenbrander B. and B. Kemp. Factors influence semen quality in pigs. In Control of Pig Production (ed. by Cole D. J. A. et al). The Journals of Reproduction and Fertility Ltd. U. K. 1990
[9] Mary Sue Newth and Donald G. Levis. Changes in pH of boar semen extenders. Nebraska Swine Report. U. S. 1999

第四章
猪的营养与饲料饲养

一、猪的营养需要

（一）营养需要

为了维持猪的生命和健康，保证其正常的生长发育，并能用同样的饲料生产更多的肉产品，必须合理地为猪提供各种营养素，如蛋白质、脂肪、碳水化合物、维生素、矿物质和水，以满足猪维持生命和为组织细胞生长发育与修复提供材料的需要。猪在不同的生理状态和不同生存环境下，对营养的需要也不同。营养素是以饲料形式提供的，经机体消化吸收之后，才能够被猪利用。饲料的种类繁多，不同的饲料所含营养素的存在形式不同，亦可影响猪对其的利用。掌握营养的基本知识，合理地利用饲料中的营养成分，有助于提高营养素的利用效率，从而提高猪的生产性能和效益。

营养素通常指蛋白质、脂肪、碳水化合物、维生素和矿物质，水和空气易于获取而不作为特殊的营养素。不同的营养素在动物体内的生理作用、存在形式和消化吸收利用都有着不同的特点。

1. 能量　猪为了维持生命和生产活动，均需一定的能量。饲料中的糖类、脂肪和蛋白质中都蕴藏着能量。饲料中的能量不是一种营养素，而是能产生能量的营养素在代谢过程中，被氧化时的一种特性。

（1）饲料能量的衡量单位　动物食入和消耗的能量，通常是

用热量单位“卡”表示，1 卡相当于 1 克水从 16.5℃升高到 17.5℃所需的热。为便于实用，饲料能量的术语更常用千卡或兆卡为单位，千卡为卡的 1 000 倍，兆卡等于 1 000 000 卡。由于营养物质在体内氧化，除了产热外，同时也要做功。因此，国际上建议用热功单位“焦耳”来表示饲料的能量。许多国家营养界和大多数科学杂志上只使用焦耳，而不再用“卡”。两者的换算关系是：1 卡等于 4.184 焦耳，1 千卡等于 4.184 焦耳，1 兆卡等于 4.184 兆焦耳。

（2）饲料中的能量　总能指一种物质完全氧化成水和二氧化碳所释放的热能，即燃烧热。1 克碳水化合物氧化分解平均可产生 17.15 千焦能量，1 克脂肪平均可释放 39.75 千焦，而每克蛋白质则平均可释放 23.85 千焦。在动物机体内，由于蛋白质含氮，氧化分解产物不是二氧化碳和水，而是尿素、尿酸、肌酸酐等。所以，蛋白质在动物体内氧化释放的能量低于其总能，实际释放的平均值为 18.41 千焦。饲料的总能也随其组成中三者的比例和量的变化而变化。碳水化合物是最重要的能量来源，其次是脂肪。蛋白质也可提供能量，但最主要的作用不是提供能量。

（3）猪对饲料能量的利用　根据饲料进入畜禽体内能量变化过程，通常把饲料能量分为总能、消化能、代谢能和净能。对于猪一般采用消化能（DE）或代谢能。

动物摄入饲料后，经过消化、吸收，以粪的形式排出部分未消化的饲料能量。饲料总能减去粪能即为消化能。由于粪能中尚包括消化道脱落黏膜、分泌物等，因此也称为表观消化能。消化能中，除包含可消化吸收的能量外，尚有一部分由于消化道发酵产生的气体能，即甲烷能，它由口腔、肠道排出，不能为机体所利用。而吸收进入机体的营养素中，蛋白质不能被机体完全氧化，其中一部分能量随尿排出，称为尿能。消化能减去气体能和尿能即为代谢能。动物摄入饲料后，会由于摄食而引起机体

能量代谢额外增高的现象，称为热增耗或特殊动力作用。这部分能量以热的形式散失，在寒冷环境下一部分可起到维持体温的作用。饲料总能减去粪能、气体能、尿能及热增耗的部分即为净能。净能是用于生产和维持的能量。维持净能包括基础代谢、随意活动和维持体温。猪的生产净能用于增重、泌乳、繁殖等。

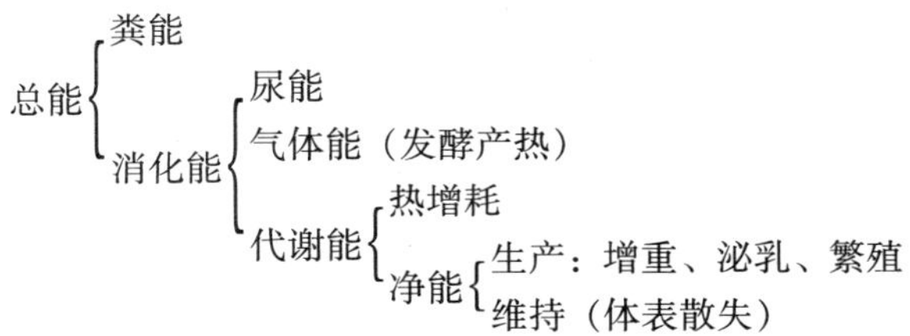

（4）饲料有效能值的评定方法

消化能：猪的饲料能量需要通常用消化能表示，消化能易测，比代谢能的精度更高。并且，绝大多数常用饲料已有消化能值。一种饲粮或饲料的消化能的测定，需要进行收集全部排泄物的消化试验，或采用指示剂确定摄入量与排出量的比例。由此可用以下公式计算饲料的消化能 DE：

消化能

$$（\text{DE，千焦/千克干物质}）=\frac{\text{饲料总能（GE）}-\text{粪能（FE）}}{\text{饲料干物质进食量（千克）}}$$

代谢能：代谢能的测定，需要在消化实验的基础上，增加尿和甲烷气体收集装置，收集测定尿液和气体中的能量。由于猪消化道气体能损失很小，一般忽略不计。因由此可用以下公式计算 ME：

代谢能(ME)

$$=\frac{\text{饲料总能(GE)}-\text{粪能(FE)}-\text{尿能(UE)}-\text{气体能(Eg)}}{\text{饲料干物质进食量(千克)}}$$

对于大多数饲料，猪饲料 ME 通常占 DE 的 94%～97%，一般用 96%。由于日粮蛋白质质量和数量影响两者间的关系，更

精确地估计可由以下公式计算。

$$ME = DE \times \frac{96\% - (0.202 \times 蛋白质的\%)}{100}$$

净能：评定净能除了进行代谢实验外，还需要进一步测定饲料在猪体内的产热（体增热和发酵产热）或存留的能量。机体产热可用直接或间接测热器测定。直接测定动物体产热、间接产热则通过测定摄入的氧，呼出的二氧化碳和甲烷损失，通过它们的转换系数而得出机体产热量。饲料的净能值（NE）为：

$$NE（千焦/千克）= \frac{GE - FE - UE - HI - HF}{饲料干物质进食量（千克）}$$

式中，GE为饲料总能，FE为粪能，UE为尿能，HI为体增热，HF为发酵产热。

净能（NE）用于维持需要和生产需要，前者叫维持净能，后者叫生产净能。维持净能（NEm）用于维持猪的基本生命活动、有限的随意活动和正常体温所需的能量。猪为维持基本的生命活动和正常体温，需要以物理或化学形式进行散热或产热，这一过程消耗的能量均与体重的0.75次方成正比，这一体重（W0.75）也称为代谢体重。猪的能量代谢水平平均为每日每千克代谢体重293千焦。

对于猪生产净能（NEP）主要是增重，母猪为产奶。

饲料有效能的估算：饲料有效能值除了直接测定外，还可以通过饲料成分含量与饲料有效能值间的关系，较快速、准确地预测。下面是利用饲料化学成分含量估测猪饲料DE或ME的几个公式。公式中的GE为饲料总能，DM为干物质（千克），CP为粗蛋白质，EE为醚浸出物，NFE为无氮浸出物，CF为粗纤维，Ash为粗灰分，SCHO为可溶性碳水化合物，Sta为淀粉百分含量计算。

$$DE = 949 + (0.789 \times GE) - (43 \times \%ASH) - (41 \times \%NDF)$$

（可用于估测各种饲料）

$$DE = 3.653 \times GE - 0.217 \times \%NDF - 48.681$$
（适于估测能量饲料）

$$DE = 4\,287 - 57.11 \times \%ADF$$（适于估测饼粕饲料）

$$DE = 3\,932 - 50.14 \times \%ADF + 9.23SCHO$$（适于估测饼粕饲料）

$$SCHO = 100 - (\%CP + \%EE + \%Ash + \%NDF)$$

2. 蛋白质 蛋白质不仅是猪体组织、器官、肌肉、皮毛、血液的主要组成成分，而且在维持猪生命过程中，它还以激素和酶的形式广泛地参与机体的各种生理机能和代谢过程。猪对物质的消化、吸收转运过程是由各种酶、载体完成的，缺乏这些特殊的蛋白质，会引起猪生理功能的紊乱甚至死亡。蛋白质也是猪体组织更新所需的原料，无论是处于生长还是维持状态，体组织蛋白质都在不断地进行着合成和降解，在这一过程中不可避免地有一部分氨基酸损失，因此需要从外界摄入蛋白质以进行补充，当摄入的蛋白质超过维持需要时，则作为合成各种动物产品的原料。动物没有贮存蛋白质原料的功能，过量摄入的蛋白质可能转化成糖元或体脂作为能量贮备，由于蛋白质的营养作用，不能由脂类、碳水化合物或其他营养素所代替。猪要维持正常的生命、生长和繁殖就必须从饲料中获取一定量的蛋白质，以满足机体各个组织、器官合成蛋白质的需要。

猪对摄入蛋白质的利用，受饲料蛋白质的种类和消化率的影响，饲料蛋白质氨基酸组成不同，在动物体内的利用亦不相同。

（1）蛋白质的组成和分类 各种蛋白质主要由碳、氢、氧、氮四种元素组成，有些蛋白质还含有硫（如毛发的角蛋白）、磷（如酪蛋白）、铁（血红蛋白）、镁（叶绿蛋白）。各种蛋白质的含氮量相差很大，但真蛋白质的平均含氮量约为16%，故把凯氏定氮测得的含氮量乘以6.25（100/16）称为粗蛋白含量。粗蛋白的主要成分除了动植物蛋白质外，还有非蛋白氮。

蛋白质的氨基酸组成：蛋白质的基本构成单位是氨基酸，每个氨基酸都有一个氨基（NH_2）和一个羧基（—COOH），它的一般化学式表示为：R—CH（NH_2）—COOH（R为侧链）。除了甘氨酸外，各种氨基酸的构型都分为L型和D型。天然的氨基酸一般都为L型，对于家畜和家禽，L型氨基酸都是可利用的，而D型利用率较好的只有蛋氨酸、胱氨酸、谷氨酸、亮氨酸、苯丙氨酸、脯氨酸、酪氨酸。

自然界存在的氨基酸的种类繁多，一般动植物性蛋白质中存在有20种氨基酸。

必需氨基酸（EAA）和非必需氨基酸（NEAA）：必需氨基酸指猪体内不能合成，或合成的速度慢不能满足机体需要而必须由饲料中获取的氨基酸。凡是可以在动物体内合成满足动物需要的氨基酸，称为非必需氨基酸。必需氨基酸依动物种类、生长阶段不同而有所不同。猪需要赖氨酸、蛋氨酸、色氨酸、精氨酸、组氨酸、苏氨酸、缬氨酸、亮氨酸、异亮氨酸等10种必需氨基酸。

一些氨基酸尽管不是必需氨基酸，但由于与必需氨基酸代谢上的联系，被称为半必需氨基酸，它们是胱氨酸和酪氨酸。蛋氨酸可以转化为胱氨酸，胱氨酸不能转化为蛋氨酸，胱氨酸充足时，可节省蛋氨酸，其节约蛋氨酸的最大效率为45%，故蛋氨酸一般应占55%，胱氨酸应占45%左右。苯丙氨酸可以转化为酪氨酸，但酪氨酸不能转化为苯丙氨酸，酪氨酸充足时，可节省丙氨酸，最大效率为42%，故苯丙氨酸一般应占60%，酪氨酸应占40%。

非必需氨基酸约占体蛋白质的50%，不论必需氨基酸还是非必需氨基酸，它们在体内代谢中，都起着重要作用，均不可缺少，在提供必需氨基酸的同时，也必须有足够的非必需氨基酸。

（2）氨基酸平衡　动物对各种必需氨基酸和非必需氨基酸有一定的需要量。要保证动物合理的蛋白质营养需要，一方面要提供充足的必需氨基酸和非必需氨基酸的数量，另一方面还必须注意各种必需氨基酸之间的比例。机体各种组织细胞蛋白质的氨基

酸的比例是相对固定的。饲料蛋白质提供的各种必需氨基酸必须与此比例一致，才能在体内被充分地利用。充分满足机体合成组织蛋白质需要，所有氨基酸既不缺少又不过量时的这种必需氨基酸间的相互比例称为理想蛋白模式。表 4.1 是目前提出的几个理想蛋白质必需氨基酸的模式。

表 4.1　猪理想蛋白质必需氨基酸模式[a]（占 Lys%）

氨　基　酸	生　长　肥　育　猪				
	ARC（1981）	INRA（1984）	日本[b]（1993）	SCA（1990）	NRC[c]（1998）
赖氨酸	100	100	100	100	100
精氨酸	—	29	—	—	39
甘氨酸 + 丝氨酸	—	—	—	—	—
组氨酸	33	25	33	33	32
异亮氨酸	55	59	55	54	54
亮氨酸	100	71	100	100	95
蛋氨酸	—	—	—	—	26
蛋氨酸 + 胱氨酸	50	59	51	50	57
苯丙氨酸	—	—	—	—	58
苯丙氨酸 + 酪氨酸	96	98	96	96	92
脯氨酸	—	—	—	—	—
苏氨酸	60	59	60	60	64
色氨酸	15	18	15	14	18
缬氨酸	70	70	71	70	67

注：

a. 表中除 NRC（1998）以真回肠可消化氨基酸为基础外，其余均是以总氨基酸为基础

b.30～70 千克生长猪

c.20～50 千克生长猪

当饲粮中蛋白质的氨基酸构成与机体的需要不相吻合时，会影响猪对蛋白质的利用效率和生产性能。在饲粮或饲料中的氨基酸不平衡时，相对于猪所需理想蛋白质氨基酸模式而言，不能满足猪需要的必需氨基酸即为限制性氨基酸。差得最多的为第一限

制性氨基酸，其次为第二、第三限制性氨基酸。限制性氨基酸的出现，犹如降低日粮中的粗蛋白质水平，补充相应的限制性氨基酸，可提高饲料蛋白质的利用率和改善动物生产性能。例如在赖氨酸为第一限制性氨基酸的基础日粮中，添加赖氨酸，会明显提高猪的生长速度。

某些特殊氨基酸间的失衡会出现拮抗现象，即出现一种氨基酸过高，而增加另一种结构上相似氨基酸的需要。有两组氨基酸存在这种关系：精氨酸与赖氨酸，亮氨酸、异亮氨酸与缬氨酸。在生产实践中，潜在的亮氨酸—异亮氨酸—缬氨酸的拮抗作用意义不大。对于猪，许多日粮中（尤其是玉米为基础）含相当高水平的亮氨酸，大多数情况下这种拮抗作用不会降低生产性能。

摄入过量的某种氨基酸会出现中毒现象，氨基酸的中毒剂量一般是添加量的10倍。生产中一般是因配方错误以及纯合日粮中的氨基酸误混造成。饲料级氨基酸中，蛋氨酸和色氨酸毒性较强，猪对过量的蛋氨酸非常敏感，但对赖氨酸，特别是苏氨酸具有较强的耐受力。

（3）蛋白质的消化与吸收　在胃液中，蛋白质遇盐酸变性，并受到胃蛋白酶的作用；进入肠道后受到胰腺和肠细胞分泌的蛋白酶、肽酶的作用。由于各种酶在水解过程中的协同作用，在氨基酸吸收的主要部位。主要以小肽（二、三肽）和游离氨基酸（FAA）的形式存在。肠道的氨基酸主要在小肠的前2/3端，到回肠末端吸收基本完成。氨基酸的吸收存在小肽和游离氨基酸两种相互独立的吸收机制。小肽的吸收耗能低，转运快，载体不易饱和，在吸收上比游离氨基酸具有更多的优越性。蛋白质的品质是影响肠道中小肽和游离氨基酸比例、数量的重要因素，肽的比例越高，肽链越短吸收越迅速，因此考虑小肽在氨基酸吸收中的作用是十分重要的。

（4）饲料蛋白质的营养价值　饲粮蛋白质的组成不同，其营养价值也不相同。蛋白质的营养价值不仅取决于粗蛋白质含量，

而且取决于它的消化率和氨基酸组成。衡量猪饲料蛋白质营养价值主要有以下指标和方法。

蛋白质消化率：蛋白质消化率是指一种饲料蛋白质被酶水解、吸收的程度。蛋白质消化率愈高，则被机体吸收利用的可能性越大，潜在的营养价值越高。饲料中蛋白质的消化率指摄入蛋白质中被消化、吸收氮的数量与摄入氮的比值，用下式表示：

真蛋白质消化率

$$=\frac{\text{摄入氮}-(\text{粪中排泄氮量}-\text{肠道代谢粪氮})}{\text{摄入氮}}\times 100$$

肠道代谢粪氮产生于肠道脱落的肠黏膜细胞，分泌的酶等，这部分氮并非来自被消化吸收的蛋白质，故不能计入蛋白质中未消化吸收氮的数量。如不扣除代谢粪氮，测得结果为表观蛋白质消化率。

氨基酸消化率：蛋白质的可利用性，取决于氨基酸的平衡程度和氨基酸的消化率等。氨基酸的消化率指被消化、吸收的氨基酸的数量占摄入氨基酸的总量的百分比。由于氨基酸的消化、吸收在回肠末端已基本完成，为避免微生物的干扰，对于猪现用回肠末端收取食糜的方法测定，故称回肠末端氨基酸消化率。

回肠真氨基酸消化率

$$=\frac{\text{摄入氨基酸}-(\text{回肠食糜氨基酸}-\text{内源氨基酸})}{\text{摄入氨基酸}}\times 100$$

由于低蛋白质饲料氨基酸的表观消化率误差较大，一般采用经内源氨基酸矫正的真消化率。

3. 矿物质 矿物质是构成猪体组织的重要成分，一些元素不仅在骨骼中大量存在，在其他体组织中含量也较高。在动物组织中一些矿物元素含量较为稳定，它们广泛地参与着动物体内多种代谢活动，是多种酶的激活剂或组成成分，对于维持正常的组织、细胞的渗透性和组织兴奋性，机体内的酸碱平衡具有重要作用。猪缺乏时，可引起特异的生理功能障碍和组织结构异常，并

且这种异常的生理生化变化，只有通过添加缺乏的元素才能恢复。因此，这些元素称为必需元素。必需元素按其在猪体中的含量分为常量元素（占0.01%以上）和微量元素（占0.01%以下）。

猪营养所必需元素包括常量元素：钙、磷、钾、钠、氯、硫、镁；微量元素包括：铁、铜、锰、锌、碘、钴、硒、铬、镍、硅和硼等，而后3种元素在畜禽营养中的作用尚不明确。

（1）常量元素

钙、磷：钙约占动物体内无机物的70%，它和磷结合形成骨骼和牙齿。骨中钙、磷比例约为2：1。钙除参与结构物质的组成外，它还参与调节神经兴奋性、激活多种酶活性及参与血液凝固过程等。磷参与体内多种物质代谢，是磷蛋白、核酸、磷脂的构成成分，也是能量代谢中的三磷酸腺苷、二磷酸腺苷等的重要组成成分。钙、磷对猪骨骼的形成，机体的生长影响较大。钙、磷的供给量不足或两者比例不适，除幼畜出现佝偻病、生长发育延缓外，成年动物还会出现骨质疏松、骨软化症等营养代谢性疾病。植物饲料中钙含量低，磷主要以植酸磷形式存在，猪没有分泌植酸酶的能力，植酸磷利用率差。生长猪的日粮钙最低需要量在0.4%~1.09%之间，有效磷在0.5%~0.7%之间，饲料中钙磷比在1~2:1时动物对钙磷的吸收、利用有相互促进的作用。钙磷过量会影响一些矿物元素的吸收和利用，从而导致生产性能的降低。猪的钙磷中毒不常见。

钠、钾、氯：钠主要存在于动物软组织和体液中，是血液和其他细胞外液的主要阳离子，它与钾等其他离子协同维持正常的神经、肌肉的兴奋性。钠与钾、氯与重碳酸盐离子一起，对调节体液的渗透压、细胞容积起着重要作用。钾作为细胞内的主要阳性离子，与钠、氯等离子参与缓冲体系的形成，对维持体内的酸碱平衡起着重要作用。氯离子除与钠、钾共同维持体液的酸碱平衡和渗透压外，还以盐酸的形式，起着活化胃蛋白酶原，促进α-淀粉酶消化和杀菌等作用。实验性缺钾、钠可引起生长受阻，繁

殖率下降；缺钠、氯较常见，可引起食欲下降，养分利用降低。猪对钠、氯需要量为日粮的 0.13% ~ 0.20%，钾为 0.4% ~ 0.7%。动物能自身调节钠的摄入与排出，对钠的耐受力较强，特别是在自由饮水时，一般不易中毒。

镁：猪体内约 70% 的镁是以磷酸盐与碳酸盐的形式参与骨骼和牙齿的构成，另外约 25% 的镁存在于软组织中。镁既存在于细胞内液，又存在于细胞外液。细胞内液的镁集中在线粒体，对于保持多种酶系统的活性，特别是氧化磷酸化酶系统的活性尤为重要。细胞外液的镁对维持肌肉、神经的兴奋性有重要作用。缺乏镁会引起兴奋、痉挛，钙沉积不良。猪镁需要量为 0.05% 左右，过量的镁会造成腹泻。

硫：猪体内的含硫约 0.15% 左右，硫主要以含硫氨基酸、蛋氨酸、胱氨酸和半胱氨酸，维生素（硫氨素和生物素）和激素（如胰岛素）的形式存在，并通过它们发挥生理功能。单胃动物对硫无特殊需要。

（2）微量元素

铁：铁在猪体内的含量约为 0.004%，但它作为血红蛋白、肌红蛋白质及一些酶（细胞色素酶、过氧化物酶和过氧化氢酶）的必需组成成分，起着非常重要的作用。当铁缺乏时，由于细胞的血红蛋白不能合成，会发生营养性贫血。哺乳仔猪由于体内贮存的铁低，生长快，乳汁中含量低，易患此缺乏症。动物性饲料中含量高，植物性饲料中，青干草和糖蜜中的含量高。哺乳母猪补充无机铁不能提高乳汁中的铁含量，但补加氨基酸螯合铁可提高胎体以及乳中的铁含量。猪日粮铁的需要量为 10 ~ 75 毫克/千克。猪对过量铁的耐受力较强。表 4.2 列出了猪对一些元素的最大耐受剂量。

铜：铜具有多种生理功能，是多种酶的构成成分；在红细胞血红蛋白生成中需适量铜的存在，铜尽管不作为其组成成分，但作为有关酶的成分起重要的作用；在骨骼的形成、皮毛色素的沉积中，也需要铜。铜需要量约为铁的1/10，一般饲料不缺铜，但哺乳仔猪有可能出现铜的缺乏，需补充。由于植物性饲料中铜的含量依赖于土壤中的铜含量，而且铜的吸收与硫、钼存在拮抗关系，硫过高也会影响到铜的利用。猪缺铜可能引起贫血，皮毛生长不良、褪色，先天性佝偻病、骨骼发育不良等。猪对铜的耐受量较高，为250毫克/千克。

表4.2 猪对某些元素的最大耐量①（毫克/千克）

铝	锑	无机砷	有机砷	钡②	铋	硼	溴	镉③	
(200)	–	50	100	(20)	(400)	(150)	200	0.5	
钙④（%）	氯化铬	氧化铬	钴	铜	氟⑤	磺	铁	铅③	
1	(1 000)	(3 000)	10	250	150	400	3 000	30	
镁（%）	锰	汞②	钼	镍	磷④	钾	硒	硅②（%）	银
(0.3)	400	2	20	(100)	1.5	2	2	–	(100)
氯化钠（%）	锶	硫（%）	锡	钛	钨	铀	钒	锌	
8	3 000	–	–	–	(20)	–	(10)	1 000	

注：①括号内为由其他动物估计的剂量；②溶解性低耐受量可高于此；③从人的食品的残留量考虑；④钙、磷比很重要；⑤磷酸盐毒性较低，此为氟化钠或氟化物

锌：在猪体内含量很低，但一些组织，特别是骨、毛、肝脏、胰腺、肾脏以及肌肉中含量较高，锌是许多酶的组成 成分或激活剂，它与猪生长发育有关，具有促进伤口愈合的作用。缺锌，可引起猪的皮肤不全角化症影响骨骼发育和生长。猪严重缺锌，可失去食欲，生长严重受阻，补锌可迅速恢复。猪饲粮钙超过1.3%，可诱发锌缺乏。猪日粮锌的需要量为30～60毫克/千克。猪对高锌的耐受力较强，可达1 000毫克/千克。

碘：成年猪体内的碘含量在0.0004%以下，大部分集中在甲状腺，它与甲状腺的机能密切相关，主要用于合成甲状腺素。碘

缺乏会引起甲状腺肿大，影响猪的正常代谢。妊娠母猪缺碘会现出死胚，生产无毛、虚弱的幼仔。猪缺碘生长迟缓。猪日粮碘的需要量在0.2~0.3毫克/千克之间。生长猪对碘的耐受量为400毫克/千克。

钴：钴的主要功能是作为维生素B_{12}的成分。另外，钴可能是某些酶的激活剂。现还缺乏充分的证据证明猪对钴含量的生理需要。饲料中钴的含量受土壤钴的影响，缺钴地区的饲料、饲草中钴不足，需要添加补充钴或B_{12}。猪对钴的耐受力强，耐受量可达10毫克/千克。

锰：锰主要存在于猪的肝脏中，其他器官组织皮肤肌肉中含量较低。锰在猪生长和繁殖中起着重要作用。锰是一系列酶，如骨骼有机基质形成过程中多糖聚合酶和半乳糖聚合酶的激活剂，锰缺乏影响猪的繁殖和生长。猪对锰的最低需要量为25~60毫克/千克。猪对锰的耐受力较强，为400毫克/千克。

硒：硒是谷胱甘肽过氧化物酶和脱碘酶的组成成分，具有抗氧化作用，防止细胞膜脂质结构免遭过氧化破坏，对细胞的正常功能起着保护作用，在猪的生长、繁殖过程中有着重要作用。猪缺硒会出现心肌坏死、肝坏死等。饲料含硒受土壤含硒量影响，我国存在大面积缺硒地带，在东北、西北、西南及华东等省区普遍缺硒。猪对硒的需要量在0.15~0.3毫克/千克之间。仔猪需要量较高。硒的毒性很强，猪摄入2~5毫克/千克，会产生慢性中毒；摄入500~1 000毫克/千克，可出现急性中毒。

钼、铬、硅、钒和镍：钼是猪体内黄嘌呤氧化酶的组成成分，它参与嘌呤代谢。钼也是硝酸盐还原酶、细菌脱氧酶的组成成分。铬是葡萄糖耐受因子的成分，与胰岛素的作用有密切关系。有机铬能改善处于应激状态下猪的生产繁殖性能以及蛋白质沉积。硅、钒、镍是实验动物的必需微量元素，由于微量元素通常在各种动物具有相同的生理功能，它们可能亦是猪的必需微量元素。猪对钼的需要量为0.1毫克/千克，其他元素的需要量尚不清楚。

4. 维生素　维生素是维持畜禽正常生理机能和生命活动所必需的微量低分子有机化合物。它不是形成动物机体各种组织器官的原料，也不是能源物质，它们主要以辅酶和催化剂的形式广泛参与体内代谢的各种化学反应，从而保证机体组织器官的细胞结构和功能的正常。因此，又称维生素为生物活性物质。猪对维生素的需要量甚微，但其作用非其他营养物质所能替代。维生素供应不足，会产生严重的缺乏症，给生产带来损失。

根据维生素的溶解性，维生素可分为脂溶性和水溶性维生素两类。在有机溶剂中可溶解的维生素称为脂溶性维生素，包括维生素 A、D、E、K。这类维生素在饲料中的分布、消化道内的吸收及在体内的转运均与脂质有关，凡是有利于脂质吸收的因素均对脂溶性维生素的吸收有利。这类维生素可在体内贮存相当的量，日粮中短期缺乏不会表现出明显的缺乏症，过量摄入对动物有毒害作用。凡可溶于水中的维生素都属于水溶性维生素，包括 B 族维生素和维生素 C。这类维生素一般在体内不贮存，必须每天由日粮提供，过量摄入可从尿中排出，因此对猪无明显毒害影响。

猪可通过饲料、消化道微生物合成及动物体内合成来满足其对维生素的需要，饲料是猪所需维生素的主要来源，尤其对高产猪和处于应激情况下，必须补充维生素。猪体内可合成维生素 C 及胆碱，但不能满足需要。消化道内微生物合成的维生素对猪禽的作用甚微，但食草动物可获取大量维生素。

下面主要介绍维生素的主要功能及缺乏症。

（1）脂溶性维生素

维生素 A：俗称抗干眼病维生素。只存在于动物体内。植物性饲料中只含有胡萝卜素，它是维生素 A 的前体物。胡萝卜素也有多种类似物，其中以 β-胡萝卜素的活性最强。在动物肠壁中，一分子 β-胡萝卜素可降解生成两分子视黄醇。维生素 A 能维持正常视觉功能，若供应不足则对弱光的敏感度降低而引起夜盲症；维持上皮组织的正常，若缺乏会导致猪机体的各种上皮组织细胞发生鳞状角化，并可引起腹泻、膀胱及肾结石及各种炎症和降低猪的抵抗力；维持正常的繁殖，缺乏则降低受胎率、死胎或胎儿吸收；影响骨骼的生长发育，若供应不足则骨骼发育受阻、变形，运动系统失调。青绿饲料含β-胡萝卜素较丰富，约20～80毫克/千克；黄玉米含有8～12毫克/千克；其他谷类及其副产物和蛋白质饲料（饼、粕）含量较少，只有0.02～0.44毫克/千克。猪对维生素A的需要量范围为1 000～2 000国际单位/千克饲料。

1国际单位（IU）维生素A＝0.3微克视黄醇

＝0.55微克维生素A棕榈酸盐

对于猪，2微克β-胡萝卜素相当于1国际单位（IU）的微生素A。

维生素D：又名抗软骨病维生素、抗佝偻病维生素。有D_2（麦角钙化醇）和D_3（胆钙化醇）两种活性形式。在紫外线的照射下，植物及动物体内的D_2和D_3的前体物，分别转化为D_2和D_3，光照强度越大，转化的效率越高，量越多。维生素D能维持骨骼的正常钙化，缺乏时导致仔猪的佝偻症及成年动物的骨质疏松症，妊娠母猪缺乏维生素D导致新生儿先天畸形。光照（晒太阳）是维生素D最廉价最丰富的来源。谷粒一般含0～30国际单位/千克饲料。猪对维生素D_3的需要量范围为150～220国际单位/千克饲料，不同生理情况下变化较大。

1国际单位（IU）维生素D＝0.25微克D_3

维生素E：又名抗不育维生素、生育酚。有α、β、γ和δ四种活性形式的生育酚，其活性依次渐减。维生素E的功能较多，主要是抗氧化作用，故称之为生物抗氧化剂，并参与细胞膜和DNA的合成、生物氧化、磷酸化及解毒等过程。猪缺乏维生素E会出现肌肉营养不良，公猪睾丸退化，肝坏死，营养性肌肉障碍

及免疫力降低。维生素与硒关系密切，可替代硒的部分功能而节约硒。谷物饲料含有较丰富的维生素 E，一般含 10～30 毫克/千克，米糠含 30～90 毫克/千克，青绿饲料按干物质计 10 倍于谷物，豆油、花生油、棉籽油含量也很丰富。猪的需要量范围为 10～20 毫克/千克。

1 国际单位（IU）维生素 E ＝1 毫克 D-α-生育酚乙酸脂
＝1 毫克 DL-α-生育酚乙酸脂

维生素 K：又名抗出血性维生素。天然存在的有 K_1（叶绿醌）和 K_2（甲基萘醌）两种活性物质，前者由植物合成，后者由微生物质合成。维生素 K 参与凝血活动，也与钙结合蛋白的形成有关。主要缺乏症是凝血时间延长，动物易出血，伤口愈合慢。

（2）水溶性维生素

维生素 B_1：即硫胺素，又名抗神经炎维生素、抗脚气病维生素。作为羟辅酶，参与糖代谢、脂肪酸及神经介质等合成。维生素 B_1 缺乏，猪表现为神经症状及心肌水肿等。需要量一般为 1～3 毫克/千克饲料。

维生素 B_2：即核黄素，又名促生长维生素。阳光直射会破坏核黄素。维生素 B_2 是黄酶的辅酶，与糖、脂肪和蛋白质的代谢密切相关。猪缺乏维生素 B_2 表现为腿的弯曲、僵硬、皮厚、皮疹等。需要量一般为 2～4 毫克/千克饲料。在低温季节，需要增加 B_2 的用量。

维生素 B_3：又名抗皮炎因子，化学名为泛酸或偏多酸。有右旋和左旋两种形式，前者的生物学活性为后者的 2 倍。维生素 B_3 作为辅酶 A 及酰基载体蛋白的组成参与机体多种代谢。若缺乏，猪皮屑增多，毛细，眼周围分泌物增多等。需要量为 7～12 毫克/千克饲料。

维生素 B_4：即胆碱，是β-羟基乙酸三甲基胺羟化物。猪体内可合成，需要量较其他维生素大得多。易吸潮，易溶于水。维

生素 B_4 作为甲基供体，与脂肪代谢密切相关。猪缺乏胆碱时生长缓慢、行动不协调等。需要量为 300～600 毫克/千克饲料。

维生素 B_5：又名维生素 PP、抗糙皮病因子，化学名为烟酸（或尼克酸）。维生素 B_5 以辅酶Ⅰ、Ⅱ的形式参与体内生物氧化。若缺乏，猪易产生呕吐、下痢、皮肤炎等。需要量为 7～20 毫克/千克饲料。

维生素 B_6：又名抗皮炎素，包括吡哆醇、吡哆醛及吡哆胺三种化合物。它以辅酶形式参与氨基酸及其他物质的代谢。若缺乏维生素 B_6，猪的耳朵、鼻、尾等末梢部位出现皮下水肿、脱毛等癞皮症状以及运动失调。需要量为 1～2 毫克/千克饲料。

维生素 B_7：又名维生素 H、促长素Ⅱ、生物素。作为羟化酶之辅酶，在体内二氧碳固定反应中起重要作用。猪不易缺乏。母猪缺乏会出现蹄开裂。需要量为 0.05～0.08 毫克/千克饲料。

维生素 B_{11}：又名叶酸、蝶酰谷氨酸、抗贫血因子、维生素 B_C。参与体内一碳基因的转移、核酸的合成等。猪缺乏表现为皮炎、脱毛、体内黏膜受损等。需要量为生长猪 0.3 毫克/千克饲料，母猪 1.3 毫克/千克饲料。

维生素 B_{12}：又名氰钴素、钴胺素、抗恶性贫血维生素。主要功能有参与核酸及蛋白质的生物合成，维持造血功能。维生素 B_{12}不足的典型症状是贫血，还表现为食欲下降、生长受阻、皮炎、神经过敏等。需要量为 0.005～0.020 毫克/千克饲料。

维生素 C：又名抗坏血酸。功能很多，主要参与细胞间质的生成，参与氧化还原反应，促进铁的吸收，解毒以及抗氧化作用等。猪维生素 C 缺乏会产生坏血病、牙龈肿胀、出血、溃疡、牙齿松动、骨软弱、抗病力下降等。由于猪体内能合成维生素 C，故其需要未作规定。

谷物及其副产物和青绿饲料含有的 B 族维生素基本能满足需要，但维生素 B_2 近于缺乏，加工、贮存会有损失，在生产实践中应考虑。

各国标准规定的维生素需要量差异较大。厂商推荐值差异更大，一般是几倍或10倍于需要量。主要是影响维生素需要的因素较多，不同于微量元素和氨基酸。在生产中为保证饲料质量，增加动物免疫力以及保证畜产品的质量和延长贮藏时间，往往大剂量添加维生素A和维生素E。国外推荐的商用复合维生素（预混料），一般较国内厂家推荐量高数倍（各种维生素的实际含量）。因此，在拟定配方时可根据实际情况确定维生素预混合料的添加量。猪对维生素的具体需要量参见表4.3。

5. 水

（1）水的营养作用　水是重要的营养成分。相对其他养分，水的来源充足，实践中易忽视水的营养。缺水比其他养分不足对猪的影响和危害更大。这是因为：①水是动物体的主要组成成分；②水是一种理想的溶剂，体内各种养分的吸收、转运代谢及废物的排出必须先溶于水后才能进行；③水是化学反应的介质，体内各种生化反应必须有水参与；④水的比热大，导热性好，蒸发热高，可以很好地调节体温；⑤动物体内关节囊内、体腔内及各种器官间的组织液中的水，可减少关节和器官间的磨擦力，起到润滑作用。

（2）水的来源　猪所需要的水来自饮水、饲料水及体内代谢水。饮水是最主要的来源，一般占所需水量的85%～95%。饲料水因饲料不同差异极大。体内养分在代谢过程中所产生的水占总需要量的5%～10%，是严重缺水情况下的重要来源。气温升高、猪只长大以及饲料中粗纤维素、蛋白质和矿物质含量增加时需水量增大。猪的需水量通常是干物质采食量的2～4倍。水的清洁卫生也很重要。细菌、重金属及有毒有害物质含量都应控制在规定的适宜范围内。

（二）饲养标准

饲养标准是配合饲料拟定配方的必要技术文件，它提供了拟定配方所需的各种养分的需要量和与此配套的饲料养分含量（营

养成分与营养价值）等必要参数。标准中这些参数的准确与否，直接关系到配合饲料的质量。没有准确的标准，就不可能配出高质量的饲料。

1. 猪营养需要与饲养标准的差异 营养需要（标准）和饲养标准都是拟定配方的依据。由于制定的条件不同，准确性上略有差异。在具体使用中，对某些参数（需要量）的使用要求也有所不同。

营养需要也可称营养需要标准，是在动物、饲料和饲养环境都比较理想的条件下，进行严格的控制试验而获得最佳生产成绩时对各种养分的需要量。由于是在理想条件下取得的，而不是在一般条件下都可达到的，因此被认为是最低需要量。即条件不是很理想的情况下，要取得同样的成绩，对养分的需要量就有所增加。饲养标准一般是在营养需要量的基础上增加一定保险系数(10%左右)。也可以是在研究需要量时，试验条件控制得不是很严格而获得的资料，准确性稍差，值也略高。饲养标准有时也叫推荐量或推荐标准。

无论是营养需要标准或是饲养标准，都包括各种养分的需要量表和有关的文字说明，同时还附有饲料营养成分及营养价值表。

目前，营养需要和饲养标准一般公布有能量、粗蛋白质(CP)、10种（猪）或11种必需氨基酸、6种常量元素（钙、磷、钾、钠、氯、镁)、6种微量元素（铁、铜、锰、锌、硒、碘)、13种维生素和1种必需脂肪酸，共30余种营养素和能量的指标。

不同的国家在研制标准时，因试验的饲粮类型、条件等不完全一样，公布标准中所列营养指标个数及某些参系数也不相同，少的只有能量、蛋白质、赖氨酸、蛋氨酸、钙、磷等几个指标，我国制定了肉脂型猪标准和瘦肉型猪标准。个别省份还制定有自己的标准，如“四川猪饲养标准”，但已近20年，有些参数已过时，目前都在修订之中。

2. 营养需要或饲养标准的制定原则　各国（地区）所制定的营养需要或饲养标准都是从本国（地区）畜禽品种和常用饲料的特点为基础而考虑的。如果标准中的需要量采用可利用养分（或有效能）表示，如消化能（DE）、代谢能（ME）、可消化氨基酸和可利用磷等，饲料营养成分及价值表也一定要提供与之相配套的参数。

饲养标准，特别是营养需要标准，一般都要说明是以什么饲粮类型为基础确定的养分需要量，以日增重、料肉比、养分沉积率或是某缺乏病作为标示。有效能［DE、ME、NE（净能）］和可利用养分的确定（测定）方法也都有说明，以便在参考使用此标准时可根据各自的情况作适当调整。

3. 猪的饲养（营养需要）**标准的选择和合理使用**　由于可消化氨基酸体系的采用，我国原有的肉脂型猪和瘦肉型猪标准目前对于规模化猪场已不太适用，必须修订，目前可借用 NRC（1998）公布的猪的营养需要标准，因这套标准全面采用了可消化氨基酸体系。使用时，对于良种场和饲养 D×L×Y 或 D×Y×L 的商品猪场可直接采用 NRC1998 年的标准，对于性能较差的外种猪或多少带一定本地猪血缘的杂交猪，即瘦肉率较低和生长速度较慢的，可将 NRC1998 年标准的氨基酸需要降一个档次使用，即 5～10 千克体重的猪用 10～20 千克体重氨基酸的需要量，其他营养指标可仍用 5～10 千克体重的，其他体重阶段依次类推。在规模化猪场，不宜养殖带本地猪血缘（胴体较肥）的杂交猪。

至于饲料中各种养分含量参数 DE、ME、Ca、P 等矿物元素可采用我国瘦肉型猪或肉脂型猪标准饲料营养成分及价值表中所列参数，也可采用其他有关资料介绍的参数，如《中国饲料》杂志公布的中国饲料数据库的资料。饲料氨基酸的消化率，可用 NRC（1998）标准的资料（表 4.3），但最好选用中国饲料数据库的资料或者国内有关研究单位公布的资料（表 4.4～4.9）。

表 4.3 NRC（1998）生长育肥猪的营养需要（含 90%的干物质）[a]

体重（千克）	3~5	5~10	10~20	20~50	50~80	80~120
平均体重（千克）	4	7.5	15	35	65	100
DE（千焦/千克）	14 225.6	14 225.6	14 225.6	14 225.6	14 225.6	14 225.6
ME（千焦/千克）[b]	13 660.76	13 660.76	13 660.76	13 660.76	13 660.76	13 660.76
日采食 DE（千焦/天）	3 577.3	7 070.96	14 225.6	26 380.12	36 651.84	43 722.8
日采食 ME（千焦/天）[b]	3 430.88	6 778.08	13 660.76	25 313.2	35 187.4	41 965.5
日采食量（克/天）	250	500	1 000	1 855	2 575	3 075
粗蛋白质（%）	26.0	23.7	20.9	18.0	15.5	13.2
回肠真可消化氨基酸（%）						
Arg	0.54	0.49	0.42	0.33	0.24	0.16
His	0.43	0.38	0.32	0.26	0.21	0.16
Ile	0.73	0.65	0.55	0.45	0.37	0.29
Leu	1.35	1.20	1.02	0.82	0.67	0.51
Lys	1.34	1.19	1.01	0.83	0.66	0.52
Met	0.36	0.32	0.27	0.22	0.18	0.14
Met + Cys	0.76	0.68	0.58	0.47	0.39	0.31
Phe	0.80	0.71	0.61	0.49	0.40	0.31
Phe + Tyr	1.26	1.12	0.95	0.78	0.63	0.49
Thr	0.84	0.74	0.63	0.52	0.43	0.34
Trp	0.24	0.22	0.18	0.15	0.12	0.10
Val	0.91	0.81	0.69	0.56	0.45	0.35
回肠表观可消化氨基酸（%）						
Arg	0.51	0.46	0.39	0.31	0.22	0.14
His	0.40	0.36	0.31	0.25	0.20	0.16
Ile	0.69	0.61	0.52	0.42	0.34	0.26
Leu	1.29	1.15	0.98	0.80	0.64	0.50
Lys	1.26	1.11	0.94	0.77	0.61	0.47
Met	0.34	0.30	0.26	0.21	0.17	0.13
Met + Cys	0.71	0.63	0.53	0.44	0.36	0.29
Phe	0.75	0.66	0.56	0.46	0.37	0.28
Phe + Tyr	1.18	1.05	0.89	0.72	0.58	0.45
Thr	0.75	0.66	0.56	0.46	0.37	0.30
Trp	0.22	0.19	0.16	0.13	0.10	0.08
Val	0.84	0.74	0.63	0.51	0.41	0.32

（续）

体重（千克）	3～5	5～10	10～20	20～50	50～80	80～120
			总氨基酸（%）			
Arg	0.59	0.54	0.46	0.37	0.27	0.19
His	0.48	0.43	0.36	0.30	0.24	0.19
Ile	0.83	0.73	0.63	0.51	0.42	0.33
Leu	1.50	1.32	1.12	0.90	0.71	0.54
Lys	1.50	1.35	1.15	0.95	0.75	0.60
Met	0.40	0.35	0.30	0.25	0.20	0.16
Met + Cys	0.86	0.76	0.65	0.54	0.44	0.35
Phe	0.90	0.80	0.68	0.55	0.44	0.34
Phe + Tyr	1.41	1.25	1.06	0.87	0.70	0.55
Thr	0.98	0.86	0.74	0.61	0.51	0.41
Trp	0.27	0.24	0.21	0.17	0.14	0.11
Val	1.04	0.92	0.79	0.64	0.52	0.40
矿物元素						
钙（%）[c]	0.90	0.80	0.70	0.60	0.50	0.45
总磷（%）[c]	0.70	0.65	0.60	0.50	0.45	0.40
磷（可利用）（%）[c]	0.55	0.40	0.32	0.23	0.19	0.15
钠（%）	0.25	0.20	0.15	0.10	0.10	0.10
氯（%）	0.25	0.20	0.15	0.08	0.08	0.08
镁（%）	0.04	0.04	0.04	0.04	0.04	0.04
钾（%）	0.30	0.28	0.26	0.23	0.19	0.17
铜(毫克)	6.00	6.00	5.00	4.00	3.50	3.00
碘(毫克)	0.14	0.14	0.14	0.14	0.14	0.14
铁(毫克)	100	100	80	60	50	40
锰(毫克)	4.00	4.00	3.00	2.00	2.00	2.00
硒(毫克)	0.30	0.30	0.25	0.15	0.15	0.15
锌(毫克)	100	100	80	60	50	50

（续）

体重(千克)	3～5	5～10	10～20	20～50	50～80	80～120
维生素						
维生素 A(国际单位)[d]	2 200	2 200	1 750	1 300	1 300	1 300
维生素 D_3(国际单位)[d]	220	220	200	150	150	150
维生素 E(国际单位)[d]	16	16	11	11	11	11
维生素 K(甲萘醌)(毫克)	0.50	0.50	0.50	0.50	0.50	0.50
生物素	0.08	0.05	0.05	0.05	0.05	0.05
胆碱	0.60	0.50	0.40	0.30	0.30	0.30
叶酸(毫克)	0.30	0.30	0.30	0.30	0.30	0.30
尼克酸(可利用)(毫克)[e]	20.00	15.00	12.50	10.00	7.00	7.00
泛酸(毫克)	12.00	10.00	9.00	8.00	7.00	7.00
维生素 B_2(毫克)	4.00	3.50	3.00	2.50	2.00	2.00
维生素 B_1(毫克)	1.50	1.00	1.00	1.00	1.00	1.00
维生素 B_6(毫克)	2.00	1.50	1.50	1.00	1.00	1.00
维生素 B_{12}(微克)	20.00	17.50	15.00	10.00	5.00	5.00
亚油酸(%)	0.10	0.10	0.10	0.10	0.10	0.10

注：

a. 为公、母猪的平均值；对于胴体瘦肉沉积较多的，即无脂胴体每天肉沉积超过 325 克的猪，某些矿物质和维生素可以适当增加

b．ME 可按 DE 的 96%估计，对于玉米-豆粕饲粮，ME 为 DE 的 94%～96%，取决于饲粮 CP 水平；CP 水平高，DE 转化为 ME 的效率相对较低

c. 对于 50～120 千克体重的后备种公猪和小母猪，钙、总磷和可利用磷可提高 0.05～0.1 个百分点

d. 维生素单位的转换：1 国际单位维生素 A＝0.344 微克视黄醇乙酸脂；1 国际单位维生素 D3＝0.025 微克胆钙化醇（维生素 D_2）；1 国际单位维生素 E＝0.67 毫克 D-α-生育酚，或者 1 毫克 DL-α-醋酸生育酚

e. 玉米、高粱、小麦和大麦中的尼克酸是不可利用的；经加工后的某些籽实，尼克酸的可利用性也很差，但发酵或湿磨加工的除外

表 4.4　妊娠母猪日粮氨基酸需要量（90%干物质）[a]

繁殖体重	125	150	175	200	200	200
妊娠增重（千克）[b]	55	45	40	35	30	35
窝产子数	11	12	12	12	12	14
DE 含量（千焦/千克）	14 225.6	14 225.6	14 225.6	14 225.6	14 225.6	14 225.6
ME 含量（千焦/千克）[c]	13 660.76	13 660.76	13 660.76	13 660.76	13 660.76	13 660.76
DE 摄入量（千焦/天）	27 865.4	26 212.8	26 798.5	27 342.4	25 585.2	26 254.6
ME 摄入量（千焦/天）	26 756.7	25 166.8	25 731.6	26 254.6	24 560.1	25 208.4
饲料摄入量（千克/天）	1.96	1.84	1.88	1.92	1.80	1.85
粗蛋白质含量（%）[d]	12.9	12.8	12.4	12.0	12.1	12.4
回肠真可消化氨基酸（%）						
精氨酸	0.04	0.00	0.00	0.00	0.00	0.00
组氨酸	0.16	0.16	0.15	0.14	0.14	0.15
异亮氨酸	0.29	0.28	0.27	0.26	0.26	0.27
亮氨酸	0.48	0.47	0.44	0.41	0.41	0.44
赖氨酸	0.50	0.49	0.46	0.44	0.44	0.46
蛋氨酸	0.14	0.13	0.13	0.12	0.12	0.13
蛋氨酸 + 胱氨酸	0.33	0.33	0.32	0.31	0.32	0.33
苯丙氨酸	0.29	0.28	0.27	0.25	0.25	0.27
苯丙氨酸 + 酪氨酸	0.48	0.48	0.46	0.44	0.44	0.46
苏氨酸	0.37	0.38	0.37	0.36	0.37	0.38
色氨酸	0.10	0.10	0.09	0.09	0.09	0.09
缬氨酸	0.34	0.33	0.31	0.30	0.30	0.31
回肠表观可消化氨基酸（%）						
精氨酸	0.03	0.00	0.00	0.00	0.00	0.00
组氨酸	0.15	0.15	0.14	0.13	0.13	0.14
异亮氨酸	0.26	0.26	0.25	0.24	0.24	0.25
亮氨酸	0.47	0.46	0.43	0.40	0.40	0.43
赖氨酸	0.45	0.45	0.42	0.40	0.40	0.42
蛋氨酸	0.13	0.13	0.12	0.11	0.12	0.12
蛋氨酸 + 胱氨酸	0.30	0.31	0.30	0.29	0.30	0.31
苯丙氨酸	0.27	0.26	0.24	0.23	0.23	0.24
苯丙氨酸 + 酪氨酸	0.45	0.44	0.42	0.40	0.41	0.43
苏氨酸	0.32	0.33	0.32	0.31	0.32	0.33
色氨酸	0.08	0.08	0.08	0.07	0.07	0.08
缬氨酸	0.31	0.30	0.28	0.27	0.27	0.28
总氨基酸（%）						

（续）

繁殖体重	125	150	175	200	200	200
妊娠增重（千克）[b]	55	45	40	35	30	35
窝产子数	11	12	12	12	12	14
精氨酸	0.06	0.03	0.00	0.00	0.00	0.00
组氨酸	0.19	0.18	0.17	0.16	0.17	0.17
异亮氨酸	0.33	0.32	0.31	0.30	0.30	0.31
亮氨酸	0.50	0.49	0.46	0.42	0.43	0.45
赖氨酸	0.58	0.57	0.54	0.52	0.52	0.54
蛋氨酸	0.15	0.15	0.14	0.13	0.13	0.14
蛋氨酸＋胱氨酸	0.37	0.38	0.37	0.36	0.36	0.37
苯丙氨酸	0.32	0.32	0.30	0.28	0.28	0.30
苯丙氨酸＋酪氨酸	0.54	0.54	0.51	0.49	0.49	0.51
苏氨酸	0.44	0.45	0.44	0.43	0.44	0.45
色氨酸	0.11	0.11	0.11	0.10	0.10	0.11
缬氨酸	0.39	0.38	0.36	0.34	0.34	0.36

a. DE 和饲料摄入量以及氨基酸需要量值是妊娠模型的估计值

b. 体增重包括母体增重和妊娠产物增重

c. 假设 DE 转化为代谢能的系数为 96%

d. 粗蛋白质和总氨基酸的需要量是基于玉米—豆粕日粮的需要量

表 4.5 妊娠母猪氨基酸的日需要量（90%干物质）[a]

繁殖体重	125	150	175	200	200	200
妊娠增重（千克）[b]	55	45	40	35	30	35
窝产子数	11	12	12	12	12	14
DE 含量（千焦/千克）	14 225.6	14 225.6	14 225.6	14 225.6	14 225.6	14 225.6
ME 含量（千焦/千克）[c]	13 660.76	13 660.76	13 660.76	13 660.76	13 660.76	13 660.76
DE 摄入量（千焦/天）	27 865.4	26 212.8	26 798.5	27 342.4	25 585.2	26 254.6
ME 摄入量（千焦/天）	26 756.7	25 166.8	25 731.6	26 254.6	24 560.1	25 208.4
饲料摄入量（千克/天）	1.96	1.84	1.88	1.92	1.80	1.85
粗蛋白质含量（%）[d]	12.9	12.8	12.4	12.0	12.1	12.4
回肠真可消化氨基酸（g/d）						
精氨酸	0.8	0.1	0.0	0.0	0.0	0.0
组氨酸	3.1	2.9	2.8	2.7	2.5	2.7
异亮氨酸	5.6	5.2	5.1	5.0	4.7	5.0
亮氨酸	9.4	8.7	8.3	7.9	7.4	8.1

（续）

繁殖体重	125	150	175	200	200	200
妊娠增重（千克）[b]	55	45	40	35	30	35
窝产子数	11	12	12	12	12	14
赖氨酸	9.7	9.0	8.7	8.4	7.9	8.5
蛋氨酸	2.7	2.5	2.4	2.3	2.2	2.3
蛋氨酸＋胱氨酸	6.4	6.1	6.1	6.0	5.7	6.1
苯丙氨酸	5.7	5.2	5.0	4.8	4.6	4.9
苯丙氨酸＋酪氨酸	9.5	8.9	8.6	8.4	7.9	8.5
苏氨酸	7.3	7.0	6.9	6.9	6.6	7.0
色氨酸	1.9	1.8	1.7	1.7	1.6	1.7
缬氨酸	6.6	6.1	5.9	5.7	5.4	5.8
回肠表观消化氨基酸（g/d）						
精氨酸	0.6	0.0	0.0	0.0	0.0	0.0
组氨酸	2.9	2.7	2.6	2.5	2.4	2.6
异亮氨酸	5.1	4.8	4.7	4.5	4.3	4.6
亮氨酸	9.2	8.4	8.1	7.7	7.3	7.9
赖氨酸	8.9	8.2	7.9	7.6	7.2	7.7
蛋氨酸	2.5	2.4	2.3	2.2	2.1	2.2
蛋氨酸＋胱氨酸	6.0	5.7	5.7	5.6	5.3	5.7
苯丙氨酸	5.2	4.8	4.6	4.4	4.2	4.5
苯丙氨酸＋酪氨酸	8.8	8.2	8.0	7.7	7.3	7.9
苏氨酸	6.3	6.0	6.0	6.0	5.7	6.1
缬氨酸	6.0	5.6	5.4	5.2	4.9	5.3
氨基酸需要量（总氨基酸基础，g/d）						
精氨酸	1.3	0.5	0.0	0.0	0.0	0.0
组氨酸	3.6	3.4	3.3	3.2	3.0	3.2
异亮氨酸	6.4	6.0	5.9	5.7	5.4	5.8
亮氨酸	9.9	9.0	8.6	8.2	7.7	8.3
赖氨酸	11.4	10.6	10.3	9.9	9.4	10.0
蛋氨酸	2.9	2.7	2.6	2.6	2.4	2.6
蛋氨酸＋胱氨酸	7.3	7.0	6.9	6.8	6.5	6.9
苯丙氨酸	6.3	5.8	5.6	5.4	5.0	5.4
苯丙氨酸＋酪氨酸	10.6	9.9	9.6	9.4	8.9	9.5
苏氨酸	8.6	8.3	8.3	8.2	7.8	8.3
色氨酸	2.2	2.0	2.0	1.9	1.8	2.0
缬氨酸	7.6	7.0	6.8	6.6	6.2	6.7

a. DE和饲料摄入量以及氨基酸需要量值是妊娠模型的估计值

b. 体增重包括母体增重和妊娠产物增重

c. 假设DE转化为代谢能的系数为96%

d. 粗蛋白质和总氨基酸的需要量是基于玉米—豆粕日粮的需要量

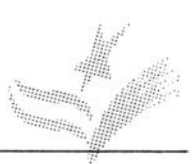

表 4.6　泌乳母猪的日粮氨基酸需要量（90%干物质）[a]

断奶体重（千克）	175	175	175	175	175	175
泌乳量变化（千克）[b]	0	0	0	－10	－10	－10
日增重（克）[b]	150	200	250	150	200	250
DE 含量（千焦/千克）	14 225.6	14 225.6	14 225.6	14 225.6	14 225.6	14 225.6
ME 含量（千焦/千克）[c]	13 660.76	13 660.76	13 660.76	13 660.76	13 660.76	13 660.76
DE 摄入量（千焦/天）[c]	61 274.7	76 169.7	91 064.8	50 710.1	65 605.1	80 500.2
ME 摄入量（千焦/天）	58 827	73 115.4	87 424.7	48 680.8	62 990.1	77 278.5
饲料采食量（千克/天）	4.31	5.35	6.40	3.56	4.61	5.66
CP（%）[d]	16.3	17.5	18.4	17.2	18.5	19.2
真可消化氨基酸（%）						
Arg	0.36	0.44	0.49	0.35	0.44	0.50
His	0.28	0.32	0.34	0.30	0.34	0.36
Ile	0.40	0.44	0.47	0.44	0.48	0.50
Leu	0.80	0.90	0.96	0.87	0.97	1.03
Lys	0.71	0.79	0.85	0.77	0.85	0.90
Met	0.19	0.21	0.22	0.20	0.22	0.23
Met + Cys	0.35	0.39	0.41	0.39	0.42	0.43
Phe	0.39	0.43	0.46	0.42	0.46	0.49
Phe + Tyr	0.80	0.89	0.95	0.88	0.97	1.02
Thr	0.45	0.49	0.52	0.50	0.53	0.56
Trp	0.13	0.14	0.15	0.15	0.16	0.17
Val	0.60	0.67	0.72	0.66	0.73	0.77
回肠表观可消化氨基酸（%）						
Arg	0.34	0.41	0.46	0.33	0.41	0.47
His	0.27	0.30	0.32	0.29	0.32	0.34
Ile	0.37	0.41	0.44	0.41	0.44	0.47
Leu	0.77	0.86	0.92	0.83	0.92	0.98
Lys	0.66	0.73	0.79	0.72	0.79	0.84
Met	0.18	0.20	0.21	0.19	0.21	0.22
Met + Cys	0.33	0.36	0.38	0.36	0.39	0.40
Phe	0.36	0.40	0.43	0.39	0.43	0.46
Phe + Tyr	0.75	0.83	0.89	0.82	0.90	0.96
Thr	0.40	0.43	0.46	0.44	0.47	0.49
Trp	0.11	0.12	0.13	0.13	0.14	0.14
Val	0.55	0.61	0.66	0.61	0.67	0.71

（续）

断奶体重（千克）	175	175	175	175	175	175
泌乳量变化（千克）[b]	0	0	0	-10	-10	-10
日增重（克）[b]	150	200	250	150	200	250
			总氨基酸（%）[d]			
Arg	0.40	0.48	0.54	0.39	0.49	0.55
His	0.32	0.36	0.38	0.34	0.38	0.40
Ile	0.45	0.50	0.53	0.50	0.54	0.57
Leu	0.86	0.97	1.05	0.95	1.05	1.12
Lys	0.82	0.91	0.97	0.89	0.97	1.03
Met	0.21	0.23	0.24	0.22	0.24	0.26
Met + Cys	0.40	0.44	0.46	0.44	0.47	0.49
Phe	0.43	0.48	0.52	0.47	0.52	0.55
Phe + Tyr	0.90	1.00	1.07	0.98	1.08	1.14
Thr	0.54	0.58	0.61	0.58	0.63	0.65
Trp	0.15	0.16	0.17	0.17	0.18	0.19
Val	0.68	0.76	0.82	0.76	0.83	0.88

a. DE 和饲料摄入量以及氨基酸需要量值是泌乳模型的估计值

b. 假定平均窝产仔数为 10 头，泌乳期为 21 天

c. 假定设 DE 转化为 ME 的效率为 96%，对于玉米—豆粕型日粮，ME 为 DE 的 95%～96%

d. 粗蛋白质和总氨基酸的需要量是基于玉米-豆粕日粮的需要量

表 4.7　泌乳母猪的氨基酸日需要量（90%干物质）[a]

断奶体重（千克）	175	175	175	175	175	175
泌乳量变化（千克）[b]	0	0	0	-10	-10	-10
日增重（克）[b]	150	200	250	150	200	250
DE 含量（千焦/千克）	14 225.6	14 225.6	14 225.6	14 225.6	14 225.6	14 225.6
ME 含量（千焦/千克）[c]	13 660.76	13 660.76	13 660.76	13 660.76	13 660.76	13 660.76
DE 摄入量（千焦/天）[c]	61 274.7	76 169.7	91 064.8	50 710.1	65 605.1	80 500.2
ME 摄入量（千焦/天）	58 827	73 115.4	87 424.7	48 680.8	62 990.1	77 278.5
饲料采食量（千克/天）	4.31	5.35	6.40	3.56	4.61	5.66
CP（%）[d]	16.3	17.5	18.4	17.2	18.5	19.2
			回肠真可消化氨基酸（%）			
Arg	15.6	23.4	31.1	12.5	20.3	28.0
His	12.2	17.0	21.7	10.9	15.6	20.3
Ile	17.2	23.6	30.1	15.6	22.1	28.5
Leu	34.4	48.0	61.5	31.0	44.5	58.1

（续）

断奶体重（千克）	175	175	175	175	175	175
Lys	30.7	42.5	54.3	27.6	39.4	51.2
Met	8.0	11.0	14.1	7.2	10.2	13.2
Met + Cys	15.3	20.6	26.0	13.9	19.2	24.5
Phe	16.8	23.3	29.7	14.9	21.4	27.9
Phe + Tyr	34.6	47.9	61.1	31.4	44.6	57.8
Thr	19.5	26.4	33.3	17.7	24.6	31.5
Trp	5.5	7.6	9.7	5.2	7.3	9.4
Val	25.8	35.8	45.8	23.6	33.6	43.6
回肠表观可消化氨基酸（%）						
Arg	14.6	22.0	29.3	11.7	19.1	26.4
His	11.5	16.0	20.5	10.2	14.7	19.2
Ile	15.9	21.9	27.9	14.5	20.5	26.5
Leu	33.0	45.9	58.7	29.7	42.6	55.4
Lys	28.4	39.4	50.4	25.5	36.5	47.5
Met	7.6	10.5	13.4	6.8	9.7	12.6
Met + Cys	14.2	19.2	24.1	12.9	17.8	22.8
Phe	15.5	21.6	27.6	13.8	19.9	25.9
Phe + Tyr	32.3	44.7	57.1	29.3	41.7	54.1
Thr	17.1	23.1	29.2	15.5	21.6	27.7
Trp	4.7	6.6	8.4	4.5	6.3	8.1
Val	23.6	32.8	42.0	21.6	30.8	40.0
总氨基酸（%）[d]						
Arg	17.4	25.8	34.3	14.0	22.4	30.8
His	13.8	19.1	24.4	12.2	17.5	22.8
Ile	19.5	26.8	34.1	17.7	25.0	32.3
Leu	37.2	52.1	67.0	33.7	48.6	63.5
Lys	35.3	48.6	61.9	31.6	44.9	58.2
Met	8.8	12.2	15.6	7.9	11.3	14.6
Met + Cys	17.3	23.4	29.4	15.7	21.7	27.8
Phe	18.7	25.9	33.2	16.6	23.9	31.1
Phe + Tyr	38.7	53.4	68.2	35.1	49.8	64.6
Thr	23.0	31.1	39.1	20.8	28.8	36.9
Trp	6.3	8.6	11.0	5.9	8.2	10.6
Val	29.5	40.9	52.3	26.9	38.4	49.8

a. DE 和饲料摄入量及氨基酸需要量值是泌乳模型的估计值

b 假定平均窝产仔数为 10 头，泌乳期为 21 天

c. 假设 DE 转化为 ME 的系数为 96%

d. 粗蛋白质和总氨基酸的需要量是基于玉米—豆粕日粮的需要量

表 4.8　猪日粮矿物质、维生素和脂肪酸的需要量（90%干物质）[a]

	妊娠期	泌乳期	妊娠期	泌乳期
DE 含量(千焦/千克)	14 225.6	14 225.6	14 225.6	14 225.6
ME 含量(千焦/千克)[b]	13 660.76	13 660.76	13 660.76	13 660.76
DE 摄入量(千焦/天)	26 317.4	74 684.4	26 317.4	74 684.4
ME 摄入量(千焦/天)[b]	25 271.4	71 692.8	25 271.4	71 692.8
饲料采食量（千克/天）	1.85	5.25	1.85	5.25
	需要量(%或需要量/千克日粮)			
矿物元素				
Ca（%）	0.75	0.75	13.9	39.4
TP（%）	0.60	0.60	11.1	31.5
AP（%）	0.35	0.35	6.5	18.4
Na（%）	0.15	0.20	2.8	10.5
Cl（%）	0.12	0.16	2.2	8.4
Mg（%）	0.04	0.04	0.7	2.1
K(%)	0.20	0.20	3.7	10.5
Cu（毫克）	5.00	5.00	9.3	26.3
I(毫克)	0.14	0.14	0.3	0.7
Fe（毫克）	80	80	148	420
Mn（毫克）	20	20	37	105
Se（毫克）	0.15	0.15	0.3	0.8
Zn（毫克）	50	50	93	263
维生素				
维生素 A（国际单位）[c]	4 000	2 000	7 400	10 500
维生素 D_3(国际单位)[c]	200	200	370	1050
维生素 E（国际单位）[c]	44	44	81	231
维生素 K(毫克)	0.50	0.50	0.9	2.6
生物素	0.20	0.20	0.4	1.1
胆碱	1.25	1.00	2.3	5.3
叶酸（毫克）	1.30	1.30	2.4	6.8
尼克酸(可利用)(毫克)[d]	10	10	19	53
泛酸（毫克）	12	12	22	63
维生素 B_2(毫克)	3.75	3.75	6.9	19.7
维生素 B_1(毫克)	1.00	1.00	1.9	5.3
维生素 B_6(毫克)	1.00	1.00	1.9	5.3

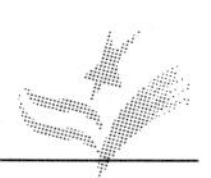

（续）

	妊娠期	泌乳期	妊娠期	泌乳期
维生素 B_{12}（微克）	15	15	28	79
亚油酸（%）	0.10	0.10	1.9	5.3

a. 每日矿物质和维生素的需要量是基于妊娠期和泌乳期的日采食量分别为 1.85 千克和 5.25 千克；如果采食量减少则需要量增加

b. 假定消化能转化为代谢能的效率为 96%

c. 维生素单位的转换：1 国际单位维生素 A = 0.344 微克视黄醇乙酸酯；1 国际单位维生素 D_3 = 0.025 微克胆钙化醇（维生素 D_2）；1 国际单位维生素 E = 0.67 毫克 D-α-生育酚或者 1 毫克 DL-α-醋酸生育酚

d. 玉米、高粱、小麦和大麦中的尼克酸是不可利用的；经加工后的某些籽实，尼克酸的可利用性也很差，但发酵或湿磨加工的除外

表 4.9　配种期公猪日粮及每日氨基酸、矿物质、维生素和脂肪酸的需要量（90%干物质）[a]

DE 含量（千焦/千克）	14 225.6	14 225.6
ME 含量（千焦/千克）[b]	13 660.76	13 660.76
DE 摄入量（千焦/天）	28 451.2	28 451.2
ME 摄入量（千焦/天）[b]	27 321.5	27 321.5
饲料采食量（千克/天）	2.00	2.00
CP（%）	13.0	13.0
	需　要　量	
氨基酸（总氨基酸基础）[b]	需要量/千克日粮或%	需要量/天
Arg	—	—
His	0.19%	3.8 克
Ile	0.35%	7.0 克
Leu	0.51%	10.2 克
Lys	0.60%	12.0 克
Met	0.16%	3.2 克
Met + Cys	0.42%	8.4 克
Phe	0.33%	6.6 克
Phe + Tyr	0.57%	11.4 克
Thr	0.50%	10.0 克

（续）

Trp	0.12%	2.4 克
Val	0.40%	8.0 克
矿物元素		
Ca	0.75%	15.0 克
TP	0.60%	12.0 克
AP	0.35%	7.0 克
Na	0.15%	3.0 克
Cl	0.12%	2.4 克
Mg	0.04%	0.8 克
K	0.20%	4.0 克
Cu	5 毫克	10 毫克
I	0.14 毫克	0.28 毫克
Fe	80 毫克	160 毫克
Mn	20 毫克	40 毫克
Se	0.15 毫克	0.3 毫克
Zn	50 毫克	100 毫克
维生素		
维生素 A[c]	4 000 国际单位	8 000 国际单位
维生素 D_3[c]	200 国际单位	400 国际单位
维生素 E[c]	44 国际单位	88 国际单位
维生素 K（甲奈醌）	0.50 毫克	1.0 毫克
生物素	0.20 毫克	0.4 毫克
胆碱	1.25 克	2.5 克
叶酸	1.30 毫克	2.6 毫克
尼克酸（可利用）[d]	10 毫克	20 毫克
泛酸	12 毫克	24 毫克
维生素 B_2	3.75 毫克	7.5 毫克
维生素 B_1	1.0 毫克	2.0 毫克
维生素 B_6	1.0 毫克	2.0 毫克
维生素 B_{12}	15 微克	30 微克
亚油酸	0.1%	2.0 克

a. 假定猪的日采食量为 2.0 千克，可根据猪的体重和希望达到的增重来调节

b. 假定消化能转化为代谢能的效率为 96%

c. 维生素单位的转换：1 国际单位维生素 A = 0.344 微克视黄醇乙酸酯；1 国际单位维生素 D_3 = 0.025 微克胆钙化醇（维生素 D_2）；1 国际单位维生素 E = 0.67 毫克 D-α-生育酚或者 1 毫克 DL-α-醋酸生育酚

d. 玉米、高粱、小麦和大麦中的尼克酸是不可利用的；经加工后的某些籽实，尼克酸的可利用性也很差，但发酵或湿磨加工的除外

二、猪的常用饲料

（一）饲料种类

猪饲料种类较多，可按来源分为植物性、动物性、微生物、矿物质和人工合成饲料；也可根据饲料的营养特性来分。目前，得到全世界公认的国际饲料分类法即根据各种饲料干物质的主要营养特性，将饲料分为八类：

（1）青干草和粗饲料　干物质中粗纤维含量≥18%的饲料，包括青干草、秸秆、秕壳等。

（2）青饲料　天然含水量≥60%的饲料，如牧草、蔬菜类、树叶等。

（3）青贮饲料　用新鲜的天然植物性饲料调制而成的青贮饲料，包括水分含量在45%～55%的低水分青贮（半干青贮）料。

（4）能量饲料　干物质中粗纤维含量＜18%，粗蛋白质含量＜20%的饲料，包括谷类籽实、糠麸类、块根块茎类等。

（5）蛋白质饲料　干物质中粗纤维含量＜18%，粗蛋白质含量≥20%的饲料，包括豆类、饼粕类、动物性饲料等。

（6）矿物质饲料　包括天然和工业合成的含矿物质丰富的饲料，如食盐、石粉、硫酸亚铁、硫酸锌等。

（7）维生素饲料　指工业合成或提纯的单一或复合的维生素，但不包括某种维生素含量较多的天然饲料，如胡萝卜。

（8）添加剂　不包括矿物质饲料、维生素饲料在内的所有以微量添加剂配合饲料中的饲料。主要是非营养性添加剂。

国际饲料分类法不仅以饲料的营养价值来分类，而且对影响饲料营养价值的指标如粗纤维、粗蛋白质等有数量的规定，因而更能反映各类饲料的营养特性及在畜禽饲粮中的地位。该法还规定从8个商品特点：来源、种（变种）、饲用部分、调制处理方

法、成熟阶段、刈割或切碎、等级与质量保证、分类来反映影响饲料营养价值的因素，给每种饲料一个标准编号，便于用计算机进行管理和饲粮配方设计。标准编号由6位数组成，分为三节。第一节一位数，代表8大类中的类号；第二节二位数，代表大类下面的亚类；第三类三位数，代表亚类下面的第某号饲料。或将第二节和第三节合成5位数，代表饲料的编号顺序。每一类饲料可供99 999种饲料编号用，8大类可供799 992种饲料编号。如4-02-879，代表第四大类（即能量饲料）饲料中第二亚类的879号饲料，或第四大类中的第2879号饲料。

我国借鉴国际分类法，把饲料分为8大类，16个亚类。亚类为：①青绿饲料（0-01-000）；②树叶类（0-02-000）；③青贮饲料（0-03-000）；④根茎瓜果类（0-04-000）；⑤干草类（0-05-000）；⑥农副产物类（0-06-000）；⑦谷类（0-07-000）；⑧糠麸类（0-08-000）；⑨豆类（0-09-000）；⑩饼粕类（0-10-000）；⑪糟渣类（0-11-000）；⑫草籽果实类（0-12-000）；⑬动物性饲料类（0-13-000）；⑭矿物质饲料类（0-14-000）；⑮维生素饲料类（0-15-000）；⑯添加剂（0-16-000）。

必须熟悉和掌握各种饲料的营养特性、相对价值和可能存在的一些缺点，才能配制出经济合算的养分平衡的饲粮。

消化能（兆焦/千克干物质）= 16.886 – 0.687 CF

（二）营养特点

1. 能量饲料　能量饲料包括谷类籽实及其加工副产品、富含淀粉的块根块茎类、油脂等。

（1）谷类籽实　主要指禾本科植物籽实，常见种类有玉米、小麦、稻谷、大麦等，是猪饲粮中最重要的部分，通常在饲粮配方中占50%以上，也是人猪争粮的关键。谷类籽实从结构上可分为颖壳、种皮、糊粉层、胚乳和胚几大部分。

谷类籽实的共同营养特点为，①有效能值高，谷物籽实的无氮浸出物含量特别高，一般都在70%以上，而粗纤维含量很低，一般在5%以下，只有带颖壳的大麦、燕麦、水稻等可达10%左

右，因此，干物质消化利用率高，有效能值高，是最重要的能量饲料；②蛋白质含量低，平均为10%，氨基酸不平衡，必需氨基酸赖氨酸、色氨酸、苏氨酸含量较少；③缺钙（一般低于0.1%），磷高（0.3%～0.5%），但则多以植酸形式存在，利用率低；④所有籽实都含有较丰富的维生素 B_1，而维生素 B_2、B_{12} 和D缺乏。烟酸处于结合状态，大部分不能被猪利用。对猪的饲用价值，以玉米为100，其他籽实的相对价值为：小麦100～105、大麦90、饲用高粱95～97、燕麦80～90。

● 玉米　饲料用玉米主要为马齿型和硬粒型。二者的区别在于角质淀粉（淀粉粒小而呈多角形，淀粉粒间充满蛋白质，组织致密而呈半透明状，比重大）和粉质淀粉（淀粉粒大，多为圆形，组织较松，淀粉粒之间有空隙，呈白色外而不透明，蛋白质含量低，比重较小）的比例不同。硬粒型籽粒顶部及四周的胚乳为角质淀粉，只有中部为粉质淀粉，籽粒坚硬，籽粒外表具光泽。马齿型籽粒扁长，籽粒顶部和中部大部分为粉质淀粉，仅两侧为角质淀粉，顶部的粉质淀粉干燥后缩小，因此，凹陷深，很像马齿。饲用玉米也有中间型（半马齿型），是硬粒型和马齿型的杂交种，籽粒顶部凹陷较浅或无，顶部胚乳中，粉质淀粉比马齿型少，但比硬粒型多。

玉米粒的种皮约占籽实重量的5%～6%，胚乳占80%～85%。在谷物籽实中，玉米的胚特别大，占10%～15%。玉米具有以下营养特点：① 可利用能值高。因玉米含粗纤维少是谷类籽实中最高的。脂肪含量较高（约4%），亚油酸高达2%，是谷类籽实中最高者。在猪饲粮中，玉米用量达50%以上，即可完全满足猪对亚油酸的需要。②蛋白质含量和品质均较其他谷物籽实低，蛋白质含量仅7%～9%，缺乏赖氨酸和色氨酸。③黄玉米中含有丰富的维生素A原，即β-胡萝卜素（平均2.0毫克/千克，范围1.3～3.3毫克/千克）和维生素E（20毫克/千克），而维生素D和维生素K缺乏。水溶性维生素中 B_1 较多，B_2 缺乏，

烟酸呈结合态，利用率低；胆碱含量接近或略低于猪的需要量。④玉米含钙极少，仅0.02%左右，含磷约0.25%，其中植酸磷占50%~60%。⑤黄玉米含有较多的黄色色素，主要为β-胡萝卜素、叶黄素和玉米黄质素。因而，以玉米为主加工的配合饲料色泽好看。随着储存期的延长，玉米的色泽变暗。

玉米适口性好，饲喂价值高，常用作比较其他谷物籽实饲喂价值的标准。但在猪肥育后期多喂可使胴体变软，背膘变厚。

玉米品质受水分含量、破碎与否、霉变等因素影响。成熟期收获的玉米水分含量仍可达30%以上，且玉米籽实外釉质层可防止籽实内水分的散失，因而玉米难干燥。在高温高湿和温差变化大的情况下，玉米容易变质。破碎玉米失去天然保护，极易吸水、结块、霉变和发生脂肪酸氧化酸败。玉米容易滋生霉菌，不仅降低适口性和猪增重，甚至产生特异性霉菌毒素中毒。在霉变玉米中添加维生素E、维生素D和维生素A可缓解中毒程度。

除普通玉米外，已通过遗传选育，培育出了一些新型的玉米品种，如高赖氨酸玉米、高蛋白质玉米和高油玉米。高赖氨酸玉米的品种较多，如Opaque-2（不透明玉米-2），含有较大的胚芽，胚乳由粉质淀粉组成，赖氨酸和色氨酸含量比普通玉米高50%以上，氨基酸组成也更合理，粗蛋白质含量亦较高（11.6%）；高赖氨酸玉米是热能与蛋白质相结合的一种价廉优质新型饲料，其饲喂价值优于普通玉米。高蛋白质玉米如Floury-2，蛋白质可达17.0%，赖氨酸和色氨酸含量与Opaque-2相似。高油脂玉米是玉米品种选育的新方向，已引起了营养学家和养殖生产者们的广泛关注。该类品种的胚芽比常规玉米大得多，因而脂肪和蛋白质含量高于普通玉米，蛋白质品质也得到改善。脂肪含量可达6%~10%，甚至高达17%，亚油酸含量提高40%~60%，而且蛋白质含量提高6%~20%左右，赖氨酸和蛋氨酸等提高12%~30%，代谢能值提高5%~6%。

● 大麦　大麦包括皮大麦（普通大麦）和裸大麦。皮大麦籽实外包裹有颖壳，籽实构成为颖壳、种皮和糊粉层20%～25%、胚乳75%～80%、胚芽2%。裸大麦籽实外的颖壳容易脱落，籽实由种皮和糊粉层（20%）、胚乳（80%～85%）和胚芽（3%）构成。我国饲料用大麦的数量很不稳定，主要受酿造业市场和价格的影响。

与玉米相比，大麦的营养特点为：①蛋白质含量较高，平均为11%，裸大麦的蛋白质含量为13%。大麦的蛋白质品质优于玉米，特别是赖氨酸、色氨酸、异亮氨酸等含量高于玉米，是能量饲料中蛋白质品质较好的一种。②亚油酸约占脂肪酸50%以上，但粗脂肪含量仅2%，比玉米低。③裸大麦含粗纤维2.0%左右，与玉米差不多，其有效能值与玉米接近；皮大麦的粗纤维含量比裸大麦高1倍多，最高达5.9%，其有效能值比玉米低。④矿物元素和维生素的含量与玉米相似。⑤缺乏黄色色素。

大麦适口性不如玉米，饲喂价值约为玉米的90%～95%，在猪饲粮中可代替30%左右的玉米。大麦不宜用于仔猪，但若是裸大麦或经脱壳、压片及蒸汽处理后则可取代部分玉米饲喂仔猪。以大麦饲喂肥育猪，日增重与玉米相当，饲料转化效率不如玉米，但有利于改善胴体品质，是育肥后期的理想饲料，能获得脂肪白、硬度大、背膘薄、瘦肉多的猪肉。我国著名的“金华火腿”产区，历史上曾将大麦作为养猪必备精料之一。

严重感染赤霉病的大麦，适口性差，并可产生中毒，用量不宜超过5%，不能用于种猪和仔猪。

● 小麦　小麦是我国人民的主食，因价格过高，极少作饲料用。但北欧国家，小麦是主要的能量饲料。小麦的胚乳约占83%，胚芽2.5%，其余部分14.5%。与玉米相比，小麦的粗纤维含量（2%）和玉米相当，粗脂肪含量（1.7%）低于玉米，但蛋白质（13.9%）和必需氨基酸含量高于玉米，是谷实类籽实中蛋白质含量较高者。钙（0.17%）、磷（0.4%）、锰、锌、铁含

量也高于玉米，因天然植酸酶的活性高，磷的利用率高于玉米。维生素的含量与玉米相当。但缺乏黄色色素。

小麦的有效能值与玉米接近，适口性优于玉米，对猪饲喂价值为玉米的100%～105%，可以部分或全部代替玉米。对肥育猪可改善屠体品质，防止背膘变厚。小麦可整粒或粗磨后饲喂，但不宜磨得过细，以免在猪嘴里形成糊状，而影响适口性。

● 高粱　高粱的种类很多。普通高粱单宁含量高，而饲用高粱指低单宁或无单宁高粱，品种有买罗高粱（milo）、赫戛利高粱（hegari）、卡菲尔高粱（kafir）、非特利高粱（feterita）等。

高粱籽粒中，胚乳部约占80%，胚芽部占有11%，种皮约占6%。高粱的籽粒结构和养分含量与玉米非常相似，高粱的蛋白质含量（9%）略高于玉米，但其品质和玉米蛋白质相似，赖氨酸、含硫氨基酸和色氨基酸含量低，分别仅为0.18%、0.29%和0.08%，远不能满足畜禽的营养需要。与50～110千克猪的氨基酸需要（NRC，1998）相比，玉米和高粱的限制性氨基酸种类和顺序比较相似，均以赖氨酸为第一限制氨基酸，然后为苏氨酸、色氨酸。

高粱的脂肪含量（3.4%）低于玉米，其中约25%为蜡质（约为玉米的50倍），脂肪酸中饱和脂肪酸比玉米稍多，亚油酸占49%，因而脂肪熔点高，必需脂肪酸含量（1.5%左右）低于玉米。高粱的钙、磷、维生素B_2、维生素B_6的含量与玉米相当，泛酸、烟酸、生物素含量高于玉米，但烟酸和生物素的利用率均较低。高粱缺乏黄色色素。

高粱含有单宁，是主要的抗营养因子，影响适口性和养分消化。一般将单宁含量低于0.4%的高粱称为低单宁高粱，达到0.66%称为中单宁高粱，1.5%以上即称为高单宁高粱。饲用高粱含单宁0.2%～0.4%，褐高粱含单宁0.6%～3.6%。

高粱对猪的饲喂价值约相当于玉米的95%～97%，受蛋白质饲料的品质和单宁含量影响。高单宁高粱的饲喂价值比饲用高

梁低 30%。高单宁高粱在猪饲粮中只能用到 10%，而低单宁高粱可用到 70%。肥育猪的试验表明，与优质蛋白质饲料（如豆粕）配合，高粱的饲喂价值与玉米相当；而与品质较差的蛋白质饲料（如缺乏赖氨酸的花生粕）配合，则高粱的饲喂价值不如玉米。高粱对猪肉品质无影响。

● 稻谷和糙米　稻谷是我国的第一粮食作物。籽实外包坚硬的谷壳，约占籽实重量的 20%～25%。脱去谷壳的果实为糙米；糙米再经精加工成为精米，是人们的主食。稻谷、糙米和及加工副产物米糠均可用作饲料。

与玉米相比，稻谷含粗纤维高（8.3%），有效能值低于玉米。蛋白质含量平均为 7.9%，略低于玉米，但不同种类稻谷的蛋白质含量不同，早稻略高，为 8.4%，中、晚稻为 7.5%。稻谷蛋白质的品质优于玉米，必需氨基酸含量与玉米相当。粗脂肪含量为 1.6%，比玉米低，脂肪酸组成以油酸（45%）和亚油酸（33%）为主。钙含量（0.33%）比玉米高，而其他元素和维生素含量与玉米相当。稻谷也缺乏黄色色素。

稻谷对猪的饲喂价值约相当于玉米的 75%～85%。用于饲喂肥育猪可获得品质良好的坚实猪肉。稻谷的利用最好去掉外壳，这样可大大提高稻谷的利用价值。

与稻谷相比，糙米的粗纤维（2.3%）和灰分（1.5%）含量大大降低，有效能值提高，与玉米相当。其他养分含量及饲喂价值也与玉米相当，可完全取代玉米，但可能使猪胴体脂肪变得较软。

（2）谷物籽实的加工副产物　谷物籽实的加工可分为制米和制粉两类，其副产物分别称为糠和麸，由谷物籽实的种皮、胚、糊粉层和部分胚乳组成。与谷物籽实相比，糠麸的粗纤维、粗脂肪、粗蛋白质、矿物质和维生素含量均提高，而无氮浸出物则大大降低。常用的副产物有小麦麸、次粉和米糠。

● 麦麸和次粉　麦麸和次粉均是小麦加工成面粉时的副产物，二者的区别在于种皮和胚乳等的比例不同。麦麸以种皮为

主，胚乳很少；次粉以糊粉层、胚乳为主，而种皮较少。小麦精制可得23%～25%的麦麸，3%～5%次粉和0.7%～1%胚芽。

麦麸和次粉的物理性质有区别：①颜色。麦麸颜色多为淡褐色到红褐色，次粉颜色较浅，从灰白色到淡褐色，颜色深者含麸皮较多。②容重。麦麸的容重较次粉轻，如大麸皮为0.18～0.26千克/升，小麸为0.32～0.39千克/升。次粉容重为0.29～0.54千克/升。颜色愈深的次粉，容重越小。

麦麸的营养特点：①蛋白质含量（15.0%）比玉米高，必需氨基酸含量也高于玉米，特别是赖氨酸达0.57%，但蛋氨酸与玉米相当；②粗纤维含量（9.5%）比玉米高，消化能低，粗纤维（CF）与消化能呈强负相关；③脂肪含量略低于与玉米；④维生素含量丰富，特别是富含B族维生素和维生素E，但烟酸利用率仅为35%；⑤矿物质含量丰富，特别是微量元素铁、锰、锌较高；但缺乏钙（0.09%），而磷含量高（0.91%），主要是植酸磷；因麦麸中存在较多的植酸酶，磷的利用率较可达50%左右；⑥麦麸物理结构疏松，容积大，含有适量的粗纤维和硫酸盐类，有轻泻作用，可防便秘。可作为添加剂预混料的载体、稀释剂、吸附剂和发酵饲料的载体。

麦麸的能量浓度低，不宜大量用于仔猪和生长育肥猪，用量低有保健作用。对于种母猪，尤其是用于妊娠和分娩前后的母猪更有保健作用，用量以10%～25%最好；用于育肥猪，可调节饲粮能量浓度，起到限饲作用。用量越大，猪的肥育成绩会变得越差，但可提高猪肉品质，使脂肪变白。

次粉的营养特点：①蛋白质（14%左右）和粗脂肪（2.2%）含量比麦麸低。②粗纤维含量（3.5%）比麦麸低，有效能值高于麦麸，与玉米接近。消化能值与其粗纤维含量呈强负相关，公式为（王文杰等，1992）消化能（兆焦/千克干物质）$=14.539-0.64\ CF \quad R=-0.965 \quad RSD=0.12$。

次粉对于肥育猪的饲喂价值优于小麦麸，甚至可以与玉米相当；次粉是很好的颗粒黏结剂，可用于制颗料饲料。但用在粉状

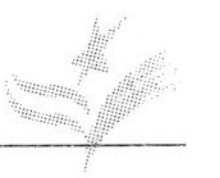

饲料时则嫌太细，且造成粘嘴现象，影响适口性，故较适用于颗粒状饲料。

● 米糠　稻谷的加工工艺不同，可得到不同的副产物，如砻糠、统糠和米糠。

砻糠由谷壳碾磨而成，含有大量的粗纤维（39%）和粗灰分（23%），而蛋白质（3%）、脂肪（0.7%）、钙、磷和维生素等含量很低，属于粗饲料，营养价值极低，不能用作猪饲料。

统糠为稻谷碾米时，一次分离出的砻糠、种皮以及少量的糊粉层、胚和胚乳的混合物，约占稻谷重量的 30%（砻糠占 20%，其余占 10%），营养价值介于砻糠和米糠之间，含粗纤维 35%，粗蛋白质 5%～7%、粗脂肪 3%～5%。属于粗饲料，消化能为 3.8～6 兆焦/千克，对猪的饲喂价值低。不宜用于仔猪。在生长育肥猪饲粮中使用，可起到降低能量浓度和限饲的作用，但生长速度和饲料转化效率下降，故用量不宜超过 10%。用于母猪饲粮可起到填充胃肠道、限饲的作用。

米糠是糙米加工成精米时的副产物，由种皮、糊粉层、胚和少量的胚乳组成，约占糙米重量的 8%～11%。

米糠的营养特点为：①米糠含脂肪高，平均为 16.5%，最高达 22.4%，脂肪组成大多属不饱和脂肪酸，油酸及亚油酸占 79.2%。脂肪的营养价值可与玉米相比。②粗纤维含量为 5.7%，不算高。因而，米糠的消化能值较高，每千克风干饲料可达 12.6 兆焦。③蛋白质含量为 13%，高于玉米，必需氨基酸含量高于玉米，尤其是赖氨酸含量可达 0.73%，回肠真消化率可达 78%，与玉米相当。④与玉米相似，米糠含钙低（0.08%），而含磷特别高（1.57%），且主要是植酸磷（0. 33%），因植酸酶含量低，利用率不高。米糠的微量元素铁（330 毫克/千克）和锰（194 毫克/千克）含量远远高于玉米，其他元素则差异不大。⑤米糠富含维生素 E 和 B 族，而缺少维生素 A、维生素 C、维生素 D。

新鲜米糠的适口性较好。随着储存时间增加，容易发生氧化酸败和水解酸败、发热和霉变。通常在碾磨后放置4周即有60%的油脂变质。变质米糠适口性变差，还可引起动物严重腹泻，甚至死亡。因此，一定要使用新鲜米糠。将新鲜米糠挤压制成颗粒，可延长贮存期。

对于猪，米糠是很好的能量饲料。在生长肥育猪饲粮中代替10%～30%玉米，其饲喂价值与玉米相当。若用量增大，则饲喂价值下降。新鲜米糠在生长猪饲粮可用到10%～12%，肥育猪饲粮可达30%，但米糠用量过多，可能使猪背膘变软，胴体品质变差。所以，用量宜控制在15%以下。米糠在仔猪饲粮中不宜超过10%，否则易导致腹泻。

（3）甘薯　又称为红薯、红苕、地瓜等。是我国主要的薯类作物之一，种植面积和总产量仅次于小麦、玉米和水稻，居第四位。

鲜薯含水量高达60%～80%，干物质20%～40%。含水13.0%的薯干含粗蛋白质4.0%，粗纤维3.0%，粗脂肪0.6%，无氮浸出物76.2%，淀粉48.5%，粗灰分3.0%±0.6%。所以，从干物质来看，甘薯属于能量饲料，并具有与谷物籽实相似的营养特点。

与玉米相比，甘薯的粗纤维含量也不高，易于消化吸收，有效能值可与玉米接近。但粗蛋白质含量低，只有玉米的一半，其中，蛋白氮占40%～60%，氨基酸氮占20%～30%，其余为酰胺、氨和含氮碱。必需氨基酸含量低，赖氨酸0.18%、蛋氨酸0.05%、胱氨酸0.07%，远不能满足猪的需要。粗脂肪含量很低，不能提供足够的必需脂肪酸。矿物元素含量低，变异较大，钙含量比玉米高，为0.15%±0.06%，磷（0.18%±0.03%）约高于钙，钾含量（0.73%±0.27%）较高。甘薯中维生素含量变异较大，B族维生素较少，但鲜样中含有很高的胡萝卜素，干物质中可达32.2毫克/千克，比黄玉米（4.8毫克/千克）高数倍。自然晒干的甘薯，胡萝卜素含量大大下降，仅剩25%左

右。

鲜薯含水量高，属大容积饲料，但多汁，具甜味，适口性好，并含有有机酸（如柠檬酸、延胡索酸等）和酶，易于消化吸收。生喂或熟喂，猪都爱吃，特别是对肥育猪和泌乳母猪，有促进体脂沉积和泌乳的作用。鲜薯含有一定量的胰蛋白酶抑制剂，影响蛋白质消化利用。煮熟可使 DE 提高 4%，干物质的消化率提高 3.4%，改善不大，但蛋白质的消化率可提高近 1 倍。熟喂可增加采食量10%～17%。况应谷等（1996）研究表明，在以鲜甘薯为主要能量来源的生长肥育猪饲粮中添加赖氨酸，以理想蛋白质平衡饲粮，可显著提高甘薯的饲喂价值。25～50 千克和50～90 千克猪饲粮中鲜甘薯适宜用量分别为 40%～42%和 56%～72%（风干基础），饲粮蛋白质水平分别为 12%和 11%，赖氨酸适宜添加量为 0.3%和 0.35%。使用鲜薯，要注意储存，因鲜薯怕冻，保存温度在 13℃左右为宜，温度高于 18℃，易发芽。滋生霉菌的甘薯含有黑芭霉酮毒素，引起猪中毒。

甘薯干可用于生产全价配合饲料，便于生产和管理，而且具有黏性，适合加工颗粒饲料，但会增加饲料厂粉尘。王志祥等（1991）和杨洪等（1991）的研究表明，只要添加赖氨酸，薯干可 100%替代玉米，用量可达 70%。甘薯干饲粮的第一限制性氨基酸为赖氨酸，其适宜添加量为 0.15%（35～60 千克）和 0.1%（60～90 千克）。蛋氨酸可以不添加，在 5～60 千克阶段添加蛋氨酸有一定的效果。

（4）油脂　添加油脂的必要性　随着养猪生产和饲料工业的发展，油脂在猪饲粮中的使用愈来愈普遍。添加油脂具有两方面的作用——营养性和非营养性作用。

油脂的营养性作用：提高饲粮能量浓度。油脂能量浓度高，约为碳水化合物和蛋白质的 2.25 倍，添加脂肪可有效提高饲粮的能量浓度。由于遗传改进，现代猪种的生产潜力大大提高，并超过了猪的采食能力，只有用高能量浓度的饲粮才能充分发挥猪

的生产潜力。脂肪具有“额外增热效应”。脂肪容易被猪消化吸收，在饲粮中添加脂肪可提高其他养分的转化效率，从而提高整个饲粮的转化效率。添加脂肪可缓解应激。猪采食量低于生产潜力需要的情况，在应激情况下，尤其在高温和低温应激时很明显。脂肪不仅可提高能量浓度，而且脂肪在体内代谢产生的体增热较少。提供必需脂肪酸，近年研究表明，必需脂肪酸尤其是ω-3的多不饱和脂肪酸对猪的抗病免疫能力、生产性能及对人体的健康有重要作用。因此，在猪饲粮中添加特定的脂肪，不仅可以提高猪的生产性能，还可以生产具有高附加值的保健猪肉产品。脂肪还可提高饲粮的适口性和促进脂溶性养分如脂溶性维生素的吸收。

油脂的非营养性作用：①减少饲料粉尘，有助于猪和养殖人员的健康；②少量添加油脂，可提高制粒效果，改善饲料的外观，有助于饲料的营销；③减少饲料机械的磨损。

目前，通常在仔猪、母猪和生长肥育猪饲粮中添加油脂。在仔猪代乳料中添加油脂2%～4%可提高饲料利用率8%～10%，改善适口性，日增重可提高10%～40%，并减少死亡率。母猪在产前和泌乳阶段饲喂高脂肪饲料（可达10%，甚至15%），可提高仔猪存活率，减少泌乳期母猪失重，提高其繁殖性能，每头母猪可多得0.4～0.6头仔猪。生长肥育猪饲粮脂肪添加量<5%时，随添加量增加猪生长速度得到改善；添加量>5%时，对生长改善不明显；但添加量<3%时，随添加量上升采食增加；添加量>3%时，则随油脂添加量上升采食量下降。猪饲粮的油脂添加量推荐水平为：泌乳母猪饲粮10%～15%、仔猪料或开食料5%～10%、生长肥育猪料3%～5%。对于早期断奶仔猪植物油比动物油脂效果好。

● 添加油脂的不便之处　①增加饲料的成本投入；②油脂的运输、贮存、保管难度大，在用量少的情况下，可能购买的油脂使用期过长；③增加抗氧化剂的使用，饲料面临氧化酸败的风险；④添加油脂需要特殊的设备，生产的饲料需要特殊的包装。

● 油脂的种类　一般油脂按来源不同而分为动物性油脂、植物性油脂、植物性油脂副产物和混合油脂。

动物性油脂以甘油三脂为主，以牛油、猪油用得较多，其次为鱼油，鱼油含高级多不饱和脂肪酸较多，在仔猪料中使用较多，而在肥育猪上用得较少，用量较高，可使猪肉产生鱼腥味，且容易酸败。在生产保健猪肉时，结合添加维生素 E 可防止鱼腥味产生和延长猪肉的保质期。

常用的植物性油脂是大豆油、棕榈油和菜油。植物油脂除含甘油三脂外、还含相当部分磷脂，有助于油脂的消化和吸收；此外，植物油脂在室温下呈液态，其添加比动物性油脂方便。

植物性油脂的副产物如油脚亦富含甘油三脂和磷脂，能值亦较高，如菜籽油脚含能值约 29 兆焦/千克。油脚经进一步加工可得到精炼和粗炼磷脂，精炼油脂含磷脂 40%～41%、粗脂肪 55%，总能约 37 兆焦/千克；粗炼磷脂含磷脂 45%，粗脂肪 34%，总能约 31 兆焦/千克。

饲料用混合油脂指快餐店的淘汰的烹调油，主要成分是植物油（如大豆油等）。与新油的主要区别在于不饱和脂肪酸量减少、游离脂肪酸增加、水分和杂质少量增加、颜色较深，但能值并未显著下降，而成本则较低。饲料用混合油早已成为美国饲料工业的最主要油脂来源，占年用量的 35%。目前，该类产品已进入中国市场。

饲料用油脂还有粉末状油脂，一般用动物油生产，经过一定的化学处理（如氢化等）而成为固体状，产品稳定，不易氧化酸败，便于添加，但成本较高。

油脂种类繁多，在选择作为猪饲料用时，必须注意：价格低廉（按单位能值计算）、能量浓度高、不含有害物质（如杀虫剂、棉酚、重金属、二恶英、沙门氏菌、大肠杆菌及疯牛病病原等）、供货稳定等。

● 油脂的品质指标

杂质：水分、不溶物以及不皂化物都属于杂质，其含量越多，油脂的能值越低，而且，可能使油脂不稳定。优质油脂的杂质应少于2%。

总脂肪酸的含量：由于甘油三脂的能量主要来自于脂肪酸，因此，总脂肪酸的含量应不低于90%。

游离脂肪酸的含量或酸价（酸价为游离脂肪酸的2倍）：游离脂肪酸与脂肪消化率呈一定负相关，但对能值影响较小，尤其对以不饱和脂肪酸为主的油脂（如植物油或混合油）。但游离脂肪酸含量过高表示油脂来源不明、质量不佳或处理不当，也使饲料加工机械容易腐蚀。最好以不超过15%为宜。

过氧化物含量：油脂的过氧化物含量应不超过20毫克当量/千克油脂为宜。氧化酸败的油脂适口性下降，脂溶性养分被破坏，所产生的有毒产物可阻碍猪生长，降低饲料转化效率，甚至引起猪死亡。

2. 蛋白质饲料

（1）植物性蛋白质饲料　干物质中粗蛋白质≥20%，粗纤维<18%的所有植物性饲料均属此类饲料，可分为三类，即豆科籽实、油料饼粕类和其他制造业的副产品。

● 大豆　大豆含蛋白质（约35%）和粗脂肪（17%）高，而粗纤维低（4.4%），属于高能高蛋白质的饲料，其消化能可达16兆焦/千克。大豆蛋白质品质优于谷类蛋白质，必需氨基酸含量高，特别是赖氨酸含量高达2.4%左右，但蛋氨酸含量（0.49%）相对较少，是大豆的第一限制性氨基酸。脂肪酸以不饱和脂肪酸（占85%）为主，亚油酸和亚麻酸含量较高，营养价值高，且含有一定量（约1.8%~3.2%）的磷脂（卵磷脂、脑磷脂），具有乳化作用。钙含量为0.27%左右，磷0.48%，其中大部分为植酸磷。微量元素以铁含量较高（110毫克/千克），其

他元素含量较少。

大豆中存在多种抗营养因子，包括：

胰蛋白酶抑制剂（TI）：对胰蛋白酶和糜蛋白酶均能产生抑制作用，引起猪生长不良、腹泻等。其机制可能为：TI 在肠道与胰蛋白酶和糜蛋白酶结合成稳定的复合物而使酶失活，导致蛋白质消化率下降，外源氮损失；肠道中蛋白酶和糜蛋白酶含量下降，反馈性刺激胰腺合成和分泌这两种酶，而这些酶蛋白含有丰富的含硫氨基酸，当其在肠道中与 TI 形成复合物而从粪中排出时，导致内源氮和机体含硫氨基酸大量损失。大豆蛋白本来就缺乏含硫氨基酸，所以就更加剧了饲粮中氨基酸的不平衡，从而阻碍动物生长。同位素标记技术证实，内源氮和内源氨基酸损失远远大于外源氮和饲料氨基酸的损失。胰腺分泌亢进也引起胰腺的代偿性肿大。

大豆凝集素（SBA）：是一种能够凝集动物和人红细胞的蛋白质，亦能引起猪生长抑制。SBA 分子量大，难以完整吸收进入血液，但可与小肠上皮细胞的特异受体结合，对养分吸收产生非特异性干扰，使养分消化率下降或干扰肠道的正常防御系统。

胃肠胀气因子：指大豆中的低碳糖—棉籽糖和水苏糖。猪肠道中缺乏分解二者的酶，当其进入大肠后，被肠道微生物发酵，产生大量的二氧化碳和氢，少量的甲烷，从而引起肠道胀气，并导致腹痛、腹泻、肠鸣等。

大豆抗原：大豆蛋白含 4 种抗原：大豆球蛋白、α-伴大豆球蛋白、β-伴大豆球蛋白和 γ-伴大豆球蛋白，其中，主要抗原是大豆球蛋白和 β-伴大豆球蛋白。抗原物质（谯仕彦等，1995；李德发等，1995；陈代文等，1995）能引起仔猪肠道过敏损伤，与仔猪断奶后腹泻相关。

大豆抗原引起的过敏反应与 TI 引起的毒害作用不同，表现在作用方式、作用持续时间、作用对象的年龄、耐热性不同。TI 主要抑制胰蛋白酶活性、作用时间持续、可作用于不同年龄的

猪，不耐热；而大豆抗原主要导致血浆蛋白质漏入肠腔、绒毛萎缩和腺窝增重等肠道损伤，过敏反应是短暂的，可产生耐受，大龄猪一般不对抗原产生过敏反应，经加热处理破坏了 TI 的全脂大豆仍具有较强的抗原活性。

由于大豆属于高能高蛋白，人们对在猪饲粮中应用大豆的兴趣日渐增加。Herkelman 等（1990）总结了有关在生长肥育猪饲粮中应用生大豆作为唯一蛋白质来源的研究报告。结果表明，生大豆对于仔猪和生长育肥猪是绝对有害的。对母猪的影响虽然较小，也不宜使用。

胰蛋白酶抑制剂和凝集素不耐热，可通过加热失活，并提高蛋白质利用率，改善猪生产性能。在猪饲粮中适当使用加工全脂大豆具有较多的优势，不仅其饲喂价值比生大豆高，使用安全；可省去添加油脂的设备，而饲料能值和颗粒质量均可得到改善；整粒黄豆的贮存比豆饼粕容易，并具有较佳的通气性，含有天然抗氧化剂，不容易发生酸败现象，能保证经常使用到新鲜的全脂大豆；并可减少黄豆取油和豆饼粕运输、买卖等中间环节的费用，有利于减少饲料成本。

大豆加热的方法有多种，如焙炒或干加热、挤压、高压蒸煮、红外线加热、微波、膨化、蒸汽加热等。大豆的加工方法不同，其饲用价值不同，取决于加热过程中大豆承受的最高温度、加热前大豆含水量、大豆颗粒大小、压力和时间。温度、含水量和压力越高，时间越长，颗粒越小，则抗营养因子被破坏程度越大。但加热过度，也会降低蛋白质、氨基酸利用率，尤其是赖氨酸利用率大大下降，从而降低猪生产性能。干热法产品具烤豆香味，风味较佳，但容易出现加热不均匀，有些可能烤焦，而某些可能加热不足，因而影响其饲喂价值；挤压法产品则因脂肪破坏程度高，脂肪消化率高，代谢能值亦较高。李德发等（1995）研究表明，全脂大豆经 130℃蒸气膨化较 110℃和 150℃更有利于改善仔猪对大豆中赖氨酸、蛋氨酸和异亮氨酸的回肠表观消化率，

提高氮沉积量和氮沉留率，但与优质豆粕相比，差异不显著。

判断大豆加热程度的指标，最常用指标有：

脲酶活性：生大豆的脲酶活性较高。大豆加热时，脲酶和蛋白酶抑制剂能以相近的速率变性，且脲酶活性容易测定，故常用其活性来判断大豆蛋白加热强度及胰蛋白酶抑制剂被破坏的程度。测定方法有4种：①国际标准法［ISO 5506－1978（E）］，即用过量盐酸中和尿素水解释放出的氨，再用氢氧化钠回滴过量盐酸，由氢氧化钠的浓度和体积计算每分钟、每克试样所释放的氨态氮的毫克数。②pH增值法（ΔpH），为美国、日本和前苏联等国家常用的方法。尿素水解释放的氨能使溶液pH升高。规定试样反应30分钟后，测定试样与空白溶液的pH之差，即可间接表示氨量的多少。我国规定大豆饼粕ΔpH不得超过0.3，最小值为0.02。③扩散法，是美国常用的方法。尿素水解释放的氨由硼酸溶液吸收。水解90～120分钟后，再用盐酸滴定，由盐酸浓度和体积来计算每克试样释放总氨的毫克数。④酚红法，酚红指示剂在pH6.4～8.2时由黄变红。氨可使酚红变成红色，根据变红的时间长短来判断脲酶活性大小。1分钟内呈粉红色为活性很强；1～5分钟内呈粉红色为活性强；5～15分钟内呈粉红色为有点活性；15～30分内呈粉红色为没有活性。通常，10分钟以上不显粉红色的大豆制品，其脲酶活性即认为合格。此法简便快速，适用于饲料厂等。

蛋白质溶解度：脲酶活性只能作为加热至适合程度的评价指标，对判断是否过度无意义。采用0.2%氢氧化钾溶液测定蛋白质溶解度（PS）则可用来反映加热是否过度。PS>85%表示加热不够，PS<70%表示加热过度。

● 豆饼、豆粕　系大豆榨油后的副产物，通常将大豆经压榨法的副产物称为豆饼，而将浸提法或预压浸提法的副产物称为豆粕。压榨法的脱油效率低，饼内常残留4%以上的油脂，可利用能量高。浸提法多用有机溶剂正己烷来脱油，粕中残油少

(1%左右)。预压浸出法是将提高出油率和饼粕质量结合起来考虑的一种先进工艺，国外通用，在国内正在推广使用。

与大豆相比，大豆饼、粕中除脂肪含量大大减少外，其他养分并无实质差异，蛋白质和氨基酸含量均相应增加，而有效能值下降，但仍属高能饲料。豆饼和豆粕相比，后者的蛋白质和氨基酸略高些，而有效能值略低些。

豆饼粕是生产上用量最多、使用最广泛的植物性蛋白质饲料，在猪的不同阶段均可使用，对猪的适口性好，饲喂价值在各种饼粕饲料中最高，常作为其他饼粕的参考标准。饲喂价值以大豆粕为100，其他饼粕分别为：脱壳棉籽粕85，菜籽粕60~80，脱壳花生粕95，椰子粕50，亚麻籽粕80，红花籽粕45，芝麻粕90~95，脱壳向日葵粕90~95。

由于普通加热处理并不能完全破坏大豆中的抗原物质，因此，在断奶仔猪饲粮中大量使用豆粕可能与仔猪断奶后腹泻有关（Miller，1984；Newby，1984；李德发等，1995）。目前，控制大豆粕引起的断奶仔猪腹泻的途径有两个，一是寻求适宜的加工方法以破坏大豆饼粕中的抗原物质，张克英等（1993）证实，用热乙醇（70%、75℃）浸泡处理能够破坏豆饼抗原物质，提高饲粮养分消化率，降低仔猪腹泻，佘伟明等（1992）、谯仕彦等（1992）已证实膨化处理能够有效破坏豆粕的抗原活性，并改善适口性，提高养分消化利用率和仔猪生产性能，在生产上该工艺有较好的应用前景。二是控制大豆粕在仔猪饲粮中的适宜比例。陈代文（1995）研究表明，降低豆粕在仔猪饲粮中的比例是控制腹泻的有效措施，建议3周龄断奶仔猪玉米-豆饼饲粮中，豆饼蛋白占饲粮蛋白的适宜比例为60%。

在使用大豆饼粕时，必须注意判断其是否经过适当的加热处理。适当加热可显著提高所有氨基酸的消化率，而加热过度，则降低赖氨酸、胱氨酸、精氨酸等的消化率，赖氨酸影响最大，严重时消化率可下降50%，总赖氨酸减少30%。

● 棉籽饼、棉籽粕　棉籽饼、棉籽粕是棉籽经脱壳取油后的副产物，是一项重要的植物蛋白质饲料资源，带壳的棉籽饼的干物质中粗纤维超过18%，属于粗饲料。棉花的品种很多，总的可分为有腺体棉和无腺体两大类，前者的棉籽仁含有大量棕红色的色素腺体，其中含有棉酚等有毒物质，而无腺体的棉籽仁内不含色素腺体，种仁几乎不含棉酚。我国目前栽培的主要是有腺体棉。已培育出不少无酚棉品系，但推广面积不大。

与大豆饼粕相比，棉籽饼粕具有以下营养特性：① 粗纤维含量比大豆饼粕高，达13.0%以上，因而有效能值低于大豆饼粕。棉籽饼粕的粗纤维含量主要取决于棉籽脱壳的程度。②蛋白质含量低于大豆饼粕，仍属高蛋白质饲料。蛋白质品质不如大豆饼粕，赖氨酸含量较低，为1.3%～1.5%，只相当于豆饼粕的50%～60%；蛋氨酸含量亦低，只有0.3%～0.38%，而精氨酸含量高达3.67%～4.14%，是饼粕饲料中精氨酸含量较高的饲料。赖氨酸:精氨酸为100:270以上。远远超出了赖氨酸和精氨酸比的理想值，容易产生精氨酸和赖氨酸的拮抗作用。③矿物质和维生素含量与大豆饼粕相似。④氨基酸的消化率比大豆饼粕低。棉籽饼粕的氨基酸消化率以螺旋压榨法的较低，直接浸出的最高，其次是预压浸出法，尤以苯丙氨酸和赖氨酸消化率较明显。

影响棉籽饼粕饲喂价值的主要抗营养因子是游离棉酚。在有腺体棉籽中，色素腺体重量约占棉仁重量的2.4%～4.8%，棉酚约占色素腺体重量的20.6%～39.0%。按其存在形式可分为游离棉酚（FG）和结合棉酚（BG）两类。棉酚被动物摄食后，结合棉酚从粪中排出，大部分游离棉酚也可转化成结合棉酚而排出，小部分被吸收入体内，主要分布于肝，从体内排泄比较缓慢，在体内有明显的蓄积作用，可引起累积性中毒。棉酚中毒表现为生长受阻、生产能力下降、贫血、呼吸困难、繁殖能力下降甚至不育，严重时可死亡，剖检可见肺水肿、出血、心脏肿大、胸腔积水、肝脏充血、肠胃炎等。

棉酚含量直接取决于棉籽中色素腺体的数目。据调查，有毒棉的净棉仁中棉酚含量为1.0%～1.7%，平均为1.3%左右。高振川（1986）认为国内有腺体棉籽仁中棉籽仁中棉酚含量为1.042%（4个品种，1982年均值），无腺体棉籽仁中棉酚含量仅为0.02%。我国栽培的大部分是有毒棉，其棉籽中棉酚含量变化不大。因此，影响棉籽饼粕中游离棉酚含量的主要因素是榨油工艺。国产棉籽饼、粕中的游离棉酚含量分别为682和437毫克/千克。不同工艺生产的棉籽饼粕的棉酚含量见表4.10。

表4.10 不同榨油工艺对棉籽饼粕中棉酚含量的影响

	FG（%）		结合棉酚（%）	
	平均	范围	平均	范围
压榨饼	0.076	0.030～0.162	0.958	0.68～1.28
浸提粕	0.070	0.011～0.151	0.829	0.363～1.065
土榨饼	0.192	0.014～0.440	0.456	0.039～0.991

合理利用棉籽饼粕的途径有：

限量使用：猪饲粮中游离棉酚达100～200毫克/千克，出现食欲减退；200毫克/千克以上，猪生长不良；300毫克/千克以上，可中毒死亡。国外学者推荐饲粮中游离棉酚最高允许量为仔猪20毫克/千克，育肥猪60毫克/千克，母猪60毫克/千克。高振川（1986）提出饲粮中游离棉酚最高限量为母猪50毫克/千克，肉猪100毫克/千克。

脱毒使用：常用硫酸亚铁法。Fe^{2+}能与游离棉酚等摩尔螯合，使游离棉酚变为结合棉酚而失去毒性；而且Fe^{2+}也能降低棉酚在畜禽肝脏的蓄积量，防止中毒。Fe^{2+}添加量为Fe^{2+}：游离棉酚＝1∶1或硫酸亚铁∶游离棉酚＝5∶1。脱毒棉籽饼粕的用量可提高。

平衡饲粮氨基酸：棉籽饼粕的赖氨酸不仅含量低，且利用率

低，因此，添加赖氨酸或以有效氨基酸为基础配制饲粮可提高棉籽饼粕的饲喂价值。高振川（1991）报道，高质量的棉籽饼粕在10～25千克断奶仔猪饲粮中用量为10%时，通过添加合成赖氨酸、苏氨酸、色氨酸可完全不用鱼粉，并降低豆粕用量。棉、菜籽饼粕合用可代替饲粮中豆饼蛋白质的50%～60%。

推广应用低酚棉品种：低酚棉饼使用完全，营养价值高。饲喂生长育肥猪，前期可用10%，后期可用20%。对增重和胴体品质无影响。

● 菜籽饼、菜籽粕　菜籽饼和菜籽粕为油菜籽榨油后的副产物。我国栽培的品种多为高芥酸（含芥酸50%～60%）和高硫葡萄糖甙品种。国外已育成“单低”（低芥酸）和“双低”（低芥酸和低硫葡萄糖甙）品种。加拿大是世界上第一个育成这些品种的国家，在1982年全国油菜已实现全部“双低”化。我国从20世纪70年代末从国外引进“双低”品种，已培育出适合我国自然条件的“双低”品种，但推广面积不大。

与大豆饼粕相比，菜籽饼粕的营养特性如下：①菜籽饼粕蛋白质含量比大豆饼粕稍低；②粗纤维含量高，达12%左右，因此，有效能值低，与棉籽饼粕相当；③必需氨基酸含量比大豆饼粕低，赖氨酸平均为1.2%左右，蛋氨酸为0.5%左右。蛋白质和氨基酸消化率亦低于大豆饼粕，并与加工工艺相关。邹代林等（1992）研究表明，猪对四川三种榨油工艺菜籽饼的蛋白质消化率以95型机榨饼最高，为71.14%，其次是200型机榨饼，为66.76%，最低为95型机榨再浸出，为63.68%。据李建凡（1991，1992）测定，赖氨酸含量95型螺旋压榨饼为（1.20±0.35）%，200型螺旋压榨饼为（1.51±0.25）%，低温压榨饼为（1.76±0.29）%，三者平均为1.49%；菜籽粕为1.32%。国产菜籽饼粕赖氨酸的消化率一般为70%左右。④菜籽饼粕含钙（0.6%）、磷（1%）比大豆饼粕高，磷也以植酸磷为主。微量元素铁含量丰富（达700毫克/千克），而其他元素则含量较少。

菜籽饼粕含有多种抗营养因子，其中主要包括由硫葡萄糖甙降解产生的异硫氰酸盐（ITC）和噁唑烷硫酮（OZT）、介子碱（1%～1.5%）、单宁等。噁唑烷硫酮和异硫氰酸盐影响甲状腺功能，导致甲状腺肿大，猪生产性能下降。异硫氰酸酯、介子碱、单宁严重降低适口性，引起胃肠道炎症，降低养分消化率。此外，单宁也使得菜籽饼粕的色泽变为黑褐色。菜籽饼粕的抗营养因子含量见表4.11。低硫葡萄糖甙的饼粕中GS含量低于2毫克/千克，比一般品种减少90%左右，因此饲用安全。

表 4.11　菜籽饼粕的抗营养因子含量

李建凡，1991

种　类	GS（毫克/千克）	OZT（毫克/千克）	ITC（毫克/千克）	植酸（%）	植酸磷（%）	单宁（%）
菜籽饼	12.14	2 323	2 715	2.0	0.56	0.52
菜籽粕	6.90	1 422	1 422	1.96	0.55	0.52

“双低”菜籽饼粕的营养价值较高，可代替豆粕喂猪。而我国菜籽饼普遍含有多种抗营养因子，饲喂价值明显低于豆粕。喂量过大可引起甲状腺肿大，猪采食量和生产性能下降。周安国（1981）研究表明：在生长肥育猪饲粮中加入菜籽饼（14.8～35千克为0%～24%；35～60千克为12%～24%），猪生产性能下降的主要原因不是甲状腺肿大，而是采食量下降。尽管目前生产上已研究出了碱处理法、水浸法、发酵法等菜籽饼脱毒的方法，但毕竟较烦琐，而且菜籽饼粕少量使用并无明显副作用，故生产实践应用的并不多。

合理利用菜籽饼的途径：

限量使用：这是一种简便经济的方法。高振川（1991）认为，在10～25千克断奶仔猪饲粮中，棉菜籽饼粕合用可代替豆饼蛋白质的50%～60%。周安国（1982）研究表明，生长肥育猪在不同阶段对菜籽饼饲粮的利用能力不同，前期（15～35千克）较差，中期（35～60千克）较强，后期（60～80千克）更强；

在饲粮粗蛋白质水平较高（15.5%）的饲粮中，菜籽饼用量前期6%、中期9.5%～12%和后期12%，对猪日增重、采食量、饲料利用率无明显不良影响；前期不宜超过9%，中期不宜超过14%，后期不宜超过18%。

平衡饲粮蛋白质和氨基酸：添加合成赖氨酸是利用菜籽饼的有效途径。在上述限量使用范围内，每使用1%的菜籽饼粕，宜添加0.015%～0.02%的合成赖氨酸。

● 花生饼、花生粕　花生饼粕是指脱壳后的花生仁脱油后的副产物。国外规定其粗纤维含量应在7%以下。

花生饼粕含蛋白质（44%～50%）高，比豆饼高3～5个百分点；粗纤维为6.6%，有效能值较高，比大豆饼略高些。但蛋白质品质低于大豆蛋白质，必需氨基酸含量低，尤其是赖氨酸和蛋氨酸，分别约为1.3%和0.27%，而精氨酸含量很高，赖氨酸（Lys）：精氨酸（Arg）达100：380以上。除铁（340毫克/千克）外，钙、磷及其它元素含量与大豆饼粕相似。

花生饼粕有香味，对猪的适口性好，但其饲喂价值不如豆粕。用量过多，会使肉质变差，脂肪软化，用量以不超过10%为宜。花生饼粕极易感染黄曲霉，产生黄曲霉毒素，引起猪中毒。因此，哺乳猪仔猪饲粮最好不用花生饼粕，其他阶段用量宜在4%以下。

● 玉米加工副产物　用湿法生产玉米淀粉时可得到玉米蛋白粉、玉米麸料和玉米胚芽粕等副产物。

玉米蛋白粉（又叫玉米面筋）：玉米蛋白粉是玉米除去淀粉、胚芽及玉米外皮后剩下的产品，但也可能包括部分浸渍物或玉米胚芽粕，这些部分的比例多少对玉米蛋白粉的外观色泽、蛋白质含量等影响很大。正常玉米蛋白粉的色泽为金黄色，蛋白质含量愈高，色泽愈鲜艳。随玉米浸渍液和玉米胚芽饼粕比例增加，蛋白质含量减少，色泽趋淡；贮存时间过长，色泽也变淡；干燥过度则颜色偏黑。

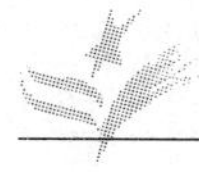

玉米蛋白粉含蛋白质40%～65%，粗纤维含量低，属高蛋白高能饲料，蛋白质消化率和可利用能值高。玉米蛋白粉的蛋氨酸含量（0.9%～1.7%）较高，可与相同蛋白质含量的鱼粉相当。但其他必需氨基酸，特别是赖氨酸和色氨酸含量严重不足，不及相同蛋白质含量的鱼粉的1/4；且精氨酸含量较高，赖氨酸:精氨酸达100:200～250。玉米蛋白粉含维生素（特别是水溶性维生素）和矿物元素（除铁外）较少。

玉米麸料：也叫作玉米面筋麸料或玉米蛋白麸料。正常玉米麸料呈黄色，颜色愈黄则表示质量愈好。若玉米外壳及外皮比例高或贮存过久则色泽趋淡；色泽偏暗表示生产工艺不良（如过热等）或已变质。玉米麸料的营养价值因各组分的比例不同差异较大。成品较粗，片状物多，比重轻则表明玉米皮含量高，粗纤维高，粗蛋白低；若含有浸渍液，则含磷量会增加（可达0.9%），有时会在生产过程中加入碳酸钙以中和pH，含钙量会增加。玉米麸料蛋白质含量为22%，粗纤维7%，属于蛋白质饲料。虽属于蛋白质饲料，但蛋白质含量较低，必需氨基酸含量也较低；胡萝卜素含量也远低于玉米蛋白粉，但水溶性维生素和矿物质含量（除硒外）高于玉米蛋白粉。

玉米胚芽粕：玉米胚芽经提油后的副产物即为玉米胚芽粕。色泽为淡黄色至褐色。蛋白质含量为22%左右，粗纤维为10%，属于蛋白质饲料。赖氨酸为0.9%，蛋氨酸含量为0.6%左右。此外，维生素、矿物质含量均优于玉米麸料。因此，玉米胚芽粕饲喂价值高于玉米麸料。不过，玉米胚芽粕易变质，品质不稳定，使用时应小心。

（2）动物性蛋白质饲料　动物性饲料来自鱼类、肉类、禽类和乳产品加工，如鱼粉、肉粉和肉骨粉、羽毛粉等。在对维生素B_{12}认识以前，一般认为猪禽饲粮中必须包括一定量的动物性饲料。随着维生素工业的发展及动物营养学研究的深入，动物性饲料已不再是动物饲粮的必须组分。但与植物性饲料相比，动物性

饲料仍具有很大的优势，且一些动物性饲料本身也是副产物，充分开发利用可发挥出较大的效益。

与植物性饲料相比，动物性饲料具有以下特点：蛋白质含量高，为40%～90%，多数都在50%以上；必需氨基酸含量较多，蛋白质生物学价值较高；不含粗纤维，消化利用率高；矿物元素丰富，比例平衡，利用率高；维生素丰富，特别是B_{12}含量高；一些动物性饲料含有生长未知因子，利于动物生长。

● 鱼粉　鱼粉是以全鱼或鱼下脚（鱼头、尾、鳍、内脏）为原料，经过蒸煮、压榨、干燥、粉碎加工之后的粉状物。原料鱼蒸煮后滤去汁液，然后干燥、粉碎得到的鱼粉为普通鱼粉。如果把滤出或榨出的汁液去油后，浓缩加工成鱼汁膏，加回到普通鱼粉中制成的鱼粉叫全鱼粉。鱼汁膏单独干燥粉碎得到的产物为鱼精粉。以鱼下脚为原料制得的鱼粉叫粗鱼粉。各种鱼粉中，全鱼粉质量最好，普通鱼粉次之，粗鱼粉最差。

优质鱼粉外观呈淡黄色、浅褐色，有点发青，有特殊的鱼粉香味，不发热、不结块、无霉变和刺激味。蛋白质在62%以上，脂肪小于10%，水分小于12%，盐分和砂含量均不超过1%，挥发性氨态氮不超过0.3%，真蛋白质占粗蛋白质的95%以上，含赖氨酸4.5%以上，蛋氨酸1.7%以上。比较国产优质鱼粉与进口秘鲁鱼粉的养分含量（表4.12）可见，国产优质鱼粉除脂肪稍高外，其余养分含量均超过秘鲁鱼粉，且鱼粉运输周期短，新鲜度好，价格更便宜。

表4.12　国产鱼粉与秘鲁鱼粉养分含量的比较（%）

李国盛，1998

	水分	粗蛋白	粗脂肪	砂分	盐分	赖氨酸	蛋氨酸	胱氨酸
国产鱼粉	7.18	64.58	12.46	0.68	0.7	5.78	1.96	0.76
秘鲁鱼粉	12	62.9	9.7			4.13	1.65	0.46

优质鱼粉适口性好，消化率高（达 90%以上），必需氨基酸平衡，蛋白质生物学价值高。鱼粉含钙 6%左右，磷 3.0%左右，而且钙、磷利用率高。铁含量可达 1500 ~ 2000 毫克/千克，锌含量可达 100 毫克/千克以上，硒为 3 ~ 5 毫克/千克含量高。富含 B 族维生素，尤其是维生素 B_{12}、B_2 含量高，真空干燥的鱼粉含有较丰富的维生素 A、维生素 D。鱼粉中还含有促生长的未知因子。因此，鱼粉也是矿物质、维生素和未知因子的良好来源。鱼粉的饲用价值高于其他蛋白质饲料。在猪饲粮中使用，可促进猪增重，改善饲料利用率。由于鱼粉价格昂贵，用量受到限制，通常用于奶猪和仔猪饲粮，用量为 5%以下。

市场上的鱼粉养分含量变异很大，在使用时需注意以下问题：

掺假：鱼粉掺假现象比较严重。掺假的原料有血粉、羽毛粉、皮革粉、尿素、硫酸铵、菜籽饼、棉籽饼、钙粉等，大多是价廉且利用率低的饲料，因而起不到鱼粉的应有作用。鱼粉的真伪可通过感官、显微镜检查及分析化验等方法来辨别。注意蛋白质（包括真蛋白质）、氨基酸、粗纤维、脂肪和灰分含量。脂肪不宜高于 12%，因含大量高度不饱和脂肪酸，容易氧化酸败，影响鱼粉的风味和饲喂价值。粗灰分含量高表明生产鱼粉的原料大部分为鱼下脚料。灰分超过 20%时，可能为非全鱼鱼粉。鱼粉粗灰分含量高，有效能值和粗蛋白含量相应较低。

盐分含量过高：优质鱼粉盐分含量应不超过 1%。盐分高的鱼粉，除故意掺杂食盐外，可能与鱼粉加工工艺较落后有关，一些小型鱼粉厂常用盐渍办法保存鲜鱼，致使食盐含量过高，有的可高达 30%。含盐过高的鱼粉应限制用量，以防止猪食盐中毒。

防止使用变质的鱼粉：鱼粉含有较高的脂肪，贮藏过久易发生氧化酸败，影响适口性，可引起仔猪下痢。长期使用含脂肪高的鱼粉可使猪肉肉质变差。鱼粉中添加抗氧化剂可延长贮藏期。

鱼粉的毒素问题：原料不新鲜的鱼粉含有较高的组织胺，尤

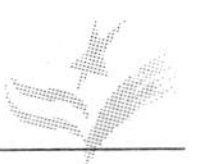

其在沙丁鱼、青花鱼及南美洲的鱼粉中含量特别高，有时可达1000毫克/千克以上，可引起动物消化道炎症和下痢。鱼粉生产过程中，干燥时加热过度或贮存过程中发生过自燃的鱼粉，组织胺可与赖氨酸结合形成肌胃糜烂素（gizzerosine）。

生鱼粉中含有维生素 B_1 分解酶。如果使用加热不充分的鱼粉或鲜鱼会出现生长下降。此时需添加维生素 B_1 或将鱼粉再加热处理。

● 肉骨粉、肉粉　肉骨粉或肉粉是以动物屠宰场副产品中除去可食部分之后的残骨、脂肪、内脏、碎肉等为主要原料，经过脱油后再干燥粉碎而得的混合物。产品中不应含毛发、蹄、角、皮革、排泄物及胃内容物。含磷量在4.4%以上的为肉骨粉，在4.4%以下的为肉粉。肉骨粉的产地主要在澳大利亚、美国及新西兰。随着南美鱼粉生产量有限和中国市场进口鱼粉价格高涨，肉骨粉在中国养殖业中的应用越来越普遍。国产肉骨粉原料来源很杂，成分和质量都不太稳定，使用时一定要注意，最好先作分析。

新鲜肉骨粉或肉粉为淡褐色，具烤肉香及牛油或猪油味，贮藏不良时出现酸败味。肉骨粉具有以下特点：① 蛋白质含量高，可达50%左右。必需氨基酸中赖氨酸（2.8%）、苏氨酸（2%）等含量较高，而色氨酸（0.29%）含量较低。因肉骨粉的蛋白质来源主要是结缔组织，脯氨酸、羟脯氨酸和甘氨酸含量也高。与鱼粉和豆粕相比，优质肉骨粉氨基酸消化率除胱氨酸外，比鱼粉低3%～8%，约为豆粕的95%，胱氨酸消化率较低。② 肉骨粉粗灰分含量高。其中，钙磷含量高，磷为无机磷，利用率高。③ 骨粉含有较高的脂肪，因而能值较高。④ 肉骨粉的维生素含量比鱼粉低。B_{12}含量为0.07毫克/千克。

肉骨粉的饲喂价值比豆粕和鱼粉差，随用量增加，饲粮适口性下降，猪生产成绩下降，故用量应受到限制。一般仔猪不宜使用，猪饲粮以5%以下为宜。

使用注意事项：① 肉骨粉养分含量及品质受原料种类、成分、加工方法、脱脂程度及储藏期影响，变异较大。因此，应监测肉骨粉的养分含量，以可利用基础配制饲粮能提高肉骨粉的饲喂价值。② 肉骨粉含脂较高，易于氧化酸败，应避免使用变质肉骨粉。③ 肉骨粉原料可能来自患病动物（如疯牛病患牛），并极易污染沙门氏菌和其他有害微生物，因此，应注意监控肉骨粉的卫生指标。④ 肉骨粉含钙磷高，在饲粮中用量过高会导致饲粮钙磷过高，影响动物生产性能。

● 血液制品　包括血粉、血浆蛋白粉和血球蛋白。

血粉：是畜禽鲜血经脱水加工而成的一种产品，是屠宰场的主要副产品之一。血粉的生产工艺可分为蒸煮干燥和喷雾干燥两种。喷雾血粉不含血纤维成分，水溶性蛋白质较多，生产过程温度较低，对蛋白质质量影响较小，但成本高。

血粉中碳水化合物和脂肪含量低，蛋白质含量很高（83%），必需氨基酸含量也高，尤其是赖氨酸（6.9%）、色氨酸（1.11%）、组氨酸（4.63%）和苏氨酸（3.14%）。但蛋氨酸含量（0.77%）偏低，异亮氨酸（0.76%）缺乏，属于高能高蛋白质，而氨基酸不平衡的蛋白质饲料。血粉本身不含粗纤维，粗灰分和粗脂肪含量低，原料中混入植物性饲料和杂质，可测出粗纤维，粗灰分和粗脂肪含量可能偏高。血粉钙磷含量低，且变异较大，但磷的利用率高。微量元素中铁含量高达 2 800 毫克/千克，而其他元素含量较少。

血粉的血纤维蛋白不易消化，氨基酸利用率低，赖氨酸和含硫氨酸利用率受加工过程的温度影响较大，温度过高，利用率下降。血粉味苦，适口性差，用量不宜过高，一般在 5%以下。血粉吸湿性和黏性强，用量过高还会造成饲料加工产生堵塞或黏附现象。

血浆蛋白粉：是鲜血分离出红细胞后经喷雾干燥而制成的产品。生产工艺为，将鲜血收集在加有抗凝剂柠檬酸钠的冷藏容器

中，离心分离红细胞，血浆经膜技术分离水分，再经喷雾干燥成为血浆蛋白粉。

血浆蛋白粉含粗蛋白质70%~78%、赖氨酸6%~7.6%。血浆蛋白粉的蛋白质含量比血粉低，但蛋白质品质优于血粉，必需氨基酸含量高且平衡。适口性好，蛋白质和氨基酸的利用率均高，分别为76%~80%和86%~90%，是一种品质极佳的动物性蛋白质饲料。尤为可取的是还含有大量的功能性蛋白质，如免疫球蛋白、白蛋白、营养结合蛋白等。免疫球蛋白的含量高达22%，比初乳中含量（15%）还高，其中有大量的IgG，具有结合抗原、激活抗体、调节代谢等功能。国外大量研究表明，血浆蛋白粉可改善早期断奶仔猪的健康状况，促进食欲，提高日增重和饲料转化效率，有效防止仔猪断奶后应激，降低下痢和死亡率，并与抗生素有加合效应。但血浆蛋白粉的成本较高，常用于断奶后的第一个阶段，即21~28日龄，用量为5%左右。

血球蛋白：由分离出的红细胞经喷雾干燥而得。血球蛋白的蛋白质含量高，赖氨酸和组氨酸含量高，但蛋氨酸和异亮氨酸含量低，氨基酸不平衡。血球蛋白的蛋白质和氨基酸的利用率高，可与脱脂奶粉相比。铁含量高达2 700毫克/千克，可防止动物贫血。猪饲粮以5%为宜。

目前，国内市场的血浆蛋白粉和血球蛋白主要靠进口。

● 蚕蛹　蚕蛹是蚕茧制丝后的残留物。蚕蛹含有丰富的蛋白质（52%），相当于一级国产鱼粉。含氮物中，有4%为几丁质氮，其余为优质的蛋白质，氨基酸含量高且平衡，特别是蛋氨酸（1.4%）、色氨酸（1.17%）、苏氨酸（3.9%）、组氨酸（1.57%）和异亮氨酸（2.19%）含量高，精氨酸（3.67%）含量低，很适于与其他饲料配伍。

蚕蛹含有大量的脂肪（26%），能值高，对猪的消化能可达18.83兆焦/千克。脂肪以不饱和脂肪酸为主，能补充必需脂肪酸，营养价值高。所以，蚕蛹属于高能高蛋白质饲料。但蚕蛹脂

肪具有特殊的味道，容易氧化酸败，不易储存。变质蚕蛹用量过高，会降低猪生产性能，并使猪肉产生异味，体脂变黄。

蚕蛹不含粗纤维，但由于蛹体消化道残留的植物性饲料及混杂的外来物，也能测出粗纤维。若粗纤维过高，说明蚕蛹含有过多的混杂物。蚕蛹缺钙（0.17%），但磷含量较高（0.76%），利用率也高。此外，蚕蛹还含有丰富的B族维生素。

蚕蛹脱脂后，蛋白质含量更高，脂肪含量降低，易于保管和储藏，使用安全。

蚕蛹和蚕蛹饼广泛用于猪饲粮。但因价格较贵，用量不高，一般为3%～5%。因含蛋氨酸高，易于平衡家禽饲粮的氨基酸，用于猪饲粮不太合算。

● 羽毛粉　羽毛粉是家禽羽毛的加工产物。羽毛蛋白质为角蛋白，含有丰富的二硫键，羽毛粉的营养价值取决于加工工艺。生羽毛粉对畜禽无利用价值，高压酸水解可破坏二硫键，提高羽毛粉的利用价值。故羽毛粉产品常称为水解羽毛粉。

羽毛粉含蛋白质丰富，与血粉相当。粗脂肪和粗灰分含量低，代谢能值可达10.04兆焦/千克。钙低磷高，并含有丰富的硫，可达1.5%，是所有饲料中含硫最高者，约为其他动物性和植物性饲料的3倍以上。锌和硒含量较高，其他微量元素和维生素含量较少。

羽毛粉蛋白质中，氨基酸组成最显著的特点是甘氨酸（6.3%）、丝氨酸（9.3%）、异亮氨酸（6.4%）、胱氨酸（3.3%）含量高，而赖氨酸（2.2%）、蛋氨酸（0.5%）、色氨酸（0.7%）含量很低，氨基酸极不平衡，氨基酸消化率平均为70%左右。

羽毛粉的饲喂价值较低。应注意羽毛粉的营养价值受加工条件影响较大，养分含量因混杂物含量不同变异较大，原料容易污染有害微生物和发霉变质。使用时应与其他蛋白质饲料搭配，保证氨基酸平衡，用量宜为3%～5%。

●乳制品　乳制品有全脂奶粉、脱脂奶粉和乳清粉。全脂奶粉是全乳干燥而成的产品，脱脂奶粉是全乳脱脂后干燥而成的产品，乳清粉是除去乳脂和酪蛋白后干燥而成的产品。

全脂奶粉含水为5%左右，蛋白质25%，乳脂26%以上，乳糖35%。全脂奶粉养分含量高，种类齐全，是动物代乳料、人工乳的理想原料，但价格昂贵。

脱脂奶粉的主要成分为乳蛋白（36%）、乳糖，含量高于全脂奶粉，乳脂含量低，钙（1.5%）、磷（1.0%）含量高，比例恰当，利用率高。维生素丰富。国外在早期断奶仔猪饲粮中用量可达20%～30%，但价格昂贵，国内使用较少。

乳清粉含有牛奶的大部分水溶性成分，包括乳蛋白、乳糖、水溶性维生素和矿物元素。乳清粉通常含蛋白质13%左右，有时加工过程中，将蛋白质提出，蛋白质含量降到7%以下。其突出特点是乳糖含量高，可达70%左右，是幼畜的最佳能量来源。在早期断奶仔猪和犊牛饲粮中应用，可提高饲粮适口性，促进动物采食。乳糖在消化道易形成乳酸，促进乳酸杆菌的生长，从而抑制消化道病原微生物的繁殖，提高养分消化和吸收，减少腹泻，提高动物的生产性能。国外用量可达10%～30%。由于价格昂贵，国内用量在5%左右。随动物日龄增大，乳清粉的有益作用减弱，用量过高还会引起动物腹泻，一般6周龄后可不用乳清粉。乳清粉吸湿性强，用量高会影响制粒。

3. 矿物质饲料　矿物质饲料作用是为动物提供所需的矿物元素，种类包括食盐、钙磷补充料、微量元素补充料及其他矿物元素补充料。

（1）食盐　为动物补充钠和氯。食盐中含钠39%，含氯60%。碘化食盐中还含有0.007%的碘。食盐可直接加入配合饲料中，用量一般为0.25%～0.5%。食盐也可作为微量元素预混料的载体。在养猪生产中，也可将食盐加入饮水中直接饮用。

（2）钙磷补充料

石灰石粉：俗称钙粉，主要成分为碳酸钙，为猪饲料常用的钙补充源。石灰石粉含钙35%～38%。

贝壳粉：以牡蛎等去肉后的外壳粉碎而成。主要成分为碳酸钙，一般含钙36%。

骨粉：由动物骨骼经高温高压蒸煮并经脱氟处理后粉碎而成一般含钙24%～30%，含磷10%～15%。骨粉是猪饲料中最常用的钙磷补充料之一。

磷酸氢钙：为白色或灰白色粉末，含钙22%～23%，磷16%～18%。铅含量不能超过50毫克/千克，氟与磷之比不超过1/100。磷酸氢钙是猪饲料中的优质钙磷补充料。

（3）微量元素补充料　能够补充猪所需的微量元素的矿物质饲料叫微量元素补充料。主要为化学合成的无机或有机盐。由于各种元素的化学形式、产品规格及原料细度不同，元素含量及生物学利用率差异很大。表4.13为养猪生产中最常用的微量元素补充料及其元素含量。

养猪生产中将高剂量硫酸铜作为生长促进剂使用，饲粮铜的添加量为125～250毫克/千克。此时应注意提高铁、锌添加量。长期使用高剂量铜可能会产生某些负作用。另有研究表明，早期断奶仔猪饲料中添加氧化锌2 000～3 000毫克/千克可以预防仔猪腹泻，促进增重。但应注意氧化锌的使用时间、剂量及仔猪的反应，防止过量或长期使用对仔猪健康的不利影响。

（4）其他矿物质补充料　养猪生产中一般勿需补充其他矿物元素，但在某些情况下，可能需要额外补充。如在应激情况下补充镁，可以减轻应激综合征。在育肥猪饲粮中补充有机镁，可以改善猪肉品质。

4. 维生素饲料　维生素是维持动物正常生命活动，保证动物生长、健康、繁殖等生产性能所必需的低分子有机化合物。虽然动物对维生素的需要量很少，但所起作用极为重要。单胃动物体内除维生素C和烟酸以外，一般不能合成维生素，必须由饲

表 4.13　微量元素化合物及其元素含量

微量元素	化合物	化学式	元素含量（%）
铁	硫酸亚铁（7 水）	$FeSO_4.7H_2O$	20.1
	硫酸亚铁（1 水）	$FeSO_4.H_2O$	32.9
	氯化亚铁（4 水）	$FeCl_2.4H_2O$	28.1
	柠檬酸铁	Fe（NH_3）$C_6H_8O_7$	21.1
	葡萄糖酸铁	$C_{12}H_{22}Fe\ O_{14}$	12.5
铜	硫酸铜（5 水）	$CuSO_4.5H_2O$	25.5
	硫酸铜	$CuSO_4$	39.8
	氯化铜（绿色）	$CuCl_2.2H_2O$	37.3
锌	硫酸锌（7 水）	$ZnSO_4.7H_2O$	22.7
	硫酸锌（1 水）	$ZnSO_4.H_2O$	36.4
	氯化锌	$ZnCl_2$	48.0
	氧化锌	ZnO	80.3
锰	硫酸锰（5 水）	$MnSO_4.5H_2O$	22.8
	硫酸锰（1 水）	$MnSO4.H_2O$	32.5
钴	氯化钴（5 水）	$CoCl_2.5H_2O$	26.8
	氯化钴	$CoCl_2$	45.3
	硫酸钴	$CoSO_4$	38.0
硒	亚硒酸钠（5 水）	$NaSeO_3.5H_2O$	30.0
	亚硒酸钠	$NaSeO_3$	45.7
	硒酸钠（10 水）	$Na_2SeO_4.10H_2O$	21.4
	硒酸钠	Na_2SeO_4	41.8
碘	碘化钾	KI	76.5
	碘化钠	NaI	84.7
	碘酸钾	KIO_3	59.3
	碘酸钠	$NaIO_3$	64.1
	碘酸钙	Ca（IO_3）$_2$	65.1

料提供。所谓维生素饲料是指用化学合成或微生物发酵方法工业化生产的高纯度的维生素或维生素盐，不包括某种维生素含量较高的天然饲料。维生素饲料与存在于天然饲料中的维生素结构相似，作用相同。如果生产过程中，将这些维生素的活性成分用明

胶、淀粉、糖蜜等包被，制粒，尽量与空气中氧隔绝，减少氧化，其稳定性能比天然维生素更好，耐贮性更强。由于维生素饲料在饲粮中的添加量极小，通常以毫克/千克或微克/千克计，因此，通常将维生素饲料称为维生素添加剂。

维生素饲料包括脂溶性维生素饲料和水溶性维生素饲料两类。脂溶性维生素包括维生素A、维生素D、维生素E和维生素K；水溶性维生素包括维生素B_1、维生素B_2、泛酸（B_3）、烟酸（B_5）、吡哆醇（B_6）、叶酸、维生素B_{12}、生物素（H）、胆碱和维生素C等，两类共计14种。二类维生素在化学组成、消化吸收和代谢以及生理功能等方面各具不同特点。

（1）脂溶性维生素饲料

维生素A添加剂：用于补充维生素的不足，预防或治疗维生素A缺乏症。维生素A添加剂有三种形式，维生素A醇、维生素A醋酸和维生素A棕榈酸酯。产品的效价用维生素A国际单位表示。单位重量的不同产品，其效价不同。尽管维生素A添加剂加工过程中作了保护处理，其稳定性强于维生素A醇，但仍需要在低温、避光、避氧、干燥的环境中保存。在这种条件下可以保存一年。若在炎热条件下（35℃）贮存2个月，活性损失可达10%，贮存12个月，活性损失40%，贮存24个月，损失75%。维生素A添加剂在复合预混料中，每月损失活性0.5%～1%，在矿物质预混料中，每月损失2%～5%，在全价配合饲料制粒过程中损失15%～30%。

维生素D添加剂：维生素D_3添加剂是羟酯中提取的7-脱氢胆固醇经紫外线照射而成，D_2添加剂是从啤酒酵母中提取的麦角固醇经紫外线照射而成的。每克维生素D添加剂的效价多数是20万、40万和50万国际单位。维生素D易被氧化破坏，应在避光、低温和干燥环境中保存。

维生素E添加剂：维生素E是一组化学结果相似的酚类物质的总称。作为饲料用的维生素E是DL-α-生育酚醋酸酯。由于

表 4.14　水溶性维生素添加剂的产品规格要求

种　类	外　观	粒度(个/克)	有效含量	容重(克/毫升)
盐酸 B_1	白色粉末	100 万	98%	0.35～0.40
硝酸 B_1	白色粉末	100 万	98%	0.35～0.40
B_2	橘黄色到褐色细粉	100 万	96%	0.20
B_6	白色粉末	100 万	98%	0.60
B_{12}	浅红色到浅黄色粉末	100 万	0.1%～1%	因载体不同而异
泛酸钙	白色到浅黄色粉末	100 万	98%	0.60
叶酸	黄色到橘黄色粉末	100 万	97%	0.20
烟酸	白色到浅黄色粉末	100 万	99%	0.50～0.70
生物素	白色到浅褐色粉末	100 万	2%	因载体不同而异
氯化胆碱(液态)	无色液体		70、75、78%	含 70%者为 1.1
氯化胆碱(固体)	白色到褐色粉末	因载体不同而异	50%	因载体不同而异
维生素 C	白色到淡黄色粉末	因粒度不同而异	99%	0.50～0.90

1毫克DL-α-生育酚醋酸酯等于1个国际单位的维生素E，维生素E添加剂的效价既可用国际单位表示，也可用重量单位表示。维生素E易被氧化失活，在碱性及条件下尤其如此。酯化后的维生素E添加剂，在维生素预混料中，在5℃环境中贮存一年，活性损失率2%，20～25℃环境中损失7%，35℃环境中损失13%。在微量元素预混料中45℃条件下贮存，稳定期为3个月，在全价配合饲料中稳定期为6个月。

维生素K添加剂：在化学合成的甲奈醌衍生物，有三种类型：亚硫酸氢钠甲奈醌、亚硫酸氢钠甲奈醌复合物和亚硫酸嘧定甲奈醌，活性成分均为甲奈醌。维生素K添加剂的活性用甲奈醌的重量来衡量。1毫克甲奈醌等于2毫克亚硫酸氢钠甲奈醌，4毫克亚硫酸氢钠甲奈醌复合物，4.3毫克亚硫酸嘧啶甲奈醌。甲奈醌对矿物质和水敏感。在室温下保存2个月，活性损失35%。亚硫酸氢钠甲奈醌比较稳定，在添加剂预混料中，23.9℃条件下每月损失6%～20%。微量元素对亚硫酸氢钠甲奈醌活性影响较小。亚硫酸嘧啶甲奈醌比亚硫酸氢钠甲奈醌更稳定。

（2）水溶性维生素饲料　水溶性维生素添加剂产品有十余种，各种产品的规格见表4.14，稳定性见表4.15。

表4.15　水溶性维生素添加剂在全价饲料中的稳定性

种类	稳　定　性
B_1	每月损失约1%～2%；对热、氧化剂和还原剂敏感；pH 3.5时最适宜
B_2	一般每年损失1%～2%，但有还原剂和碱存在时稳定性下降
B_6	正常情况下每月损失不到1%，对热、碱和光较敏感
B_{12}	正常情况下每月损失1%～2%，但在高浓度氯化胆碱、还原剂及强酸条件下损失加快；在粉料中很稳定
泛酸	正常情况下每月损失约1%，在高湿、热和酸性条件下损失加快
叶酸	在粉料中很稳定，对光敏感；pH小于5时稳定性差
烟酸	正常情况下每月损失不到1%
生物素	正常情况下每月损失不到1%
维生素C	对制粒和微量元素敏感，室温下贮藏4～8周损失10%

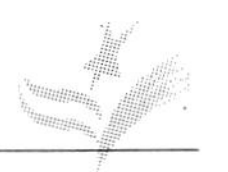

5. 青绿饲料 青绿饲料是指天然含水高的一类饲料，来源丰富，种类繁多，包括天然牧草、栽培牧草、青饲作物、蔬菜、树叶、水生植物等，以富含叶绿素而得名。

(1) 营养特点

含水量高：陆生青饲料含量为75%～90%，水生植物性饲料含水量约为95%。因此，鲜草的营养价值较低。每千克含消化能约1.26～2.5兆焦。以干物质计，粗纤维含量较高（18%～30%），能值也比能量饲料低，为8.4～12.6兆焦/千克，但可与麦麸、棉籽饼粕、菜籽饼粕等相媲美。

蛋白质含量较高：新鲜情况下，禾本科和蔬菜类饲料含粗蛋白质1.5%～3%，豆科饲料含3.2%～4.4%。以干物质基础计，前者可达13%～15%，后者可达18%～24%。而且，青绿饲料，必需氨基酸含量高，尤其是赖氨酸含量高，蛋白质品质优于谷物籽实。

维生素含量丰富：特别是胡萝卜素的含量高达50～80毫克/千克，B族维生素含量也丰富，但缺乏维生素D。

矿物质含量高：在干物质中，钙一般为0.4%～0.8%，磷为0.2%～0.35%，钙磷比较平衡。

总之，青绿饲料是一种营养较平衡的饲料，在干物质中，能值算中等，蛋白质、钙、磷、维生素含量属于高等。新鲜情况下，柔嫩多汁，适口性好。并含有各种酶、有机酸，能促进养分消化，调节胃肠道pH，消化利用率高。消化相当于1千克干物质的青饲料比消化1千克精饲料的干物质所需消化液少1/3，比1千克干草的干物质少2/3。另外，某些青饲料含有生长未知因子，能够促进猪的生长和繁殖。为保证母猪的繁殖成绩和种用年限，每天应饲喂1～2千克青料。

但由于新鲜青饲料含水高，体积大，猪对其的采食有限，特别对于仔猪和生长快的肥育猪。此外，青饲料的生产受季节约束，供应不稳定。因此，应根据猪的生产阶段、养殖类型等合理

使用青饲料。对仔猪和集约化生产时，可以不使用青饲料。在农村，常用青绿饲料和精饲料搭配饲喂生长肥育猪，可以节约精饲料，降低生产成本。对母猪，大量饲喂青饲料可以提高母猪的繁殖性能。将青绿饲料加工成草粉，可用于集约化生产的生长肥育猪。

青饲料利用方式可以为鲜样，既可生喂，也可熟喂。在收获旺季，还可加工为青贮料和青干草。

（2）种类　青绿饲料主要包括天然牧草、人工栽培牧草、蔬菜类、水生类等。

天然牧草：天然牧草种类主要有禾本科、豆科、菊科及莎草科等四大类。干物质中，无氮浸出物含量均为40%～50%；粗蛋白含量稍有差异，豆科牧草较高，为15%～20%，沙草科的为13%～20%，菊科和禾本科的多在10%～15%，少数达20%。粗纤维含量高，一般为25%，禾本科的可达30%。总的来说，豆科草的营养价值最高，禾本科虽粗纤维高，但适口性好，尤其是幼嫩时期，因而仍不失为优良的牧草。菊科草往往具有异味，除绵羊外，一般家畜都不喜欢采食。莎草科味淡，质地坚硬，饲用价值不如禾本科、豆科及其他杂草，幼嫩时又含硝酸盐多。

人工牧草：主要有豆科和禾本科类。与天然牧草相比，人工牧草的粗纤维低，可溶性碳水化合物较高，适口性好，营养价值高。常见品种有豆科的紫花苜蓿、红三叶、白三叶、紫云英，禾本科的多花黑麦草等。

蔬菜类：该类饲料种类多，包括叶菜类、根茎类的茎叶，不少人类食用的蔬菜也可以作饲料。由于人工栽培条件好，在收获适时的条件下，一般质地柔嫩，为猪的优良饲料。该类饲料的水分含量高，达50%～90%，鲜样的能值低，但干物质基础的营养价值高，消化能可达8.4～12兆焦/千克，粗蛋白质含量达16%～30%。钙含量高（0.7%，个别高达2%），不会出现缺乏，磷含量低，常缺乏。值得注意的是此类饲料含有草酸，影响钙的

吸收。

水生饲料：主要有水浮莲、水葫芦、水花生和水浮萍。具有生长快、产量高、不占地和利用时间长的优势。一般质地柔软、细嫩多汁。但水分含量特别高，干物质少，能值低。在干物质中，由于含有很高的灰分，因而能值很低。所以，水生饲料是青饲料中最差的一类。生喂易使猪感染寄生虫病。

树叶类：一般来说此类饲料营养价值较高，能量价值中等，猪的消化能为 11 兆焦/千克，粗蛋白质含量在 16% ~ 20% 左右，粗纤维含量较低，在 10% ~ 12% 左右。目前利用较多的是松针叶和槐树叶。

利用树叶应注意：①养分含量受季节的影响较大，在春季含粗蛋白高，夏秋时逐渐下降，而粗纤维在春季低，秋季高。②树叶中含单宁多，达 1%，既影响适口性，又影响养分消化利用。单宁含量亦随季节而变，春季含量低，至秋季可增加 1 倍。这就要求选择适当的采集时间和加工处理。

6. 粗饲料　按国际饲料分类法，饲料干物质中，粗纤维含量大于或等于 18% 的饲料为粗饲料。粗饲料包括青干草和秸秆类饲料。秸秆类饲料含粗纤维和粗灰分高，而蛋白质、必需氨基酸、微量元素、维生素等含量极低，难以消化利用，一般不能用于喂猪。在农村，喂母猪或采用“吊架子”方式喂肥猪时，可利用部分胡豆和豌豆秸秆，但不能用于仔猪，对集约化生产的生长肥育猪，也不宜使用秸秆类粗饲料。

用于喂猪的青干草主要是指苜蓿、三叶草、红苕藤叶及松针等树叶粉。一般是在尚未开花之前，适时刈割干制而成的饲料，因仍具有绿色，故而得名。青干草是重要的蛋白质、维生素饲料资源。优质草粉在国际市场上的价格比黄玉米高 20% 左右。

青干草的干燥方法，可分为自然干燥和人工干燥。自然干燥是利用阳光或环境温度使饲料脱水，达到干制目的。用这种方法制成的干草，营养成分损失在 20% 左右，胡萝卜素损失 70% ~

80%以上。损失的原因在于机械作用（使嫩枝、叶片脱落）、日晒雨淋、氧化、细胞呼吸作用等。但由于阳光照射，维生素D丰富。人工干燥是利用各种热源进行干燥，其优点是营养损失少，仅为自然干燥的1/3～1/10。如自然干制，粗蛋白质损失20%～50%；人工干制，粗蛋白质损失只有5%，但维生素C损失严重，维生素A也损失10%左右，热能利用率只有70%左右，成本较高。

青干草粉的营养价值随植物种类、生长阶段、干制方法有关。平均粗蛋白质在7%～28%；粗纤维在20%～35%，但纤维消化率可达70%～80%。有机物质消化率在46%～70%。胡萝卜素含量平均每千克干草粉5～40毫克，维生素D16～150毫克。矿物质含量比较丰富，豆科干草粉的钙含量足以满足动物的需要。

在生长肥育猪饲粮中，优质青干草可和禾谷类饲料配合，可补充蛋白质、维生素。但因青草粉粗纤维含量高，配合比例不宜过大，2～4月龄断奶仔猪宜控制在10%以内，生长肥猪以10%～15%为宜。母猪的消化道容积大，其饲粮中大量使用青干草既满足消化生理的需要，又能防止母猪采食过多，体况过肥，可提高母猪的繁殖性能，用量可达20%～50%。种公猪为保持良好的体形，青干草用量不宜太多，以10%左右为宜。

7. 非营养性饲料添加剂　饲料添加剂（feed additives）是指添加到饲粮中，能保护饲料中的营养物质、促进营养物质的消化吸收、调节机体代谢、增进动物健康，从而改善营养物质的利用效率、提高动物生产水平、改进动物产品品质的微量物质的总称。最早用作饲料添加剂的物质是抗生素，主要作用是促进动物生长，故称为生长促进剂。

饲料添加剂种类很多，按其作用性质分为营养性添加剂和非营养性添加剂二种。营养性添加剂指微量元素、维生素和氨基酸，其作用是补充饲粮中这些微量养分的不足，改善饲粮的全价

性。营养性添加剂的有关内容已在前面相关章节作了介绍。此处只介绍养猪生产中重要的非营养性添加剂，包括抗生素、酶制剂、益生素、酸化剂、营养重分配剂。

（1）抗生素　抗生素，曾称抗菌素，是微生物（细菌、放射菌、真菌等）的发酵产物，对特异微生物的生长有抑制或杀灭作用。目前所称的抗生素也包括用化学合成或半合成法生产的具有相同或相似结构或功效的物质。饲用抗生素是指以亚治疗剂量应用于饲料中，以保障动物健康、促进动物生长与生产、提高饲料利用率的抗生素。

● 饲用抗生素的种类　目前，世界上生产的抗生素已达200多种，作为饲料添加剂的有60多种。根据其化学结构分为如下几类：

多肽类：此类抗生素的特点是经口投药后，吸收能力很差，除黏菌素和多黏菌素B外，其他几乎不被吸收。排泄快，无残留，毒性小。在正常用量下不必考虑在畜禽产品中的残留问题，抗药性细菌出现机率低，且抗药性不易通过转移因子传递给人，从而扩大了它们的使用范围。属于此类抗生素的有杆菌肽锌、硫酸黏杆菌素、持久霉素、维吉尼亚霉素等。

大环内酯类：此类抗生素是利用放线杆菌或小单孢菌生产的具有大环状内酯环的抗生素的总称，对革兰氏阳性菌和支原体有较强的抑制能力。此类抗生素在全球饲料添加剂中的使用量仅次于四环素类抗生素。其中，有的是人用药。它们可从肠道吸收，能产生交叉抗药性。红霉素、泰乐菌素、北里霉素、螺旋霉素、林肯霉素等抗生素属于此类。其中，红霉素的发现最早，抗菌作用最强，对其研究和应用也最为普遍。

含磷多糖类：此类抗生素为含磷的糖脂质抗生素，它们的抗菌谱都较窄，主要对革兰氏阳性菌的耐药性菌株特别有效。分子量大，不被消化吸收，排泄快。在饲料中的添加量较小，一般仅在0.5～30毫克/千克之间。在消化道中几乎不吸收，也不生成

代谢产物，大多以原态随粪便排出。在这族抗生素中，常用作饲料添加剂的有黄霉素、魁北霉素、大炭霉素等。

聚醚类：目前，聚醚类抗生素已引起人们高度重视，发展也非常迅速。此类抗生素具有一定的抗菌作用，既是很好的生长促进剂，又是有效的抗球虫剂。在动物消化道内几乎不被吸收，无残留。属于此类的抗生素有莫能菌素、盐霉素、拉沙里菌素。

四环素类：属于人畜共用抗生素，为广谱抗生素，对革兰氏阳性菌和部分阴性菌、立克氏体等都有较强的抑制作用。对畜禽呼吸系统疾病和畜禽的细菌性腹泻很有效，而且药物毒性小，即使高浓度投药也不会影响动物的生产性能。但易产生抗药性，因而属于淘汰型抗生素。欧洲已全部淘汰，美国和日本仍在使用土霉素季胺盐和金霉素。此类抗生素在我国产量大、质量好、价格低。目前仍在大量使用土霉素钙。

氨基糖苷类：该类抗生素系从放线菌的培养液中获得，其盐类水溶性较好。该类抗生素的抗菌谱大致相同，都有局限性。对革兰氏阴性杆菌的作用远比对革兰氏阳性菌（葡萄球菌、炭疽杆菌等外）强，对绿脓杆菌的作用也较强。虽然此类抗生素对结核杆菌均有一定的抑制作用，但以链霉素的作用最强。这一类抗生素的盐基（碱）在动物消化道中一般不易被消化，其最高吸收量不超过2%～3%。不能被吸收部分随粪便排出体外，被吸收部分因与肾细胞的亲和力较强，故会较长时间残留于肾组织中，一般需要2周以上才能全部从肾脏排出体外。当肾功能减退时本类抗生素的血清半衰期将显著延长，因此使用时需慎重。此外，此类抗生素若经注射投药，被组织大量吸收后对第二对脑神经（听觉神经）有损害，会导致听觉和平衡器官发生障碍。为了避免加剧上述毒性反应，本类抗生素不宜联合使用。包括潮霉素B、越霉素A，因具驱虫作用而常归入驱虫保健药品类。

化学合成抗菌剂：通过化学法合成，是各国以前使用量较大的抗菌药。由于毒副作用大，正被逐渐淘汰。大部分此类药物只

允许作兽药，而不作饲料添加剂。磺胺类、喹乙醇、卡巴多、呋喃唑酮、硝呋烯腙及有机砷制剂等属于此类药物。

尽管饲用抗生素的种类较多，但各国批准使用的抗生素种类差异很大。选用抗生素时，必须认真查阅各国的有关法规。

● 饲用效果　实践证明，抗生素对保持动物健康、促进动物生长、提高饲料利用率有明显效果。

抗生素的应用效果与抗生素种类、日粮类型、圈舍条件、环境及猪只生长阶段等因素有关。一般而言，抗生素对仔猪比对成年猪更有效；对生产潜力发挥越低的猪效果越好；环境条件越差，效果越突出。表4.16是应用抗生素以来在猪方面的近千次试验的结果总结，反映了上述规律。同时表明，抗生素对提高生长速度的效果明显好于改善饲料利用率的效果。自20世纪90年代以来，使用抗生素的效果比过去有增加的趋势，反映出现代养猪业中由于集约化饲养造成猪的应激强度及其耐药性对健康的威胁程度高于过去。几种抗生素联合使用比单独使用的效果可能更好（表4.17）。

表4.16　抗生素作猪生长促进剂的效果

	使用抗生素后的改善程度（%）		
	1950—1977	1978—1985	1990—1996
断奶猪			
日增重	16.1	15.0	24.53
饲料利用率	6.9	6.5	5.9
生长肥育猪			
日增重	4.0	3.6	9.0
饲料利用率	2.1	2.4	3.6

表4.17　抗生素联合使用的效果

抗　生　素	生　长　猪	
	提高日增重（%）	提高饲料利用率（%）
四环素	10.8	6.3
链霉素	—	—
青霉素＋链霉素	14.9	7.4
四环素＋青霉素＋磺胺	22.9	8.5

●抗生素的作用机制 迄今为止，对抗生素促生长的原因已作过不少研究，目前仍不完全清楚。主要有如下作用：①抑制或杀灭病原微生物，减少发病率；②抗生素能抑制动物肠道内有害微生物区系，有利于维持肠道微生物的平衡状态，在饲养场地卫生条件不佳，管理不良的情况下，这一效果更加突出；③动物采食抗生素后可使小肠重量变轻，肠壁变薄，肠绒毛变长，提高养分的吸收效率；④饲喂抗生素后可减少幼龄动物的腹泻，尤其可降低未吮初乳的幼龄动物的腹泻发生率，因而促进动物生长。

●应用抗生素存在的问题 虽然抗生素作为饲料添加剂应用于畜牧业已取得了明显的经济效益，但从20世纪60年代开始，抗生素作为饲料添加剂使用一直存在争议。争论的焦点主要有两方面。一是病原菌产生抗药性问题。许多学者担心在动物饲料中长期使用人畜共用的抗生素（如四环素类和青霉素）会使一些细菌产生抗药性，而这些细菌又可把抗药性传给病原微生物（如沙门氏菌），引起对人体健康的危害和影响人的抗生素疗效。虽然抗药性的传递频率极低而且不稳定，但也不能否定这种传递的可能性。二是抗生素在动物体内和动物产品中的残留问题。残留有抗生素的肉类等畜产品，经加热后也不能完全使其“钝化”。如链霉素的降解作用很低，而四环素的降解产物甚至比四环素具有更强的溶血作用或肝毒作用。

尽管上述两个方面的问题均缺乏直接证据，但世界上取消饲料中使用抗生素的呼声越来越高。事实上，世界上不少国家已限制或禁止在饲料中使用青霉素、链霉素、四环素、泰乐菌素、卡那霉素、庆大霉素等抗生素，尚在使用的抗生素，特别是人畜共用的抗生素，也有严格的限制措施。这些措施包括：批准和限制本国饲用抗生素的品种、应用对象、使用剂量、停药期；制定畜产品中抗生素的最大允许残留标准；制定相关法律条文，设立监察机构监督执行。在生产实践中，必须严格按照这些规定合理使

用抗生素。因此，使用抗生素时，必须认真查阅国家的有关法规。

（2）酶制剂　酶是一类具有生物催化活性的蛋白质，也可以说是一种生物催化剂。目前已知，参与生物代谢的酶已达数千种，作为饲料添加剂的主要是助消化的裂解酶，品种约 20～30 种。其中，应用量最大的有非淀粉多糖酶（包括纤维素酶、葡聚糖酶、木聚糖酶、甘露聚糖酶、半乳糖苷酶和果胶酶）、植酸酶、淀粉酶、蛋白酶和脂肪酶五类。

猪饲粮中添加酶制剂，可以加速营养物质在肠道中的降解，促进饲料营养物质的消化吸收。这对消化机能尚未健全的仔猪，使用这种添加剂之后不仅增加了体内酶的数量，有利于机体的生理生化过程，还可增进食欲，促进生长发育。因此，饲料加酶能够提高动物生长速度，改善饲料利用率，降低动物发病率，提高生产效益，减少养分排泄对环境的污染。酶制剂的使用效果与猪的年龄、生理状态、饲粮类型、饲料加工贮藏条件及环境状况有关。表 4.18 反映了酶制剂对改进猪生产性能的一般效果。

表 4.18　饲粮添加酶制剂对猪生产成绩和养分利用率的改进程度

酶　制　剂	添加量（%）	年龄或体重	日增重（g）	饲料效率 F/G	养分利用率（%）		
					干物质	氮	磷
复合酶	0.2	97 天	8.0	13.03	1.87	11.88	
复合酶	0.125	35 天	9.13	0.82	1.27	2.27	1.05
复合酶	0.1	60 天	6.63		8.5		
纤维素酶＋果胶酶	1.0	38 千克			13.21	22.64	
胃蛋白酶＋促胰酶素	1.0	28 天	18.18	17.07			

（3）益生素　益生素是与“抗生素”相对的新概念，指可以

直接饲喂动物并通过调节动物肠道微生态平衡达到预防疾病、促进动物生长和提高饲料利用率的活性微生物或其培养物。我国又称为微生态制剂或饲用微生物添加剂，主要用于断奶前后的仔猪。

益生素是在人们对广泛使用抗生素所产生的种种问题十分关注的背景下提出的，其目的是为了研制出在功效上能全面替代抗生素，但无任何毒副作用的实用产品。随着动物微生态学的建立和发展，益生素的研制与应用也得到了迅速发展。目前，人们对益生素产品有了更直接的认识。作为益生素产品，必须具备以下特性：①必须能够达到小肠并在此繁育；②必须是非病原性的和无毒的；③必须有足够数量的活菌以建立和维持肠道微生物平衡；④可被迅速激活并有很高的生长率；⑤在储存和加工条件下有很强的耐受能力。

在正常猪的肠道内稳定殖居了400多种不同细菌类型，微生物总数可达10^{14}之多。这些正常殖居的微生物群落之间以及微生物与宿主之间在动物的不同发育阶段均建立了动态的稳衡关系。这种稳衡关系是动物健康的基础。在外界不良因素作用下，肠道微生物及其与宿主之间的平衡关系一旦被打破，动物的健康就失去了保障，转而表现出病理性变化。导致微生态失衡的外界不良因素包括：引入抗生素、激素、免疫疗法、细胞毒性药物及动物应激等。根据微生态环境的运动规律，人们可以采用多种措施来维持或恢复微生态平衡。益生素的应用则属于这些措施之一。它可以把动物体内的微生物区系的“负平衡”校正为“正平衡”，从而减少动物生产损失，不仅如此，益生素还可以在猪出生后立即使用，有助于建立有益的微生物区系。益生素的生产菌种很多，美国已批准菌种有43种。其中，主要使用的菌种有乳酸杆菌、粪链球菌、芽胞杆菌及酵母。乳酸杆菌和粪链球菌为正常存在的肠道微生物，而芽胞杆菌和酵母极少存在于肠道微生物群落中。饲用酵母一般不包括在益生素中。

有关益生素使用效果的研究很多，但效果不稳定。总体来讲，具有提高增重、改善饲料转化率、增强机体免疫机能、防病治病、降低死亡率、提高生产效益等功效（表 4.19）。影响益生素作用效果的因素很多，包括猪的年龄与生理状态、环境卫生状况、益生素种类、使用剂量、饲料加工储藏条件、饲粮中其他饲料添加剂（如抗生素、矿物元素）的使用情况等。这些因素与益生素效果之间的定量关系目前尚不清楚。许多问题尚处于研究之中。

表 4.19　幼猪使用益生素的结果

添加的益生素	试验次数	猪 数	指 标	比对照组提高的百分数（%）
乳酸杆菌发酵产物	4	960	增重率	8.4
			饲料转化率	4.8
混合乳酸杆菌	7	1 052	增重率	2.5
			饲料转化率	6.8
纯乳酸杆菌	2	277	增重率	8.6

据 Pollmann（1986）资料计算得出平均值

（4）营养重分配剂　通过传统的遗传手段在改变猪背膘厚度和肌肉质量方面，虽取得了长足进展，但仍无法适应消费者对肉食品的要求。过去曾利用性激素来增加肌肉产量，虽然效果显著，但由于残留等种种原因，许多国家已禁止使用。目前已研制出一些能改变体内瘦肉与脂肪比例的化合物，称为营养重分配剂。生长激素和 β-肾上腺素能兴奋剂就是其中两种化合物。

生长激素是动物脑垂体分泌的一种参与生长过程控制的重要激素，具有调节动物代谢，并将吸收的营养物质朝着有利于肌肉组织增长的方向分配的作用。过去只能从屠宰后动物的脑垂体中提取，产量极微。目前已能利用重组 DNA 技术来生产高纯度的

生长激素。

猪使用外源生长激素可使增重速度增高 17%～18%，饲料利用率提高 8%～20%，瘦肉率增加 13%～16%，背膘厚度降低 8%～13%。猪使用生长激素的效应大小依次为阉猪、后备猪和公猪，尤其适用于从 60 千克体重到上市的肥育猪。对脂用型或肉脂型猪的作用效果高于瘦肉型。猪生长激素也可提高产奶量和仔猪成活率。目前，国际上只有乳牛已获准使用生长激素，其他动物未获批准。β-肾上腺素能兴奋剂（β-兴奋剂）是一组结构和生理功能类似肾上腺素和去甲肾上腺素的苯乙醇胺类衍生物，能与动物体内大多数组织细胞上的 β-肾上腺素能受体结合，并激活 β-肾上腺素能受体，从而加速细胞内脂肪的分解和游离脂肪酸的氧化。因此，β-兴奋剂的主要功效是促进动物肌肉组织的增长，减少胴体脂肪的含量，提高瘦肉率。与此同时，可以不同程度地提高生长速度和饲料利用率。在猪饲粮中添加 β-兴奋剂，胴体蛋白质含量约增加 15%，脂肪含量约减少 18%，眼肌面积约增加 11%～13%，且公母畜均有效。目前已开发形成产品的 β 兴奋剂有克喘素（Clenbuterol）、舒喘宁（Salbutamol）、息喘宁（Cimaterol）、莱克多巴胺（Ractopamine）、吡啶甲醇类（如 L-644，969）。目前，只有莱克多巴胺在美国有可能被批准在育肥猪中使用，其他的因其已表现出的副作用或可能存在副作用未批准或禁止使用。

（5）酸化剂　能使饲料酸化的物质叫酸化剂。饲料添加酸化剂，可以增加仔猪不成熟消化道的酸度，刺激消化酶的活性，提高饲料养分消化率。同时，酸化剂既可杀灭或抑制饲料本身存在的微生物，又可抑制消化道内的有害菌，促进有益菌的生长。因此，使用酸化剂可以促进仔猪健康，减少疾病，提高生长速度和饲料利用率。

目前用作饲料添加剂的酸化剂有三种，一是单一酸化剂，如延胡索酸、柠檬酸；二是以磷酸为基础的复合酸；三是以乳酸为

基础的复合酸。许多研究表明，在单一酸化剂（包括有机酸和无机酸）中，只有延胡索酸和柠檬酸才有正效果，磷酸的效果不佳，而硫酸和盐酸基本无效。复合酸化剂中，以乳酸为基础的复合酸优于以磷酸为基础的复合酸，因为乳酸没有刺激性气味，能提高饲粮的适口性；能明显促进消化道中有益菌的生长；能提供动物所需的能量（乳酸能值为10兆焦/千克）。

酸化剂主要用于仔猪。在断奶仔猪饲粮中添加1%～2%柠檬酸和延胡索酸，可提高增重4%～7%，改善饲料利用效率5%～10%，降低仔猪腹泻率20%～50%。仔猪日粮加酸的效果与酸化剂种类、添加量和日粮类型有关。在具有正效果的三种酸化剂中，延胡索酸的适宜添加量为饲粮的2%～3%，其中乳猪1.5%～2.0%，早期断奶仔猪1.0%～1.5%。柠檬酸为1%，而复合酸化剂一般为0.1%～0.3%。从日粮类型看，全植物性日粮酸化的效果比含大量动物性饲料的效果更好。

（6）离子交换化合物　离子交换化合物的作用主要是能吸附消化道的某些有害物质和气体，促进动物的健康，提高生产效率。具有离子交换作用的物质很多，应用价值最大、效果最好的是沸石。天然沸石含有动物所需的大部分矿物元素，具有很强的吸附性和离子交换性。因此，饲料中添加沸石，不仅可为动物提供必需矿物元素，而且可以吸附肠道中的氨、硫化氢、二氧化碳等极性物质和肠道有害微生物，改善肠道内环境。沸石的催化特性可刺激多种酶的活性，提高饲料消化率。沸石可吸附霉菌毒素，有利于防霉解毒，固定排泄物中的氨，降低畜舍空气中氨气浓度。因此，沸石作为饲料添加剂，具有保障动物健康、减少发病、提高生产成绩、改善环境质量等综合效益。猪饲料中添加量为5%左右。

（三）常用饲料成分及营养价值表

表4.20～4.22是中国饲料数据库（1999）公布的有关的中国饲料成分及营养价值的参数，供参考使用。

表 4.20 饲料描述

饲料名称	饲 料 描 述	中国饲料编号（CFN）
01 玉米	NY/T1 级，高蛋白质	4-07-0278
02 玉米	NY/T2 级，成熟	4-07-0279
03 玉米	NY/T3 级，成熟	4-07-0280
04 高粱	NY/T1 级，成熟	4-07-0272
05 小麦	NY/T2 级，混合小麦，成熟	4-07-0270
06 大麦（裸）	NY/T3 级，裸大麦，成熟	4-07-0274
07 大麦（皮）	NY/T1 级，皮大麦，成熟	4-07-0277
08 黑麦	籽粒，进口	4-07-0281
09 稻谷	Y/T2 级，成熟	4-07-0273
10 糙米	良，籽粒，成熟，未去米糠	4-07-0276
11 碎米	良，加工精米后的副产品	4-07-0275
12 粟（谷子）	合格，带壳，成熟	4-07-0479
13 木薯干	NY/T 合格，木薯干片，晒干	4-04-0067
14 甘薯干	NY/T 合格，甘薯干片，晒干	4-04-0068
15 次粉	NY/T1 级，黑面、黄粉、下面	4-08-0104
16 次粉	NY/T2 级，黑面、黄粉、下面	4-08-0105
17 小麦麸	NY/T1 级，传统制粉工艺	4-08-0069
18 米糠	NY/T2 级，新鲜，不脱脂	4-08-0041
19 米糠饼	NY/T1 级，机榨	4-10-0025
20 米糠粕	NY/T1 级，浸提或预压浸提	4-10-0018
21 大豆	NY/T2 级，熟化	5-09-0127
22 大豆饼	NY/T2 级，机榨	5-10-0241
23 大豆粕	NY/T1 级，浸提或预压浸提	5-10-0103
24 大豆粕	NY/T2 级，浸提或预压浸提	5-10-0102
25 棉籽饼	NY/T2 级，机榨	5-10-0118
26 机制籽粕	NY/T2 级，浸提或预压浸提	5-10-0117
27 菜籽饼	NY/T2 级，机榨	5-10-0083
28 菜籽粕	NY/T2 级，浸提或预压浸提	5-10-0121
29 花生仁饼	NY/T2 级，机榨	5-10-0116
30 花生仁粕	NY/T2 级，浸提或预压浸提	5-10-0115

及常规成分

干物质 DM (%)	粗蛋白质 CP (%)	粗脂肪 EE (%)	粗纤维 CF (%)	无氮浸出物 NFE (%)	粗灰分 Ash (%)	钙 Ca (%)	总磷 TP (%)	非植酸态磷 NON-Phy-P (%)
86.0	9.4	3.1	1.2	71.1	1.2	0.02	0.27	0.12
86.0	8.7	3.6	1.6	70.7	1.4	0.02	0.27	0.12
86.0	7.8	3.5	1.6	71.8	1.3	0.02	0.27	0.12
86.0	9.0	3.4	1.4	70.4	1.8	0.13	0.36	0.17
87.0	13.9	1.7	1.9	67.6	1.9	0.17	0.41	0.13
87.0	13.0	2.1	2.0	67.7	2.2	0.04	0.39	0.21
87.0	11.0	1.7	4.8	67.1	2.4	0.09	0.33	0.17
88.0	11.0	1.5	2.2	71.5	1.8	0.05	0.30	0.11
86.0	7.8	1.6	8.2	63.8	4.6	0.03	0.36	0.20
87.0	8.8	2.0	0.7	74.2	1.3	0.03	0.35	0.15
88.0	10.4	2.2	1.1	72.7	1.6	0.06	0.35	0.15
86.5	9.7	2.3	6.8	65.0	2.7	0.12	0.30	0.11
87.0	2.5	0.7	2.5	79.4	1.9	0.27	0.09	—
87.0	4.0	0.8	2.8	76.4	3.0	0.19	0.02	—
88.0	15.4	2.2	1.5	67.1	1.5	0.08	0.48	0.14
87.0	13.6	2.1	2.8	66.7	1.8	0.08	0.48	0.14
87.0	15.7	3.9	8.9	53.6	4.9	0.11	0.92	0.24
87.0	12.8	16.5	5.7	44.5	7.5	0.07	1.43	0.10
88.0	14.7	9.0	7.4	48.2	8.7	0.14	1.69	0.22
87.0	15.1	2.0	7.5	53.6	8.8	0.15	1.82	0.24
87.0	35.5	17.3	4.3	25.7	4.2	0.27	0.48	0.30
87.0	40.9	5.7	4.7	30.0	5.7	0.30	0.49	0.24
87.0	46.8	1.0	3.9	30.5	4.8	0.31	0.61	0.17
87.0	43.0	1.9	5.1	31.0	6.0	0.32	0.61	0.17
88.0	36.3	7.4	12.5	26.1	5.7	0.21	0.83	0.28
88.0	42.5	0.7	10.1	28.2	6.5	0.24	0.97	0.33
88.0	35.7	7.4	11.4	26.3	7.2	0.59	0.96	0.33
88.0	38.6	1.4	11.8	28.9	7.3	0.65	1.02	0.35
88.0	44.7	7.2	5.9	25.1	5.1	0.25	0.53	0.31
88.0	47.8	1.4	6.2	27.2	5.4	0.27	0.56	0.33

饲料名称	饲　料　描　述	中国饲料编号（CFN）
31 向日葵仁饼	NY/T3 级，壳仁比 35:65	1-10-0031
32 向日葵仁粕	NY/T2 级，壳仁比 16:84	5-10-0242
33 向日葵仁粕	NY/T2 级，壳仁比 24:76	5-10-0243
34 亚麻仁饼	NY/T2 级，机榨	5-10-0119
35 亚麻仁铂	NY/T2 级，浸提或预压浸提	5-10-0120
36 芝麻饼	机榨 CP40%	5-10-0246
37 玉米蛋白粉（CP60%）	玉米去胚芽淀粉后的面筋部分	5-11-0001
38 玉米蛋白粉（CP50%）	同上，中等蛋白产品	5-11-0002
39 玉米蛋白粉（CP40%）	同上，中等蛋白产品	5-11-0008
40 玉米蛋白饲料	玉米去胚芽去淀粉后的含皮残渣	5-11-0003
41 玉米胚芽饼	玉米湿磨后的胚芽，机榨	4.10-0026
42 玉米胚芽粕	玉米湿磨后的胚芽，浸提	5-10-0244
43 玉米 DDGS	玉米酒精糟及可溶物，脱水	5-11-0007
44 蚕豆粉浆蛋白粉	蚕豆去皮制粉丝后的浆液，脱水	5-11-0009
45 麦芽根	大平等芽副产品，干燥	5-11-0004
46 鱼粉（CP64.5%）	7 样平均值	5-13-0044
47 鱼粉（CP62.5%）	8 样平均值	5-13-0045
48 鱼粉（CP60.2%）	沿海产区的海鱼粉，脱脂，12 样平均值	5-13-0046
49 鱼粉（CP53.5%）	山东、浙江等产小鱼脱脂，11 样平均值	5-13-0077
50 血粉	鲜猪血，喷雾干燥	5-13-0036
51 羽毛粉	纯净羽毛，水解	5-13-0037
52 皮革粉	废牛皮，水解	5-13-0038
53 肉骨粉	屠宰下脚，带骨干燥粉碎	5-13-0047
54 甘薯叶粉	NY/T1 级，70%叶 + 叶柄，30%茎秆	4-06-0074
55 苜蓿草粉（CP19%）	NY/T1 级，1 茬，盛花期，烘干	1-05-0047
56 苜蓿草粉（CP17%）	NY/T2 级，1 茬，盛花期，烘干	1-05-0075
57 苜蓿草粉（CP14%-15%）	NY/T3 级	1-05-0076
58 啤酒糟	大麦酿造副产品	5-11-0005
59 啤酒酵母	啤酒酵母菌粉，QB/T1940-94	7-15-0001
60 乳清粉	乳清，脱水，含乳糖 72%以上	4-13-0075
61 牛奶乳糖	含乳糖 80%以上	4-06-0076

摘自《中国饲料》，1999 年

（续）

干物质 DM（%）	粗蛋白质 CP（%）	粗脂肪 EE（%）	粗纤维 CF（%）	无氮浸出物 NFE（%）	粗灰分 Ash（%）	钙 Ca（%）	总磷 TP（%）	非植酸态磷 NON-Phy-P（%）
88.0	29.0	2.9	20.4	31.0	4.7	0.24	0.87	0.13
88.0	36.5	1.0	10.5	34.4	5.6	0.27	1.13	0.17
88.0	33.6	1.0	14.8	33.3	5.3	0.26	1.03	0.16
88.0	32.2	7.8	7.8	34.0	6.2	0.39	0.88	0.38
88.0	34.8	1.8	8.2	36.6	6.6	0.42	0.95	0.42
92.0	39.2	10.3	7.2	24.9	10.4	2.24	1.19	—
90.1	63.5	5.4	1.0	19.2	1.0	0.07	0.44	0.17
91.2	51.3	7.8	2.1	28.0	2.0	0.06	0.42	0.16
89.9	44.3	6.0	1.6	37.1	0.9	—	—	—
88.0	19.3	7.5	7.8	48.0	5.4	0.15	0.70	—
90.0	16.7	9.6	6.3	50.8	6.6	0.04	1.45	—
90.0	20.8	2.0	6.5	54.8	5.9	0.06	1.23	—
90.0	28.3	13.7	7.1	36.8	4.1	0.20	0.74	0.74
88.0	66.3	4.7	4.1	10.3	2.6	—	0.59	—
89.7	28.3	1.4	12.5	41.4	6.1	0.22	0.73	—
90.0	64.5	5.6	0.5	8.0	11.4	3.81	2.83	2.83
90.0	62.5	4.0	0.5	10.0	12.3	3.96	3.05	3.05
90.0	60.2	4.9	0.5	11.6	12.8	4.04	2.90	2.90
90.0	53.5	10.0	0.8	4.9	20.8	5.88	3.20	3.20
88.0	82.8	0.4	0.0	1.6	3.2	0.29	0.31	0.31
88.0	77.9	2.2	0.7	1.4	5.8	0.20	0.68	0.68
88.0	74.7	0.8	1.6	0	10.9	4.40	0.15	0.15
93.0	45.0	8.5	2.5	0	37.0	11.0	5.90	5.90
87.0	16.7	2.9	12.6	43.3	11.5	1.41	0.28	0.28
87.0	19.1	2.3	22.7	35.3	7.6	1.40	0.51	0.51
87.0	17.2	2.6	25.6	33.3	8.3	1.52	0.22	0.22
87.0	14.3	2.1	21.6	33.8	10.1	1.34	0.19	0.19
88.0	24.3	5.3	13.4	40.8	4.2	0.32	0.42	0.14
91.7	52.4	0.4	0.6	33.6	4.7	0.16	1.02	—
94.0	12.0	0.7	0.0	71.6	9.7	0.87	0.79	0.79
96.0	4.0	0.5	0.0	83.5	8.0	0.52	0.62	0.62

表 4.21 有效能

饲料名称	猪消化能		钠 Na (%)	钾 K (%)	氯 Cl (%)
	DE 兆焦/千克	兆卡/千克			
01 玉米	14.39	3.44	0.01	0.29	0.04
02 玉米	14.27	3.41	0.20	0.30	0.04
03 玉米	14.18	3.39	0.20	0.30	0.04
04 高粱	13.18	3.15	0.03	0.34	0.09
05 小麦	14.18	3.39	0.06	0.50	0.07
06 大麦（裸）	13.56	3.24	0.04	0.36	—
07 大麦（皮）	12.64	3.02	0.02	0.56	0.15
08 黑麦	13.85	3.31	0.02	0.42	0.04
09 稻谷	12.09	2.89	0.04	0.34	0.07
10 糙米	14.39	3.44	—	—	0.06
11 碎米	15.06	3.60	—	—	0.08
12 粟（谷子）	12.93	3.09	0.04	0.43	0.14
13 木薯干	13.10	3.13	—	—	—
14 甘薯干	11.80	2.82	—	—	—
15 次粉	13.68	3.27	0.06	0.60	0.04
16 次粉	13.43	3.21	0.06	0.60	0.04
17 小麦麸	9.37	2.24	0.07	1.19	0.07
18 米糠	12.64	3.02	0.07	1.73	0.07
19 米糠饼	12.51	2.99	0.08	1.80	—
20 米糠粕	11.55	2.76	0.09	1.80	—
21 大豆	16.60	3.97	0.02	1.70	0.03
22 大豆饼	13.51	3.23	0.02	1.77	0.02
23 大豆粕	13.74	3.28	0.03	2.00	0.05
24 大豆粕	13.18	3.15	0.03	1.68	0.05
25 棉籽饼	9.92	3.27	0.04	1.20	0.14
26 棉籽粕	9.46	2.26	0.04	1.16	0.04
27 菜籽饼	12.05	2.88	0.02	1.34	—
28 菜籽粕	10.59	2.53	0.09	1.40	0.11
29 花生仁饼	12.89	3.08	0.04	1.15	0.03
30 花生仁粕	12.43	2.97	0.07	1.23	0.03

及矿物质

镁 Mg (%)	硫 S (%)	铁 Fe (毫克/千克)	铜 Cu (毫克/千克)	锰 Mn (毫克/千克)	锌 Zn (毫克/千克)	硒 Se (毫克/千克)
0.11	0.13	36	3.4	5.8	21.1	0.04
0.12	0.08	37	3.3	6.1	19.2	0.03
0.12	0.08	37	3.3	6.1	19.2	0.03
0.15	0.08	87	7.6	17.1	20.1	<0.05
0.11	0.11	88	7.9	45.9	29.7	0.05
0.11	—	100	7.0	18.0	30.0	0.16
0.14	0.15	87	5.6	17.5	23.6	0.06
0.12	0.15	117	7.0	53.0	35.0	0.40
0.07	0.05	40	3.5	20.0	8.0	0.04
0.09	0.10	78	3.3	21.0	10.0	0.07
0.11	0.06	62	8.8	47.5	36.4	0.06
0.16	0.13	270	24.5	22.5	15.9	0.08
—	—	150	4.2	6.0	14.0	0.04
0.08	—	107	6.1	10.0	9.0	0.07
0.41	0.17	140	11.6	94.2	73.0	0.07
0.41	0.17	140	11.6	94.2	73.0	0.07
0.52	0.22	170	13.8	104.3	96.5	0.07
0.90	0.18	304	7.1	175.9	50.3	0.09
1.26	—	400	8.7	211.6	56.4	0.09
—	—	432	9.4	228.4	60.9	0.10
0.28	0.23	111	18.1	21.5	40.7	0.06
0.25	0.33	187	19.8	32.0	43.4	0.04
0.27	0.43	181	23.5	37.3	45.3	0.10
0.27	0.43	181	23.5	27.4	45.4	0.06
0.52	0.40	266	11.6	17.8	44.9	0.11
0.40	0.31	2630	14.0	18.7	55.5	0.15
—	—	687	7.2	78.1	59.2	0.29
0.51	0.85	633	7.1	82.2	67.5	0.16
0.33	0.29	347	23.7	36.7	52.5	0.06
0.31	0.30	368	25.1	38.9	55.7	0.06

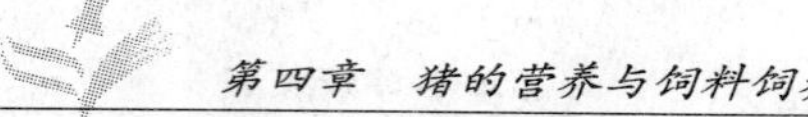

饲料名称	猪消化能		钠 Na (%)	钾 K (%)	氯 Cl (%)
	DE 兆焦/千克	兆卡/千克			
31 向日葵仁饼	7.91	1.89	0.02	1.17	0.01
32 向日葵仁粕	11.63	2.78	0.20	—	0.01
33 向日葵仁粕	10.42	2.49	0.20	1.23	0.10
34 亚麻仁饼	12.13	2.90	0.09	1.25	0.04
35 亚麻仁铂	9.92	2.37	0.14	1.38	0.05
36 芝麻饼	13.29	3.20	0.04	1.39	0.05
37 玉米蛋白粉（CP60%）	15.05	3.60	0.01	0.30	0.05
38 玉米蛋白粉（CP50%）	15.60	3.73	0.02	0.35	—
39 玉米蛋白粉（CP40%）	15.01	3.59	0.02	0.40	0.08
40 玉米蛋白饲料	10.38	2.48	0.12	1.30	0.22
41 玉米胚芽饼	14.69	3.51	0.01	—	—
42 玉米胚芽粕	13.72	3.28	0.01	0.69	—
43 玉米 DDGS	14.35	3.43	0.88	0.98	0.17
44 蚕豆粉浆蛋白粉	13.51	3.23	0.01	0.06	—
45 麦芽根	9.67	2.31	0.06	2.18	0.59
46 鱼粉（CP64.5%）	13.18	3.15	0.88	0.90	0.60
47 鱼粉（CP62.5%）	12.97	3.10	0.78	0.83	0.61
48 鱼粉（CP60.2%）	12.55	3.00	0.97	1.10	0.61
49 鱼粉（CP53.5%）	12.93	3.09	1.15	0.94	0.61
50 血粉	11.42	2.73	0.31	0.90	0.27
51 羽毛粉	11.59	2.77	0.31	0.18	0.26
52 皮革粉	11.09	2.65	—	—	—
53 肉骨粉	10.03	2.40	0.60	1.30	0.70
54 甘薯叶粉	4.98	1.19	—	—	—
55 苜蓿草粉（CP19%）	6.95	1.66	0.09	2.08	0.38
56 苜蓿草粉（CP17%）	6.11	1.46	0.17	2.40	0.46
57 苜蓿草粉（CP14%～15%）	6.23	1.49	0.11	2.22	0.46
58 啤酒糟	9.41	2.25	0.25	0.08	0.12
59 啤酒酵母	14.81	3.54	0.10	1.70	0.12
60 乳清粉	14.39	3.44	2.11	1.81	0.14
61 牛奶乳糖	14.11	3.37	—	2.40	—

摘自《中国饲料》，1999 年。

（续）

镁 Mg (%)	硫 S (%)	铁 Fe (毫克/千克)	铜 Cu (毫克/千克)	锰 Mn (毫克/千克)	锌 Zn (毫克/千克)	硒 Se (毫克/千克)
0.75	0.33	424	45.6	41.5	62.1	0.09
0.75	0.33	226	32.8	34.5	82.7	0.06
0.68	0.30	310	35.0	35.0	80.0	0.08
0.58	0.39	204	27.0	40.3	36.0	0.18
0.56	0.51	219	25.5	43.3	38.7	0.18
0.50	0.43	—	50.4	32.0	2.4	—
0.08	0.43	230	1.9	5.9	19.2	0.02
—	—	332	10.0	78.0	49.0	—
0.05	0.60	—	—	—	—	1.00
0.42	0.16	282	10.7	77.1	59.2	0.23
0.10	0.30	99	12.8	19.0	108.1	—
0.16	0.32	214	7.7	23.3	126.6	0.33
0.35	0.30	197	43.9	29.5	83.5	0.37
—	—	—	22.0	16.0	—	—
0.16	0.79	198	5.3	67.8	42.4	0.60
0.24	0.77	226	9.1	9.2	98.9	2.70
0.16	0.48	181	6.0	12.0	90.0	1.62
0.16	0.45	80	8.0	10.0	80.0	1.50
0.16	—	292	8.0	9.7	88.0	1.94
0.16	0.32	2100	8.0	2.3	14.0	0.70
0.20	1.39	73	6.8	8.8	53.8	0.80
—	—	131	11.1	25.2	89.8	—
1.00	0.40	500	—	10.1	90.0	0.25
—	—	35	9.8	89.6	26.8	0.20
0.30	0.30	372	9.1	30.7	17.1	0.46
0.36	0.37	361	9.7	30.7	21.0	0.46
0.36	0.17	437	9.1	33.2	22.6	0.48
0.19	0.21	274	20.1	35.6	—	0.41
0.23	0.38	248	61.0	22.3	86.7	1.00
0.13	1.04	160	—	4.6	—	0.06
0.15	—	—	—	—	—	—

表 4.22 猪饲料真和/或

饲料名称	数据生产方法	粗蛋白质 CP（%）	赖氨酸 Lys（%）
01 玉米	TDAA	8.0	77
02 玉米	ADAA	8.0	66
03 高粱 单宁（+）	TDAA	9.0	71
04 高粱 单宁（-）	TDAA	9.0	83
05 小麦	TDAA	13.9	78
06 黑麦	TDAA	11.0	73
07 大麦 皮或裸大麦	TDAA	12.0	78
08 稻谷	ADAA	7.8	81
09 次粉 粗纤维≤1.5%	TDAA	15.4	87
10 次粉 粗纤维≤1.5%	ADAA	15.4	83
11 小麦麸	TDAA	15.7	74
12 小麦麸	ADAA	15.7	69
13 脱脂米糠	TDAA	12.8	78
14 米糠饼	ADAA	14.7	75
15 全脂大豆（烘焙）	TDAA	35.5	77
16 全脂大豆（膨化）	TDAA	35.5	88
17 生大豆片	ADAA	35.5	44
18 热处理大豆片	ADAA	35.5	85
19 大豆粕 cp=44%	TDAA	43.5	88
20 大豆粕 cp>46%	TDAA	46.8	90
21 大豆粕	ADAA	44.0	85
22 大豆饼	TDAA	40.9	89
23 大豆饼	ADAA	40.9	85
24 棉籽粕 无腺体	TDAA	42.5	64
25 棉籽粕 含腺体	ADAA	42.5	60
26 棉籽粕 无腺体	ADAA	42.5	84
27 菜籽饼 未经脱毒处理	TDAA	35.7	77
28 菜籽饼 未分脱毒与否	ADAA	35.7	74
29 菜籽饼 经脱毒处理	TDAA	35.7	82
30 菜籽粕 未分脱毒与否	TDAA	38.6	75

表观氨基酸利用率参考值

蛋氨酸 Met (%)	胱氨酸 Cys (%)	苏氨酸 Thr (%)	异亮氨酸 Ile (%)	缬氨酸 Val (%)	色氨酸 Trp (%)
88	84	82	87	88	88
84	86	68	78	77	66
83	65	76	82	80	78
90	88	86	89	89	86
89	88	84	88	87	89
83	83	75	79	79	—
85	85	81	84	84	73
77	75	-	68	77	—
91	87	85	90	89	90
90	87	82	88	86	86
82	80	74	79	78	70
77	71	62	72	71	66
77	68	71	69	69	—
—	69	—	64	65	—
74	74	75	72	72	80
85	81	84	86	84	82
47	—	32	43	35	25
82	74	72	78	78	77
90	83	84	87	84	82
91	87	87	89	88	90
87	79	75	82	80	80
90	85	85	87	86	88
86	78	76	82	79	79
75	69	68	71	72	65
70	62	60	65	69	69
87	84	79	82	83	86
87	81	75	80	76	69
84	77	67	75	70	71
87	87	80	81	80	69
86	79	74	76	74	80

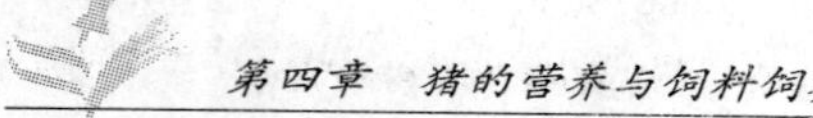

饲料名称	数据生产方法	粗蛋白质 CP（%）	赖氨酸 Lys（%）
31 菜籽粕	ADAA	38.6	72
32 花生饼	TDAA	44.7	89
33 花生饼	ADAA	44.7	78
34 花生粕	TDAA	47.8	87
35 花生粕	ADAA	47.8	66
36 向日葵仁饼	TDAA	29.0	82
37 向日葵仁粕 CP = 34% ~ 36%	TDAA	35.0	83
38 玉米蛋白粉	TDAA	60.0	84
39 玉米蛋白粉	ADAA	60.0	77
40 玉米蛋白饲料	TDAA	20.0	68
41 鱼粉 不分进口与国产	TDAA	62.5	93
42 鱼粉	ADAA	62.5	86
43 发酵血粉	TDAA	52.5	82
44 蒸发血粉	ADAA	83.2	84
45 喷雾血粉	TDAA	85.6	97
46 膨化羽毛粉	TDAA	82.9	60
47 水解羽毛粉	TDAA	77.9	65
48 皮革粉	TDAA	77.6	55
49 肉骨粉 高品质，CP≥50%	TDAA	50.0	83
50 肉骨粉 低品质	TDAA	30.0	62
51 啤酒酵母	ADAA	52.4	80
52 乳清粉	ADAA	12.0	90
53 红苕干	TDAA	63.7	76
59 蚕蛹	TDAA	53.0	89
60 五粮液酒糟	TDAA	14.5	62
61 啤酒糟	TDAA	25.4	77
62 胡豆	TDAA	20.4	82
63 豌豆	TDAA	21.2	79

注：摘自《中国饲料》，1999；53～63 号饲料资料为四川农业大学动物营养研究所王

（续）

蛋氨酸 Met （%）	胱氨酸 Cys （%）	苏氨酸 Thr （%）	异亮氨酸 Ile （%）	缬氨酸 Val （%）	色氨酸 Trp （%）
83	75	68	73	69	—
89	86	89	91	91	—
—	77	73	81	80	71
88	86	91	92	91	—
—	—	61	82	79	71
89	80	82	83	81	—
88	80	81	81	79	—
92	87	88	88	85	63
88	80	83	87	86	78
81	51	72	83	81	64
94	89	94	94	93	97
89	77	82	86	84	78
82	82	80	79	77	94
73	67	76	65	71	88
97	94	97	92	96	94
78	73	85	92	89	—
76	73	81	83	81	60
59	55	60	78	67	—
85	64	82	82	81	78
67	50	64	64	58	—
80	63	72	78	76	71
92	88	85	89	88	86
95	—	82	58	61	—
90	—	87	84	84	—
67	—	62	64	52	—
84	—	81	79	75	—
64	—	71	65	66	—
42	—	72	72	67	—

康宁提供

三、饲料的配制技术

在规模化猪场以及饲料生产厂家，猪饲料的配合一般有三个步骤，形成三级产品，即微量成分的预混合饲料（常称添加剂预混料）、蛋白质浓缩料（又称蛋白强化饲料）和全价饲料（简称配合饲料）。为了使添加量在0.02%以下的微量的营养及非营养成分能均匀的混合到蛋白质浓缩料和全价饲料中，通常是采用预选混合的办法。对于规模不太大的猪场，可直接购买专门厂家生产的预混料，比自己生产更方便，质量也更能保证。

将维生素及微量元素等微量成分预混料与蛋白质饲料混合，成为蛋白质浓缩料。蛋白质浓缩料只需与玉米等能料饲料混合就成为全价饲料。在规模化猪场不一定要生产蛋白质浓缩料，可直接将微量成分的预混料与能量和蛋白质饲料等各种大量组分混合生产出全价料。对于大的饲料厂家，为保证下属分厂生产全价料的质量，同时也减少生产的工序，可先生产蛋白质浓缩料。

全价配合饲料是按猪的营养需要标准，由能量饲料、蛋白质饲料、Ca、P、微量元素预混料、维生素预混料以及氨基酸、非营养性促生长剂、酶制剂、调味剂、酸化剂、抗氧化剂、防霉剂等均匀混合而成，或者混合后制粒。

（一）预混合料的配制

预混合料，主要有微量元素预混合料和维生素预混合料。维生素预混合料在全价饲料中的添加很微，通常在0.015%～0.02%，自己生产预混料要购多种原料，占用资金多，一般都购买专业厂家生产的维生素预混合料成品。微量元素预混合料也最好购买专门厂家的。如果猪场规模大，有技术力量，特别是兼有对外销售饲料的，也可以自己生产。

1. 微量元素预混料

（1）注意事项

以饲养标准为主要依据：饲养标准所规定的不同生长阶段和不同生产目的各种微量元素的需要量是配制微量元素预混料的基本依据。但也要灵活处理，其原因在于：①营养标准规定的需要量不是添加量；②饲养营养成分价值表上公布的各种饲料原料其微量元素含量是平均值，随饲料的品种、产地、质量、贮存和加工条件不同而有所变化；③饲养标准上的营养需要量（如中国标准和 NRC 标准）有时是最低营养需要量，实际应用时加一定的安全系数，一般是将饲料原料中各元素含量忽略不计，作为安全量考虑。

了解地区性典型饲粮类型：饲粮的类型和特点将影响饲料添加剂的使用，如饲料中棉籽饼、菜籽饼含量高，可以使用较高的硫酸亚铁，达到解毒和保证铁供给量之目的。

考虑地区性缺乏和过量情况：我国的东北、西北和西南的一些地区是缺硒地区，一些地区缺锌，还有大面积的缺碘区，应注意添加相应缺乏的元素。而一些地区是某些元素的高含量区，如湖北恩施地区谷物饲料含硒已超过畜禽需要量。

不同原料微量元素的效价：不同化合物来源的微量元素，其效价（可利用性）不同，一般来说以硫酸盐的效价较高。常用化合物中微量元素的可利用性见表 4.23。

载体的比例适宜：一般要求载体或稀释剂与添加剂的配比为 7～9:1。

（2）步骤

第一，根据各种动物饲养标准，查出其微量元素需要量，再结合生产实际，确定出各元素的适宜供给量。

第二，查饲料（包括矿物质饲料）成分表，计算各种微量元素的含量，然后用适宜供给量与之相减则为预混料中应添加的量。实际生产中通常不考虑非矿物性饲料元素含量，其原因有 3：①需要量与基础日粮中各元素相应量之和在安全剂量范围，与中毒剂量相差甚远；②由于效价和产品加工方面的原因，可把

基础饲粮中的含量作为保险值；③可简化配方设计步骤。

表 4.23 常用微量元素化合物的相对生物效价可利用性

元素	化合物	相对生物效价
铁	硫酸亚铁	100
	二氯化铁	100
	三氯化铁	40～100
	硫酸铁	100
	三氧化二铁	0
	碳酸铁	15～50
锰	硫酸锰	100
	氧化锰	70
	二氧化锰	35～95
	碳酸锰	30～100
	氯化锰	100
锌	氧化锌	50～80
	硫酸锌	100
	碳酸锌	100
铜	硫酸铜	100
	氧化铜	0～10
	氯化铜	100
	碳酸铜	60～100
硒	亚硒酸钠	100
	硒酸钠	100
	硒化钠	42
	单质硒	7
碘	碘酸钙	100
	碘化钾	100
	碘化钠	100

第三，确定预混料在全价料中添加比例，一般为0.5%～1%。

第四，选择化合物元素含量高、利用率高、纯度高，特别是价格相对较便宜的原料；根据原料的纯度和生物利用率算出每种原料有效微量元素含量。

第五，计算各种原料在配方中的比例，即将每千克全价料中

应添加百分含量乘上预混料中的浓缩倍数，在全价料中添加 1% 为 100 倍，添加 0.5% 为 200 倍。

第六，确定载体，计算载体量，使之补足 100%。

第七，整理配方，写出使用说明。

(3) 配方示例　表 4.24 是猪各阶段的微量元素预混料配方示例。其中有按营养需要标准配合的，也有采用高铜作为促生长剂的配方。

表 4.25　生长猪微量元素预混料配方（%）

原料＼阶段	5～20 千克		20～50 千克		50 千克以上	
	普通配方	高铜配方	普通配方	高铜配方	普通配方	高铜配方
添加量	1.00	1.00	1.00	1.00	1.00	1.00
载体量	89.94	73.55	92.04	75.48	93.96	81.62
硫酸亚铁	5.03	10.00	4.03	8.00	3.02	6.00
硫酸锌	4.63	10.00	3.55	8.00	2.78	6.00
硫酸铜	0.238	10.22	0.203	8.18	0.14	6.13
硫酸锰	0.153	0.40	0.155	0.32	0.092	0.24
亚硒酸钠	0.0101	0.02	0.006	0.016	0.006	0.012
碘化钾	0.0027	0.005	0.0015	0.004	0.0016	0.003

2. 维生素预混料　维生素预混料的配方主要考虑加工、贮藏的损失和对肉质及保鲜的影响。在实际生产中，通常是在标准规定或推荐剂量的基础上加大倍数，脂溶性维生素 A、D、E、K 一般扩大 5～10 倍，水溶性维生素增加 0.5～1 倍。因此，对购入的维生素预混料应注意其配方中各种维生素的含量，并对照标准确定适宜的添加量。

（二）蛋白质浓缩料

1. 蛋白质浓缩料的配制方法　猪用蛋白质浓缩料的配制比较简便的方法是先设计一个全价料配方，然后扣除能量类饲料，将余下组分合计占全价料的百分比除各组分在全价料中的百分含量，即可求得蛋白质浓缩料中各种组分应占的百分比。通常是按粗蛋白及各种微量成分添加量最高的仔猪料设计配方，用于配合

大猪的全价料时，便于按标准逐渐减少蛋白质浓缩料的用量。

2. 蛋白质浓缩料配制的注意事项

（1）仔细了解和分析地区性典型能量饲料类型特点，使设计出的蛋白质浓缩料针对性强。如某一地区盛产玉米、红苕，则浓缩料中赖氨酸加量应较高。

（2）浓缩料在不同地区或同一地区不同季节具有通用性，因此蛋白质浓缩料营养物质含量要加上安全系数。

（3）考虑浓缩料蛋白质的质量，即一方面是蛋白质氨基酸含量足、比例合理，另一方面是蛋白质、氨基酸的消化率和可利用性。

3. 蛋白质浓缩料的配合及配方示例　表4.26是生长猪蛋白质浓缩料的配合及配方示例。

表 4.26　20～50千克生长猪全价料，蛋白质浓缩配方示例

饲　　料	全价料（%）	蛋白质浓缩料（扣除能量饲料）	复　合添加剂	配成蛋白质浓缩料需扩大的倍数＊＊	各成分在蛋白质浓缩料中%
玉米	60.70				
麦麸	10				
细米糠	5				
豆饼	10	10		10×4.11	41.1
菜籽饼	8	8		8×4.11	32.88
蚕蛹	2	2		2×4.11	8.22
肉粉	2	2		2×4.11	8.22
$CaHPO_4$	0.3	0.3	0.3	×4.11	1.233
骨粉（脱胶）	0.6	0.6	0.6	×4.11	2.466
$CaCO_3$	0.5	0.5	0.5	×4.11	2.055
喹乙酸	0.005	0.005	0.005	×4.11	0.0255
赖氨酸	0.1	0.1	0.1	×4.11	0.411
微量元素预混剂＊	0.48	0.48	0.48	×4.11	1.973
食盐	0.3	0.3	0.3	×4.11	1.233
抗氧化剂	0.02	0.02	0.002	×4.11	0.0822
维生素预混剂	–	–	–	–	
合计	100	24.3	2.305		99.90

＊　包括 $FeSO_4\cdot7H_2O$，$MnSO_4\cdot5H_2O$，$CuSO_4\cdot5H_2O$，$ZnSO_4\cdot7H_2O$，$SeO_3\cdot5H_2O$，KI 和次粉

＊＊　蛋白质浓缩料约占全价料的24.3%，即各组分乘上4.11倍，就变成100%

（三）全价配合饲料

全价配合饲料可采用市场上销售的饲料配方软件用计算机配制。但由于我国缺乏一些饲料的有关准确参数，同时营养需要标准变动也较大，各家编辑的配方软件都不十分理想。所以在此仍然介绍一个比较实用的方法，即以十字交叉法为基础的改进方法。

1. 十字交叉的配方示例

例如：用玉米、麦麸、次粉、豆粕、鱼粉、菜仔粕配制真可消化赖氨酸需要为0.83%的生长猪饲粮。参照NRC（1998）20～50千克阶段的营养需要标准。

（1）凭经验先确定麦麸用量为5%，次粉为10%，鱼粉2%及菜籽粕8%。

（2）从0.83的TDlys中扣除鱼粉、菜籽粕、麦麸及次粉提供的TDlys量，即：

$$0.83-0.02\times4.9\times0.89-0.08\times1.35\times0.74-0.05\times0.56\times0.74-0.10\times0.52\times0.87=0.60\ (0.5969)$$

（3）用玉米和豆粕配制TDlys为0.60时，各自用量的百分比即：

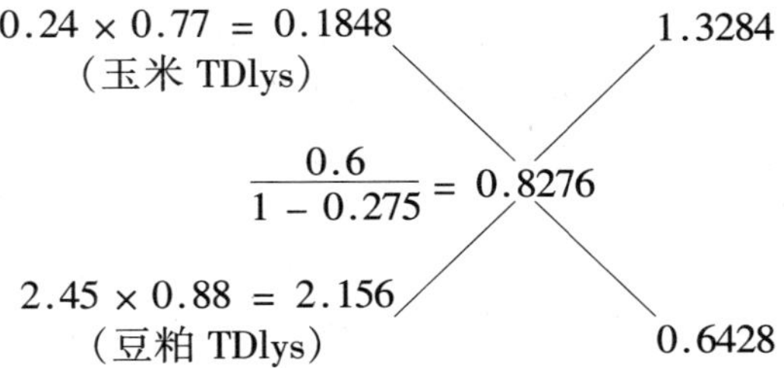

玉米用量(%) = 1.3284/(1.3284 + 0.6428) × 0.725 = 0.4886

豆粕用量(%) = 0.6428/(1.3284 + 0.6428) × 0.725 = 0.2364

式中0.77，0.88分别为玉米、豆粕赖氨酸的真消化率；0.275为鱼粉、菜籽粕、麦麸、次粉及钙磷等添加剂的百分含量的总合。

（4）计算它已提供的钙、磷含量，不足部分先用磷酸氢钙

（$CaHPO_4$）或骨粉（或其他含磷化合物）满足磷的需要，再用碳酸钙（$CaCO_3$）补充不足的钙。磷酸氢钙的有效磷按 100%计，骨粉按 80%计。

（5）添加微量元素、维生素等预混料。

（6）如不足 100%，可用玉米补足。

当有合成的赖氨酸添加时，可考虑先平衡第二限制氨基酸，常为异亮氨酸或苏氨酸，有时也可能是色氨酸。如不能确定哪一个氨基酸是第二限制性氨基酸，可任选一种氨基酸先平衡，再计算出饲粮中其他氨基酸的含量，相对于需要量差的最多的即是第二限制氨基酸，然后以它为标准再配一次。不足的赖氨酸就可直接用合成赖氨酸补充。

2. 全价饲料配合的技巧

（1）抓住关键指标　前面已经介绍在畜禽的营养标准或饲养标准中，一般列出了几十项营养指标，但仔细分析一下，除了能量、蛋白质、赖氨酸、蛋氨酸、钙、磷这几项指标在拟定配方时必须考虑外，维生素、微量元素一般可先不考虑。在上述指标平衡后，按标准额外添加即可。钙和磷可以用只含钙、磷的矿物质饲料（如碳酸钙、磷酸氢钙、贝壳粉、蛋壳粉、骨粉）补充，因这些饲料基本不含有其他养分，可单独添加。这样，在配方时需要考虑的就是如何满足蛋白质的需要。而蛋白质的需要又取决于最易缺乏的氨基酸（第一限制性氨基酸），所以，首要的是如何满足第一限制性氨基酸的需要。满足了第一限制性氨基酸的需要，也就满足了蛋白质的需要。我国的常用饲料中，赖氨酸一般是猪的第一限制性氨基酸。为了便于添加食盐、钙、磷、微量元素、维生素以及其他成分，拟定配方时可先留下 2%～3%的比例，如果要添加油脂可留下更多的比例。

（2）尽可能使用可利用养分的资料　由于采用可利用养分能更准确地满足动物对养分的需要，也有利于提高配方的质量和降低成本，应尽可能利用这方面的资料及研究成果。例如可利用

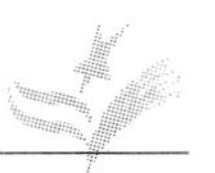

(可消化)氨基酸和可利用磷。所以本书推荐了NRC1998年的标准(表4.21~4.23),并将自己研究的几种饲料的可消化氨基酸资料也列了出来。如选用的标准没有列出有效磷,可将总磷按50%折合成有效磷。植物性饲料中的非植酸磷可看成有效磷,或者也可将其总磷含量按30%折合成有效磷。

(3)可以添加合成氨基酸时的配方方法　如果有合成氨基酸添加,配方时可先按粗蛋白质或第二、三限制性氨基酸的需要平衡日粮,最后直接添加所缺的赖氨酸等即可。

目前可用作饲料添加剂的合成氨基酸有赖氨酸、蛋氨酸、苏氨酸和色氨酸。从营养角度讲,日粮粗蛋白质水平降低2~4个百分点,通过添加赖氨酸、蛋氨酸等完全可满足蛋白质的需要,而不影响生产成绩。用低质蛋白饲料时,添加合成氨基酸比直接用饲料中的氨基酸平衡饲粮,其生产成绩更理想。

(4)合理确定维生素和微量元素预混料的添加量　维生素和微量元素预混料的添加一般较简单。如果是买的成品,按说明添加即可。微量元素超过或缺10%~20%,对于生产成绩不会有明显影响。需要注意的是,所用饲料是否特别缺乏或本身含有过量的接近中毒剂量某种微量元素。如有这种情况,配方时或使用产品时应注意补充或排除。

维生素预混料的添加要做到绝对准确合理较困难。目前添加维生素,除了满足动物需要,往往还具有抗氧化、增加动物免疫力和延长肉品贮藏时间等作用。同时,饲料中的维生素在加工、贮存中也容易损失。因此,各个厂商推荐的量以及与饲养或营养标准推荐的量差异很大,使用时可根据当地饲料和畜禽的具体情况作适当增减。一般厂商推荐的也只是一个范围。

(5)饲料原料价格的合理性评价方法　一种饲料原料的价格是否合理,相对于市场上的同类产品价格是高或是低,是厂家和采购员都很关心的问题。它涉及到对原料的选择和最低成本配方的获得。决定饲料价格的最关键的要素是能量和蛋白质。因此,本书介绍一种改进的彼得索法。改进的地方是在原方法计算结果的基础上再进行蛋白质质量的价格矫正。

彼得索法是把一种饲料分解为能量和蛋白质两个部分，并以玉米和豆粕为标准，先求得每单位消化能和蛋白质的价格，然后再求得评价饲料能量（与玉米比）和蛋白质（与豆粕比）的系数，最后以能量系数乘以玉米价格加上蛋白质系数乘豆粕价格即为该饲料的应有价格（适宜价格）。但由于蛋白质质量上的差异，并不是任何两饲料，如菜籽饼和豆粕，单位蛋白质（1千克）对动物的价值相等。在我国生产实践中，差异主要出在赖氨酸的含量和可利用性上。因此，加一个矫正值，即每千克评价饲料蛋白质所含的（可消化）赖氨酸比等量的豆粕蛋白质所含可消化赖氨酸相差多少（克），再乘以赖氨酸的市价，即蛋白质赖氨酸和矫正价。将先求得的能量、蛋白质的价再加上（含量高）或减去（含量少）该评价料的赖氨酸矫正价，即得最后的适宜价格。

为计算方便，可预先计算出一些常用饲料的消化能系数、粗蛋白系数和饲料的可消化赖氨酸差值，见表4.27。然后，可按下式计算被评价饲料的适宜价格（P）：

P(元/千克) = 某饲料消化能系数 × 玉米价格(元/千克)
+ 某饲料蛋白能系数 × 豆粕价格(元/千克)
+ 可利用赖氨酸差值(克/千克)
× 赖氨酸价格(元/克)

本方法不适用于评价反刍动物的饲料价格。

例如，当玉米价格为1.73元/千克，豆粕价格为2.35元/千克，合成赖氨酸为0.025元/克，菜籽粕的适宜价格Z（元/千克）为：

$$(-0.1070\times1.73)+0.9194\times2.35+0.025\times(-9.8)=1.620$$

假如菜籽粕的实际价格为1.140元/千克，说明菜籽粕的市价相对于豆粕和玉米的价格大大偏低，可以选用。然而，在实际生产中，由于菜籽粕饼的颜色、适口性和所含的有毒物质，使菜

籽饼、粕的使用受到一定限制，实际价格也就偏低。合理补充赖氨酸,并采用安全用量，使用菜籽饼、粕的效果可以豆粕相当。

3. 全价料配方示例 表 4.28 列出了仔猪诱食料、补料、早期断奶仔猪料、生长育肥猪及母猪料的示例配方，可以参考。

表 4.27 饲料价格评价参数表

饲料名称	消化能系数	粗蛋白质系数	可利用赖氨酸差值（克/千克）
玉米（8.7）	1.0	0	-2.5
玉米（8.7）	1.010 7	-0.018 5	-2.3
高粱	0.898 1	-0.027 6	-3.1
小麦	0.854 9	-0.150 3	-4.5
大麦（裸）	0.825 2	0.134 5	-2.9
大麦（皮）	0.798 8	0.094 2	-2.3
黑麦	0.931 5	0.067 4	-2.9
稻谷	0.835 9	0.012 3	0
糙米	1.007 7	0	0
碎米	1.023 2	0.034 8	0
粟（谷子）	0.858 1	0.052 0	0
甘薯干	0.913 3	-0.091 4	0
木薯干	1.062 9	-0.156 9	-0.5
次粉	0.198 2	0.154 8	-2.4
小麦粉	0.392 8	0.285 6	-3.7

（续）

饲料名称	消化能系数	粗蛋白系数	可利用赖氨酸差值（克/千克）
米糠	0.751 2	0.145 7	-0.7
米糠饼	0.689 8	0.202 3	0
米糠粕	0.592 2	0.230 5	0.3
大豆	0.492 9	0.725 9	0
大豆饼（46.8）	0.083 9	0.934 2	0
大豆粕（43.0）	-0.052 1	1.098 9	1.3
大豆粕	0	1.0	0
棉籽饼	-0.214 9	0.985 3	-10.9
棉籽粕	-0.307 4	1.050 6	-11.9
菜籽饼	0.132 4	0.770 9	-7.2
菜籽粕	-0.107 0	0.919 4	-9.8
花生仁饼	-0.069 9	1.053 7	-12.3
花生仁粕	-0.191 4	1.150 4	-13.2
向日葵仁饼	-0.084 4	0.691 5	-7.1
向日葵仁粕（36.5）	0.038 1	0.841 1	-8.9
向日葵仁粕（36.6）	-0.010 4	0.779 3	-8.0
亚麻仁饼	0.194 8	0.709 4	0
亚麻仁粕	-0.064 3	0.822 3	0
玉米蛋白粉（63.5）	-0.380 4	1.553 7	-24.0
玉米蛋白粉（51.3）	-0.010 7	1.195 2	-18.2
玉米蛋白粉（44.3）	0.123 4	1.005 3	-16.4
玉米蛋白饲料	0.387 4	0.371 0	-5.4
玉米胚芽饼	0.824 9	0.221 5	0

（续）

饲料名称	消化能系数	粗蛋白系数	可利用赖氨酸差值（克/千克）
玉米胚芽粕	0.633 0	0.355 7	0
粉浆蛋白粉	—	—	0
麦芽根	0.085 8	0.640 8	0
鱼粉（52.5）	-0.262 2	1.274 0	3.8
鱼粉（62.8）	-0.584 2	1.578 7	11.9
鱼粉（61.0）	-0.168 7	1.452 7	7.4
血粉	-1.203 0	2.169 0	20.3
羽毛粉	-1.058 9	2.025 9	-30.4
皮革粉	-1.057 9	2.018 7	0
甘薯叶粉	-0.012 0	0.390 8	0
苜蓿草粉	0.072 2	0.385 4	0
芝麻饼	0.109 9	0.889 4	-12.7
肉骨粉	-0.300 4	1.223 6	-5.5
啤酒糟	0.169 1	0.530 9	0
啤酒酵母	-0.107 8	1.240 4	0
乳清粉	0.923 2	0.092 3	0
DDG	0.320 7	0.646 7	0
DDGS	0.423 8	0.709 6	0

注：①括号内数字为饲料粗蛋白质百分含量

②DDG 指干玉米酒精糟，DDGS 为干玉米酒精糟及其可溶物

表 4.28　生长育肥猪各

配方 / 饲料原料	3~5千克		5~6千克		10~20千克	
	1	2	1	2	1	2
玉米	44.63	47.30	51.06	56.22	62.06	63.59
麦麸	—	—	—	—	—	—
细米糠	—	—	—	—	—	—
统糠	—	—	—	—	—	—
膨化大豆	16.00	20.00	20.00	22.00	15.00	15.00
豆粕	—	—	10.00	9.00	13.50	15.00
血浆蛋白粉	7.00	5.00	—	—	—	—
鱼粉	5.00	5.00	6.00	6.00	3.00	2.00
乳精粉	25.00	20.00	10.00	5.00	3.00	2.00
玉米酒糟	—	—	—	—	—	—
干啤酒糟	—	—	—	—	—	—
菜籽粕	—	—	—	—	—	—
棉籽粕	—	—	—	—	—	—
赖氨酸	0.04	—	0.11	0.14	0.14	0.20
蛋氨酸	0.06	0.03	—	—	—	0.10
碳酸钙	0.49	0.50	0.50	0.40	0.50	0.52
磷酸氢钙	0.46	0.85	1.01	1.24	1.48	1.59
骨粉	—	—	—	—	—	—
胆碱	—	—	—	—	—	—
食盐	0.30	0.30	0.30	—	0.30	—
预混料	1.00	1.00	1.00	—	1.00	—
复合多维	0.02	0.02	0.02	—	0.02	—
合计	100	100	100	100	100	100
成本（元/千克）	2.70	2.26	1.97		1.72	
消化能（兆焦/千克）	14.73	14.6	14.23	14.31	13.93	14.10
粗蛋白质（%）	22.28	20.99	20.99	21.13	18.99	19.41
钙（%）	0.80	0.80	0.80	0.83	0.80	0.83
有效磷（%）	0.48	0.46	0.45	0.42	0.45	0.43
可消化赖氨酸（%）	1.34	1.27	1.19	1.20	1.01	1.00
可消化蛋氨酸（%）	0.36	0.34	0.32	0.34	0.29	0.37
可消化蛋+胱氨酸（%）	0.70	0.65	0.62	0.71	0.53	0.66
可消化苏氨酸（%）	0.87	0.78	0.77	0.71	0.64	0.63
可消化色氨酸（%）	0.24	0.22	0.22	0.21	0.18	0.18
可消化异亮氨酸（%）	1.00	0.88	0.85	—	0.71	—

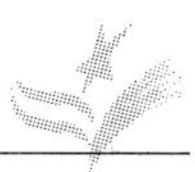

阶段全价饲料配方示例

20~50千克		50~100千克		全价料	
1	2	1	2	妊娠母猪	泌乳母猪
70.79	72.95	71.01	60.99	71.04	62.57
—	—	6.00	15.00	—	—
—	—	—	—	—	—
—	—	—	—	—	—
—	—	—	—	—	—
14.00	12.00	4.00	—	8.00	27.57
—					
2.00	2.00	—	—	—	—
—	—	—	—	—	—
10.00	—	—	—	—	—
—	5.00	—	—	17.00	6.00
—	5.00	8.00	7.00	—	—
—	—	—	3.00	—	—
0.26	0.32	0.15	0.20	0.19	0.27
—	—	—	—	—	0.02
0.66	0.59	0.38	0.40	0.67	0.82
0.76	0.82	—	—	1.79	1.45
—	—	0.65	0.60	—	—
—	—	0.06	0.06	—	—
0.30	0.30	0.25	0.25	0.30	0.30
1.00	1.00	1.00	1.00	1.00	1.00
0.02	0.02	—	—	0.03	0.03
100	100	—	—	100	100
1.39	1.37	—	—		
13.85	13.6	13.22	13.01	12.80	13.35
16.57	16.52	13.00	12.95	13.95	19.37
0.60	0.60	0.50	0.50	0.75	0.75
0.25	0.26	0.15	0.15	0.41	0.37
0.83	0.83	0.60	0.59	0.55	0.99
0.24	0.23	—	—	0.20	0.25
0.48	0.45	—	—	—	—
0.55	0.51	—	—	0.41	0.62
0.16	0.16			0.13	0.20
0.59	0.57	—	—	—	—

四、饲料的加工方法

为了便于消化、除去某些有毒、有害物质以生产优质的全价饲料，饲料在饲喂前一般都要进行加工。饲料原料的加工方式主要有粉碎、制粒、膨化、焙炒、蒸煮、发酵、打浆、青贮等。本节将对这些加工方法及技术作一简单介绍。

（一）粉碎

用于各类籽实饲料及块状饲料。其目的主要是减少嚼咬，增加与消化液的接触面，从而提高饲料养分的消化率。仔猪消化能力差，而限食的母猪由于吃的很快，嚼咬不充分，饲料宜粉碎得较细。此外，粉碎的粗细因猪的大小不同有一定差异。而且，粉粹的细度对饲料消化率的影响很大；细粉碎比粗粉碎可提高10%左右，比整粒饲喂可提高20%以上。对于早期断奶仔猪，特别是头一周，越细越好。玉米粉碎粒度从1000微米降至300微米，每减少100微米，增重效果可提高5.5%。

（二）制粒

加工成粉状并经配合的猪饲料，即全价饲料，通过制粒，可改善饲料的适口性，提高养分的消化率，避免动物挑食，减少浪费。制粒后的饲料，可提高饲料的采食量和利用率5%～15%。

在制粒过程中，一般要经过蒸气、热和压力的综合处理，这可使淀粉类物质糊化、熟化，改善饲料的适口性，使养分更容易消化、吸收，从而提高其利用率。

经过制粒的饲料，因高温（85～88℃）处理可杀灭大部分细菌，较卫生。

制粒后并经冷却的颗粒料，水分低于14%，不易霉变，易于保存。制粒后，经压紧，体积变小，便于贮存、运输；也不像粉料那样，在运输中经抖动，易分层而破坏饲料组分的均匀度，降低适口性和饲料的营养价值。

为保证制粒的质量，通常需注意下面几个问题。

1. 原料成分的黏结性 制粒时，成粒性要好，应加入适量的淀粉。淀粉是影响颗粒黏结度最重要的饲料因素。制粒时，由于蒸汽和温、热作用使淀粉糊化而产生黏结性，有利于饲料成分黏结在一起。因此，饲料中含淀粉愈多黏结性愈好。不同的淀粉来源其黏结性也不一样，小麦、大麦所含淀粉的黏结性比玉米强。豆粕类由于含脂肪少，黏结性较好。所以，在制粒时，一般要加入一定量的小麦粉或次粉。仔猪料制粒时，如含有奶粉、乳清粉、蔗糖或葡萄糖，也可提高饲料的黏度和成粒性，而且可增加颗粒硬度。猪饲料制粒一般没必要用黏结剂，如成粒性差，可适当增加次粉或小麦粉的用量。

2. 原料粉碎粒度 原料越细，淀粉越易糊化，颗粒的成粒性越好。对于猪饲料一般要求筛孔直径在 1 毫米以下。早期断奶仔猪料可细到 0.3 毫米。

3. 水分、温度和蒸汽压力 水分和温度均是淀粉糊化和黏结的必要条件，也是影响糊化和黏结的重要因素。制粒时，水分含量超过 8%～10%，硬度增加。一般制粒时蒸汽的供给量按饲料供给量 3%～6%通入，使总的水分含量在 16%～17%。

温度太低，淀粉的糊化不充分，降低制粒效果；温度太高则使饲料中的某些养分损失，特别是维生素损失较严重。一般制粒温度要求不超过 88℃，根据成粒性和冷却后水分的含量，可变动于 82～88℃之间。成粒性差，水分含量高、温度可高一点。

蒸汽压力与水分和温度直接相关，蒸汽压力合适，制粒效果好。一般蒸汽压力控制在 394～490 千帕之间。蒸汽压力愈大，蒸汽通入量也愈大，温度也较高。

如果采用冷压，即没有蒸汽通入，直接从模孔中压出的粒料称生颗粒料。显然此种生颗粒料没有熟化过程，成粒性较差，粉比率较高，适口性和饲料的利用率略低于经蒸汽调制的颗粒料。

猪饲料颗粒的直径为 3～5 厘米，仔猪宜小，大猪宜大。

（三）膨化

膨化是将饲料加温、加压和加蒸汽调制处理，并挤压出模孔或突然喷出容器，使之骤然降压而实现体积膨大的加工过程。饲料膨化处理有比制粒更好的效果，但成本较高。对于猪饲料主要用于膨化大豆。膨化的优点主要有：

（1）饲料淀粉的糊化程度比制粒更高，可破坏和软化纤维结构的细胞壁，使蛋白质变性，脂肪稳定，而且脂肪可从粒料内部渗透到表面，使饲料具有一种特殊的香味。因此，经膨化处理的饲料更容易消化吸收。

（2）膨化的高温处理几乎可杀死所有的微生物，从而减少饲料对消化道的感染。

（3）膨化的高温和挤压喷出，可散失大量的水分，有利于饲料的贮存。

在膨化大豆时，其膨化的加工温度随大豆的含水量而变。大豆水分含量在14%～16%时，加工温度可升高到150～160℃，时间为6～7分钟；当水分在13%～15%以下，温度可降至120～130℃，时间为5～6分钟。

用膨化大豆代替豆粕，可使早期断奶仔猪的日增重提高40%，每千克增重耗料减少0.12千克。对于生长猪饲喂全脂膨化大豆也可取得较快的生长速度和较好的饲料转化率。但对于育肥猪（80千克以后的猪），饲喂膨化大豆较豆粕并无明显优势。

（四）焙炒熟化

焙炒可使谷物等籽实饲料熟化，一部分淀粉转变为糊精而产生香味，也有利于消化。豆类焙炒可除去生味和有害物质，如大豆的抗胰蛋白酶因子。焙炒谷物籽实主要用于仔猪诱食料和开口料，气味香也利于消化。通常焙炒的温度是130～150℃，加热过度可引起或加重猪消化道（胃）的溃疡。

烘烤类似焙炒，只是加热较均匀，不像焙炒，一些籽实可能加热过度，降低其营养价值。

（五）发酵

发酵是将饲料按 0.5% ~ 1% 接种酵母菌，保持适当水分，一般以手能捏成团，松手后能散裂开为准，温度在 30 ± 2℃最合适，发酵时间为 12 ~ 24 小时。发酵时间与温度关系很大，温度偏低，时间延长。发酵后如不需烘干，原料湿一点也不影响发酵的效果。

通过发酵可提高饲料的消化率，减少肠道疾病。

（六）青贮

青贮是将饲料加工成一定细度（长度），在一定水分和厌氧条件下，经乳酸菌发酵而成。可长时期保存、保鲜。发酵好的有一股酸香味、适口性也不错。一般是处理青绿饲料，如红苕藤、青玉米秆、红苕等。

1. 青贮设备 主要能满足青贮所需的条件，即能密闭，不进水，不漏气，容器内部表面光滑平坦，用窖、壕、塔和塑料袋均可。

2. 青贮方法

（1）常规青贮（鲜料青贮） 在原料收割时节，将收割下的原料切碎，一般 1 寸（约 3.3 厘米）长左右。切碎的目的是便于装填时压实，减少空隙，造成厌氧环境，有利乳酸菌发酵。因此装填时要一层一层的装填，尤其是周边部位压的越紧越好。为了保证发酵质量、适口性和营养价值，装填时不要带入杂质。

装填完毕后，立即密封、覆盖、隔绝空气，严防水侵入。随时检查，发现漏气、漏水，立即修补。

（2）半干青贮 原料收割后适当晾晒，使原料含水量尽快降到 45% ~ 55%，然后切碎，立即装填，压紧密封覆盖。天气热时，注意发酵时温度不要超过 40℃。

半干青贮能减少饲料养分的损失，干物质也比常规的鲜料青贮要高一倍。

（3）混合青贮 将含水分及营养成分含量不同的几种饲料搭

配后进行青贮。一般可将含干物质多的与含水分较多的搭配，含糖量少的与含糖量多的搭配。这样既可保证青贮的成功，也有利于提高青贮料的营养价值。

(4) 添加剂青贮 为了提高青贮料的营养价值，保证青贮的质量，在装填原料时可加入添加剂，添加剂与原料混匀，然后装填、压紧，其他与常规青贮一样。加入的添加剂要保证不影响乳酸菌的繁殖，有利于发酵和青贮料的长期保存。常用的青贮添加剂有发酵促进剂，好气性变质抑制剂以及营养性添加剂。

3. 青贮料的品质鉴定 为了在青贮料的使用中合理搭配其它饲料，保证满足猪的营养需要。同时也利于检查发酵的质量，找出发酵质量不好的原因。通过感官鉴定青贮饲料的质量，在生产实践中简便易行，快速准确，可参考表 4.29。

表 4.29 青贮料感官鉴定标准

等级	气 味	酸味	颜 色	质 地
优良	芳香酸味，给人以合适感	较浓	绿色或黄绿色	柔软湿润，保持茎、叶、花原状，松散，叶脉及绒毛清晰可见
中等	芳香味弱，稍有酒精或酪酸味	中等	黄褐或暗绿色	基本保持茎、叶、花原状，柔软，水分稍多或稍干
低劣	刺鼻腐臭味	淡	严重变色，褐色或黑色	茎、叶结构保持极差，黏滑或干燥，粗硬，腐烂

张秀芬，《饲草饲料加工与贮藏》，1992 年 10 月

有条件的可测定青贮料的 pH，pH3.8～4.2 者为优良，4.6～5.2 为中，＞5.2 为低劣等。

(七) 打浆

打浆主要用于各种青绿饲料和各种块茎饲料。将新鲜干净的青绿或块茎饲料投入打浆机中，搅碎，使水分溢出，变成稀糊

状。含纤维多的饲料，打成浆后，还可以用直径2毫米的钢丝网过滤除去纤维等物质。红苕（薯）等多汁块根、块茎饲料，青贮也需先打成浆。打浆后的饲料应及时与其他饲料混合后饲喂，不宜长时间存放，特别是夏季，以免变质。

五、饲养技术

（一）初生及哺乳仔猪的饲养

仔猪生下后，其营养、环境都发生了很大的变化，由胎儿期的母猪血液供给营养便成哺乳，由母猪衡定舒适的内环境进入较恶劣的环境，此时仔猪机体温度的调节能力、消化道的机能、对疾病的抵抗能力都很弱，还不健全。因此，创造一个舒适的环境对于仔猪健康的生长、发育是十分重要的，也是减少仔猪的腹泻，提高断奶窝重和成活率以及日后生长速度的重要保证。

1. 初生仔猪的饲养 仔猪生下时，应尽快让其吃到初乳，以获得足够的抗体，8小时以后母乳中的抗体含量可减少70%。同时要固定奶头，对于弱的仔猪要给一个泌乳较多的乳头。一般从前（头部）向后，乳头的泌乳量有减少的规律。

为保证产后仔猪的健康，母猪产前一周进产房，进产房前将母猪梳括干净，产房要消毒，天冷可垫上干净的垫草。用于产房的垫草，最好在夏季用大太阳晒干，或者烟熏，然后铡成5厘米左右长的短节，用纺织带装好。产仔前可用清水将阴户及乳房擦洗干净。

2. 哺乳仔猪的饲养 哺乳期仔猪，在头4周泌乳量逐渐增加，3周末可达最大泌乳量，相当于初产时3倍左右。4周龄后开始下降，8周龄时降至最高泌乳量的2/3左右。而消化酶系统也在发生变化，生下后乳糖酶的活力很高，前2周还可增加20%左右，3周左右开始下降，8周龄可下降80%；脂肪酶活力基本保持中等，初生到第5周酶活力增加很少，5周以后酶活力

增加较快，7周龄可相当于出生时的2倍；淀粉酶、麦芽糖、蛋白酶和胰蛋白酶的活性在出生时很低，几乎为零，以后逐渐上升，4周龄以后淀粉酶、胃蛋白酶和胰蛋白酶活力上升速度加快，到8周龄基本达到正常水平，而麦芽糖酶，4周后基本不再升高。而在此阶段仔猪的生长强度却很大，各种营养物质的轻微缺乏都可能给生长带来明显的影响。

3. 饲养技术要点 哺乳期的仔猪饲养主要注意的事项是保温、清洁、补铁、补料。

（1）温度 在哺乳期仔猪调节体温的能力很差，难以适应低温和较大的温差变化。温度偏低，很容易使仔猪消化不良，引起腹泻，发生黄白痢，甚至造成死亡。所以在此阶段保温是很重要的。哺乳期仔猪最适生长所有要求的最低有效温度如下：

周龄（日龄）	1~2天	1周	2周	3周	4周	5周
温　　度	32℃	30℃	28℃	27℃	26℃	25℃

如果猪舍加有垫草，所要求的上述温度可下降2~3℃。猪圈地面要保持干燥，如果地面是湿的，上述温度应升高3℃。舍内不能有风吹的感觉，风速每秒增加0.4米，温度可下降一度。

（2）清洁卫生 要保持良好的清洁卫生。除了管理，最好的办法是采用高床（漏缝地板），粪、尿可漏下去，圈舍可保持干燥也较清洁。如是水泥地面，应尽量保持干燥，最好是垫上清洁的稻草；夏季则应注意随时清洗，但要注意温度，圈舍不要太潮湿；圈舍既要考虑保暖，也要注意空气的清洁、新鲜。污染的空气同样有损仔猪的健康，降低日增重和动物对疾病的抵抗能力。

（3）补铁 对于哺乳期的仔猪，补铁也是很重要的。因仔猪每天需7毫克的铁，而出生时仔猪体内贮藏的铁大约为50毫克左右，只能满足7天的需要，而每升奶含铁仅1毫克，对于不能接触泥土的仔猪，如不补铁，显然会产生缺铁性贫血。最好的补铁方法是在出生后3天肌肉注射铁制剂，如市场上的右旋糖苷铁制剂，血多素，生血素等。注射剂量150~200毫升，2周龄时可

再注射一次。

（4）诱食与补饲　补料可刺激消化道的发育，使之尽快建立消化植物性饲料的能力，同时也可弥补4周龄后乳的不足。因此，对于哺乳仔猪，1周龄后可给予诱食料，可用炒黄豆（40%）加上炒玉米（60%）以及少量的糖、维生素及微量元素，让其舔食，以刺激消化道的发育，同时也对植物性蛋白刺激产生的过敏反应能建立起免疫机能。3周以后就可给补饲料，因3周龄时泌乳虽达高峰期，但仔猪生长很快，只能满足其需要的90%，4周龄降为80%，5周龄为65%左右。在诱食的基础上再补饲，既可促进消化道的发育，使之适应断奶后的饲粮，也可弥补母奶的不足，保证仔猪生长旺盛。仔猪诱食料和补饲料可用表4.28中的1、2号仔猪料。

（二）仔猪早期断奶

仔猪早期断奶是提高母猪利用能力的有力措施。在正常情况下，一般是仔猪基本能消化以植物性饲料为主组成的饲粮时才断奶，也就是在8周龄左右。目前早期断奶一般是在3~5周。

1. 早期断奶的可能性和适宜断奶时间　断奶时间取决于仔猪采食消化的能力，母猪泌乳量和早期断奶料的价格。从仔猪消化道酶系统发育的情况和母猪泌乳曲线看，仔猪在4~5周龄时能采食到所需干物质的一半的饲料，消化道消化谷物等饲料各种酶的活力也大大上升，并超过了乳糖酶。而此时，母猪泌乳量已呈下降趋势，而且已不能满足生长的需要。因此，在4~5周龄断奶，仔猪受挫折较小，也较容易适应。如果条件可能也可在2~3周龄断奶，甚至1周龄断奶，但往往需哺以人工奶或需较大量的脱脂乳或乳清粉等乳产品，饲料成本很高，而且仔猪的护理和饲养环境要求也较严格，在我国是否合算值得研究。

2. 早期断奶的优越性和不足

（1）早期断奶可能带来的益处

——8周龄时仔猪个体均匀，而且个体小的猪少。

——减少母体挤压造成的损失，特别是带仔多的母猪，早期断奶可护理得更好。

——可完全控制营养，给予最好的全价饲粮，弥补母奶之不足，以利小猪更快更好地生长发育。

——较好地控制传染病和寄生虫（减少从母猪感染的机会），也可减少拉稀，并且可补母猪奶铁、铜的不足。

——节约一些母猪饲料，即母猪维持和饲料经母猪转化成奶，再从奶转化为仔猪体成分两次转化的损失。

——母猪少失重，如果不再利用可很快育肥出售。

——母猪可更快的再配种、怀孕。

——使母猪产仔在全年分布更均匀，有助于市场销售量和价格的稳定，即减少淡旺季的差异。

（2）早期断奶可能带来的问题

——需要一个平衡得相当好的全价的饲粮（诱食料和开口料）。

——要精心的管理，并要懂得怎样管理。

——需要比较好的设施和环境卫生条件。

从我国目前的情况看，4 周龄以前断奶是较困难的，除非是外向型的集约化猪场，条件好，猪的售价较高。在 4 周龄后断奶无论从饲料和效益上看都是可行的。条件差或仔猪体况不好也可适当晚一点断奶。因此，到底何时断奶恰当，可根据条件酌情处理。

3. 早期隔离式断奶　早期隔离式断奶是指仔猪在其接触被动免疫仍处于有效状态情况下，即 10 日龄之前断奶，并且完全杜绝与母猪的接触，一般要求转移到原猪场 5 千米以外的无母猪病源污染的猪舍饲养，从而大大减少由于母猪感染所需给仔猪众多疾病的可能。所以早期隔离断奶不只是挖掘母猪的生产潜力，也是进一步发掘仔猪的生长潜力。但条件要求较苛刻，可根据情况酌情处理。

4. 早期断奶仔猪的饲养 仔猪 3～5 周断奶后，进入保育舍饲养。饲养好早期断奶仔猪的关键是要配制与仔猪消化道机能发育相适应的饲粮。同时对环境温度、清洁卫生以及疾病防疫也应注意其特点。

(1) 早期断奶仔猪饲粮的配合 由于仔猪消化道机能对体温的调节能力和对疾病抵抗能力的特点，早期断奶后，其饲养比哺乳期还困难，通常有一周的生长停顿期，常称过断奶关。为减轻断奶应激的影响，一定要注意饲粮的配合。

根据仔猪消化道发育的情况和容易产生对植物蛋白过敏的特点，早期断奶仔猪饲粮配合不只是按标准保证满足对各种养分的需要，还要考虑仔猪对植物性饲料的适应能力。在我国条件较差的情况下，可从以下几个方面考虑早期断奶仔猪应激饲粮的配合。

第一，添加合成赖氨酸，改善饲粮氨基酸平衡，降低饲粮蛋白质水平，从而减少植物蛋白的用量，减轻消化道的负担，避免或减轻植物蛋白引起的过敏和蛋白质消化不良在后肠产生大量的有毒有害物质。

第二，尽可能多用乳制品及淀粉，有条件的可用血浆蛋白粉，血浆蛋白粉的添加量一般为 5%，只用于 6 周龄前。乳制品在 3～5 千克可用到 25%～50%，5～10 千克为 5%～20%。血浆蛋白粉和乳制品对断奶愈早的猪，效果愈明显。乳制品中的乳糖在消化道易转变为乳酶，从而降低胃的 pH，激活消化酶，刺激乳酸杆菌的生长，易抑制大肠杆菌的增殖。

第三，添加酶制剂，可弥补早期断奶仔猪消化道酶活力较低的不足。主要是补充胃、胰蛋白酶及淀粉酶。可选用市场销售的酶制剂产品。

第四，加酸化剂，可弥补仔猪胃酸分泌不足和诱导刺激胃、肠盐酸及消化酶的分泌，并可抑制大肠杆菌的繁殖，有利于乳酸杆菌的增殖，从而促进仔猪对饲料的消化和减少腹泻。

第五，用膨化大豆代替豆粕，膨化大豆较豆粕有利于仔猪消化。大量的试验表明，用膨化大豆代替豆粕，可减少早期断奶仔猪的腹泻率，提高日增重和料肉比（参见本章膨化加工方法）。对于断奶早和较小的猪，膨化大豆取代豆粕的量可达100%，断奶晚和较大的猪少用膨化大豆以降低饲粮成本，但不影响生长成绩。

第六，按周龄配制饲粮，由于仔猪生长快，体成分变化也较快，尤其是对蛋白质和氨基酸的需要，随年龄增长，所需蛋白质和氨基酸在饲粮中的百分比下降速度较20千克体重以后的猪快。同时，早期断奶猪的消化道功能也不健全，按其实际需要配制饲粮，有利于提高仔猪的生长速度和降低生产成本。

常规方法是按体重划分阶段给出营养需要，如3～5千克、5～10千克和10～20千克。按周龄则是断奶后第一周采用一个饲粮，营养水平，血浆蛋白粉，乳制品，膨化大豆用量较高（参见表4.28中3～5千克配方1或2）；第二周可减少价格昂贵的血浆蛋白粉和乳制品的用量（参见4.28中3～5千克仔猪配方2或5～10千克配方1）；第三周可不用血浆蛋白粉，少用或不用乳制品，膨化大豆的用量也可减少（参见表4.28中5～10千克仔猪配方2或10～20千克仔猪配方1）。当乳清粉用量较高时，多用膨化大豆，由于增加了脂肪含量，可减少制粒高温对乳清粉赖氨酸的破坏，同时也可提高制粒效果。

（2）早期断奶仔猪的饲养管理　对于刚断奶的仔猪，如果饲粮的质量不是很好（与奶成分相比），断奶的头一周可逐渐增加喂量，一般5～7天后让其任食。若饲粮质量没问题，可以在断奶后就让其任食。无论是采食粒料和粉料，用水泡软后有利于猪采食和消化。对腹泻的仔猪，用开水浸泡后饲喂效果最好。但要注意喂量，以免太多仔猪吃不完变质。

（三）生长育肥猪的饲养

仔猪养至70日龄，其体重一般可达25千克左右，此时可转

入生长育肥猪舍。生长育肥猪的饲养注意不同品种和不同阶段机体成分（蛋白质、脂肪）的变化规律，以确定合理的饲养方案。

1. 生长育肥猪机体蛋白和脂肪沉积的规律 对于瘦肉型的猪，不同体重阶段和在不同日增重的情况下，蛋白质和脂肪沉积绝对量和二者的比例都不相同，表 4.30 是国外瘦肉型猪的一个例子。随着体重的增加，脂肪沉积的量增大而且超过蛋白质的沉积量，年龄、体重愈大，超过愈多。在同一体重下，日增重愈多，脂肪增加的量和比例都超过蛋白质。从 30 千克左右开始，适当限制日增重，有利于获得较瘦的胴体和提高饲料报酬。

表 4.30 生长育肥猪不同体重和日增重的蛋白质和脂肪沉积（克/日）

日增重 g/日	活体重（千克）							
	30	40	50	60	70	80	90	100
400	93 （55）	97 （81）						
500	104 （84）	108 （110）	109 （137）	108 （163）				
600	115 （113）	119 （140）	120 （166）	119 （193）	116 （219）	111 （245）	104 （272）	
700	126 （142）	130 （169）	131 （195）	130 （222）	127 （248）	122 （275）	115 （301）	107 （328）
800		141 （198）	142 （225）	149 （251）	138 （277）	133 （364）	126 （330）	118 （356）
900			153 （254）	160 （280）	149 （307）	144 （333）	137 （360）	129 （386）
1 000					160 （336）	155 （362）	148 （389）	

括号内为脂肪沉积

一般，对于瘦肉型的猪种，到 110 千克体重，瘦肉的日沉积量仍然超过了脂肪，而国外 20 世纪 40 年代和我国 20 世纪 80 年代的荣昌猪，在接近 70 千克体重时，脂肪的日沉积量就超过了瘦肉的沉积，而且瘦肉日沉积的绝对量，以 60 千克开始就一直下降。沉积脂肪愈多，相对于瘦肉的比例愈大，每千克增重耗料愈多，显然不利于养猪户。特别是规模化猪场，一定要选用瘦肉率高的猪种，才有可能获取较多的利润。

生长育肥猪的阶段划分，在我国可采用三段式，即 20～35，30～50 和 50～100 千克，也可分二阶段 20～50 和 50～100 千克。前者适用于瘦肉率 50%以下的肉脂型猪，后者用于瘦肉型猪。

2. 生长育肥猪的饲粮与饲养　生长育肥阶段，饲粮的营养水平一定要考虑猪种特点。对于规模化猪场，可参考 NRC（1998）的标准，对于带有本地猪血缘的瘦肉率在 45%～50%以下的杂交猪，可在 NRC 标准基础上，将蛋白质和氨基酸降 10%，瘦肉率 45%以下的可降 15%～20%。饲粮配方可参见表 4.21。

对于生长育肥猪，用颗粒料可提高日增重和饲料利用率，但制粒成本较高。粉料湿喂也可提高日增重和饲料利用率，其效果可能比颗粒料差一点，但减少了制粒的加工成本，生产者可权衡利弊自己选择。

3. 适时出栏　何时屠宰是涉及养猪效率的重要问题，适宜的屠宰时间取决于什么时候获利最高。规模化猪场主要生产瘦肉型猪，一般在 100 千克左右屠宰较合适。育肥时间过长，不但每千克增重耗料提高，而且胴体也较肥。因此，适时出栏是很重要的。

（四）种猪的饲养

饲养好种猪是提高养猪生产效率的又一重要环节。对于母猪是要发情正常、受胎率高、产仔多而且健康；公猪则要性欲强、四肢健状结实、精液量大、精子密度大、活力强。种猪的饲养既要营养充足，又不要使之长的过肥。母猪过肥不易发情、繁殖寿命缩短、易难产、死胎增加和发生乳房炎。

1. 后备种猪的饲养　一般从 20 千克体重起，留作种用的小

母猪可比商品猪的粗蛋白质、赖氨酸及钙、磷均高 7%～10%，小公猪可高 17%～20%。种用小猪应增加运动的场地，保证适当青料或在草地上放牧。公、母猪在性成熟前可关在一起，有利于提高性欲。性成熟后，公、母分群，但可使其能互相见面，听到声音和嗅到味道。在生长后期，一般需适当限食，避免长得过肥。国外瘦肉型猪一般是提高饲粮粗蛋白质，赖氨酸以及钙、磷的浓度，任食，在 90 或 110 千克后限食。国内肉脂型或脂用型猪可适当提前。母猪可在 70 千克体重开始限食，甚至更早一点，以保持中等体况为准。公猪可在 80～90 千克体重才限食。表 4.31 是我国和德国后备公母猪适宜日增重。对于后备母猪一定要饲喂相当于饲料总重 10%以上的苜蓿干草粉或其它优质青料，以保证提供对繁殖有利的未知因子，营养需要参见表 4.3。

2. 配种前的饲养　在性成熟后，如果母猪或公猪过肥，可减少喂量，过瘦才可增加喂量。一般情况下以每天增重 400～500 克为宜。瘦肉型种母猪一般是 8 个月，120 千克体重后配种，杂交及本地母猪可提前 1 个月，在 70～90 千克体重配种。配种前要驱虫、喷药消毒，并保持卫生。配种前 1～2 周可以采取催情补饲有利于增加排卵个数和提高受孕率。一般以在原基础上提高 20%～25%（25.1～33.5 兆焦 DE）较合适。短期优势对于体况较差的母猪效果较明显。短期优势可明显刺激内分泌，促进生殖系统的活动，增加排卵个数（2～3 枚）。采用人工授精或交配，一般二交。小母猪发情第一天配第一次，经产母猪在发情第二天，第二次配种在第一次配后 24 小时进行。如果只能配一次都在发情后的第二天。在 3 周内早期断奶母猪，配种应在断奶后第二次发情时才进行。3 周以上断奶，在第一次发情配种效果也好。孕期母猪最好是分圈饲养。孕期要处理，治疗疥癣和虱。配种前可驱虫及进行预防注射。

3. 孕期饲养　在 114 天的怀孕期中，一般采取前 84 天低水平，后30天提高水平。小母猪除了保证胎儿生长发育外，自身

表 4.31　后备公母猪预期日增重（克）

	体重阶段（千克）			
	10～20	20～30	30～50	50千克以上
四川标准（甲型）				
母猪	320	380	390	360
公猪	320	350	340	320
	体重阶段（千克）			
	20～35	35～60	60～90	
中国肉脂型猪标准（大型）				
母猪	400	480	440	
公猪	460	552	506	
	体重阶段（千克）			
	30～60	60～90	90～120	
德国标准（1986）				
母猪	600	700	500	
公猪	700	850	750	

注：原标准没有，只注明营养需要在母猪基础上增加 10%～20%，故估计日增重应在母猪基础上增 15%

还要生长，所以比成年母猪需要更多的饲料。对于生长较快的瘦肉型猪，全期平均以每日 1.9 千克饲粮（26 兆焦 ME）较合适。前 84 天可按 25 兆焦 ME，后 30 天 29 兆焦 ME，即后期每天比前期高 16%。也可后期比前 84 天高 20%～30%，但全期总摄入能量水平一样。总的原则是母猪不肥也不太瘦，有利于产仔为标准。对于性成熟早，体重较小，生长较慢的杂交猪及脂用型本地猪，可参照 NRC（1998）标准，按每千克代谢体重每日维持需 110 千克的 DE（在 18℃的畜舍温度条件下），母体增重 25 千克和妊娠增生是 20 千克估计孕期的能量需要。母体平均每天增重

需要 4.6 兆焦 DE，子宫、胎盘、胎儿增重每日需 0.80 兆焦 DE。

对于成年母猪，可不考虑母体的增长，只计算维持和妊娠增重的需要。每日需要可按下式估计：

DE（日）＝0.11W0.75＋0.80（兆焦）

由于维持需要受环境温度的影响较大，上面的估计也只能是一个参考数，在实际生产中可根据季节和体况作适当的增减，冬季可在此基础上增 10%～20%，夏季可降 10%，以保持中等体况为准。

妊娠期因是限食，进食量只有任食时的一半左右，所以必须单圈或单个饲喂格子喂养。为使母猪有饱感可多用低能量的青、粗饲料，以增大体积，饲粮营养浓度低体积足够大时也可任食。或者每天让其自食一定时间，通过控制采食时间来限制采食量但需有能控制采食的投料设备。

4. 产仔前后饲养　临产前几天，可适当减少喂量，给予较多的粗饲料，以利于通便，可用小麦麸代替日粮的一半。并应减少或防止母猪兴奋。产仔这一天，10～12 个小时不要饲喂，只给予充足的水，冬季可给予温水。如果母猪表现饱饿，可给 0.5 千克饲料。产后第一天可给 1～1.5 千克饲料，以后逐渐增加，5～7 天后可让其任食，如果带仔不多，仍按带仔多少给量。产后的第一周内，千万不要强迫母猪吃得太多，以免发生产乳热，乳房水肿或者小猪腹泻，母猪泌乳过多，也是引起仔猪黄、白痢的重要原因之一，如再管理不善以及仔猪受凉，很容易死亡。所以，应注意观察母猪乳房和小猪粪便。产仔 1 周后可饲予优良的平衡饲粮以刺激产乳。

为防止产后感染病和并发症，饲料中可加入抗生素。

临产前，阴户和肛门周围以及乳房都应用清水洗擦干净，并给予干净的垫草，天凉应准备好红外灯。

5. 泌乳期的饲养　产仔 1 周后，一般是任食。但根据带仔多少，可考虑是否限量及如何限量。NRC（1998）是按维持

(460兆焦/千克代谢体重）加产奶量（8.4兆焦DE/千克奶）估计母猪的能量需要。国外猪的泌乳量一般为5.0～7.5千克/日(母猪体重145～185千克)。以带10头仔猪计，每项头仔猪平均每日可吮乳0.5～0.75千克。所以在带仔10头的基础上，每增减一仔猪，可相应增减4.2～6.3兆焦DE，平均可按5.2兆焦DE计。

但杂交母猪及本地母猪，尽管个体较小，泌乳量较低，原则上仍可参照上述方法，根据带仔多少估计，四川猪饲养标准规定的是每增减一头猪，相应增减3 181千焦DE，是以90千克体重初产母猪带仔10头需DE46.9兆焦，120千克体重的经产母猪需47.3兆焦DE为基础估计的。而国外145千克体重的瘦肉型母猪带仔10头，每日需60.7兆焦DE，与我国脂用型或肉脂型猪差异较大。维持需要与环境温度和圈舍结构有很大关系，所以最终还要看体况如何。

断奶后，根据母猪体况确定饲喂量，较瘦弱的仍可任食，有利于尽快恢复和发情，但仍以保持中等的体况为准。

6. 成年公猪的饲养管理　对成年公猪的营养需要研究不多，一般与妊娠母猪同。为保证公猪有健壮的腿蹄，以利于配种，平常可让其在沙坑中散步。以保证足的健康正常，配种期，可根据配种和采精密度酌情增加饲喂量10%～30%。配种不宜太频繁，以免影响精子质量。短时间内连续配种或采精是可能的，也无不良影响。

第五章 集约化养猪的生产工艺

现代规模化养猪（大规模养猪又称集约化养猪或工厂化养猪）不仅要具有物质、经济基础，还要有相应的技术作保证。集约化养猪要求按现代工业生产方式来生产猪，实行流水式生产工艺。也就是说，按照养猪生产的7个环节（配种、怀孕、分娩、哺乳、保育、生长和肥育）组成一条生产线来进行生产。正如工厂生产产品一样，养猪场的每一栋猪舍相当于一个生产车间，在一个车间内完成1~2个生产环节（或称生产工序）。产品从一个车间转到另一个车间，从一道工序转到下一道工序，每一车间，每一工序必须完成规定的加工工艺。这样生产，分工明确，职责清楚，层层把关，生产节奏强，劳动效率高，技术规程易于实现，能保证出厂产品规格化。这种方式不仅可用于物质技术装备精良的大型养猪工厂（或企业），也可用于现有传统式猪场的技术改造，使其逐步过渡到用工业生产方式来组织生产。国内把采用工业生产方式组织工艺过程称为工厂化养猪，而把实现了工业生产方式的企业称为工厂化猪场，以区别于传统养猪模式。每个国家依据其工农业和科学技术的发达程度，以及市场条件，对工厂化养猪的概念、形式、内容和任务提出不同的要求，概括起来，集约化养猪应具有如下特征：

（1）把相对集中的猪群按生产过程专业化的要求划分为若干生产群（或称工艺群），主要有母猪繁殖群（又可划分为替补幼母猪群、配种或人工授精群、妊娠群和分娩哺乳群），仔猪保育

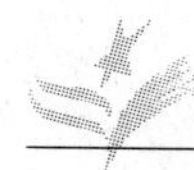

群和幼猪肥育群。

(2) 应用现代科学技术知识将各生产群组织成具有工业生产方式特征的流水式生产线，具有“全进全出”生产方式所需的专门猪舍和足够栏位数。

(3) 拥有遗传素质优良和生产性能较高的猪群，并按统一的繁育计划组建起完整的繁育体系。

(4) 能充分保证稳定而均衡地供应各类猪群所需要的饲料，并可配制全价饲料。

(5) 主要生产过程实现了机械化和综合电气化，以至更高水平的电子计算机程控管理。

(6) 严密、严格和科学的兽医卫生防疫制度和符合环境保护要求的污物，粪便处理系统。

(7) 合理的劳动组织和专业分工与高效率的营销体制。

(8) 具有文化素质、技术水平和管理能力较高的职工队伍。

(9) 全年有节奏地、均衡地生产出指定数量的规范化的优质产品（商品肉猪）。

在本章中，我们主要介绍几种常用的生产工艺流程和各种工艺参数的确定、主要的工艺技术以及工厂化养猪的管理技术规程。

一、生产工艺流程及工艺技术

规模化养猪生产工艺的制定要依赖于猪种、饲料营养、机械化程度和经营管理水平等实际情况，不能生搬硬套，盲目追求先进，所以因地制宜制定先进的生产工艺是集约化养猪首先要解决的问题。规模化养猪最主要的工艺特点是对母猪一般采用限位饲养，有计划、有节奏、“全进全出”均衡地生产。

（一）生产工艺流程

目前世界规模化养猪生产工艺可以划分为两种：即一点一线

的生产工艺和两点或三点式生产工艺。前者的特点是各个阶段的猪群饲养在同一个地点，优点是管理方便，转群简单，猪群应激小，适合规模小，资金少的猪场，目前是我国养猪业中采取的一般方式；后者是20世纪90年代发展起来的一种新的工艺，它通过猪群的远距离隔离，达到了控制各种特异性疾病，提高各个阶段猪群生产性能的目的，但因需要额外的场地，在小型的猪场不容易实现。

1. 一点一线的生产工艺　一点一线的生产工艺是指在一个地方，一个生产场按配种、妊娠、分娩 、保育、生长、肥育生产流程组成一条生产线。

根据商品猪生长发育不同阶段饲养管理方式的差异，它又分成5种常用的生产工艺。

（1）两段式生产工艺　其工艺流程如图5.1。

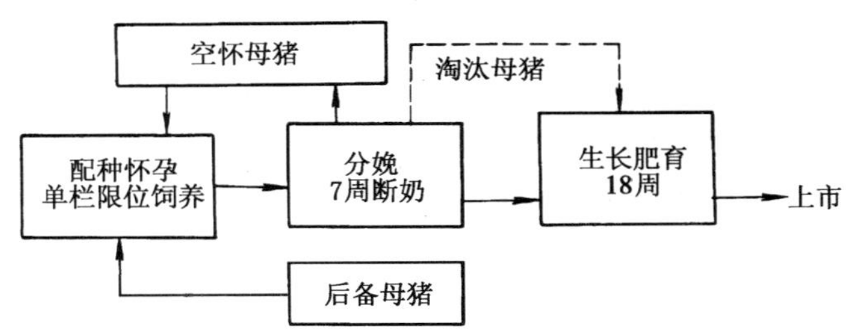

图5.1　两段式生产工艺流程图

该生产工艺的特点是猪在断奶后直接进入生长肥育舍一直养到上市，饲养过程中转群次数少，减少了应激。但由于较小的生长猪和较大的肥育猪养在同一类猪舍，增加了疾病防疫的难度，也不利于机械化的操作，而且这种方式比其他方式需要更大的建筑面积。所以，这种方式只适合规模小、机械化程度低或完全依赖人工饲养管理的猪场。

（2）三段式生产工艺　其工艺流程如图5.2。

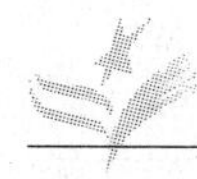

这种生产工艺的主要特点是哺乳期和保育期分开，加上生长肥育期共分为三段饲养，国内多数规模化猪场即是采用这种生产工艺。采用此工艺猪群应激也比较小，同时可根据仔猪不同阶段的生理需要采取相应的饲养管理技术措施。

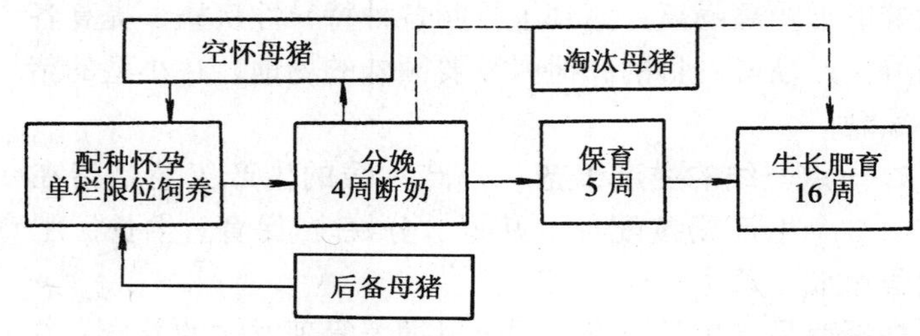

图 5.2　三段式生产工艺流程图

（3）四段生产工艺　其工艺流程如图 5.3。

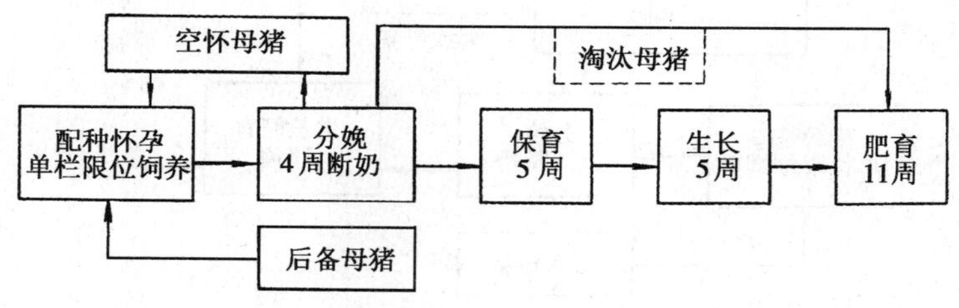

图 5.3　四段式生产工艺流程图（一）

以万头猪场为例，每周有 24 头母猪配上种，怀孕 16 周，产前提前 1 周进入分娩舍，分娩后哺乳 4 周断奶，仔猪可继续留原圈饲养 1 周。24 头空怀母猪断奶后同时转至配种舍，24 窝仔猪 5 周后转入保育舍，分娩栏空栏清洁消毒 1 周，仔猪在保育舍饲养 5 周后转入生长舍饲养 5 周，然后转入肥育舍饲养 11 周，体重达 95～114 千克上市。

该工艺主要特点是：①怀孕母猪单栏限位密集饲养，便于饲

养管理，母猪不会争吃打斗，避免损伤和其他应激，减少流产，而且比怀孕母猪小群饲养节约猪舍建筑面积 500～600 平方米左右（以万头猪场计）。②产仔栏按 7 周设计，怀孕母猪可在产前 1 周进入产仔哺乳舍，仔猪 4 周断奶后，立即转走母猪，而仔猪再留养 1 周后转入保育舍，即可对产仔栏进行彻底清洁消毒，空栏 1 周，有利于卫生防疫。③保育栏也按 6 周设计，饲养 5 周，空栏清洁消毒 1 周，给生产周转留有一定余地。④仔猪出生后按哺乳、保育、生长和肥育四段饲养，比三段（生长和肥育合二为一）饲养可节约猪舍建筑面积 300 平方米左右（以万头猪场计）。

四段生产工艺还有一种形式叫半限位生产工艺，其工艺流程如图 5.4。它的特点是空怀和轻胎母猪采用每栏 4～5 头的小群饲养，产前 5 周为了便于喂料和避免打斗流产，又转入单栏限位饲养。采用这种工艺，哺乳母猪断奶后回到配种怀孕舍小群饲养，母猪活动增加，对增强母猪体质和延长母猪生育高峰期有一定好处，设计投资可减少一些，所以有些猪场也采用这种饲养工艺。缺点是小群饲养期饲养管理麻烦些，有时母猪争食打斗应激增

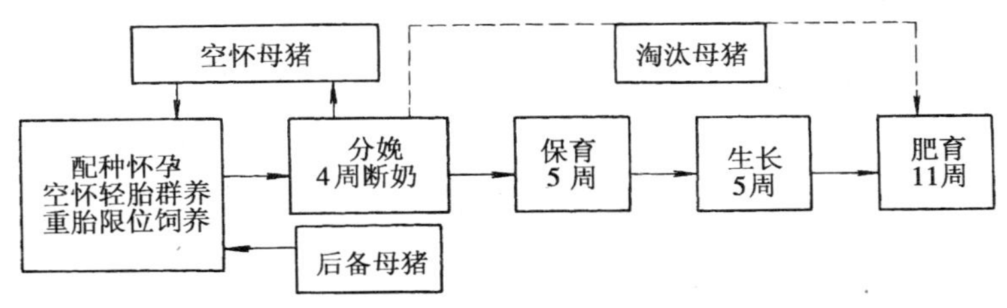

图 5.4　四段式生产工艺流程图（二）

加，猪舍面积也有所增加。

（4）五段式生产工艺　其工艺流程如图 5.5。

它与限位——四段饲养主要差别是从生长到肥育分三个阶段，优点是可减少猪舍面积，一个万头猪场约可减少 300 米^{2}左

右。缺点是猪群多次转栏，应激增加。我国引进美国三德公司成套养猪设备就是采用这种饲养工艺。

一点一线的生产工艺最大优点是地点集中，转群、管理方便，主要问题是由于仔猪和公母猪、大猪在同一生产线上，容易受到垂直和水平的疾病传染，对仔猪健康和生长带来严重的威胁和影响。

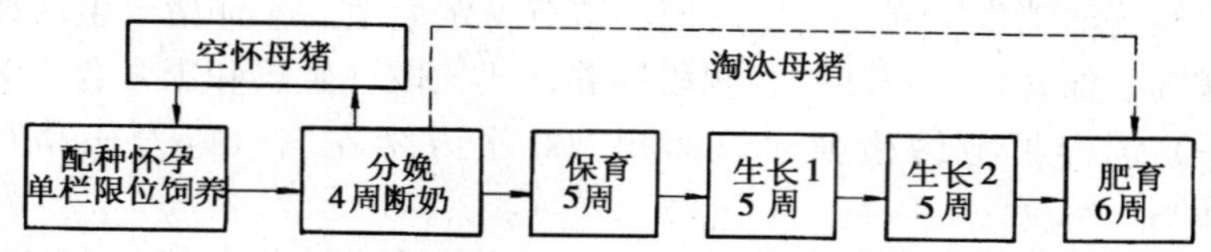

图 5.5　五段式生产工艺流程图

2. 两点或三点生产工艺　鉴于一点一线生产工艺存在的卫生防疫问题及其对猪生产性能的限制，1993 年以后美国养猪界开始采用了一种新的养猪工艺，英文名为 SEGREGATED EARLY WEANING，简称 SEW，即隔离早期断奶。这种生产工艺是指仔猪在较小的日龄即实施断奶，然后转到较远的另一个猪场中饲养。它的最大特点是为防止病原的积累和传染，实行仔猪早期断奶和隔离饲养相结合。它又分两点式生产和三点式生产。

（1）两点式生产　其工艺流程如图 5.6。

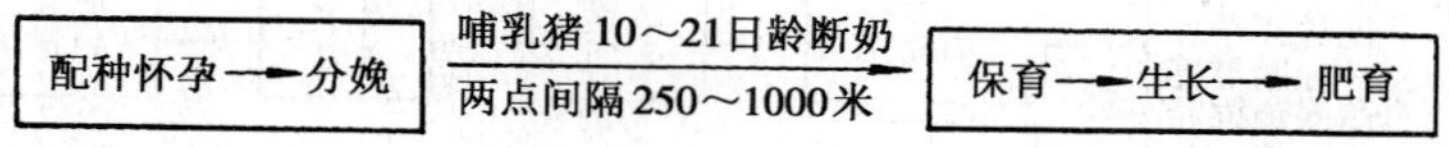

图 5.6　两点式生产工艺流程图

（2）三点式生产　其工艺流程如图 5.7。

早期断奶隔离饲养工艺的主要优点是：在仔猪出生后 21 天以前其体内来自母乳的特殊疾病的抗体还没有消失以前，就将仔猪进行断乳，然后转移到远离原生产区的清洁干净的保育舍进行饲养。由于仔猪健康无病，不受病原体的干扰，免疫系统没有激

活，减少了抗病的消耗，因此不仅成活率很高，而且生长非常快，到10周龄时体重可达30～35千克，比一点一线方法将近高10千克左右。美国堪萨斯州立大学（KANSAS ST. UNIV.）的研究结果是：在77日龄时，早期隔离断奶仔猪（5～10日龄断奶后被运到远离的保育场）比传统方法养的仔猪多增重16.8千克。普度大学统计的结果是：来至单一种群的400头早期隔离断奶猪在136天时体重达105千克，而200头来至同样种群的非隔离早期断奶猪达到同样的上市体重需要179天，即前者上市时间缩短43天。

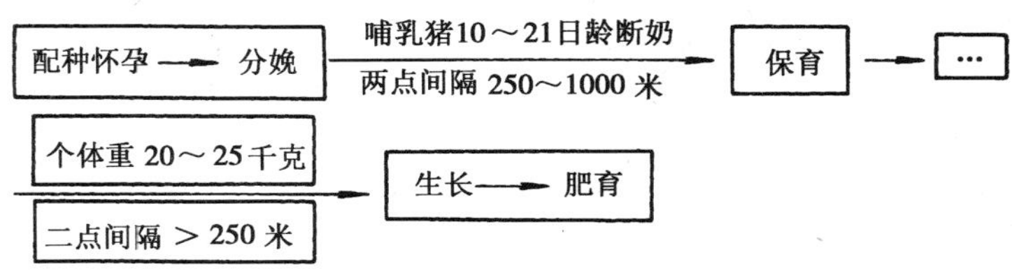

图 5.7　三点式生产工艺流程图

两点或三点的隔离距离最好尽可能远些，理想的距离应为3～5千米，100～500米的隔离可视为合理。如果条件允许，猪场中猪舍的间距也应当设计得大一些。有些猪场由于地盘不够或相邻猪场太近，不适合多点生产。

（3）采用两点或三点饲养工艺获得成功的主要措施

选择正确的断乳日龄：主要依据是所需消灭的特异性疾病和本场的技术水平。因为不同的疾病其最大断乳日龄是不同的，如伪狂犬病、放线杆菌胸膜肺炎和传染性胃肠炎其最大断乳日龄为21天，而沙门氏杆菌症为12天，萎缩性鼻炎为10天。

仔猪最大断奶日龄与需要消灭的疾病之间的关系决定于仔猪体内被动免疫抗体的水平。在仔猪的被动免疫抗体水平降低之前就让它们离开本场母猪转至其他场，可以使仔猪免受本场疾病的

传染。

根据这种理论确定的早期断奶日龄无疑会给母猪生产力带来不良影响，但是早期断奶的仔猪在多点式养猪模式中改进了健康水平和增加了生长速度则可以抵消早期断奶给母猪带来的低产损失。见图 5.8。

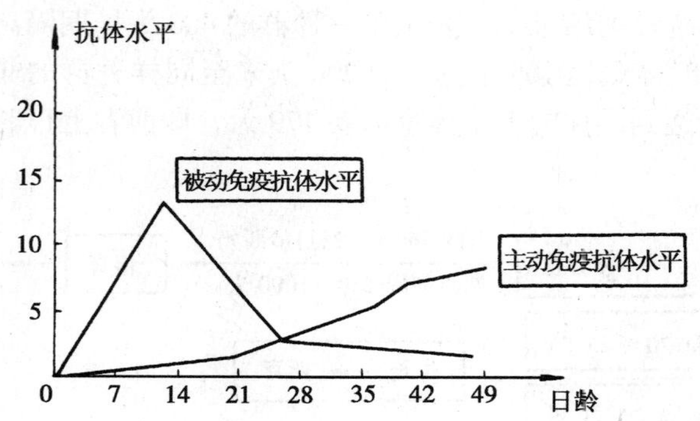

图 5.8　最大断奶日龄与抗体水平关系图

从图 5.8 可以看出，仔猪体内被动免疫抗体水平在 7～21 日龄处于较高水平，之前和之后都较低，由此确定的最大断奶日龄与需要消灭的疾病的关系见表 5.1。

根据以上理论确定的断奶日龄，最常见的为 14～16 天。如果已经确定 16 天为断奶日龄，断奶时猪群中就不能有任何猪超过 16 日龄。

使用高质量的仔猪料：对于 21 日龄以下断奶的猪，无论是否采用隔离早期断奶，其营养要求是日粮中必须加入特殊的原料。而且因为其饲料混合过程中很小的失误就会严重地影响生产性能，所以建议从信誉好的饲料厂购买全价颗粒料。如自己配料，在饲料混合时不应使用 1 吨或更大的立式螺杆混合机来混合饲料。日粮一般按三个阶段配制：①过渡阶段或仔猪第一阶段日粮被设计来饲喂体重 6 千克以下的小猪，每头猪至少需要 1 千克

日粮。其营养成分是：粗蛋白质20%～22%（加血清粉、血浆粉），赖氨酸1.38%，消化能15.40兆焦/千克；②第二阶段日粮饲喂6～11千克体重的猪，其营养成分是：粗蛋白质20%（加血浆粉）赖氨酸1.35%，消化能15.03兆焦/千克；③第三阶段日粮饲喂11～20千克体重的猪，其营养成分是：粗蛋白质20%（加乳清粉），赖氨酸1.35%，消化能14.57兆焦/千克。

表5.2是美国大豆协会推荐的一个日粮范例，供参考。

表5.1 最大断奶日龄与所需消灭的疾病关系表

疾　　病	断奶日龄
猪繁殖呼吸综合征	<10天
肺炎支原体	<10天
多杀性巴氏杆菌	<10天
猪嗜血杆菌（HPS）*	<14天
支气管败血杆菌	<14天
伪狂犬病（PRV）	<21天
胸膜肺炎放线杆菌（APP）	<21天
猪霍乱杆菌	<21天
传染性胃肠炎（TGE）	<21天
病毒**	<21天

* 断奶时使用抗生素可以控制

** 根据疫苗接种和疾病存在情况分离结果不同，摘自YESKE（1994）AND CLARK（1995）

严格的生物安全措施：生物安全措施不仅适合于隔离早期断奶猪，也使用于任何日龄的隔离饲养猪，任何降低生物安全措施的做法都将引发疾病传播的危险，或降低隔离早期断奶在生产性能上的优势。以下是最常规的生物安全措施：①所有的猪舍必须用高压水龙头彻底清洗干净，猪舍中所有的工具，如电扇、料槽、扫帚等都必须清洗；②所有的猪舍必须用能杀死主要病原的广谱消毒剂消毒；③猪舍间互不相通、以避免大小猪间的交叉感染。不建议在猪舍下面建粪池；④当不同日龄的猪养在同一猪场时，对猪的看护（喂料、打扫）必须从最健康的猪开始（通常是

最小的猪）。在衣服、靴子未经适当的清洗和消毒前，工人不可以从大猪舍再回到小猪舍；⑤工人进猪舍时必须始终穿干净的衣服和靴子。与肥育猪或种猪接触过的人，必须洗澡后方可进入早

表 5.2　3.6～20.4 千克体重猪的日粮范例

原　料（%）	小猪 1 期 过渡日粮 3.6～6 千克	小猪 2 期 5.0～11.3 千克		小猪 3 期 11.3～20.4 千克	
		1	2	1	2
玉米	32.45	53.50	52.10	65.25	57.90
豆粕(44%粗蛋白质)	8.5	22.9	23.65	30.5	31.05
玉米浓缩蛋白	3.00				
乳清粉（食品级）	27.5	15.0	15.0		5.0
血浆蛋白粉	5.0				
燕麦粒	12.5				
精选布鱼粉	5.0		4.0		
喷雾干燥血粉		2.5			
脂肪（稳定）	3.0	3.0	3.0		3.0
赖氨酸，HCl	0.15	0.15	0.15	0.15	0.15
DL－蛋氨酸	0.1	0.05			
磷酸氢钙 22%Ca，18.5%P	0.80	1.65	1.05	1.60	1.45
石灰石（38%Ca）	0.45	0.60	0.40	0.75	0.70
盐	0.10	0.20	0.20	0.30	0.30
维生素混合物	0.25	0.25	0.25	0.25	0.25
矿物质混合物*	0.15	0.15	0.15	0.15	0.15
硫酸铜	0.05	0.05	0.05	0.05	0.05
抗生素	+	+	+	+	+
计算分析：					
赖氨酸（%）	1.55	1.25	1.25	1.15	1.15
赖氨酸/代谢能（克/大卡）	4.6	3.8	3.8	3.6	3.6
蛋白质（%）	22.1	18.9	19.3	19.0	19.3
钙（%）	0.9	0.8	0.8	0.75	0.75
磷（%）	0.85	0.7	0.7	0.65	0.65

*　按营养标准非高剂量铜的普通微量元素预混料

期断奶猪舍或生长—肥育舍；⑥非必要的人员不得进入猪场。参观者必须遵守上述各条规则；⑦保证猪场人员不与外面的猪群接触；⑧与其他猪群离得越远越好，早期断奶猪舍应建在离母猪舍至少 100 米外的上风处，因为这些猪仅在这部分猪舍中呆 3 个月，这个隔离距离可以满足维持猪生长期健康状况的需要；增加种猪舍与保育舍之间的距离将减少疾病传播的危险。因此这个距离应视具体情况而定；⑨采取积极的措施控制老鼠、苍蝇或流浪的动物。一旦出现老鼠，应使用灭鼠药或利用防鼠猪舍来消灭和控制它；⑩外界的车辆（如运饲料或来购买猪的车）不得进入，除非经过清洗、消毒；⑪死猪应放在猪舍外或立即妥善处理；⑫装卸车设备应放在猪舍防护带；⑬猪舍外围应建防护带，以隔离不必要来防的人、宠物或野生动物；⑭新引入猪群的种猪应隔离 30～60 天。

（二）生产工艺

1. 繁殖节律的确定 按照企业的生产计划在一定时间内对一群母猪（包括替补幼母猪和仔猪断奶后的空怀母猪）进行人工授精或组织自然交配，并使其受胎后及时组建起一定规模的生产群，以便保证分娩后组建起确定规模的哺乳母猪群并获得规定数量的仔猪，我们把组建哺乳母猪群的时间间隔（日数）叫做繁殖节律。严格的繁殖节律是实现流水式生产工艺的前提，繁殖节律按间隔日数分为 1、2、3、7 或 10 日制。实践经验证明，年产 5 万～10 万头肉猪的大型企业多实行较短的间隔（1 或 2 日制）。年产 1 万～3 万头肉猪的企业多实行 7 日制。与其他节律比较，7 日制有以下优点：

（1）有利于将一周内每个工作日的技术工作和劳动合理安排和明确区分。

（2）将繁重的技术工作和劳动任务安排到周内工作日，避开周末和周日。

（3）有利于按周、按月、按年制定工作计划，建立有秩序的

工作和休息制度，减少工作的混乱和盲目性。

在实际生产中，繁殖节律应根据生产规模的大小、组织管理的特点以及生产水平的高低来合理地确定。一般说来，同等规模的猪场，生产管理水平越高，一个繁殖节律内参配母猪越多，则繁殖节律也就越短。所以，规模较小，生产水平较低的猪场，可采取较长的繁殖节律，降低劳动强度，裁减过剩的劳动力，以节约开支。而规模大，生产水平高的猪场，适当缩短繁殖节律则有利于劳动效率的提高。

2. 母猪繁殖周期与肉猪生产周期

（1）母猪的繁殖周期指的是母猪相邻两胎次之间的时间间隔期。它主要由三个部分组成，即断奶到配种的时间间隔天数、妊娠期、哺乳期。由于妊娠期基本上是一个常数，我们一般也不宜对其施以影响，因此繁殖周期的长短决定于断奶日龄的大小和断奶到配种再孕的时间间隔期。例如，某猪场采取 28 天断奶，其断奶至配种再孕的时间间隔平均为 7 天，则繁殖周期为 114 + 28 + 7 = 149 天。如果在饲养管理技术有保障的情况下，尽可能缩短断奶期并保证母猪在断奶后较短时间内正常发情配种，就会缩短繁殖周期，增加母猪的年产胎次，从而提高母猪的年生产力。

（2）肉猪生产周期指的是商品肉猪从出生到出栏的天数。它主要由仔猪哺乳期、保育期、生长期、肉猪肥育期四个阶段的天数组成。如果在较短的时间内达到上市体重，肉猪生产周期就较短，每年就可生产更多的猪肉。所以，肉猪生产周期反映了一个猪场的生产技术水平。现阶段国内饲养外种猪的商品猪场，肉猪生产周期一般在 175 ~ 180 天。

3. 主要工艺技术

（1）母猪同期发情配种技术　同期发情指对母猪发情周期进行同期化处理的方法，即利用某些激素制剂人为地控制并调整一群母猪发情周期的进程，使之在预定的时间内集中发情。这种

技术还能使乏情的母猪出现性周期活动，例如久不发情的母猪（因持久黄体存在）用前列腺素处理后，生殖机能得以恢复，因此缩短了繁殖周期。同期发情技术在规模化养猪生产中所起的重要作用，在于保证在同一繁殖节律内按时组建起规定规模的繁殖母猪群。

实现同期发情有两种基本途径，一种是向一群待处理的母猪同时施用孕激素，抑制卵泡的生长发育和发情，经过一定时期同时停药，随之引起同时发情。另一个途径是利用性质完全不同的另一类激素使黄体溶解，中断黄体期，停止孕酮分泌，从而促进垂体促性腺激素的释放，引起发情。但是对于猪，应当指出的是，采用孕酮往往会引起卵巢囊肿，有很大的副作用。而使用前列腺素，对有性周期活动的青年母猪或成年母猪价值不大，因为只有在周期的第 12～15 天处理，黄体才能退化。因此不能用于同期发情。

对于成年母猪，切实可行的一种方法是同期断奶，造成天然的同期发情。众所周知，在母猪哺乳期，垂体的促性腺激素分泌受到抑制，卵巢出现无周期性的卵泡发育、成熟的排卵活动，一旦哺乳停止，数日之后表现发情。所以在哺乳期的适当时期，例如 4～6 周或更早，使一群母猪同时断奶，即可达到同期发情的目的。通常在断奶的同时注射孕马血清促性腺激素（PMSG750～1000 国际单位），可获得较好效果，如在注射 PMSG 的同时或相隔 2～3 天后再注射绒毛膜促性腺激素（HCG）500 国际单位，效果更为满意。

对于后备母猪，在初情期即将来临时，有计划地安排集中给予每头注射 PMSG500～750 国际单位，即可达到同期发情的目的，同时起到集中早发情的效果。由于尚未达到适配年龄，可以过两个发情期后再配种。

使用对牛、羊有效的某些孕激素制剂，虽然也能起到抑制发情的作用，但停药后，卵泡发生囊肿的情况甚多，发情而不排卵

的也较常见，因此受胎率较低，停药后使用促性腺激素亦不能有明显改进。后来有些实验证明，青年母猪皮下埋植500毫克乙基去甲氧睾酮20天或每日注射30毫克，持续18天，停药后2~7天内发情率可达80%以上，受胎率60%~70%。

法国生产的一种合成类固醇物质（化学结构与睾酮有关），性成熟的青年母猪每日口服15~20毫克，连续18天，停药后80%~90%在第四至第八天出现发情，第一发情期受胎率达70%~90%，效果很好。这种类固醇物质是在工厂中用适当的载体与之相混，以特定的制剂生产成药，商品名称为Regumate。投喂时取所需量（4~5克粉药，每克含有效成分4毫克），先与少量饲料混合，制成饲料药丸，待吃净后，再正式给饲，以保证每头猪摄入足量的药物。另外，一种新的类孕酮药物 allyl + ren-bolone（RU-2267），每天给母猪饲喂20~40毫克，共18天，处理后4~6天出现发情，繁殖力正常，而且不会出现卵巢囊肿。在上述药物处理后，注射PMSG，一定能提高发情率和受胎率。

同期发情技术在集约化养猪中一般是作为促进母猪按时发情的一种辅助手段，目的是为了保证有规定数量的母猪在同一节律内发情，因此，在发情母猪数已达要求的情况下，一般不能随意采用，以免对母猪的利用年限有所影响。

（2）仔猪早期断奶技术　早期断奶是相对于传统的50日龄以上断奶而言的断奶方式，它又可分为超早期断奶和一般的早期断奶。前者多指0~2周龄断奶，后者一般是指3~5周龄或3~6周龄断奶。超早期断奶一般是出于特殊需要，如培育SPF猪等，需要创造特殊的条件，否则难于成功，因为它超越了母、仔双方的“断奶生理限度”。从仔猪的生理角度看，在仔猪体重4~5千克以上或3~5周龄时断奶较为适宜。

早期断奶仔猪养育的技术措施：早期断奶仔猪和传统方法断奶的仔猪比较，首先是身体体温调节机能差、消化机能不健全、胃肠道消化酶系统发育不完善、免疫抗病力较低；其次是运动协

调能力较差、尚未完全适应固体饲料或尚不能采食固体饲料等。针对这样的特点，早期断奶仔猪的培育应注意饲料、保温、抗病防病、看护管理等方面的精心饲养管理。从饲料的配制上，要提高易消化性和适口性，添加促进消化和采食的特殊因子，如益生素、有机酸、消化酶制剂、各种微量元素等，而且应当对饲料进行熟化处理；从环境方面，应保持地面的清洁干燥和舍内温度、风速、湿度适宜。仔猪躺卧区域一般应有木板、橡胶、塑料及各类导热性较低的材料做成的垫子，必要时应设置保温箱或直接提供热源；另外，要严防贼风的侵袭，加强对仔猪的看护，严格遵守防疫卫生制度，搞好预防接种和清洁消毒工作。

（3）猪只“全进全出”技术 “全进全出”是相对于传统的连续进出的养猪方式而言的一种新的观念和管理策略。它要求所有猪只同时被移出一栋或一间猪舍。随后在新的猪只进入之前，猪舍被彻底清扫、消毒。“全进全出”是均衡生产商品肉猪、有计划利用猪舍和合理组织劳动管理的基础。

例如，某猪场每周分娩 24 窝，分娩舍中的一个产房设 12 个产栏，24 头分娩母猪进入 2 个分隔的产房。产后 4 周，养在同一产房的母猪及哺乳仔猪全部转出。此时，母猪迁回配种母猪舍，仔猪原圈饲养 1 周后转入保育舍，空出的产房就进行清洁消毒。保育舍一个房间有 6 个猪栏，可以养从一个产房中断奶的 12 窝仔猪。同一房间的幼猪从保育舍转入生长舍后，空出的房间就进行清洁消毒，以后养在同一栏的生长猪再转到同一育肥舍内。由于同周龄出生的猪全进全出，因而可做到有计划、有节奏地生产，并能按期对猪舍进行清洁消毒。在规模化养猪中，“全进全出”管理方式是十分重要的，这主要体现在两个方面：

● 全进全出是实现规模化养猪生产按工业生产方式组织流水式生产工艺的前提。

规模化养猪连续性、节奏性、均衡性都很强，每一工艺群不仅有明确的分工，而且对圈栏设备的占用时间有较明确的限定，

否则猪群的周转就会出现问题，生产的节律一旦被打破，流水线就不会保持畅通，这必将给生产和管理带来较大的混乱。

● 全进全出系统与彻底清扫消毒，可避免因组与组之间的设备交叉发生的感染，从而可以帮助控制疾病而改善生产。

在传统的连续进出的养猪方式中，由于圈栏一直处于占用状态，只能带猪消毒，一方面限制了强消毒剂的使用，另一方面，由于不能彻底地搞好清洁，去除粪便和污物，消毒时由于粪便和污物对微生物有保护作用而对消毒剂则有拮抗作用，从而消毒的效果也很不理想，这样就给疾病连续滞留创造了条件。以至于在一些猪场中，病原的种类和数量不断地积累，猪的患病率和死亡率较高，几乎达到无法控制的局面。有的猪场虽然用大剂量的药物控制住了高发病率和死亡率，但猪群长期处于亚临床症状状态，生产水平比较低。

全进全出管理方式则保证了对圈栏的彻底清扫和消毒，不仅有效防止了病原菌的积累和条件性微生物向致病性微生物的转化，而且阻止了疾病在猪场中的垂直传播（主要是大猪向小猪的传播）。

全进全出管理方式的实现必须有相应的硬件和软件才能得以保证。硬件指的是在集约化猪场的设计中，应当设置足够的栏位数。每一生产车间除了用于猪群周转的栏位外，必须准备一个空闲消毒单元和一个机动备用单元。从严格意义上说来，只有同一生产节律内的猪群单独在一栋或一间猪舍内，才能真正保证全进全出管理方式的实现。国内当前许多猪场由于建设时没有充分考虑到这一问题，可暂时以单元为单位进行全进全出，如果猪舍之间隔离良好，再配合间接通风设施，效果也是比较理想的。软件则是指全进全出生产管理观念和制度。目前有很多猪场管理人员对这种管理方式的重要性仍然缺乏足够的认识，有的猪场尚未制定有关的制度和措施，有的虽然也有这方面的规定，但没有严格贯彻落实，以至猪场大部分猪群的健康状况呈恶化的趋势，多种

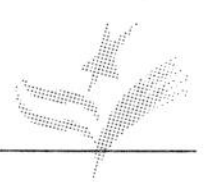

疾病的交叉感染加上管理上的缺陷，大大地限制了动物的生长，甚至出现大批猪只死亡，造成了很大的经济损失。猪场管理人员必须严格贯彻执行这种管理制度，不能搞“基本上全进全出”，因为“基本上全进全出”是不存在的，或者是，或者不是。只要一头猪留在猪舍中，其疾病都将留在猪舍中并循环往复地继续存在下去。

表 5.3 说明了全进全出方式在大猪舍（≥100 只）和小猪舍（≤100 只）中对控制猪肺炎起到的作用（在大猪舍中肺炎发生率降低了 4.7%，小猪舍中降低了 3.3%，表明猪舍内猪群越大，全进全出对疾病控制的贡献越明显）。

表 5.3　全进全出与猪舍大小对呼吸系统疾病的影响

项　　目	管　理　制　度			
猪舍大小	全进全出		非全进全出	
	≤100 只	≥100 只	≤100 只	≥100 只
猪场数量	80	38	94	77
日增重（g）	680	660	662	642
肺炎（%）	9.0	13.5	12.3	18.2

如果全进全出和早期断奶隔离饲养技术相结合加上优良的品种、极好的日粮配方和严格的生物安全保证，猪的遗传潜力就可得到最大限度的发挥。表 5.4 列出的是采取这些措施后可获得的

表 5.4　采取全进全出和早期断奶隔离饲养技术后可获得的生长性状

（CLARK，1995）

生长性状指标	平均值
日增重平均值	0.86 千克
饲料/增重	2.6 千克
日采食量	2.77 千克
出生至上市天数	140 天
死亡率	2%

生长性状（断奶到114千克）。

（三）车间、单元和栏位的设置

规模化养猪生产工艺流程的顺利实现和正常运转必须有相应的硬件加以保证，这些硬件包括足够的猪舍、猪栏和与此相配套的设备和设施。

现以年出栏商品瘦肉猪1万头规模的养猪工厂为例，按单点三段式生产工艺流程来说明其车间、单元和栏位的设置（其他工艺流程可依此类推）。

1. 车间数的确定 由三段式工艺流程图可以看出，若按每一生产群设置一个车间，一般可安排5个车间：即配种车间、怀孕车间、产仔哺乳车间、断奶仔猪保育车间和生长肥育车间。

2. 生产工艺流程中各种技术参数的确定 为了准确计算猪场内各个时期各种生产群所需生产单元数和栏位数（并可据此计算出各种猪舍所需的饲料需要量和产品量），必须根据本场的遗传基础、生产力水平、技术水平、物质保证条件、经营管理水平等实际条件和已有的历年生产记录和各项信息资料，实事求是地确定各生产工艺过程所必需的参数。

（1）繁殖节律的确定 根据本例出栏肉猪1万头的规模，将繁殖节律确定为7天。

（2）本例中假定的各种技术参数（基础参数）

哺乳期	28天
窝产活仔数	10头/窝
仔猪哺乳期成活率	90%
仔猪保育期成活率	95%
幼猪生长肥育期成活率	98%
母猪受胎率	85%
断奶至母猪再次受胎的间隔期	10天

（3）根据上述基础参数，采用逆推法即可计算出各类猪群的数量。

母猪年产胎次的计算：

● 两胎间隔期（FI）　母猪相邻两胎次的间隔即母猪繁殖周期，包括妊娠期、哺乳期和仔猪断奶至母猪再次受胎的间隔期。计算式为：

$$FI = G + L + IWO$$

式中，G 为妊娠期，L 为哺乳期，IWO 为断奶至母猪再次受胎的间隔期（可以根据本单位历年人工授精或配种记录分析估计）。

母猪年产胎次：

母猪年产胎次 = 365/FI
= 365/（G + L + IWO）
= 365/（114 + 28 + 10）≈2.4 胎

● 每头生产母猪年提供出栏肉猪数

平均每头母猪年总产活仔数（设为 TL）：

TL = 母猪年产胎次 × 每窝活产仔数
= 2.4 窝/年 × 10 头/窝 = 24（头）

平均每头母猪年提供出栏肉猪数（设为 TF）：平均每头母猪年总产活仔数乘以各阶段猪的成活率即为每头母猪年提供出栏肉猪数。

$$\begin{aligned} TF &= TL \times 90\% \times 95\% \times 98\% \\ &= 24\text{头} \times 90\% \times 95\% \times 98\% \\ &\approx 20.1\text{头} \end{aligned}$$

其中，每头母猪年提供断奶仔猪数、进入生长肥育猪数分别为：

$$TL \times 90 = 21.6\text{头和} \; TL \times 90\% \times 95\% \approx 20.5\text{头}$$

● 全场所需实际产仔母猪数（设为 NS）

$$\begin{aligned} NS &= 10000/TF \\ &= 10000/20.1 \\ &\approx 498\text{头} \end{aligned}$$

（4）根据上述结果即可计算出全场所需生产母猪数、每周参配母猪数以及各个生产车间每周转入的猪数。

全场所需生产母猪数：由 NS 和受胎率即可计算出。

全场所需生产母猪数 = NS/85% ≈586 头

全场所需生产公猪数：由生产母猪数，按公母配比 1∶25 计算，全场需生产公猪约 24 头。

每周参配母猪数的计算：由每年需配种的窝数和全年共 52 周可计算出每周参配母猪数为，586 头 × 2.4 窝/头 ÷ 52 周 ≈ 28 头/周

每周转入产仔车间的母猪数：28 头/周 × 85% ≈ 24 头/周

这样，每周 24 头母猪进入产仔车间分娩，有 24 窝共 216 头断奶仔猪进入保育车间，205 头幼猪进入生长肥育车间，201 头猪出栏（未考虑选出的后备母猪）

3. 各车间单元数和栏位数的设置

（1）配种车间

种公猪：种公猪可以与后备公猪一起，作为一个生产群饲养在同一栋猪舍内，也可以将其饲养在配种舍内，这里我们采取后一种方案，因为这样可以节省建筑费用，同时可以起到刺激母猪尽快发情的作用。

种公猪实际占用栏位 365 日，后备公猪则为 182 日，但是它们不在生产线内周转，故只需安排一或两个单元。全场生产公猪 24 头，后备公猪 8 头，1 头/栏，总共需设置 34 个单栏（其中两栏备用）。

配种母猪：替补幼母猪群一般由繁育体系内上一阶层引入，必须经过隔离检疫后才允许进入替补幼母群等候配种用。经产母猪则在仔猪断奶后，一部分因外型、健康或生产性能缺陷被淘汰，保留下来的转入空怀配种舍。正常情况下，仔猪断奶后 3 ~ 7 日内发情，平均 9 ~ 10 日完成授精，14 日假定受胎转入生产群。考虑到一些特殊情况和夏季母猪性机能降低，会使由断奶至

发情的间隔期延长，必须增加一些母猪，故留有一定的机动备用期，再加上清洗消毒和维修期7日，平均占用栏位期按35天计算。这样，根据不同的饲养方式，即可确定配种母猪舍单元数和栏位数：

群养——按7日节律制，共需5个单元（35天÷7天/单元）才能满足流水式生产工艺过程的需要；由于每周配种数是28头，若4头/栏，则每单元应设7栏，共计35栏。

限位饲养——按同样的计算方法，共需5个单元，因一栏1头限位饲养，每单元应设28栏，共计140栏。

先小群饲养，后限位饲养——小群饲养期1周，需一个单元，若4头/栏,应设置7栏；限位饲养3周加上1周清洗消毒，占用期28天，共需4个单元，每单元28栏，共计112栏。

（2）怀孕车间　母猪妊娠期是114天，因转入怀孕车间时已受胎21天，又要在产前一周转入产仔哺乳车间，故母猪在养86天，加上清洁消毒7天，合计占用期为93天，共应设14个单元；因每周24头母猪妊娠，1头/栏，每单元应设24栏，共计336栏（另外，可设一备用单元）。

（3）产仔哺乳车间　妊娠母猪产前一周进入该车间，仔猪28日龄断奶，然后留栏7天，清洁消毒7天，合计占用期共49天，需要7个单元；因1头/栏，每单元应设24栏，共计168栏（可设一备用单元）。

（4）断奶仔猪保育车间　仔猪保育期35天，清洁消毒7天，合计占用期为42天，共设6个单元；一窝一栏，每单元应设24栏，共计144栏；两窝一栏，每单元应设12栏，共计72栏（可设一备用单元）。

（5）生长肥育车间　三段式生产工艺流程中，生长期和肥育期合二为一。若175天肉猪出栏，则该段饲养期为105天，加上空栏清洁消毒7天，总占用期112天，应设16个单元；因每周有205头猪进入生长肥育舍，若每栏16头，每单元应设13个栏位，共计208个栏位。也可按一窝一栏（24栏/单元，共计384栏）或两窝一栏（12栏/单元，共计192栏）设置相应的栏位数。

在四段或五段式生产工艺流程中，生长阶段和肥育阶段的猪分别饲养在不同的车间，因生长阶段比肥育阶段每头猪占用面积少，所以可节约建筑面积。例如在四段式工艺流程中，我们分别计算出以下单元数和栏位数：

生长阶段：一般饲养35天，空栏清洁消毒一周，累计占用期42天，应设6个单元，若两窝一栏，每单元12栏，共计72个栏位。（如采用每栏一窝，则每单元的栏数加倍。）因生长栏比肥育栏每栏面积少6平方米左右，所以可节约建筑面积72栏×6米^2/栏=432米^2。

肥育阶段：一般饲养70天，空栏清洁消毒一周，累计占用期77天，应设11个单元，两窝一栏，每单元仍然是12栏，共计132栏。

4. 各车间栏位面积　猪栏面积须保证猪只能活动、采食（哺乳）、休息，以及管理人员进行操作。根据生产工艺不同，要求不一。传统方式养猪猪栏面积都比较大，如种公猪栏9平方米；母猪栏12平方米；肥猪栏每头猪2～2.5平方米，工厂化养猪饲养密度提高，猪栏面积大为减少。

每栏饲养的头数，主要根据各种猪只的生理要求，以及保证其健康和安全而定。种公猪好斗，一般单圈饲养较安全，也可保证其安静休息。妊娠后期母猪为避免挤撞，减少流产的发生率，最好单圈饲养。每头哺乳母猪都带有一窝仔猪，单圈饲养可以保证仔猪安心哺乳，并避免仔猪被其他护仔性较强的母猪咬伤。生长猪、肥育猪都采用群养，最好一窝一栏，打斗少，应激小，长得快。表5.5是英、法两国采用的不同活重商品猪躺卧净面积：

表 5.5　英、法两国推荐的商品猪躺卧面积

国别	活重（千克）	20～30	30～50	50～70	70～100
法国	躺卧面积（米²/头）	0.27～0.3	0.3～0.4	0.37～0.6	—
英国	躺卧面积（米²/头）	0.33～0.37	—	0.44～0.47	0.83

猪栏除了要考虑设计足够的面积外，根据猪只不同，要求猪栏有一定高度，猪栏过高，既浪费建筑材料，还会影响舍内通风和采光，猪栏过低，猪只容易跳越，管理很不方便。一般育肥猪栏和母猪栏高 0.7～0.8 米（金属限位栏最高处 0.9～1.1 米），种公猪栏高 1～1.2 米。

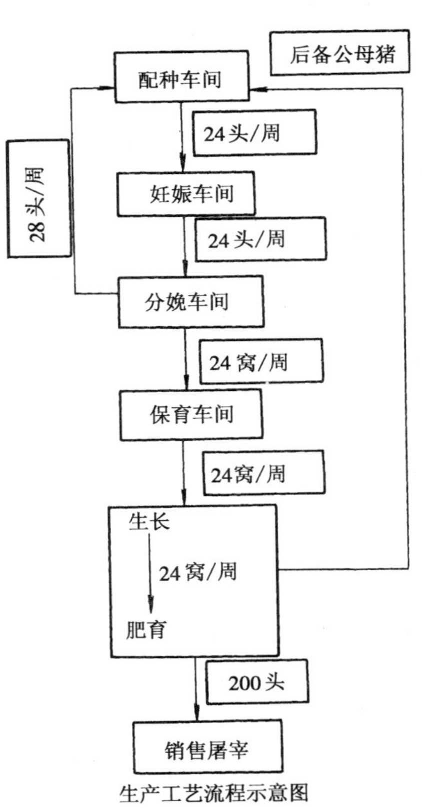

图 5.9　生产工艺流程示意图

下面是目前常采用的各车间猪栏面积，供参考。

（1）配种车间

公猪栏：3 × 2.4 = 7.2（米²）

母猪栏：

a. 群养栏　3 × 2.4 = 7.2（米²）

b. 限位栏　2.6 × 0.6 = 1.56（米²）

（2）妊娠车间　2.6 × 0.6 = 1.56（米²）

（3）产仔哺乳车间

对角线限位栏：2.2 × 1.5 = 3.3（米^2），适于保温条件好的产仔舍。

垂直限位栏：1.8 × 2.4 = 4.32（米^2）。两个产仔栏公用一个仔猪保温区。

（4）断奶仔猪保育车间　1.9 × 1.5 = 2.85（米^2）

（5）生长肥育车间

生长栏：4.5 × 3.0 = 13.5（米^2）

肥育栏：5.5 × 3.6 = 19.8（米^2）

5. 生产工艺流程示意图　见图 5.9。

二、管理技术规程

规模化养猪的管理技术，体现在“集中、密集、约制、节约”的特点。意即很多猪集中养在一个猪舍。由于比较集中的把猪养在一起，因此每头猪所占面积很小，密度大。如怀孕母猪在限位饲养下，每头猪的栏位面积为 1.26 米^{2}左右；哺乳母猪每头猪的栏位面积为 3.5 ~ 4 米^2，肥育猪每头猪的栏位面积 0.8 ~ 1 米^2。妊娠母猪及哺乳母猪均采用金属限位栏加以限制，猪只能前头采食,后头排粪，除了站立和躺卧以外，不能自由活动。采用金属栏限位饲养，能按每头猪定量饲喂，避免争食咬斗，减少应激,降低饲料消耗。也便于观察母猪发情和进行人工授精，还可以防止母猪压死仔猪。实践证明，在工厂化养猪技术管理条件下,限制种猪的活动对其繁殖性能没有太大的影响。

有人用两年时间研究了种猪的限位饲养和大圈单个饲养的效果。实验母猪约 100 头，观察研究其繁殖性能表现，如受胎率、窝产仔数、初生平均活重，断奶至配种再孕的天数等，实验结果如表 5.6：

表 5.6 大圈单养和限位饲养母猪的繁殖性能比较

项　目	大圈单养	限位饲养
受胎率（%）	80.43	70.37
窝产仔数（头）	11.0	10.4
初生平均活重（克）	1 384	1 425
断奶至配种再孕的天数	5.2	5.8

上述结果表明，大圈单养母猪受胎率、窝产仔数均比限位饲养母猪高一些，但从生产实践的结果看，限位饲养一般比大圈单养的仔猪成活率高 10%～20%，主要原因在于限位饲养条件下，仔猪压死数大为降低，同时因结合漏缝地面，易于保持猪舍的清洁干燥，仔猪患病率显著下降，生长发育也较为良好。在采用了限位饲养方式后，每头猪的占地面积比较小，因此可以节约猪场建筑面积（大约 30%～50%），限位饲养也便于饲养管理，节省劳动力，节省饲料。国内某国营农场经改造后，在同一生产面积上，产仔栏增加 110%，繁殖母猪数增加 75%，生产仔猪增加 116%，生产肉猪圈增长 50%，每人每年生产猪肉提高 77%。广东广三宝养猪有限公司从美国三德畜牧设备有限公司引进的一套年产万头猪的生产线，占地面积 1.2 公顷（100 米 × 120 米），建筑面积 4 200 米^2，已做到 6 个人管理一条万头猪的生产线。由于采用饲料塔及管道送料，并定时定位供料，既节省人工又节省饲料。

采用集约化的饲养管理技术后，万头猪场一般可以达到表 5.7 和表 5.8 列出的生产指标（猪种为外来引进品种）。

在生产上可以按所列指标对工作情况进行评定。

现以年出栏 1 万头商品肉猪的猪场为例，说明各类猪舍生产管理技术规程。

表 5.7　万头猪场的生产指标

主要生产管理技术指标	商品猪数指标
生产公猪 24 头，生产母猪 600 头	
每周分娩母猪 24 头，每胎产仔 10 头	240 头
每周断奶仔猪 24 窝，成活率 90%	216 头
每周保育仔猪 24 窝，成活率 95%	205 头
每周生长猪，成活率 98%	201 头
每周肥育肉猪，成活率 99%	199 头
每月出栏商品肉猪	862 头
每年出栏商品肉猪	10 344 头
平均每头母猪提供商品肉猪	15 ~ 58 头

生长肥育猪各生理阶段的日增重和每阶段末体重指标见表 5.8：

表 5.8　商品肉猪的增重指标

饲养期	体重 （千克）	平均日增重 （克）	饲养周数 （周）
初生	1.3		
哺乳期	5 ~ 6	160 ~ 180	4
保育期	20 ~ 25	350 ~ 470	5 ~ 6
生长期	55 ~ 60	550 ~ 630	6 ~ 7
育肥期	95 ~ 110	720 ~ 800	6 ~ 7
合计		550 ~ 650	25

（一）配种怀孕舍的管理技术规程

1. 种公猪的管理技术规程

（1）种公猪 25 ~ 30 头，由一人负责饲养管理，一人专职配种。

（2）要求饲养的种公猪体质健壮，每次采精精液量达 200 ~ 300 毫升以上，畸形精子率在 10%以下，并能保证与配母猪一次情期受胎率达 85%以上，且平均窝产仔数应达到该品种（品系）公猪的平均水平。

（3）种公猪单栏饲养，按标准结合体况合理投料（2.0 ~ 2.5

千克/头·天）。

(4) 种公猪的日常管理规律化。即做到5个固定：固定饲喂、运动、采精等工作的时间；固定工作程序；固定工作场所；实行定量饲喂，以免营养不足或过剩；固定专人管理。

(5) 确定合理的利用强度。2岁以上的成年公猪每天可配种或采精1～2次，连续配种或采精2～3天后休息一天。每天配种或采精一次，最好安排在早晨饲喂后1～2小时进行；如每天进行配种或采精两次，则应早晚各一次，并尽量使中午休息的时间长一些。青年种公猪的配种或采精的次数应加以控制，每周最多不超过5次，最好隔日一次，初配的公猪每周配种或采精1～2次为宜，否则，次数过多不仅会引起种公猪的过度疲劳，还会降低性欲、射精量、精子密度和活力。

(6) 经常运动。合理的运动可提高种公猪的新陈代谢，促进食欲，帮助消化，增强体质。同时能锻炼四肢的结实性，改善精液品质，种公猪要坚持每日1～2次的运动，夏天宜安排在早晚进行，以避开强烈的太阳辐射；冬天则应在中午，充分利用日光照射，每次1～2小时。一般配种淡季运动量及时间可稍大些。

(7) 日粮全价化。种公猪日粮要求有足够的营养水平，特别是蛋白质、维生素、钙、磷等；饲料原料要求多样化，不能有发霉变质或有毒有害的原料。饲喂时一般只能喂到八、九成饱，以控制其膘情，维持其种用体况。

(8) 定期检查精液品质，发现异常及时采取措施。

(9) 定期称重，检查种公猪是否过肥或过瘦，是否符合种用体况的要求。

(10) 定期进行疫苗注射和驱虫（每半年接种猪瘟、钩端螺旋体、伪狂犬、猪丹毒疫苗一次，驱虫1次）。

(11) 坚持每天用梳子或硬刷对其皮肤进行刷拭，保持其身体清洁，可预防疥癣及各种皮肤病，促进血液循环。

(12) 夏季要注意防暑降温（运动场应有遮荫凉棚或采用淋

浴降温等措施），冬季要注意保温防寒。

（13）圈舍应保持清洁干燥和阳光充足。

（14）老龄公猪进行正常淘汰更新，种公猪一般使用 3 年，年淘汰更新 30%～40%，更新公猪来自后备公猪群经性能测定为优异者或来自专业育种场的优异者。

凡有下列情况者应予淘汰：因病、因伤不能使用者，连续两次以上检查精液品质低劣者，性情暴烈易伤人、伤猪者，繁殖力低下者。

（15）建立种公猪档案。对种公猪的来源、品种（系）、父母耳号和选择指数、个体生长情况、精液检查结果、繁殖性能测验结果（包括授精成绩、后裔测验成绩）等项应有相应卡片记录在案。如实现了计算机管理，应及时将相关资料输入存档。

（16）日常工作程序：①种公猪的饲喂和健康状况、精神状况、采食、粪便、活动等的观察检查；②对病猪进行必要的治疗；③清扫喂料通道和公猪的配种栏；④供水；⑤圈栏维修及空栏的清洁消毒；⑥公猪运动和对其梳刮；⑦转运猪只；⑧对观察检查的结果作好记录记载，填写日报表。

2. 配种母猪的管理技术规程

（1）流水线上待配母猪共 112 头，由一人饲养管理即可。

（2）要求所饲养的母猪尽快恢复体况，断奶 1 周内发情配种，一次情期受胎率 85%以上。

（3）配种母猪的饲喂要根据母猪的体况而定。配种母猪一般每天喂料 2 次，时间可定为上午 8 点，下午 5 点，日喂量（全价料）2 千克。对体况较差的母猪和后备母猪，应采取“短期优饲”的方法促进发情排卵，并恢复母猪膘情和为以后的胚胎发育贮备营养。做法是在配种前两周开始，提高日粮的营养水平，适当增加饲喂量（比如在下午加料 1 千克）；对长得过肥的母猪，则应适当减少饲喂量，采取一定程度的“限饲”。这样可以使母猪体况适中，既不因过肥影响排卵数和胚胎成活率，也不因过瘦

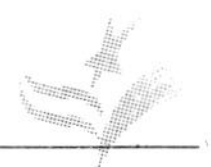

造成哺乳期严重掉膘，以至拖长断奶至配种再孕的时间间隔（对后备母猪还应定期称重，根据体重调整日粮营养水平）。

（4）与专职的配种员一道，认真观察母猪发情表现，作到一个情期适时两次以上配种；并及时做好配种记录。经21～28天观察，确认配上后的母猪，按单元数，经体表消毒后转入妊娠舍，并填好转群日报表。

（5）对已配种的母猪，在交配后21天内要注意，此阶段是胚胎附植于子宫角的关键时期，内分泌系统处于调整状态，如猪发生应激，会干扰内分泌激素的分泌，从而影响胚胎着床，增加胚胎的死亡率，大量采食高能高蛋白饲料，也会因增加肾上腺激素的分泌导致胚胎死亡增加，因此一定要保持配种舍环境安静，不使母猪受到任何形式的干扰刺激，同时限制饲喂量至1.8千克以下；另外，要注意检查母猪是否重发情，检查时可把母猪赶进公猪栏试情（如果有超声波妊娠诊断仪，则可简化这一工序）。

（6）配种时要尽量增加对母猪的刺激，可用公猪刺激或人工按摩母猪后腹乳房和阴门。特别是人工授精时，要尽量赶公猪在场并与母猪鼻与鼻接触以提高配种成功率；另外，要根据母猪的体况、大小、四肢的情况来选择公猪与之交配，确保交配过程稳定，时间尽可能长。

（7）配种前两分钟，注射20国际单位剂量的催产素，可使受胎率提高5%～10%，窝产仔数增加1.5～2.0头。配种期母猪应有适当运动，而且每天应随时供给清洁饮水（但配种前半小时一般不供料和供水，配种后最好供给温开水）。

（8）经常注意母猪采食、排粪情况以及四肢是否有疾患。

（9）如果发现母猪患有皮肤病，应在配种前及时用1%～2%的敌百虫溶液喷洒猪身进行治疗。但配种后不可用药，否则可能造成胚胎早期死亡。

（10）定期进行配种母猪舍清洁消毒，调整舍内温度，特别要注意防暑、通风，使圈舍始终保持比较干燥和清洁。

（11）母猪的淘汰与更新：母猪因年老、严重受伤、因病不能作种用或连续 2～3 胎繁殖力低下，或有严重恶僻者应予淘汰；正常情况下每年淘汰率 25%～30%；更新的小母猪应来自后备母猪群的优秀个体或来自专业育种场的优异者。

（12）配种工作结束后，应及时做好配种情况登记，建立配种母猪档案。一般应有相应的母猪卡片，以记录母猪耳号、品种、出生日期、双亲耳号、选择指数、与配公猪、发情时间、配种时间和配种受胎情况等。

（13）配种母猪舍的日常工作程序：①定时饲喂舍内母猪，做好清洁卫生，调节舍内空气环境；②对刚空出的单元进行彻底清洁消毒；每周全舍消毒一次，每月舍内外大消毒一次；③将后备母猪赶到配种栏内，进行免疫和驱虫（这两项工作不能同一天进行），同时放进公猪，以利发情配种；④将断奶母猪从分娩舍赶到配种舍，注意观察母猪发情情况；⑤根据事先拟订的配种计划组织配种，填写好母猪卡片；⑥用超声波妊娠诊断仪进行怀孕检查，将检出为阴性的未孕猪集中在一起重新配种；若无超声波诊断仪，应在配种后观察 21 天以上以确定是否妊娠；⑦将已配上 28 天的母猪赶到妊娠舍；⑧收集和分析最近几周的配种工作记录，以便采取相应措施，制定下一批的配种计划。

（二）妊娠舍的管理技术规程

1. 妊娠母猪的管理技术 进入妊娠舍的母猪已配上 **4** 周，从此时一直到产前 4 周，是胚胎细胞减数分裂、分化和早期生长发育阶段。此期所需营养主要是用来维持母猪基础代谢和胚胎早期生长发育需要，通常只需要维持母猪每天 45 克的增重即可。过多的饲喂不仅是饲料的浪费，而且增加母猪的负担（夏季高温时期尤其如此），长期多喂也造成母猪体重过大而使以后的维持需要增加而成本加大。同时怀孕期的过度饲喂和长膘，可能造成接下来哺乳期厌食或采食量下降，导致母猪过度失重或泌乳力降低，从而影响母猪以后的繁殖力和仔猪发育。

（1）妊娠车间共有 14 个单元，在生产线上的妊娠母猪 312 头，安排 1～2 个饲养员管理。

（2）要求母猪有适度的增重，尽量减少死胎和流产，保证仔猪初生重达到该品种的平均水平，保证仔猪出生后个体大小比较整齐。

（3）饲喂要点：①保持母猪适度膘情，不使母猪过肥或过瘦（传统评分的 7～8 成膘，美国五级评分的 2.5 分），即龙骨和骨盆骨不外露，但手按可触及之。通常日喂 1.8～2.2 千克中等偏低营养水平饲料。但怀孕后期的最后 3 周须进行短期优饲，以高水平饲料增加饲喂量至 2.5～3.2 千克。②供给妊娠母猪的饲料要注意质量，切忌喂腐败、变质、发霉的饲料；饲喂的时间、次数要有规律性，不能随意改变，饲料的变换要逐渐过渡，以免造成应激。

（4）管理技术：①妊娠母猪舍一定要保持环境安静，严禁鞭打、追赶母猪，尽量让母猪休息好；②条件许可的情况下，让母猪有适当的运动；③妊娠母猪对高温很敏感，夏季应做好防暑措施，使舍内温度尽量不超过 24℃；④在产前 40 天和 15 天对母猪接种大肠杆菌疫苗（一般在产前 3～4 周可以接种多种疫苗，以保证以后仔猪通过吸食母乳获得母源被动免疫。现在已有商品疫苗用来预防不同大肠杆菌导致的多种常见下痢病）。

2. 妊娠舍日常工作程序 ①定时定量饲喂母猪，供给清洁饮水；②做好粪污的清扫工作，对刚空出的单元进行清洁消毒；③调节舍内空气环境，防止高温应激；④用盐酸左旋咪唑进行肌肉注射，为产前 4 周的母猪驱虫；⑤产前 1 个月，注射猪丹毒和猪肺疫疫苗；⑥将临产前一周的母猪冲洗消毒后转入产仔舍等候分娩（冬天用热水冲洗，洗后喷 1% 的敌百虫溶液）；⑦填写妊娠母猪记录表，登记转入和转出的母猪以反映存栏和周转情况。

（三）产仔哺乳舍管理技术规程

产仔哺乳车间随时保持有 6 个单元共 144 窝母猪和仔猪，由

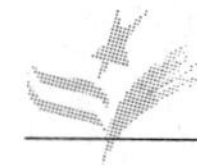

2~3人负责饲养管理。

生产指标为哺乳仔猪成活率不低于90%，仔猪生长均匀，28天断奶个体平均重6千克以上；母猪哺乳期结束后失重不超过其体重的20%。

1. 哺乳母猪的管理技术规程

（1）管理目标 哺乳母猪的饲养管理应保证母猪有较高的泌乳力，同时要维持适度的体况，使其断奶后能较快地发情排卵和配种再孕。

（2）哺乳母猪的营养需要特点 母猪泌乳期能量代谢旺盛，对营养物质的需求量大，其营养需要应根据哺育仔猪数、泌乳量和母猪体重大小合理确定（如猪场全部母猪平均产仔10头，在此基础上每多1头仔猪给母猪加喂饲料0.5千克）。

（3）哺乳母猪的饲喂技术要点 ①日喂量，哺乳母猪日喂量应达到4~6千克，饲喂时根据上述营养需要特点增减；②补充青绿饲料10千克可替代1千克精料，但青料不可喂得过多，并且应保证卫生；③饲料不宜随便更换，且饲料质量要好，不能喂任何发霉、变质的饲料；④保证供给充足的清洁饮水；⑤体况好的母猪分娩前3~5天开始减料10%~30%，以防产后泌乳量过多引起仔猪消化不良或母猪发生乳房炎。产后母猪身体虚弱，应以流食为主，逐渐加料，同时喂一定量的麸皮和加有电解质的清洁温开水防止母猪便秘，3天后恢复喂料至4.5千克以上，1周后完全按母猪需要供料；⑥哺乳母猪日喂次数能调整为3次有利于保持其食欲；⑦饲料中加入脂肪可适当减少上述喂量。

（4）哺乳母猪的管理技术要点 ①产前对母猪乳头进行清洁消毒，哺乳期间也应保持乳头的清洁卫生；②在保证仔猪温度需要的前提下，将舍温适当调低至20℃左右，以保证母猪采食量正常；③产仔舍以保温为主，但也要注意适当的通风换气，排除过多的水汽、尘埃、微生物、有害气体（如NH_3、H_2S、CO_2等），但必须防止贼风，同时注意通风时控制气流速度在0.1米/

秒以下，且风速均匀、平缓；④母猪哺乳时必须保证环境安静，噪声小有利于泌乳和仔猪吃奶，否则对母仔都有不利影响；⑤母猪舍应保持清洁干燥，高床漏缝地板饲养，不宜用水带猪冲洗网床，床下粪污每天清扫两次，若水冲则注意防止水溅到网床上；⑥每天注意观察母猪有无乳房炎、无乳症、便秘等疾病，或食欲是否旺盛，精神是否较好，身体是不是过瘦等；⑦对上述观察中发现的异常母猪应做好各种记录，以提供给兽医和管理技术人员作参考并采取相应措施；⑧对母猪要温和，不能吆喝和鞭打；⑨哺乳母猪卡片及日报表：记录记载母猪品种、耳号、胎次、产仔日期、产仔数以及母猪分娩情况、哺育泌乳与健康状况、转入转出数等。

2. 哺乳仔猪的培育技术 哺乳仔猪阶段是猪一生中生命力最弱的时期。其生理特点主要表现为：① 生长发育快，代谢旺盛；② 消化器官不发达，消化腺机能不完善，表现为消化酶系统发育较差，消化力较弱，食物在胃内排空时间短等；③ 初生仔猪缺乏免疫抗体，抗病能力较弱，只有吸食初乳后才能建立起被动免疫功能；④ 体温调节机能不完善，对较低温度极其敏感；一般仔猪从 7 日龄开始有调节体温的机能，到 20 日龄才发育完善。

由于这些生理特点，仔猪在该阶段的培育中发病率、死亡率高，对营养、环境、饲养管理依赖性较强，只有做到科学饲养，精心细致地培育，才有可能获得较高的成活率和断奶重。

（1）培育目标 哺乳仔猪成活率达 90%以上，哺乳期结束（28 天断奶）时个体平均重在 6 千克以上，而且整齐度较好。

（2）做好母猪分娩工作 哺乳仔猪的培育要从分娩接产工作开始抓起，在母猪分娩之前两周开始就要做好一切准备工作。

产房的准备：提前做好清洁消毒工作，冬季注意保温设备设施维修准备。

分娩所需用具的准备：消毒药品、保温箱、取暖器、记录本、笔等。

猪体清洁消毒：做好母猪腹下乳房部位和阴户的清洁消毒(如在清洗后用1‰高锰酸钾溶液消毒)，以保证产后哺乳卫生。

注意母猪产奶时间：随时注意母猪的乳房、阴户等部位的变化和观察母猪采食、排泄及其他行为的变化，以判断母猪产仔时间，确保母猪产仔时人要在场（母猪临产前的特征见表5.9)。

表5.9　母猪产前征兆

时　间	特　征
产前1周	腹部膨大下垂，乳头红肿，乳头外张，颜色红亮
产前3~5天	阴部红亮，肌肉松弛，尾根下陷
产前1天	前部乳头可挤出乳汁，若最后乳头挤出乳汁时，约6小时后可分娩
产前6~12小时	母猪食欲下降或不采食，行为不安
产前3~5小时	母猪兴奋不安，频频排尿，但尿量少，时起时卧，喘气声较大，阴户有黏液排出

人工助产：在母猪分娩时，采取人工助产可以减少仔猪死亡。具体做法是，在仔猪身体刚露出时，用手轻轻握住仔猪，随母猪阵缩的力量向外牵引而取出仔猪。然后用干净的毛巾或纱布擦净其口、鼻和身体上的黏液，接着把脐带内的血液向腹部挤压，并在离腹部4~5厘米处，将脐带剪断，立即用碘酒消毒，若流血较多，可用手指压迫止血，或用棉线结扎止血。

断脐后进行仔猪编号、称初生重、将仔猪放入保育箱，并记入分娩哺育记录。

正常情况下，母猪每5~25分钟产出一个胎儿，产程持续2~4小时。当全部产出后约10~60分钟胎盘脱出，分娩才告结束。有时产出的仔猪有假死的现象（心脏仍然跳动)，必须施以急救，一种方法是用手托住仔猪背部和臀部，让其一伸一曲，迫使其胸腔和腹腔受压而恢复呼吸；第二种方法是，提住仔猪的后肢，拍打其臀部，直至其发出叫声；另外也可用酒精刺激其鼻黏

膜使其反射性打喷嚏而开始呼吸。

在胎衣排除后，将圈栏清理干净，作好保温的一切措施，不久（产后两小时内）开始帮助仔猪吮吸初乳。

（3）寄养　如果窝产仔数太多或哺乳母猪发生急性病等原因不能哺乳，则应考虑寄养。寄养时应当注意的问题有：①两窝猪之间的产期相隔不宜超过3天，否则不易寄养成功；②应选择泌乳力高、性情温和的母猪做继母；③寄养一般应在夜间将被寄仔猪混入仔猪群，并用气味大的药液撒在仔猪身上，然后母仔分开一定时间后，放入母猪栏哺乳；④如果是挑出过多的仔猪寄养，一般应选择身体较强壮的个体，弱猪应留在亲生母亲处饲养。

（4）仔猪喂养　哺乳仔猪生后1周内特别容易生病或死亡，工作必须做得细一点，尤其要做好以下几点：

喂好初乳：初乳是母猪产后3～5天内分泌的乳汁，其中含有大量的免疫球蛋白、各种氨基酸、白细胞、维生素、溶菌素等，可以帮助仔猪抵抗各种疾病和促进其生长。由于仔猪在生后12小时内可以直接吸收大分子的免疫球蛋白（生理学上称为“细胞饮液作用”），特别是在初生两小时内吸收作用较强，而以后越来越弱，所以哺喂初乳最晚不能超过两小时，而且应保证每头仔猪都吃到初乳。

训练仔猪固定奶头吮乳：在仔猪生后3天内应当辅助仔猪特别是弱小的仔猪吮乳，让弱小仔猪固定在前面两对奶头吮乳，由于前面的奶头泌乳量较大，这样可以使整窝猪长得比较均匀。如果母猪乳头比较多，可训练仔猪吮两个奶头，避免空出的奶头变成瞎奶头。

作好保温防寒工作：仔猪初生后24小时内需要保证躺卧区温度达到34～35℃，2～3天内温度在30～32℃，3～7天内温度在28～30℃，以后逐渐下降到20日龄的24℃直到断奶。否则仔猪下痢会增多，感冒、肺炎以及间接导致的压死、饿死等数量也会增加。最好准备专门的可以调节温度的仔猪保温箱，如果用红

外线灯、石英管灯等从上面辐射的取暖器，应在仔猪躺卧区铺上橡胶、木板、麻袋等导热性低的材料作成的垫子，最好用专用电热垫，防止仔猪腹部受凉。

加强看护管理，防止仔猪被母猪压死。

生后3～5天内给仔猪注射铁剂，预防缺铁性贫血发生。如右旋糖苷铁针剂，培亚铁针剂、血多素等，肌肉注射150～200毫克/头，2周龄时再注射一次，以后在开食料中添加。

补铜和硒促进生长。例如，在仔猪生后3～5天肌肉注射0.1%的亚硒酸钠生理盐水0.5毫升，2周龄时再注射1毫升。(硒是剧毒物质，必须控制好药液浓度和使用量)

仔猪代谢旺盛，应注意供给清洁饮水（有条件的最好用温开水，并可加入适当的有机酸或盐酸以帮助消化）。

（5）诱食　仔猪7～10日龄时开始诱食。根据这一时期的仔猪具有喜欢啃咬硬物，四处探寻，模仿性强等特点，用香甜的颗粒料或专门配制的全价诱食料引诱仔猪尽早开食，对以后仔猪适应固体饲料，减少断奶的应激和补充仔猪因母猪泌乳量下降造成的营养不足等有很大的好处。诱食的方法有：

第一，将诱食料撒在仔猪经常活动的地方，让仔猪自己在探索中逐渐学会吃料。但是要注意不能在诱食料投放后即不再过问，否则诱食料发霉变质会造成仔猪中毒下痢或感染其他疾病。

第二，如果仔猪几天后仍然不吃料，可采取强制诱食。方法是将饲料调成粥状，抹在仔猪嘴边或用奶瓶逐头喂料，但不可一开始就喂得太多。

第三，仔猪开食后要控制好喂量，根据采食情况增减，保持每天饲料新鲜，并以少食多餐为原则。

（6）预防腹泻　哺乳期间，仔猪往往腹泻较多，所以必须搞好对腹泻的预防，对患病仔猪要及时诊断治疗。腹泻的原因较复杂，但总的说来，主要由消化不良、环境应激和病原菌引起，例如仔猪过食或感染大肠杆菌、产气荚膜杆菌、轮状病毒、传染性

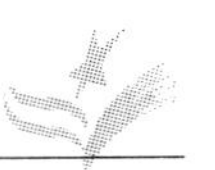

胃肠炎和球虫病等都会导致腹泻。对腹泻的治疗，应当在确诊的基础上采取综合的措施。有的猪场在治疗中不重视诊断，所以往往采取的治疗或预防措施没有多大的效果。目前，常规的预防措施主要是：① 保持圈舍的清洁卫生，定期消毒；② 执行严格的全进全出制度；③ 作好保温防寒工作，降低产仔舍湿度，减少气候变化的应激；④ 仔猪料熟化处理（如煮熟或膨化处理）并加入抗生素（如土霉素，添加 50～80 毫克/千克）、益生素（乳酸杆菌、需氧芽孢杆菌、双歧杆菌等制成的微生物添加剂）、喹乙醇（添加 50 毫克/千克）或各种有机酸（如柠檬酸、乳酸等，但仔猪 40 日龄后不宜添加）；⑤ 有针对性地进行预防免疫接种。如现在许多场已制定了在母猪产前 40 天和 15 天对其注射大肠杆菌灭活苗或用本场病原制成的疫苗给母猪实施免疫，收到了一定的效果。也有少数猪场利用下痢仔猪的粪便拌进妊娠母猪的饲料，以借助妊娠母猪产生抗体，以后产下的仔猪通过吮乳获得被动免疫。但这种方法对妊娠母猪体内胚胎有潜在的危险，必须谨慎采用。

减少仔猪断奶应激：仔猪断奶前后的工作十分关键，应当千方百计减少仔猪断奶应激。通常情况下，猪一生中受到的最大应激就是断奶造成的应激，这就是刚断奶仔猪死亡率较高的一个重要原因。要减小断奶应激，必须在断奶前就开始考虑饲料的过渡，逐渐增加断奶后饲料的比例，直到断奶后一周左右才完全采用保育期饲料；断奶时环境逐渐过渡也很重要，采用断奶时赶走母猪，仔猪留原圈饲养一周后才转群，结合同窝仔猪同圈饲养的组群方式，可以大大减少断奶的应激；另外，尽量避免在断奶后一周内进行免疫接种工作，圈舍冲洗工作推迟到仔猪转入保育舍后进行；断奶后一周内继续为仔猪提供较高的温度，降低舍内湿度和有害气体浓度，都会对仔猪生长发育和健康产生有利的影响。

其他工作包括：每周清点一次哺乳仔猪存栏数，发现数目不

对应及时查找；随时检查药品器械是否准备充足，同时做好设备设施的检修工作；填写仔猪登记簿，内容主要有仔猪号、品种、初生重、采食情况、健康情况、寄进寄出情况、断奶重等。（结合上述分娩母猪卡片，及时记录整理。）

3. 产仔哺乳舍的日常工作

（1）做好分娩接产工作。对临产前后母猪的护理和分娩中的人工助产是做好产仔舍一切工作的基础，必须严格执行上述技术措施，保证仔猪一出生即受到很好的照料。

（2）产仔舍中最重要的工作就是哺乳仔猪的培育，因而应当把护理仔猪作为首要的任务，仔猪出生后，及时帮助哺喂初乳（特别是对弱仔），帮助固定奶头吮乳，调节好仔猪躺卧区温度，防止母猪压死仔猪等工作要切实抓好。

（3）对已满3日龄的仔猪注射铁剂和补硒。

（4）对已满7日龄的仔猪开始诱食。

（5）作好清洁卫生，清除粪污，清扫残余的旧饲料。

（6）根据母猪食欲、体况等不同情况投放饲料，每天两次或更多，并记录吃料不正常的母猪。

（7）检查猪群，看是否需要做紧急处理，并做好每头病猪的治疗记录。例如检查母猪乳房、阴道等是否正常，未分娩的是否有分娩症状，分娩了的是否有无乳症状，对食欲较差或厌食的母猪则应作全面的检查；对仔猪要检查有无腹泻、跛行、生长发育不良以及活动不正常等。

（8）观察猪只对环境的反应，保证保温及通风换气设备运转正常，保持温度适宜，空气新鲜，避免贼风。

（9）护理好断奶1周内的仔猪。饲喂上以少食多餐为原则，每天投放4~6次，供给清洁饮水（最好能供给温开水），并注意防止仔猪过食；环境上要保证圈舍干燥，并在刚断奶后的2~3天内将仔猪躺卧区温度提高到30℃，以后逐渐降到24℃。

（10）哺乳25天以后母猪喂料减少至1.8千克以下（防止母

猪断奶后患乳房炎），28天断奶后母猪赶出产仔舍，经体表消毒后交给配种舍。

（11）断奶1周后的仔猪转群到保育舍，然后对空栏进行清洁消毒。

（12）清粪时应从健康的猪栏开始，最后清理患病猪栏，以免疾病传到健康猪群。

（13）按要求填写分娩头数、产活仔数、初生重、断奶性状、死亡、胎次以及猪群变动报告单，为整理与汇总季度和年度的生产情况提供基础资料，切不可漏报错报，更不可有意弄虚作假。

（四）保育舍管理技术规程

1. 劳动定额　保育舍在养单元共有5个，每个单元24栏，可由1～2人负责饲养管理。

2. 生产指标　保育舍仔猪成活率应达到95%以上，保育期结束时，所有仔猪生长整齐，平均个体重在20千克以上（70日龄重）。

3. 保育仔猪的饲养管理技术

（1）由于实施了仔猪断奶后留原圈饲养1周的管理方法，仔猪已在哺乳舍逐渐适应了保育期的饲料，转群到保育舍后，必须做到原饲养制度不变和原饲料不变，以减少环境变化引起的应激。也就是说，饲料不变，每天仍然饲喂4～6次，每次投放不能太多，尽量保持饲料新鲜。

（2）本规程采取一窝仔猪一栏的饲养制度，进一步确保仔猪进入保育舍后受到的应激达到最小（如仔猪占用圈栏面积0.3平方米/头，则保育舍单栏面积应为：0.3米^2/头×10头=3.0米^2，于是可将其设计为2.0米×1.5米的单栏）。

（3）仔猪刚转群到保育舍时，最好供给温开水，并加入葡萄糖、钾盐、钠盐等电解质或维生素、抗生素等药物，对提高仔猪抗应激能力是非常有效的。仔猪进入保育舍3～5天后，由于已进入旺食期，可能会开始出现抢食现象，这时应增加饲喂量和饲

喂次数，但也应注意防止暴食出现消化不良。

（4）仔猪转群到保育舍后，保育栏内温度在2～3天内升高到28～30℃，3天后即调节至26℃，以后按每周2℃降幅逐渐降低到10周龄的21℃（这样有利于减轻转群的应激）。栏内应有温暖的睡床，以防小猪躺卧时腹部受凉。同时要注意防止贼风（舍内风速低于0.25米/秒），保持舍内干燥（湿度应在50%～75%）、温暖和空气清新（NH_3浓度低于26微升/升）。

（5）保育舍猪栏原则上不提倡作太多的冲洗，对粪便按从小龄猪猪栏到大龄猪猪栏，从健康猪猪栏到病猪猪栏的顺序直接干清扫，而且每个饲养单元清洁工具不能混用。

（6）做好保育仔猪的免疫工作。各种疫苗的免疫注射是保育舍最重要的工作之一，注射过程中，一定要先固定好仔猪，才在准确的部位注射，不同类的疫苗同时注射时要分左右两边注射，不可打飞针；每栏仔猪要挂上免疫卡，记录转栏日期、注射疫苗情况，免疫卡随猪群移动而移动。此外，不同日龄的猪群间不能随意调换，以防引起免疫工作混乱。

（7）防止传染病的发生。对于大部分的传染病来说，保育猪是个非常敏感的环节，所以留心猪群的状态，及时发现病猪相当重要。一群猪中个别猪只离群、精神呆滞，多为有疾病发生，如测量发现其体温升高的话，则可能感染上了病菌，应立即肌注抗生素和退烧针，严重的应向上报告。突然死亡的猪只应进行解剖诊断。

4. 保育舍的日常工作

（1）观察猪群状况。每天一上班对猪群都要做全面的巡查，注意观察每个栏每一头猪，登记不正常的猪只，移走死亡和隔离需要特别照顾的仔猪。仔细地观察不愿吃料的猪只，因为这可能是猪患病的征候，因此对其不可掉以轻心，而应立即查明原因。

（2）在打扫猪栏的同时检查设备的工作情况，例如饮水器是否堵塞或漏水，取暖设备工作是否正常，舍内温度过高还是过

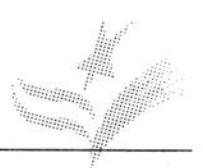

低，湿度和通风符不符和要求等，同时清走过剩的饲料。

（3）给仔猪投放饲料。投放饲料量以基本吃光为原则，尽量使饲槽内饲料保持新鲜。在保育期即将结束前一周开始，适当增加生长肥育期料的比例，为以后转入生长肥育舍做好准备。

（4）对刚空出单元的猪栏进行清洁消毒。先用高压水龙头彻底对猪栏和各种设备冲洗去污，然后用强消毒剂（如漂白粉、NaOH 溶液、福尔马林等）喷洒消毒，以后空栏一周等待接纳下一批猪。

（5）保育仔猪也容易出现腹泻，发现病猪应当全栏一起治疗，对腹泻较严重的仔猪，除了服用抗生素外，还应补充电解质溶液。

（6）40 日龄左右注射链球菌、猪丹毒、猪肺疫三联苗，保育期结束前一周注射一次猪瘟单苗。注射时要按规定的方法稀释、摇匀，保证用具干净，消毒严格，每个猪栏使用一个针头，并将要求的剂量注射到正确的部位。

（7）8 周龄时应进行体内驱虫，可用左旋咪唑按 8 毫克/千克体重肌肉注射。转群到生长肥育舍前一周，用 1%～2%的敌百虫溶液喷洒，杀灭体外寄生虫（喷洒时注意药和水混匀，防止猪只中毒）。

（8）填写幼猪保育卡片。主要记录保育舍幼猪的增重情况、转入转出的平均活重、成活率、饲料消耗、疾病和死亡原因等。

（五）生长肥育舍管理技术规程

1. 劳动定额 生长肥育舍共有 15 个单元，195 个栏位在养猪只，因工作相对较单纯，可由 1～2 人负责即可。

2. 生产指标 生长肥育舍的责任就是合理饲喂，调节猪舍环境，保证猪只最大限度地发挥生长速度和饲料转化率等方面的遗传潜力，而且生长均匀整齐，并将猪的死亡减少到最低限度。具体要求是：猪在生长肥育阶段的平均日增重、饲料转化率和瘦肉率应达到该品种平均水平，猪的成活率在 98%以上，出栏猪

个体差异较小。

3. 生长肥育舍生产管理技术

（1）猪从保育舍进入生长肥育舍时应当按来源、品种、强弱、体重大小等合理分群，以避免以强凌弱、以大欺小、相互咬斗等群体秩位斗争对生长产生不利影响（如果能做到按窝分群最好）。分群可在夜间进行，先对猪体喷上气味大的药液，然后混群，1~2小时后开始分群。

（2）猪只进入新舍后，要及时调教，尽快养成采食、排泄、躺卧三角定位的习惯。一般应在猪上圈之前，在采食区投放饲料，在排泄区撒上健康猪的粪尿，而在躺卧区放上一些保温的垫料，并在猪进圈后，勤邀勤赶，经两三天训练后即可形成良好的习惯，为以后的饲养管理和卫生防疫工作带来很大的方便。

（3）保持合理的群体规模和饲养密度。一般肥育猪每圈饲养10~20头规模，头平占圈面积0.8~1.0平方米。为保证生产的连续性，减少组群应激，生长期也应以此标准饲养（三段式生产工艺）。

（4）搞好防疫和驱虫。要贯彻预防为主，治疗为辅的工作方针，按事先拟定的免疫程序，对猪瘟、猪丹毒、猪肺疫等主要传染病进行预防接种；在猪55千克左右时应进行体内驱虫，青料喂得多的猪场，可在生长期多驱一次。

（5）供给猪只充足的清洁饮水，如安装自动饮水器，应安在排泄区一端，高40厘米左右。

（6）搞好圈舍的清洁卫生，保持猪栏干燥（可考虑在排泄区设置高5厘米，直径3.2厘米，间距20厘米的柱头螺栓，以防止猪只在排泄区躺卧，有利于卫生防疫）。

（7）生长肥育期猪的适宜温度为10~21℃，在此温度区域饲料利用率较高。虽然此期猪的适应性比较强，在绝大多数地方很少因为温度原因发生疾病或死亡，但是，高、低温应激仍然是生长肥育期饲料报酬较低的一个重要原因，有时我们可以通过极

低的代价，就可将温度调整得比较接近适宜温度（例如冬季用塑料薄膜封闭了猪舍的各种缝隙，或增加了麻布门帘，夏季有适当的冷水冲淋或有树木遮荫等），这样做的结果是节约了大量饲料从而换来了一大笔利润。

（8）考虑温度的同时，应当重视湿度和风速协同温度产生的综合影响。猪舍内的高湿，不仅仅增大了保温和防暑的难度，而且给病原微生物的繁殖和生长提供了有利的条件。例如，当相对湿度从80%上升到90%时，猪舍内空气中的微生物含量增加了1倍，而从80%下降到70%时，微生物含量则减少了63%左右。风速的影响，相对比较单纯一些，一般情况下只要风速增大就会增加散热，因此冬季对风速必须有适当的控制。

（9）正如其他阶段的猪只管理一样，调节猪舍内环境，观察猪只的健康状况、精神状况、采食、躺卧、排泄情况等也是生长肥育舍每天的必修课，发现猪出现精神不振、颤抖、呕吐、四肢无力等现象应当立即查明原因，及时治疗病猪并作好记录。

（10）杀灭老鼠、蟑螂、蚊蝇等害虫，虽然往往很困难，但对于防疫工作是绝对必要的。

（11）搞好消毒工作。每次转移猪后必须将栏舍、饲槽清洗干净并经消毒后方可入猪。每次出猪后，及时将通道、出猪台等设施冲洗干净并消毒。

4. 生长肥育舍日常工作

（1）喂料。每天喂料两次即可，但投放饲料量要恰当。清楚地标记料箱和饲料存放点的饲料名称，以便能准确投放饲料。取料时注意检查饲料的结构和颜色，发现异常及时报告。投料前检查每个料槽，清理所有潮湿、发霉的饲料。

（2）观察猪群的各种情况，调节猪舍内空气环境。（温度10～20℃，相对湿度60%～75%，风速：冬季应低于0.25米/秒，夏季在不影响其他生产条件的情况下尽量加大风速；NH_3浓度低于26微升/升，H_2S浓度低于20微升/升。）

（3）供给猪只充足的清洁饮水，每天注意查看饮水器是否能正常使用。

（4）每天两次清扫粪便，污物及霉烂变质饲料，并立即从脏道运至粪污贮存处理场，以保持猪舍的清洁卫生。

（5）做好肥育猪上市出栏工作，及时对空栏清洗消毒。

（6）及时将病残猪、死猪运到指定地点处理。

（7）记录生长肥育舍转入转出头数，肥育期平均日增重、饲料消耗、疾病、死亡和出栏头数等。

参考文献

[1] 陈润生．猪生产学．北京：中国农业出版社，1995

[2] 罗安治．养猪全书．成都：四川科技出版社，1996

[3] DON H.BUSHMAN．中国养猪工业手册．北京：美国大豆协会，1999

[4] 崔引安．农业生物环境工程．北京：农业出版社，1994

[5] 朱尚雄．中国珠江三角洲工厂化养猪．北京：农业出版社，1993

[6] JAMES R.GILLESPIE MODERN LIVESTOCK AND POULTRY PRODUCTION DELMAR PUBLISHERS INC. 1989

[7] 程国栋．工厂化猪场保育舍饲养管理．养猪，(2)，1998

[8] 张代坚．种母猪的饲养管理．养猪，(2)，1998

第六章 猪场的建设与设备

猪场是养猪生产的最直接最重要的外部环境条件之一，猪场设计的合理与否，关系到能否有效地组织生产、提高经济效益。猪场中作为生产对象的猪，对围绕和影响它的所有物理、化学、群体和行为等环境因素产生各种反应，从而影响到自身的生产性能。例如，温度、群居条件及猪舍形式和设备设计直接决定饮水量和采食量；各种应激因子共同作用直接影响猪的代谢和基本生理状况，特别是免疫系统状况，而增加应激水平通常会降低免疫机能，增加发病的可能性，并最终降低猪的生产力。由于我国在过去缺少农业工程技术和相关人才，建造的一些规模化猪场在整体规划、布局和畜舍建造、设备设施的设计上存在许多的问题，以至后来生产中环境控制和防疫措施等难以实施，猪的健康和生产性能处于较恶劣的状况，同时因生产管理很不方便，劳动生产率较低，生产水平上不去，经济效益蒙受了巨大的损失。如果以农、林、牧全面发展、相互结合、节约耕地及有利于猪的健康和提高生产力为原则，进行综合规划，在可供选择的范围内正确选定场地，并在其上按最佳的生产联系和卫生要求等配置有关建筑物，加之在成本效益允许的前提下创造最适宜的生产环境，必将为合理利用自然和社会经济条件，简便有效地控制猪舍环境、保证良好的兽医卫生条件、高效地进行猪的生产、提高经济效益及促进生态平衡奠定良好的基础。

当然，猪场的设计和建造，应当从我国国情出发，充分考虑我国的社会经济条件和自然条件，结合各地的特点，因地制宜，

就地取材，对新的先进的技术灵活加以应用。既要尽量满足猪的各种生理需要，提供良好的生产环境，充分发挥猪的遗传潜力，取得最大的生产性能，又要注意节约资金和能源，适当降低机械化、自动化水平，减少投资，增加就业机会，帮助社会减轻就业压力；既要获得很好的经济效益，也要注意解决好环境保护的问题。所以，猪场设计和建造的好坏，应当以是否有利于猪舍内空气环境控制；是否有利于严格执行各项卫生防疫制度和措施；是否有利于合理组织生产，提高设备利用率和工作人员的劳动生产率并最终有利于经济效益和社会效益的提高为依据，并本着实事求是的精神，从场址选择、场内规划布局、场区卫生防疫、猪舍类型确定、建材和设备的合理应用等方面综合考虑，而不是盲目追求先进，不切实际地强调机械化和自动化水平，甚至要求生产上完全达到发达国家较严格的猪生产环境标准或动物福利标准。

一、猪场场址选择及建筑物规划布局

猪场场址的选择，应根据猪场生产规模、生产特点、饲养管理方式及生产集约化程度等方面的实际情况，对地势、地形、土质、水源，以及居民点的位置、交通、电力、物质供应及当地气候条件等进行全面考虑。

（一）气候特点及其与猪舍建筑的关系

现以四川省为例介绍气候特点及其与猪舍建筑的关系。四川大部处于亚热带季风气候区，因地形特殊，四周山峦环绕，丘陵起伏，河流众多，各地海拔高度差别甚大，形成了东部盆地（海拔400～800米）的湿热和西部高原（海拔1 000～3 000多米）的干冷气候特点，并且东西部气候差异极大。就极端温度的变化来看，东部夏季高温达42℃以上，冬季最低温度在－1～－5℃之间，气温年较差在43℃以上；而西部夏季最高温度达32℃，冬季最低温度在－35℃以下，气温年较差高达67℃以上。东部地区夏季高

温期长达4～5个月之久，西部地区则有5个月以上的低温期，而在西北的高原地区几乎全年处于寒冷气候中。所以，根据四川这种复杂的气候特点，在猪舍的建设上必须进行分区规划。

在我国农业建筑工程中，一般将自然气候条件分为七个区域，见表6.1。

表6.1　我国建筑气候分区的气温、湿度情况及建筑要求

区名	1月平均气温	7月平均气温	平均相对湿度	建筑要求
Ⅰ区	－10～－30℃	5～26℃		防寒、保温、采暖是主要问题
Ⅱ区	－5～－10℃	17～29℃	50%～70%	既要考虑冬季采暖，又要考虑夏季通风
Ⅲ区	－2～11℃	27～30℃	70%～87%	着重解决夏季降温，组织自然通风并注意防潮防水
Ⅳ区	10℃	27℃	75%～80%	夏季降温是主要问题，并考虑隔热通风遮阳等
Ⅴ区	5℃	18～28℃	70%～80%	冬暖夏凉，部分地区有湿热问题
Ⅵ区	0～20℃	6～18℃	60%	主要防寒
Ⅶ区	－6～29℃	16～26℃	30%～55%	主要防寒

按此分区的气候特点，四川建筑气候分区上可以划分为四个区域，即甘孜、阿坝西北部和中部处于第一和第二区；凉山大部和甘孜、阿坝的东南边缘，川北边缘地区处于第三区；四川东部和东南部广大地区处于第五区。见图6.1。

根据这种气候区划，猪场建筑类型和特点应针对各地的实际和不同品种、不同生长阶段猪的需要特点合理安排。也就是说，在川西北地区建设猪场，应根据猪种的适应性着重考虑防寒保温的问题，而在川东南湿热地区，生长肥育猪和各类成年猪应主要解决防暑降温、排水防潮和通风问题；但哺乳仔猪和保育猪仍然要解决好保温、防潮的问题。

目前，四川规模化猪场主要集中在东部、南部盆地地区（特

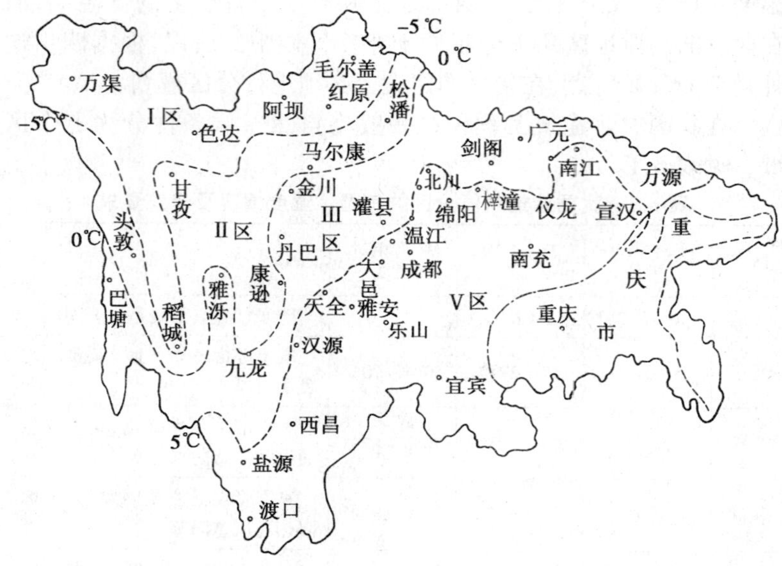

图 6.1　四川农业建筑气候分区图

Ⅰ区：主要防寒，采暖　Ⅱ区：主要防寒，采暖，考虑通风　Ⅲ区：夏季通风降温，冬季防寒防潮和保温　Ⅴ区：主要防暑，防潮

别是成都地区），这些地区一般冬季最低气温都在5℃以上，气温在10℃以上的时间长达10~11个月，若以10℃作为一般成年猪和生长肥育猪的适宜温度下限，则几乎全年可以进行开放或半开放式的生产，只有夏季高温期须采取防暑降温措施。因此，东部及南部地区，成年猪和生长肥育猪舍以防止过多的太阳辐射，组织有效通风为主，猪舍采取南北朝向，并增加猪舍净高（地面到天花板的距离），加宽出檐，增设屋顶隔热层或遮阳设施，增大猪舍间距（10~20米），植树绿化以防止强烈的太阳辐射和地面反射。同时，猪舍选择能与夏季主风方向形成“穿堂风”的角度，以达到防暑降温的目的。但是，由于保育期结束前仔猪需要的温度在21~35℃之间，而该省每年平均气温达20℃以上的时

间仅有5个月左右，有半年多的时间气温不能达到仔猪（特别是哺乳仔猪）的适宜温度需要，因此在建筑设计时应主要考虑防寒保温为主，即产仔哺乳舍和保育舍应为封闭式，同时增加屋顶保温层以及外围护结构的厚度，增大房屋跨度，降低猪舍净高，并防止寒风渗透，朝向避开冬季主风方向。必要时采用专门的保温墙板，设计保温防潮地面，安装循环式换气管道，对排污口采用橡胶、宽皮带片等封闭以阻挡冷风入侵，结合舍内适当的采暖设施提高舍内气温，防止水汽在外围护结构和地表凝结（以免降低外围护结构的热阻），同时降低舍内湿度。

（二）猪场场地选择应考虑的因素

猪场场址的选择要考虑多方面的因素，在现实情况下有些因素之间存在矛盾，所以，出于环境卫生要求的诸多方面条件无法同时满足时，应当考虑以下两个问题：一是哪一个因素更重要；二是是否能用可以接受的投资对不利因素加以改善。例如，一个地势低洼的地方是不宜建场的，然而该处在交通、电力、物质供应、建筑面积及与居民点的关系等诸多方面具有明显的优势时，我们应当考虑填高该地建场所花的额外投资是否可以接受。以下提出的场地选择要考虑的因素并不表示每一方面都是必须满足的，而是表明了场地选择时有哪些主要因素会对未来猪场的生产、管理和防疫等产生影响，从而为不同的可选场地的比较提供参考或引起猪场建设和经营者对本场存在的不利条件加以重视、改善和防范，而对有利条件加以充分利用。

1. 地势和地形 场地的高低、走向趋势即是地势。在猪场场地选择中如果选择较高的地势，必然有利于今后场区污水、雨水的排放，由此而产生的有利影响是猪场建筑时排水设施的投资相对减少，场区内湿度相对较低，病原微生物、寄生虫及蚊蝇等有害生物的繁殖和生存受到限制，猪舍环境控制的难度有所降低，卫生防疫方面的费用也相对减少。此外，在平原地区很多场地是平坦而向阳的，但是山区和丘陵地区还需要考虑两个问题：

一个是坡度大还是小，一个是背阴还是向阳。坡度过大必然增加施工难度，对以后生产管理、运输也有不利影响（例如妊娠母猪的摔跌会导致机械性流产）。而背阴的场地会因缺少太阳辐射或湿度过大导致猪的健康状况恶化和生产性能降低。因此，在没有足够大的平坦场地可供选择时，坡度在 20% 以下，避开风口、向阳的东南或南向缓坡地带可以作为考虑的对象。

另外，场地的优劣还与地形有很大关系。这主要涉及到地形的开阔与狭长，整齐与凌乱，以及面积大小三个方面的问题。开阔的地形对猪场通风、采光、施工、运输和管理等方面都十分有利，而狭长的地形不仅影响以上诸方面，而且会因边界的拉长对建筑物布局、卫生防疫和环境保护增大难度。除此之外，场地面积往往也很重要，多数的设计者会首先考虑场地面积的大小，但有时也会因考虑不周或因社会、经济等方面的原因选择了过小的场地，由此产生的结果往往是牺牲卫生安全必要的建筑物间距，导致的后果是猪的生产安全受到各种潜在的威胁，例如通风、采光、防火、疫病隔离等方面普遍受到影响。另一种可能出现的问题是，设计者只考虑了当前建场的面积需要，没有余地，有时会对未来猪场的发展造成很大的局限性。

2. 水源　可供猪场选择的水源主要有两种，即地下水和地面水。不管以何种水源作为猪场的生产用水，都必须满足两个条件：①水量充足；②水质符合卫生要求。在水污染比较严重的今天，地面水的水质是必须要考虑的方面，如果依靠自来水公司供给饮用水，无疑会增大养猪的成本，而猪场自己解决饮用水，则应考虑水源净化消毒和水质监测的投资。另一方面，如果考虑掘井开采地下水资源，就要计算水需要量以决定水井的数量，从而对所需投资作出估算，可能付出的投资和维持费用大小即可作为选择何种水源的依据。如果采用冲洗用水和饮用水分开的方式，由于冲洗用水主要考虑水量的问题，经一般净化消毒处理和简单的水质监测即可大量使用地面水资源，可节约用水的成本。表

6.2 和表 6.3 列出了估计猪饮水量的参数及饮水中潜在有毒物质的控制标准，供参考。

表 6.2　猪在不同生长期的估计水消耗量

猪的体重	每日的水消耗量（升）	猪的体重	每日的水消耗量（升）
哺乳期仔猪	足以平衡护仔栏中的饲料即可	育肥猪（35～100 千克）	3.8～7.5
架子猪（5～10 千克）	1.3～2.5	干奶期母猪、青年母猪和种公猪	13～17
生长猪（10～35 千克）	2.5～3.8	泌乳期母猪和青年母猪	18～23

表 6.3　影响猪健康的饮水中的潜在有毒物质的推荐上限

物质	安全上限（毫克/升）	物质	安全上限（毫克/升）
砷	0.2	镍	1.0
镉	0.05	硝酸盐－N	100
铬	1.0	亚硝酸盐－N	10
钴	1.0	钒	0.1
铜	0.5	锌	25.0
氟化物	2.0	盐浓度（育肥猪）	7 000
铅	0.1	盐浓度（泌乳母猪）	5 000
汞	0.001		

3. 土质　在很多地方土质一般都不是猪场建筑要考虑的主要内容，因为其性质和特点在一定的地方往往比较稳定，而且容易在施工和管理中对其缺陷进行弥补，但是缺乏长远考虑而忽视土壤潜在的危险因素也可能导致严重的问题，比如场地土壤的膨胀性、承压能力对猪场建筑物利用期具有很大的影响，而土壤中可能存在的恶性传染病原对猪群的健康则具有致命的危险。因此在选择场址时，对土壤的情况作一定的调查也是很必要的。如果其他条件差异不大，选择砂壤土比选择黏土有较大的好处，原因在于污水或雨水比较容易渗透进地下，场区地面能够经常保持干燥。

4. 交通条件　较大规模的猪场在饲料、猪产品、废弃物和其他生产物质的运输方面任务十分繁重，要求有较好的交通条件，但是出于防疫卫生安全和环境保护的考虑，又要求猪场建在较安静偏僻的地方，因此在保证交通方便的情况下，应合理确定猪场场址与交通道路的距离。根据猪场防疫和生产的经验，距离交通主干道 1 000 米，一般公路 500 米可视为合理。如果利用防疫沟、隔离林或围墙将猪场与周围环境分隔开，则可适当减少这种间距以方便运输和对外联系。

5. 社会联系　猪场与周围居民点的关系、电力供应等方面的社会联系也是必须考虑的问题。调查猪场生产污水的流向、臭气扩散的范围和方向及居民点可能对猪场生产造成的各种影响，对选择猪场的位置很有帮助。虽然猪场选在高处比较干燥，但在离居民点较近的情况下，就得考虑应当低于居民点的地势，以避免以后生产污水可能引起的纠纷。而臭气的影响主要与距离和风向有关，要想减少相互的不利影响，猪场与居民点保持 1 500 米以上的距离很有必要。同时，考虑到风向的关系，到当地的气象部门取得风向图有助于作出明智的选择。此外，重视了解当地的供电条件，电能是成本构成的重要因素，也是确保以后生产正常进行的前提。

（三）猪场内部的规划和布局

猪场的规划和布局总的原则是，在保证防疫卫生要求的前提下，按最佳生产联系安排各功能区和各类建筑物的位置。

1. 猪场建筑物的总体分区规划　完善的工厂化猪场一般具有 3 个功能区。

（1）生产区　该区包括种猪舍、产仔哺乳舍、断奶仔猪保育舍、生长肥育舍、人工授精室、消毒室、值班室、饲料调制间等，处于猪场的核心位置，是猪场的主要建筑群，也是卫生防疫的重点保护区。

（2）生活和生产管理区　该区包括与经营管理有关的办公

室、会议室、接待室和饲料车间、药房、成品仓库、车库、机械维修室、配电房、水塔及职工生活福利建筑和设施等。由于生活和生产管理区与外界社会联系较为频繁，同时又是职工生活、休息和娱乐环境，必须考虑尽量减少生产区与该区的相互影响。

(3) 卫生防疫隔离区　该区包括隔离舍、兽医室、粪污处理设施、尸体处理设施、垃圾场等，具有较大的生物学危险性，是卫生防疫的重点防范区。

通常在对以上各区的安排上，按地势由高到低和夏季主风方向依次设置生活福利区、生产管理区、生产区和卫生防疫隔离区，而且必须保证生产管理区与生产区之间保持200～300米距离，生产区与卫生防疫区保持300米以上的距离。见图6.2。

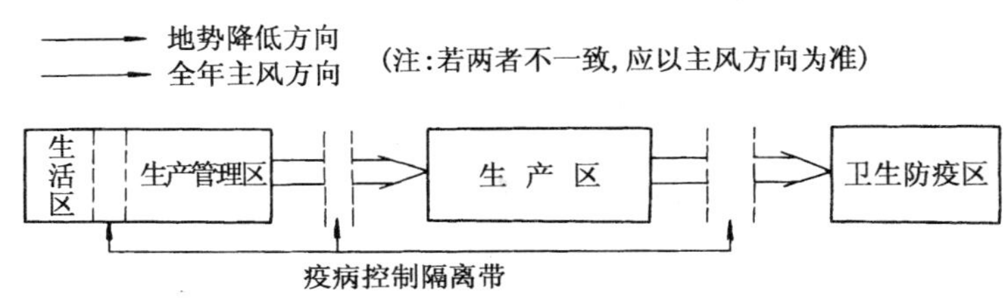

图6.2　猪场总体分区规划示意图

此外，由于生活区与管理区地势高于生产区，所以应当安排专门的沟道排走生活污水和地表径流，以防其流入生产区。

这种规划可以保证猪场产生的不良气味、噪声及粪尿污水等不致因风向和地表径流而影响生活和生产管理区环境，而且减少了卫生防疫区病原和臭气对生产区产生不良影响的危险性。同时，各区之间设置防疫屏障（如防疫沟、防护栏、隔离林带、围墙等），可进一步加强对生产区的保护。如果利用生态学的原理，把养猪和养鱼、种植、园艺等结合起来，直接利用鱼塘、花园、果林、饲料地等作为防疫屏障，则猪场各区之间的间距可进一步加大，防疫卫生条件将有更大的改善。另外，在条件许可的情况下，管理区还可进一步划分，其中与生产紧密联系而与社会较少联系的部分可紧靠生产区，如饲料仓库、药房、水塔、生产用具房等，其他部分则远离生产区。

2. 猪场建筑物的合理布局　猪场建筑物的布局，同样要根据地势、地形、风向、建筑物用途和建筑物之间的功能联系等综合加以考虑。下面从建筑物位置、朝向、间距等方面说明建筑物布局的基本要求。

（1）建筑物的位置关系　根据现场条件和分区规划的要求，各功能区内的建筑物应相对集中，整齐排列。在生产区内应将配种公母猪舍、妊娠舍、产仔舍、保育舍与生长肥育舍划分为不同的小区或车间，并按地势由高到低和全年主风方向依上述顺序安排在相应位置。这里之所以将种公猪安排在最有利的位置，是因为其价值比其他猪更为重要。而仔猪一般安排在生长肥育猪上风向则是考虑到其抗病能力相对较差，位于上风方向可避免生长肥育舍疫病传播到仔猪区。同时，这种安排也符合生产工艺流水线运作的需要，能够保证最短的转猪线路，既减少转群应激，又有利于符合防疫卫生要求的道路设计。另外，设置贮粪场时，既要保证卫生防疫安全，又要便于运出、堆放和处理，因此，在卫生防疫隔离区中，贮粪场的位置应当离生产区比较近，其次是兽医室。而垃圾场、病畜隔离舍、尸体堆放处理设施等则应当设在最远端。

（2）猪舍朝向　根据我国国情，猪舍建筑不能以无窗式为主，而要充分利用自然界的各种有利条件，以达到在环境控制中既满足环境卫生要求，又兼顾节省能源和基建投资的目的。因此，确定猪舍朝向时，必须调查分析现场自然环境和气候特点，以最有利于采光、通风、防暑或保温等环境需要作为决定猪舍朝向的依据。由于我国地处北半球，各地气候虽千差万别，但在没有高大的山体、树木和其他地物影响的情况下，冬季主要吹干冷的东北风或西北风，夏季主要是吹温暖潮湿的东南风或南风。同时，因为同样的原因，一年之中阳光照射到建筑物东南墙、南墙的时间最长，且冬季因太阳高度角小，阳光可直接辐射到建筑物

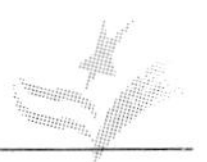

深处，而夏季因太阳高度角大，阳光不能直接辐射到挑檐伸出长度较为适宜的建筑物内。因此，从采光、通风、防暑或保温等方面的环境卫生要求出发，猪舍选择南向为最佳朝向，如选择南偏西或南偏东朝向，角度应控制在15°～30°左右。当然，在现场往往会出现当地主风向、太阳辐射等因高大地物（如山体、树木）而发生变化的情况，这时应具体分析，在避开冬季主风向的前提下，主要由夏季主风方向和采光需要确定猪舍朝向。

（3）猪场主要建筑物之间的间距　出于采光、通风、防火、卫生防疫等方面的需要，猪场主要建筑物之间必须保持适当的距离，一般分别称之为采光间距、通风间距、防火间距（消防间距）和卫生间距。不同性质、不同用途的猪舍建筑之间，要求的间距有不同的侧重。如配种舍、妊娠舍及生长肥育舍以通风、卫生间距为重点，而产仔舍和保育舍及卫生隔离区建筑应以卫生间距、采光间距为重点。草料房、饲料车间等则以防火间距为重点。当然，往往满足了通风间距和卫生间距之后，猪场主要建筑之间的间距就不会有多大的问题了。

自然情况下，风越过某建筑物之后，一般在经过4～5倍该建筑物高度的距离处方可恢复原有的风速，因此应当把这一距离作为建筑物之间的通风间距，假如猪舍高3米，那么，猪舍之间的通风间距即为12～15米。如果在土地资源比较紧张的地方，可能难以接受这种间距，折中的办法是对猪舍的排列作一定的改进，可在保证通风的情况下适当缩短间距，例如猪舍为双排式，可设计为品字型，适当增大端墙间距，即可防止前排猪舍对后排猪舍通风的影响；另外采取猪舍长轴不垂直于夏季主风方向，而是将朝向在此基础上偏转30°左右，也可改善通风而缩短间距。如果采用了机械通风，则间距可进一步缩短为猪舍高的1.5～2倍，但此种通风的效果与猪舍的封闭好坏有很大的关系，封闭不良的猪舍效果较差（容易出现通风短路），且应注意防止前排猪舍排出的污浊空气被吸入后排猪舍内。

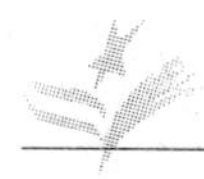

卫生间距的确定,应根据现场面积、猪场规模、建筑物用途和性质及防疫设施的特点等合理安排。一般来说,在10~500米范围内,猪场建筑物之间的卫生间距越大越好,但鉴于土地资源的局限,在满足防疫卫生需要的前提下,我国猪场采用的卫生间距最好按以下推荐值安排:①同种猪舍间:10~15米;②不同种猪舍间:15~20米;③防疫隔离区距猪舍:200~300米;④贮粪池距猪舍:50~100米。另外,在建筑物之间种植花卉、树木、蔬菜等,既可将上述间距缩短,且可以获得一定的环境和经济效益。

(4)猪场道路设计的卫生要求　猪场道路在保证各生产环节联系方便的前提下,应尽量保持直而短。除此之外,还应满足以下三个方面的要求:

第一,净道和脏道要分开。净道是指运送饲料、猪产品、生产资料等清洁物品的道路,脏道则是运送粪便、污物、病猪等脏物的道路,这两类道路一定不能交叉,否则对卫生防疫不利。

第二,路面要坚实、排水良好,不能太光滑,向侧面倾斜的坡度在10%左右。

第三,主干道要保证运输车辆出入时顺利错车,因此路面宽度应达到5.5~6.5米;而一般支路应达到2~3.5米宽,但在支路末端,应设计倒车场,以使车辆不必进入他类道路而顺利回转,避免净道和脏道的交叉。

(5)猪场平面布局结构形式　猪场平面布局结构受制于被选场址平坦开阔程度。平坝地区安排容易,丘陵、山区则应根据实际情况灵活安排。下面是常见的三种布局结构形式:

生产线型系统猪舍平面布局:本系统适合于规模较小的集约化猪场采用。它完全按生产工艺流程顺序延伸,猪移动方便。建筑用地少,投资省,是值得推广的一种布局模式(图6.3)。

以年出栏2 500~3 000头商品肉猪为例安排如下:

生产母猪	150头,年产2胎/头
配种妊娠限位栏	105栏

产仔栏　　40栏
保育栏　　34栏
生长栏　　20或40栏
肥育栏　　32或64栏
公猪栏　　8栏

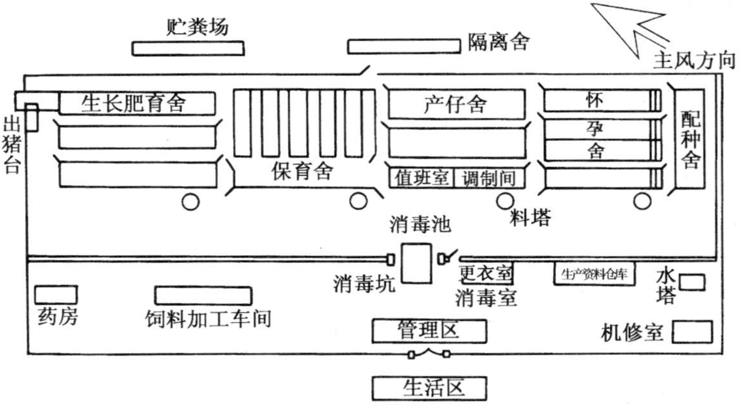

图6.3　生产线型系统猪舍平面布局结构示意图

生长栏和肥育栏数目，一窝一栏分别为38栏和64栏，两窝一栏分别为19栏和32栏。

单位系统猪舍平面布局：本系统每一个单元都是具有较大规模的完整生产系统。每个单位自成一条或半条生产线，每条生产线年出栏肉猪1万头。今后要扩大规模，可再建相同规模、模式的一个或多个单位系统即可，但一切都必须事先有周密计划（图6.4）。

粪污处理应纳入投资计划，后勤保障设施合理安排。以每单元年出栏肉猪5 000头为例说明如下：

生产母猪　　300头
配种限位栏　　69栏
妊娠限位栏　　142栏

产仔栏　　　80 栏
保育栏　　　69 栏
生长栏　　　40 栏（两窝一栏）或 80 栏（一窝一栏）
肥育栏　　　63 栏（两窝一栏）或 126 栏（一窝一栏）
公猪栏　　　12 栏

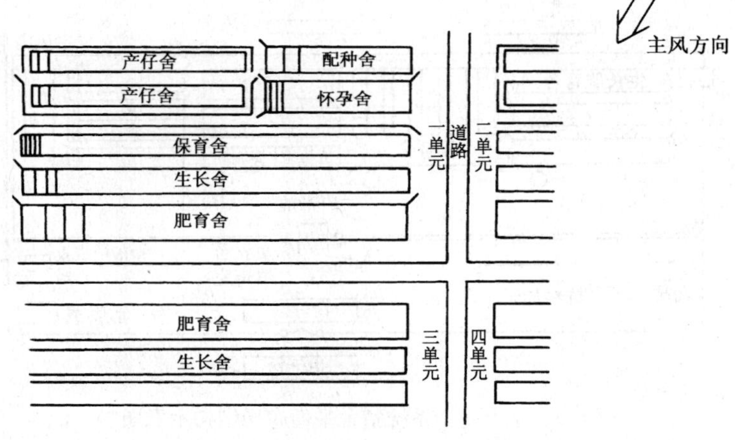

图 6.4　单位系统猪舍平面布局结构示意图

H 型（Z 字型）系统猪舍平面布局：本系统整个生产流程的各环节分为配种与妊娠、产仔与保育和生长肥育三个车间。在地形受到限制和生产规模不继续扩大的情况下采用（图 6.5）。

以年出栏肉猪 3 000 头为例说明如下：

生产母猪　　　200 头
配种群养栏(4 头/栏)　11 栏(如用限位栏需 46 栏)
妊娠限位栏　　　94 栏
产仔栏　　　54 栏
保育栏　　　46 栏(一窝一栏)或 23 栏(两窝一栏)
生长栏　　　54 栏(一窝一栏)或 27 栏(两窝一栏)

肥育栏	84 栏(一窝一栏)或 41 栏(两窝一栏)
公猪栏	11～13 栏(1 头/栏,包括 3 个后备公猪栏)

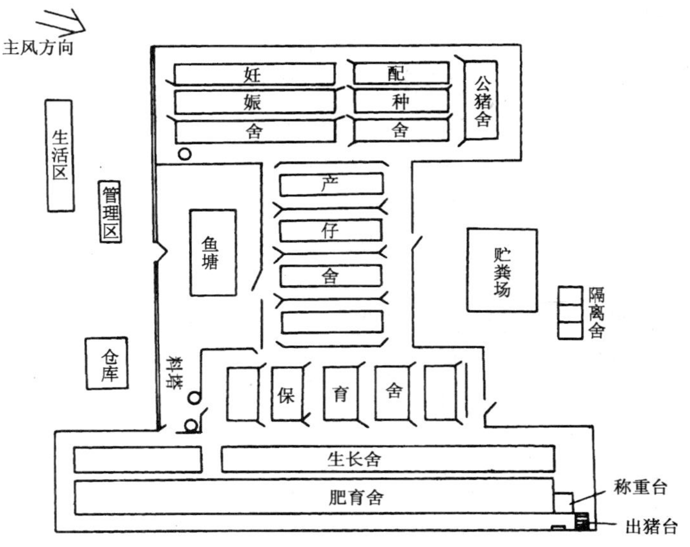

图 6.5　H 型系统猪舍平面布局结构示意图

二、猪舍设计与猪舍建筑

（一）猪舍设计的基本原则

1. 符合猪只不同生理阶段的要求　例如，配种公猪单栏饲养，应有较大的圈栏面积和足够的活动场所；配种母猪可以限位，也可群养，在地价较便宜的地方，可设置一定面积的专用运动场，也可采取集体活动、限位进食的圈栏。如完全限位，母猪在任何生产环节都没有活动机会，不仅不利健康，还会缩短利用年限。妊娠期限位饲养则可节约建筑面积，减少机械性流产；产仔哺乳母猪限位可防止压死仔猪；给仔猪设置采暖保温小区；保育期最好同窝一栏为好，并要利于排污。

2. 有利于环境控制，有利于环境保护 猪在适宜的环境条件下，才能最大限度地发挥其生产潜力、节省饲料，因而搞好温度、湿度、通风、光照等环境控制，才可能取得良好的经济效益，而环境控制的实现首先是从猪舍设计和建造开始的。另外，在搞好生产的同时，注意环境保护设施的建设和环境保护措施的落实，则是猪场长远发展的重要保证。

3. 就地取材，简单实用，坚固耐久 猪场的建设不能盲目追求先进，必须根据各地的情况，利用经济实用的材料，采用符合当地气候环境的类型，在满足猪的生产需要的前提下，尽量减少基建投资。

4. 适合工厂化生产的工艺 在确定了生产工艺流程的前提下，合理规划布局，设计足够的车间数、单元数和栏位数，配备必要的设备设施，是将来各项工艺技术得以实施和均衡生产顺利进行的根本保证。

5. 有利于控制疫病的传播 疾病的预防和控制，是现代养猪高效生产的重要保证，是否有利于疫病控制已成为衡量一个猪场设计好坏的主要标准之一。

6. 要有一个优美的环境

（二）猪舍建筑

1. 猪舍建筑材料 猪舍内环境是一个具有腐蚀性的环境，且猪只有喜爱啃咬物件的本性，因而建筑材料应具备抗腐蚀性和坚固性，以延长使用寿命。

（1）地面材料 由于猪只喜欢啃咬，猪舍地面要求比较坚固，同时，因猪每天在地面躺卧和睡眠的时间占 50%～57%，冬季通过地面损失的热量较多，故应重视地面的保温及防潮设计，而这需要相应的建材才能得以保证。

结实地面材料：主要是混凝土，即水泥、砂、石和水按一定比例混和而成，修建方便，坚固耐久，抗腐蚀性强，但不利于保温和保持干燥。小规模的猪场可以在地面垫草（国外有一种新猪舍，地面设计为斜坡式,前面有一个垫草贮备槽,每次取少量垫草,在使用中垫草逐渐自动滑向坡底的粪沟处,不仅减少了垫草的用量,而且清除垫草也较方便),保温性能大为改善,但不适用于大的猪场。规模化猪场最好采用导热系数低的材料,如陶粒粉水泥、橡皮贴面等作地面材料,垫层可以采用炉渣、泡沫玻璃等保温防湿材料。比较简单的做法是在炉渣或砖垫层上,再做混凝土粉面,或架空设置预制钢筋混凝土板,板下还能考虑通热空气采暖。

漏缝地板材料:规模化猪场所使用的漏缝地板,有各种式样,预制成块状或条状,缝隙宽度根据猪的日龄或体重在1~2.5厘米之间选择。使用的材料有:水泥、金属(如未压平的多孔金属网、带孔金属板、压扁的多孔金属网、编织的金属网、焊接的金属网、铸铁等)、压模塑料、玻璃钢、陶瓷等。

有些猪场使用一种橡胶或塑料防滑地板，多用在配种栏或公猪栏，使猪只在配种时不会由于地面打滑而影响配种或损伤公、母猪。

木质地板:硬质木材作地面材料保温性能好,但抗磨损性较差,不耐腐蚀,容易损坏。适合于产仔栏、保育栏作保温区垫板。

(2) 墙体材料

砖墙：土砖用水泥沙浆粘合，半截靠灰。取材容易，坚固耐久，利于防火。

木质材料：硬质木材，保温性好，但接近地面部分易腐蚀，适于保育舍使用。

隔热材料：主要有4种，即蓬松的填塞性隔热材料、棉毯性隔热材料、硬性隔热材料和泡沫性隔热材料。使用这些材料需用耐火材料包裹，夹在墙体内层。国外集约化猪场普遍采用，防寒保暖效果特别好。另外，直接使用各种复合保温墙板或加气混凝土砌块，保温隔热性能也很好。

(3) 屋面、天花板材料

钢筋混凝土屋面：坚固耐久，取材容易，防火性能好，但保

温隔热性能较差。

木架小青瓦、石棉水泥瓦屋面：取材容易，修建方便，通气性好，但保温隔热性能较差。适用于生长肥育舍。

铁架、木架玻纤瓦屋面：修建方便，造价较低，通气性好，但因导热性强，防寒保暖性差，只适用于生长肥育舍。

隔热材料：屋顶的保温隔热性能其实比墙体更重要，但往往容易被忽视。提高屋顶热阻的方法，除加设天棚外，将各种隔热材料填塞在防火材料夹层内做成多层复合屋面，保温隔热性能大大提高，但这样做造价较高，国内一般只在产仔舍和保育舍使用。这类材料主要有油毡、泡沫塑料、矿渣棉、玻璃棉、铝箔波形纸板等。

（4）围栏材料　主要有两大类，一类是水泥土砖围栏，修建方便，坚固耐久，造价低廉，但挡风、挡光。一类是金属围栏，可定型生产，安装方便，经久耐用，但应注意防腐蚀的问题。另外，也有少数猪场采用预制钢筋混凝土板猪栏，这种猪栏由钢管和钢筋混凝土立柱两种构件装配而成，并可以组装成各种规格的猪栏。

2. 各类猪舍的建筑特点　猪舍是猪生存最直接的环境，猪舍建筑必须体现各类猪对环境的不同需求。从猪舍建筑形式上，按建筑外围护结构特点主要将其分为以下几种类型：

敞棚式：这种猪舍无任何围墙，只有屋顶和地面，外加一些栅栏式围栏或拴系设施。特点是采光、通风良好，除对雨、雪、太阳辐射等有一定的遮挡外，几乎暴露于外界环境中。一般在炎热地区采用或作为炎热季节临时装配的简易猪舍。

半开放式：该种猪舍端墙完整，侧墙在夏季迎风面只有半截墙，上半部完全开敞，另一侧墙完整或仍然只有半截墙。该类猪舍采光、通风良好，但除了对冷风有一定的遮挡外，舍内环境受外界影响依然很大，适合在炎热地区或1月份气温在5℃以上的温暖地区的部分猪舍采用（部分猪场在冬季钉塑料布或挂草帘能

明显提高其保温性能)。

封闭式:屋顶、墙壁等外围护结构完整,没有经常开启的门窗的猪舍,称为封闭式猪舍。这种猪舍又分为有窗式封闭舍和无窗式封闭舍,前者造价小,对环境的控制能力很有限,但如果对外围护结构和地面做好保温隔热设计,可有效地改善环境控制功能,适合作我国绝大多数温暖地区的产仔舍和保育舍及北方寒冷地区的各类猪舍;后者一般可人工调控舍内环境,甚至实行机械化或自动化,但投资大。

组装式猪舍:该类猪舍外围护结构可全部或部分随时拆卸和安装,还可以按照不同的气候特点,将猪舍改变成所需的类型。十分有利于利用自然条件调控猪舍内环境并易于实现猪舍建筑的商业化和规格化。

下面根据各类猪的生理需要结合不同的气候特点说明各类猪舍建筑的特点:

(1) 公猪舍　根据公猪体格较高大、爱好运动、破坏力强、怕热不怕冷等特点,在1月份气温高于5℃的地方(如成都平原地区),公猪舍多采用开放式或半开放式,跨度一般较小,净高较大,以利于防暑降温;而寒冷地区须采用封闭式,大窗通风。另外,公猪舍围栏设施及圈门宜坚固,且栏高应达到1.2~1.4米,栏门宽0.8米左右,地面坚实平整,排水坡度5%左右。一般应配备运动场,场周种植树木,去掉树干下部枝叶,仅留树冠,既可遮荫防暑,又不影响通风。

(2) 配种母猪舍　配种母猪怕热不怕冷(5℃以上),应有适当运动,建筑类型与公猪舍类似,通常这两类猪舍被合二为一。栏高0.8~1.0米,栏门宽0.8米左右(其他生产母猪同此尺度)。

(3) 妊娠母猪舍　妊娠母猪对冷热应激都较敏感,特别怕高温,除寒冷地区适当保温外,主要也是注意通风防暑。所以温暖地区宜采用半开放式,寒冷地区则采用大窗通风的封闭式为好。另外,为避免母猪打斗或碰撞造成流产,猪栏一般设计为群养和

限位相结合或完全限位，栏内地面多采用部分漏缝，排水坡度3%左右。

（4）产仔舍　产仔舍设计着重解决仔猪适宜环境问题，由于仔猪环境需要的重点是保温，且仔猪需要的温度较高，所以产仔舍必须采用封闭式，不管有窗或无窗类型，都要作好屋顶、墙壁、地面等部的保温设计，加设隔气层，达到规定的绝热指标。同时采用较大的跨度，降低净高，设计天花板，减少使用时舍内热量损失。寒冷地方舍门应有门斗，采用保温窗户，并设计专门的通风管道，以免冬季通风降低舍内温度。另外，针对仔猪抗病力差的特点，产仔舍内猪栏目前一般采用漏缝或半漏缝地面，以保证圈栏清洁干燥。而母猪限位饲养，则可避免压死较多的仔猪。采取仔猪局部采暖的方法可解决母猪和仔猪温度需要的矛盾，故产仔栏设计应考虑以后采暖设备安装方便。

（5）保育舍　保育仔猪初期对温度的要求仍然比较高，特别是现在实行早期断奶的保育仔猪，初期需要的环境温度在22～26℃，我国大陆广大地区冬季气温都无法满足这种要求，所以，保育舍仍以保温设计为重点，屋顶（应有天花板）、墙壁、地面要达到一定的绝热性能，加设隔气层，采用较大的跨度，降低净高，设计天花板，减少使用时舍内热量损失。寒冷地方舍门应有门斗，采用保温窗户，并设计专门的通风管道，以免冬季通风降低舍内温度。猪栏最好设计为全漏缝地板，躺卧区设计保温猪床。

（6）生长肥育舍　生长肥育猪对环境的适应能力已经比较强，但适宜的温度在15～20℃，考虑到提高饲料报酬，必须同时重视防暑和保温。四川盆地地区一般采用半开放或开放式比较适宜，但冬季应适当封闭，夏季炎热时屋顶隔热效果差的应采取降温措施。而北方主要采用封闭式。建筑结构可以简单些，环境主要通过管理控制。猪栏一般采用实体地面，排水坡度5%～6%左右。

（三）猪舍设计参考图例

现以四川为例，根据四川盆地地区气候特点设计各类猪舍。

1. 配种公母猪舍 目前一般把配种公猪栏、母猪栏和配种间设计在同一栋猪舍内，这种设计的优点主要是有利于促进母猪发情排卵和提高配种成功率。也有一些猪场仍然将公母猪舍和配种舍单独设计。

配种公母猪舍的配置主要有 4 种形式，第一种是公猪栏和配种母猪栏紧挨配置，4～6 头母猪一栏对应一个公猪栏，母猪一般限位饲养，公猪栏同时作为配种栏。见图 6.6。

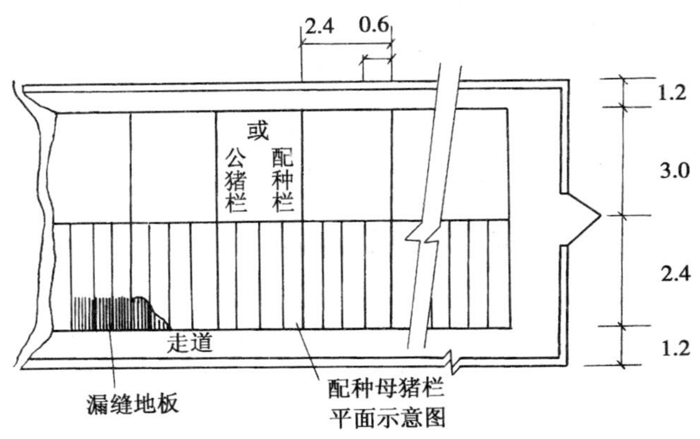

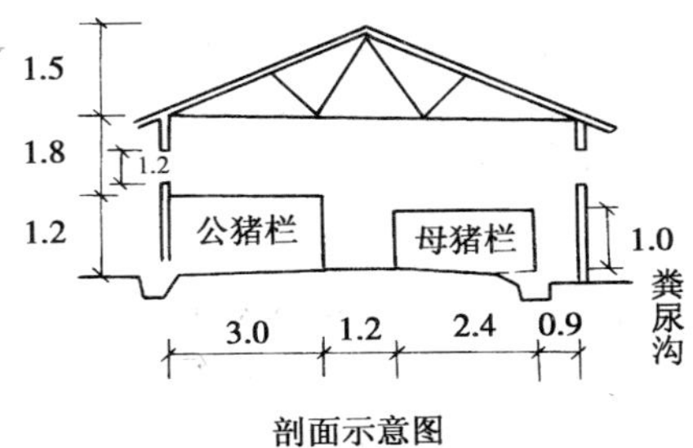

剖面示意图

图 6.6 第一种配种公母猪舍的配置（单位：米）

第二种是公猪栏和母猪栏分为两列配置，在公猪栏之间设置配种栏。见图 6.7。

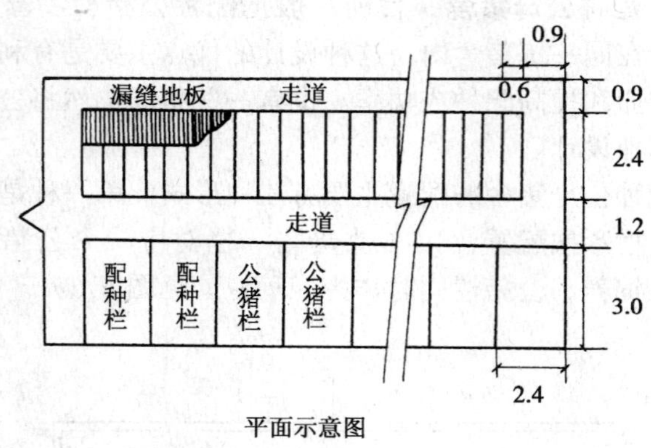

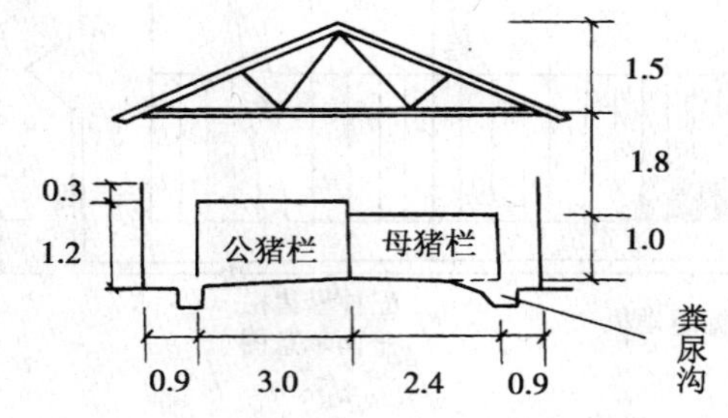

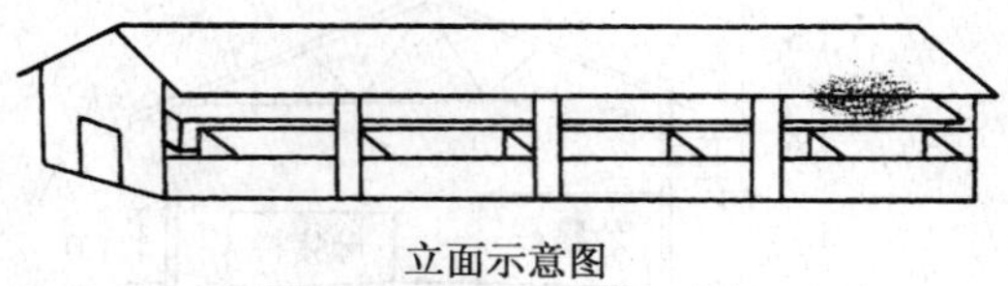

立面示意图

图 6.7　第二种配种公母猪舍的配置（单位：米）

第三种也是公猪栏和母猪栏分为两列配置，但配种在两列之间的一定区域进行。

第四种是在两列待配母猪栏的同列限位栏之间设置公猪栏，而另外设置一个或多个配种间。

2. 妊娠母猪舍

(1) 半漏缝限位采食妊娠母猪舍　这种圈以产期相近的6头为一组，每组有6.3平方米的集体活动区，有利健康。每组栏数可根据需要增减。见图6.8。

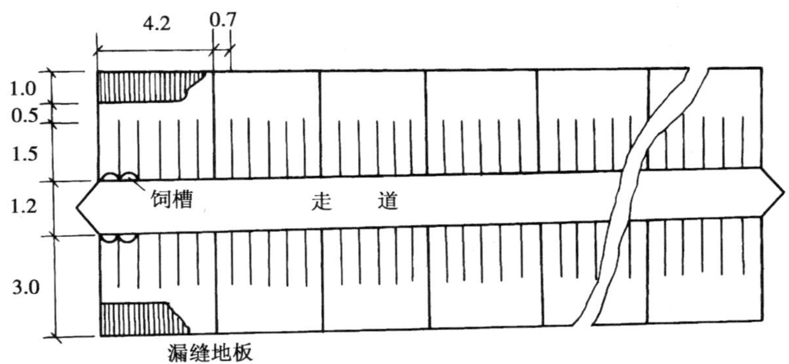

图6.8　半漏缝限位采食妊娠母猪舍平面示意图（单位：米）

(2) 完全限位半漏缝妊娠母猪舍　这种设计，使母猪在整个妊娠期都限制在栏位内，不能自由活动。限位栏后部有1米宽的漏缝

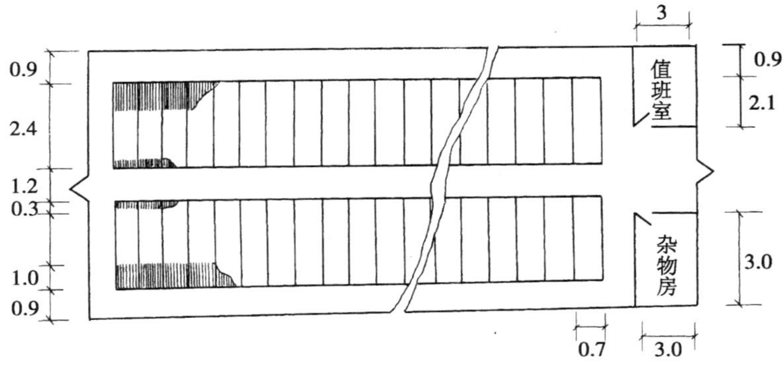

图6.9　完全限位半漏缝妊娠母猪舍平面图(单位:米)

地板,前部有30厘米宽漏缝浅水沟。有利于防止机械性流产并保持良好的清洁卫生环境,同时可节约建筑面积。见图6.9,图6.10。

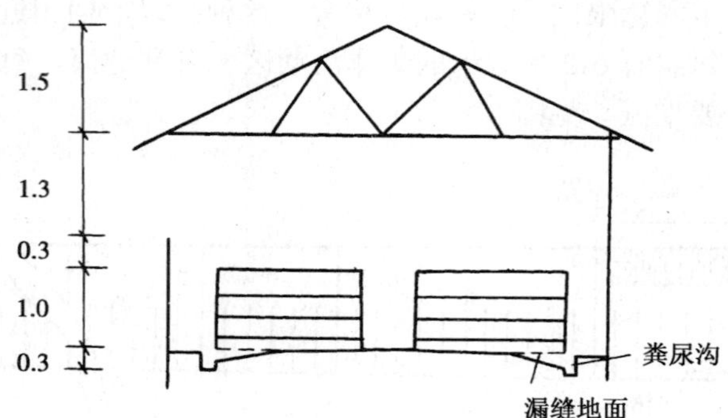

图6.10　半开放式妊娠母猪舍剖面示意图
（单位：米）

3. 产仔母猪舍

（1）单列式对角线限位产仔栏　这种产仔舍环境易于控制，圈栏面积小，生产效果较好。见图6.11，6.12。

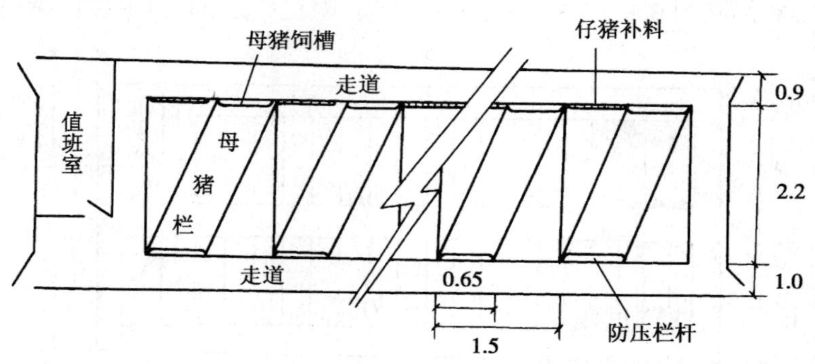

图6.11　单列式对角线限位产仔舍
平面示意图（单位：米）

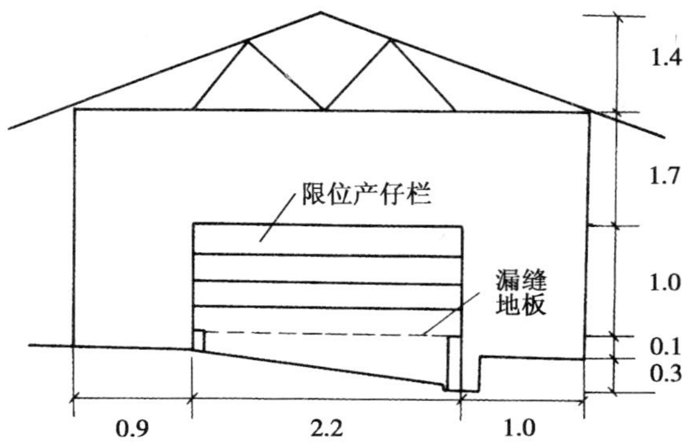

图 6.12 单列式全漏缝产仔舍剖面示意图
（单位：米）

（2）双列式垂直限位产仔栏　这种圈栏舍内空间大，两个产圈共用一个仔猪保温区，大面积控温较困难，宜采取局部保温和采暖。目前国内主要是采用这种类型。见图 6.13，6.14，6.15。

4. 断奶仔猪保育舍

（1）全封闭全漏缝双列式仔猪保育舍　该种保育舍是目前工

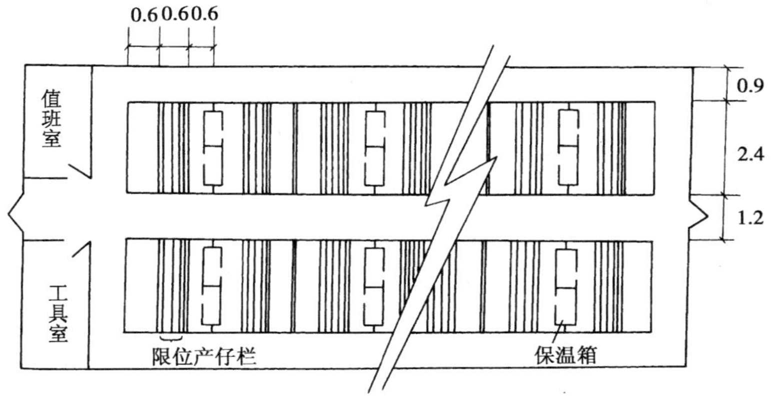

图 6.13 双列式直线限位产仔舍平面示意图（单位：米）

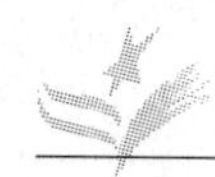

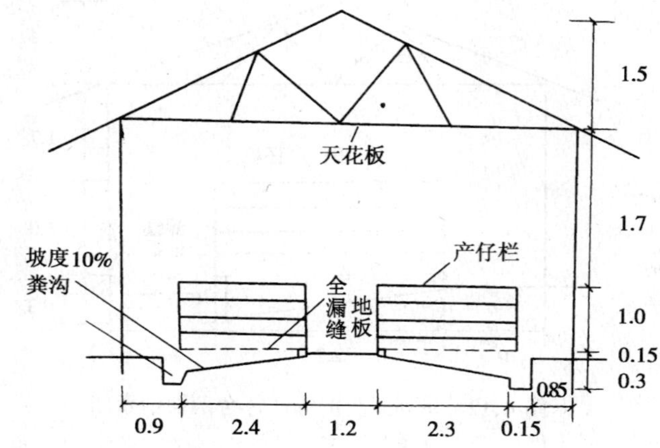

图 6.14　双列式直线限位全漏缝产仔舍剖面示意图（单位：米）

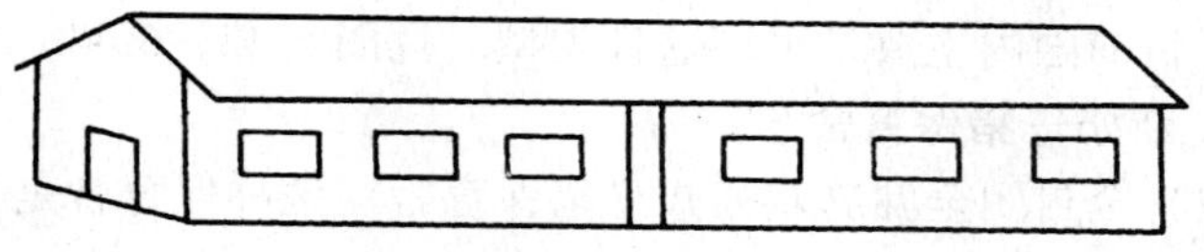

图 6.15　双列式全封闭产仔舍立面示意图

厂化养猪中采用得最普遍的形式，不仅保温，而且易于保持清洁卫生，有利于疫病的控制。见图 6.16，6.17。

（2）多列式全封闭半漏缝仔猪保育舍　采用该种保育舍，一般猪舍跨度较大，优点是保温性很好，饲养管理方便，但是通风换气系统的设计要求高，否则会因舍内空气质量差影响到仔猪的健康；另外，可能因舍内猪群年龄差异大而增加疾病的垂直感染几率。见图 6. 18。

（3）仔猪料箱示意图　见图 6.19。仔猪补料箱一般卡在产仔栏的右前部位，既是料箱又是隔栏的一部分；同样将其安放在

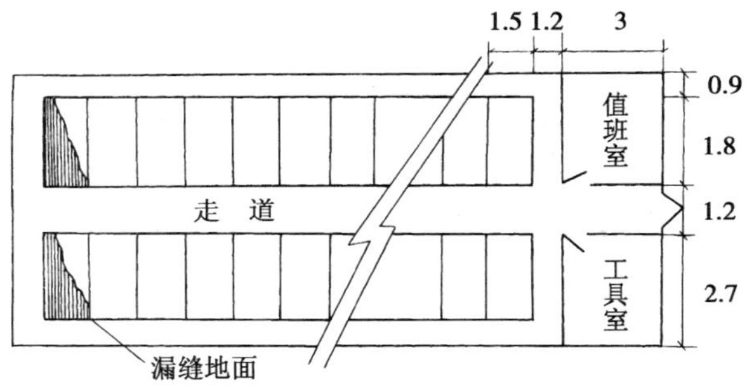

平面示意图

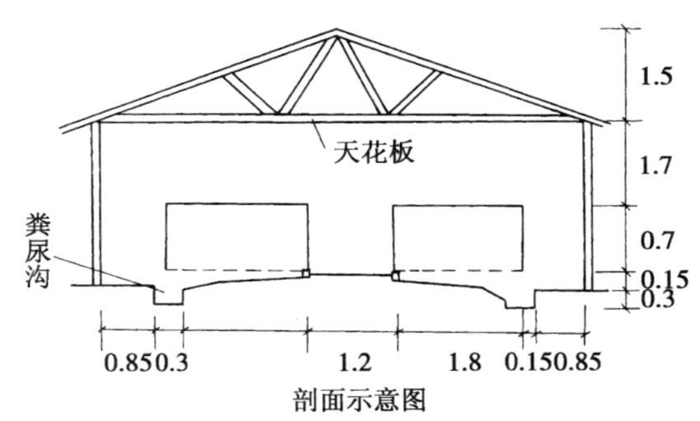

剖面示意图

图 6.16 双列式全漏缝仔猪保育舍
（单位：米）

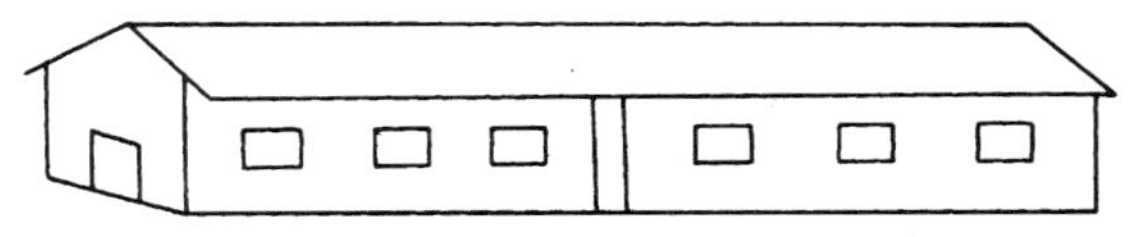

图 6.17 全封闭有窗式仔猪保育舍
立面示意图

保育栏的右前部，起相同作用，使用效果极佳。图 6.20 临时补料箱，对于大窝仔猪栏，当上述料箱槽位不够时，可将其挂在圈栏一侧隔栏上即可。

以上产仔舍和保育舍设计的中心就是为哺乳仔猪和断奶仔猪

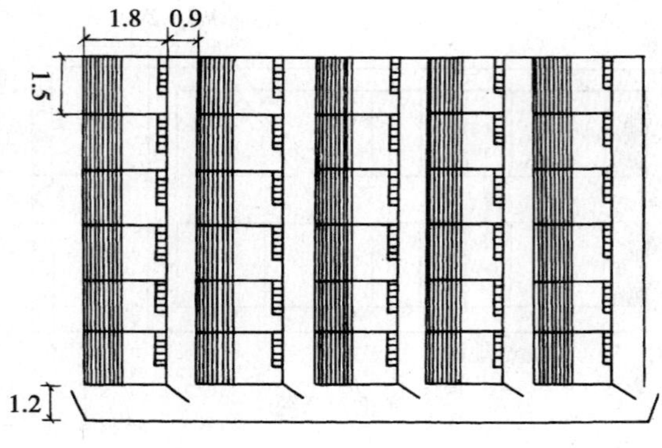

平面示意图

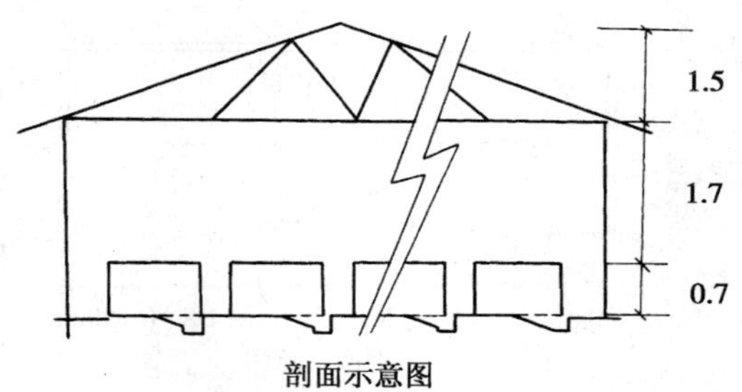

剖面示意图

图 6.18　多列式全封闭半漏缝仔猪保育舍
（单位：米）

提供一个温度适宜的环境，因此，都是设计的全封闭半漏缝或全漏缝猪舍。若四季环境温度较高的地区，可以将窗户扩大、放低，并开墙脚通气窗。

5. 生长肥育猪舍　生长肥育阶段由于栏内群体较大，日排粪尿量较多，需要有足够栏面积并保证排污道畅通。另外应注意以下几点：①结实地面部分应有朝向排粪尿区的坡度；②合理安排卧睡、采食和排泄区域；③通风良好。

生长栏和肥育栏应该是两种不同大小规格的圈栏，但在三段

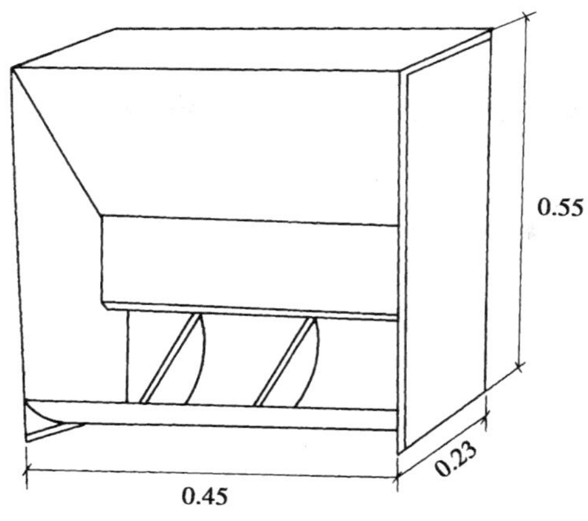

图 6.19　哺乳仔猪料箱示意图（单位：米）

式生产工艺中，生长和肥育没有分开，所以生长栏和肥育栏合二为一。在猪舍的类型设计上，可根据各地的实际选择封闭式、半封闭式或敞棚式等设计。

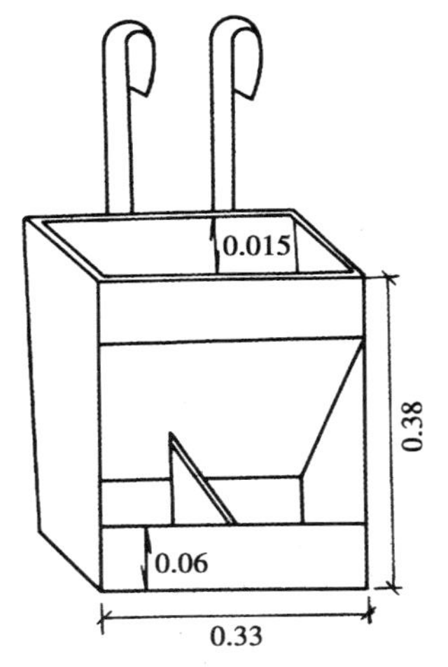

图 6.20　哺乳仔猪临时补料箱（单位：米）

（1）半开放半漏缝双列式生长猪舍　见图 6.21，6.22，6.23。

（2）半封闭半漏缝肥育舍可参考以上生长猪舍示意图。

以上各种圈栏的设计都将粪尿沟设计为明沟，而且位于走道旁而不是在猪栏下，目的是便于采用干清粪工艺，实现干稀分流，这样既有利于粪尿处理，也容易保持猪舍清洁干燥。

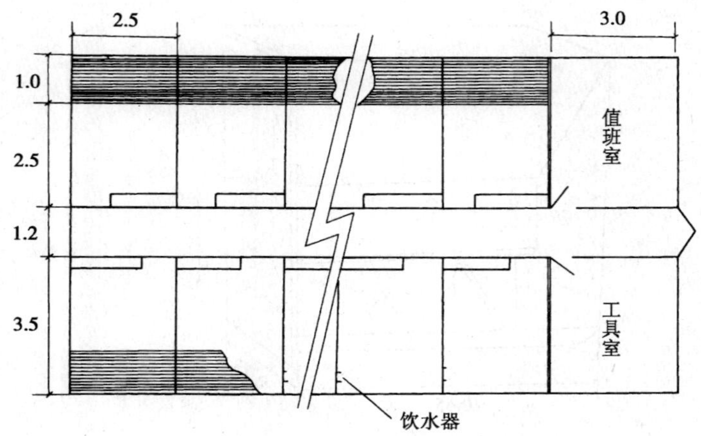

图 6.21　双列式半漏缝生长猪舍平面示意图（单位：米）

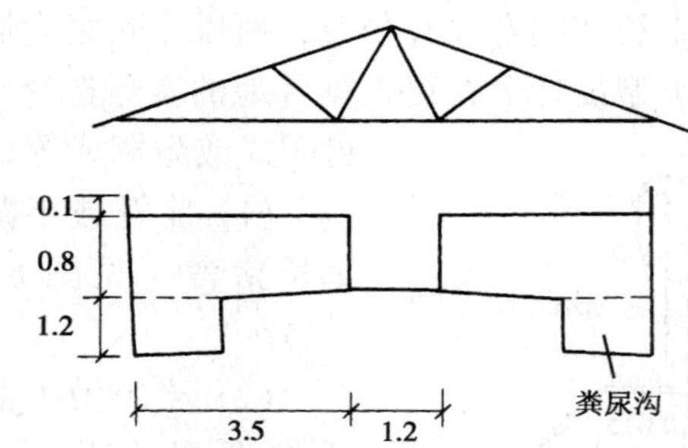

图 6.22　半开放半漏缝生长猪舍剖面示意图（单位：米）

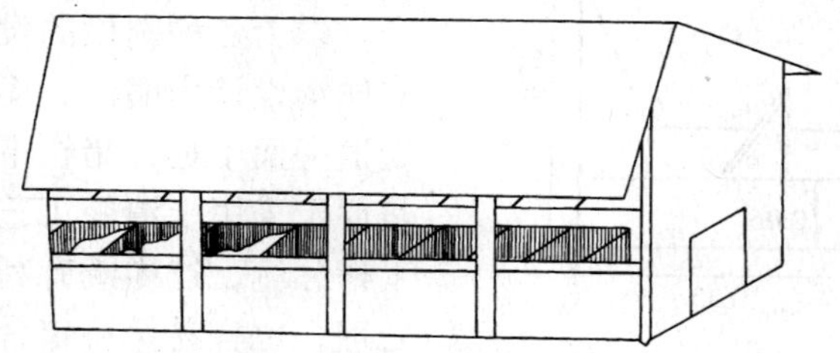

图 6.23　半开放式生长肥育猪舍立面示意图

三、猪舍内部设备及猪场必备设施

为了饲养管理方便和创造猪生产的适宜环境，规模化猪场必须有经济实用、性能可靠的设备，如各种猪栏、运输设备、供水设备、饲料加工、贮存、输送及喂养设备、通风防暑、保温设备、粪便处理、尸体处理设备等。这些设备的科学合理和配套性能对猪场的生产管理和经济效益有很大影响。在设备配套中应注意的问题，一是要集中财力保重点，以分娩、保育舍作为配备各种设备的重点，根据猪场财力，兼顾其他猪舍，尽量配套完善的设备；二是要高度重视环境控制和卫生防疫方面的设备设施建设。

（一）选择设备的原则

1. 经济实用

2. 坚固耐久

3. 方便管理

4. 设计合理，符合卫生防疫的卫生要求

（二）舍内必备设备及规格

目前，随着我国工厂化养猪业的发展，已经形成了比较完整的养猪工艺设备工业体系，出现了许多专业化生产养猪成套设备及各种辅助设备器具的公司，可以生产系列化的环境控制设备、机械喂料系统设备和各类养猪生产的辅助设备。各地可以根据自己的实际情况，选购成套的设备或各类器具，以方便管理，提高劳动生产效率，降低养猪成本。

1. 围栏设备　为了便于管理和环境控制，减少猪舍建筑，降低生产成本，规模猪场一般都采用集约化猪栏，其中各种围栏设备是最常用的机械设备。

（1）公猪栏与配种栏　在近10年中发展的规模养猪场，大部分把公猪栏和配种栏合二为一，即用公猪栏代替配种栏。但实

践证明此种设计不甚理想，主要是配种时母猪不定位，操作不方便；其次是配种时对其他公猪干扰大。所以单独设计配种栏是很有必要的。

公猪栏：公猪栏一般采用个体散养，以避免相互打斗，并使有一定的活动空间。常用的公猪栏的规格是2.4米×3米×1.2米。常用的结构有两种：①全金属栅栏，这种结构便于观察猪群，消毒清洁容易，但造价较高；②砖墙间隔加全金属栏门，这种结构的通风性较差，但造价较低。

最近几年，国外有些猪场也采用限位饲养公猪，这样可以减少建筑面积，节约投资。公猪散养可多运动，限位饲养公猪就少运动，但对公猪的配种能力影响甚少。

配种栏：应采用较封闭的结构，常用规格是2.4米×3米×1.2米，围栏最好用砖墙。栏内通常还设有母猪配种架，供配种时用，在地面施工中不能太光滑，要用粗绳压制成5厘米×5厘米的小方格，以免配种时公、母猪滑倒。

（2）母猪栏　规模猪场的母猪繁育有几种方法：①空怀和妊娠全期都是单体限位饲养。这种方法集约化程度高，猪舍建筑占地面积小，喂料、观察、管理都较方便，母猪不争吃打斗，相互干扰少，可减少流产。但投资较大，且母猪运动较少，对母猪生育有些影响。②空怀和轻胎期小群（每栏3～5头）饲养，重胎限位饲养。③空怀和妊娠全期都采用小群饲养，它的优缺点与第一种正好相反。而第二种方式的优缺点则介于第一和第三种之间。

母猪栏设计有两种，即单体母猪限位栏和母猪小群饲养栏。

单体母猪限位栏：通常用全金属栅栏制造，栏的尺寸要根据猪的个体大小确定。过大不仅浪费材料，而且猪容易调头，给管理带来许多麻烦；过小则对猪的起卧和活动带来困难。一个猪场最好有两种尺寸规格的限位栏，以适应场内大型母猪和小型母猪（如头胎母猪）的需要。两种限位栏的比例以各场猪群结构的实

际情况而定。常用的规格有（长×宽×高）：2.1米×0.6米×1米和2米×0.55米×0.95米。单体母猪限位栏又有后进前出和后进后出两种结构。后者结构简单，可节省投资，但赶猪出栏较麻烦。

母猪小群饲养栏：母猪小群饲养栏有两种结构，即全金属栅栏或砖墙间隔加金属栏门。猪栏的大小主要是根据每栏饲养的头数决定，平均每头猪的占栏面积应为1.8～2.5米^2，漏缝地面面积在我国北方地区可以小些，南方地区则要大一些，甚至可以是全漏缝地面。

（3）产仔哺乳栏　在所有围栏中产仔哺乳栏的设计最为重要，因为它对提高仔猪存活率、提高断奶仔猪头重和整个猪场的经济效益有重大影响。通过多年的实践，高床全漏缝栏被认为是最理想的结构。产仔哺乳栏的中间为母猪限位栏（有直线限位栏和对角线限位栏两种，后者可进一步减小产仔栏面积，两者下部一般采用直杆式防压杆或耙齿式防压装置），两侧是仔猪采食、饮水、取暖和活动的地方。其长度一般为2.2～2.3米，宽度为1.7～2.0米，离地高度15～30厘米，母猪限位栏的宽度为0.6～0.65米，高度为1米。产仔哺乳栏的尺寸也要根据猪的品种或个体大小而定，常用的有（长×宽×高）：2.25米×1.95米×1.3米和2.15米×1.85米×1.3米。

（4）保育栏　保育栏在围栏设备中也是比较重要的，国外近年来对如何改善保育栏环境，搞好保育期喂养十分重视，仔猪断奶后过渡到保育舍饲养。保育期是猪整个生长期中的一个重要阶段，它直接影响猪场的经济效益。

保育栏采用高床全漏缝地面，全金属栏架、全塑料或铸铁地板、带保温箱、自动饲槽和自动饮水器，被认为是比较理想的结构，其最大的优点是可以保持床面干燥、清洁，使仔猪有一个较好的生长环境，常用的规格有（长×宽×高）：2米×1.7米×0.6米，侧栏间隙6厘米，离地面高度25～30厘米，可养10～25

千克 的仔猪 10~12 头。

在生产中，因地制宜，保育栏也采用金属和水泥混合结构，东西面隔栏用水泥结构，南北面栅栏仍用金属，这样既可节约一些金属材料又可保证通风和便于观察仔猪。

（5）生长栏和肥育栏　从保育栏移出的仔猪的日龄为 63 天，体重达到 22~25 千克，已有一定的抗病能力，对栏舍和环境的要求较低，所以生长栏和肥育栏较为简易。为了节约投资，通常采用砖墙间隔和全金属栏门，再装上自动饮水器和自动食箱。

生长栏和肥育栏大部分也是两窝一栏，每个栏饲养 18~20 头。如果采用半漏缝地板结构，每头猪占栏面积：生长期为 0.6~0.65 米^2，肥育期为 0.9~1 米^2；常用规格（长×宽×高）：生长栏为 4.5 米×2.4 米×0.8 米，肥育栏为 4.5 米×3.6 米×0.9 米。

为了尽量收集猪粪，增加经济收入，减少冲洗用水，降低粪便处理设施的投资，越来越多的猪场对生长舍采用人工捡粪的方式。对于坚实地面，每头猪的占地面积要适当加大一些。平均每头猪可增加 0.05~0.1 米^2。

（6）漏缝地板　在围栏设备中，漏缝地板是其中的重要组成部分。对漏缝地板的要求是：耐腐蚀，使用期较长；易于冲洗清洁，减少和避免粪便粘留。常用的材料有钢筋混凝土、工程塑料、金属材料等。

预制的水泥漏缝地板块：主要用于配种妊娠舍和生长肥育舍，可做成板状或条状。水泥漏缝地板具有成本低、牢固耐用的优点，但制造工艺非常讲究，水泥的标号必须符合设计图纸的要求。为了保证预制水泥漏缝地板块有较好的质量，在捣制时应当使用金属模具，并且要用振动机捣实，预制件表面应当紧密光滑，无蜂窝状疏松，否则，表面会积存粪尿等污物而影响栏内的清洁卫生。漏缝地板块内有钢筋网，以保证地板块有足够的强度承受规定负荷。水泥漏缝地板块规格可根据猪栏及冲粪沟设计要

求而定，也可制成若干种规格供猪场选用。目前，很多猪场的水泥漏缝地板都不符合要求，有的质量非常差。

条状水泥漏缝地板：其作用与块状漏缝地板相同，区别仅在于用水泥条来组合，以保证所要求的缝隙。这种地板适合于载养体重较大的猪只。每一根条板应上宽平下窄，棱角倒圆，内放直径大小适宜的钢筋。图 6.24 供参考。

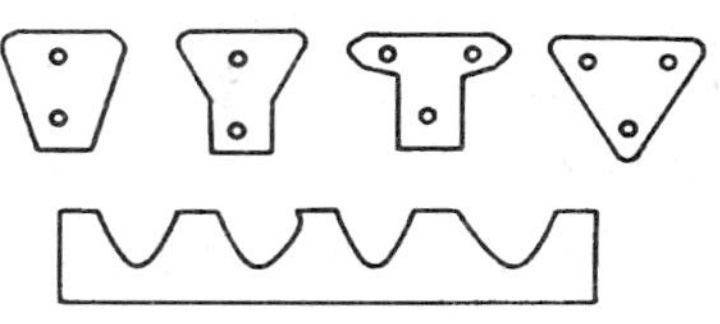

图 6.24　钢筋水泥漏缝条板切面示意图

说明：水泥条板上平面宽 13～20 厘米，下宽 8～15 厘米；钢筋直径小者 6 毫米，大者 9.5 毫米。底座根据形状浇铸，然后放上用灰浆粘合即可，安装和取下都方便。条板长度有 1.2 米、1.8 米、2.4 米和 3.0 米几种规格。底座可根据条板形状，制模浇铸。

金属漏缝地板：金属漏缝地板可以用金属条排列焊接而成，也可用金属条编织成网状。在集约化养猪生产中普遍采用，如钢制栅栏式地板、扁平展压金属地板、铁丝网冷压编织地板、铸铁网状地板等。下面介绍几种典型的金属漏缝地板。①铸铁漏缝地板。主要用于配种妊娠栏和产仔哺乳栏，它的最大特点是牢固耐用，使用寿命长达 30 年，而且不必维修。但它对铸造工艺、材料和设备要求很严，否则就生产不出合格的产品。②金属包塑漏缝地板。它有两种结构形式，即金属板冲孔后包塑（糊状树脂浸泡）和金属网包塑。这种漏缝地板的反面有防渍留滴水结构，非常容易清洁，而且软硬合适并富有弹性，不损伤母猪肢蹄，是非常理想的漏缝地板。但成本较高，主要用于产仔哺乳栏和保育栏。③金属编织网漏缝地板。用 $\phi4\sim\phi5$ 毫米金属条编织焊接而成，表面作镀锌处理或喷塑处理，但金属在编织成网底之前先镀锌为好。这种金属漏缝地板重量轻，节省金属，适用于产仔哺乳栏和小猪保育栏地面。由于缝隙占的比例较大，粪尿下落顺畅，缝隙不易堵塞，猪只行走时不会打滑，栏内清洁、干燥，有利于猪只生长，使用效果较好。

塑料漏缝地板：采用工程塑料模压而成，拆装方便，质量轻，耐腐蚀，牢固耐用，较混凝土、金属和石板地面暖和，但是容易打滑，体重大的猪行动不稳。适用于小猪保育栏地面或产仔哺乳栏小猪活动区地面。

也有用陶土烧结为陶质漏缝地板，它不仅有一定吸水性能，冲洗后不会在表面留有水滴，而且有一定的防潮性能，适用于小猪保育栏。

2. 饲料加工设备　由于饲料工业的迅速发展，大大推动了规模化养猪业的发展。许多国家都是以大型饲料厂为骨干，带动整个国家禽、畜饲养业的发展。可以说没有全价配合饲料，就没有规模化养猪。

为了降低成本，我国一般规模化猪场都配备有饲料加工厂，一个万头猪场，一天的饲料消耗量约 10 ~ 12 吨，配套一个日产 24 吨的饲料厂是适宜的。

饲料加工机械开始时只有粉碎机、搅拌机等单机，逐步发展成为全套的加工机组，包括物料输送、清理分级、粉碎、电子配方、计量、搅拌、制粒、包装等成套机电设备。可以生产全价饲料、浓缩饲料和添加剂预混合饲料等。

饲料加工机械涉及面广，品种繁多，下面仅就部分主机的情况作简要介绍。

（1）物料输送设备　在饲料加工中，从原料进厂到成品出厂及各工序间的物料输送，都要由输送设备来完成。常用的输送设备有如下几种。

带式输送机：带式输送机分固定式和移动式两种。其特点是运输量大，生产效率高，动力消耗少，可连续送料，工作平稳。在饲料加工中，主要用于原料（粒料）和成袋装料的运送。

螺旋输送机：螺旋输送机是利用随轴旋转的螺旋叶片的推动作用来输送物料的。螺旋输送机结构紧凑，机动性、密封性好，在饲料加工厂主要用于粉料短距离的水平、倾斜及垂直输送。

斗式提升机：斗式提升机的特点是提升高度大，提升物料稳定，占地面积小，有良好的封闭性。主要用于垂直长距离输送粉、粒料。

带式输送机、螺旋输送机和斗式提升机结构简单，全国各地生产厂家较多，货源充足。

在饲料加工中除上述3种常用输送机外，还有刮板输送机和气力输送机。刮板输送机可作较长距离的水平、倾斜（倾角＜35°)物料输送，结构简单，能在任意位置上进料和卸料；缺点是机件易磨损，动力消耗大。气力输送机的最大优点是设备简单，易于制造、安装和维修，工艺布置灵活，不受距离、地形限制，密封性好，有利于安全生产；主要缺点是动力消耗大，噪音大，管理、操作要求高，气物分离、除尘较麻烦。

（2）清选设备　谷物在收获、脱粒、干燥、装卸、运输等过程中，往往会混入铁钉等金属物，若不先清除，会严重损坏高速运转的粉碎机等加工机械，甚至因碰撞摩擦而产生火花，造成粉尘爆炸事故，金属或金属粉末在饲料中对禽、畜也是有害的。

饲料加工中常用的清选设备为磁选机。

谷物由进料斗均匀地进入机内，落到滚筒一直至出口，其中的磁性金属杂物被吸附在滚筒表面上，当滚筒转过磁场后，磁性杂物失去磁性落入收集盒，达到清选的目的。

（3）粉碎机　在饲料加工中，一般的原料都必须经过粉碎，因为粉碎后的物料外皮被撕裂，内部营养成分暴露，适口性好；粉碎后粒度变小，表面积增大，因而易于消化吸收；粉碎后的粉料容易混合均匀，保证成品质量。

粉粒的大小应根据原料种类，饲喂禽畜的种类和工艺要求而定，对猪来说，一般谷物粉碎后的粒度直径为：哺乳仔猪是1毫

米以下，保育、生长和肥育猪是1毫米。

粉碎机的质量对饲料的质量、产量、电耗和成本等影响较大，粉碎机的动力一般占饲料加工厂全厂的40%～70%。所以，选择性能好、效率高的粉碎机是提高饲料厂效益的重要条件之一。

在饲料加工中常用的粉碎机有锤片式粉碎机、齿爪式粉碎机和饼类粉碎机。

锤片粉碎机：锤片式粉碎机能用来粉碎各种物料，适应性广，操作简单，在饲料加工业中得到广泛应用。工作时，物料从进料口进入粉碎室，受到高速旋转的锤片打击碰撞（锤片末端的线速度70～90米/秒），物料在与锤片、筛片及相互之间的碰撞、搓擦和研磨等作用下变成碎粒。颗粒小的通过筛孔排出，颗粒大的留在筛片上继续粉碎，直到全部排出粉碎室外。

锤片是易损件，一般使用寿命为200～500小时，锤片磨损后应及时更换，否则工作效率大大下降。

齿爪式粉碎机：齿爪式粉碎机主要由进料斗、动齿盘、定齿盘、环形筛和排料口等组成。主要用来粉碎小块饼粕、甘薯片、茎秆和藤蔓。茎秆和藤蔓需预先切成碎段再喂入机内。

饼类粉碎机：粉碎机是饲料厂的主要设备，操作时必须注意，①开机时检查各固定连接部分和润滑摩擦部分情况；②空负荷起动，检查空转是否正常，待正常后才逐渐喂料，增加负荷，喂料应均匀；③经常检查粉碎物的质量、细度、温度和粉碎机轴承温度及除铁装置，注意观察电流是否稳定，机器声音、振动是否正常，发现异常及时排除；④按规定定期拆检清洗，加油润滑；⑤发现产量下降时，注意检查锤片和筛片磨损情况和传动皮带松紧情况；⑥停机前先停止装料，等机内物料排清后再停机；⑦工作结束后清理机器，若机器长期不用，工作表面、转子、齿轮等处要涂油防锈。

（4）混合机　混合机在饲料加工中主要用于微量元素添加剂

的预混合和配合饲料的最终混合等工序。混合机的种类很多，饲料加工中常用的有卧式螺带混合机和立式搅龙混合机。

卧式螺带混合机：工作时，按配方将各种物料从进料口加入混合机，螺带转子转动，内外螺带从左右两侧以相反的方向推动物料轴向移动，使物料相互间发生对流、剪切和扩散作用，达到均匀混合的目的，然后从出料门排出物料。螺带式混合机特点是混合均匀，排料快，机内的残留量少，但配用动力和占地面积较大。

立式混合机：立式混合机工作时，按配方将各种物料加入进料斗，由垂直螺旋向上提升物料到内套筒出口，甩料板将物料向四周抛撒，物料下降到锥形筒内表面和内套筒之间的间隙处，又被垂直螺旋向上提升，如此循环，直至均匀混合为止，一般混合10～15分钟，打开出料口排料。与卧式混合机相比，配套动力和占地面积较小，一次装料量较多，但混合均匀度差些，腔内物料残留量也较多。

（5）压粒机　生产颗粒饲料虽然比粉料投资大、成本高，但颗粒饲料与粉料相比有许多优点：①颗粒内成分均匀全面，避免猪挑食而营养不良；②制粒时经过蒸煮、压缩，改善了饲料的适口性，提高了饲料的消化率。据试验，猪喂颗粒饲料比喂粉料可增重15%，同时，制粒过程对饲料还有杀虫灭菌的效果；③颗粒饲料无粉尘，运输喂养时损失少，并改善了劳动环境。

目前，颗粒饲料所占比重越来越高。美、日等发达国家约占60%～70%。由于我国经济水平较低和制粒设备的研制起步较晚，因此，除小部分从国外引进的大、中型饲料厂（时产5～25吨）外，国产饲料设备大部分只能装备小型饲料厂（时产5吨以下）。

压粒机有成类型和挤压式两大类。目前，大多数为挤压式，即将物料用压力挤出模孔，称为压模辊子压粒机。根据压模不同，又分环模式及平模式两类。

环模式压粒机：环模式压粒机结构，工作时配合粉料加入喂料器，靠螺旋输送器送入调理器，同时蒸汽、水、糖蜜等也通过管道和喷口喷入调理器内，调理器是桨叶式搅龙，各种物料在调理器中充分混合后送入压粒机构，由压辊压入压模，压出的条料用切刀切断，形成粒料。根据不同饲养要求，颗粒的直径和长度也不同。选择不同孔径的环模与辊子，调整切刀位置即可得到不同直径和长度的颗粒。主要优点是环模更换和切刀调整方便，模与辊轮上各处线速度相等，磨损均匀，轴承防护条件好而耐用。环模压粒机广泛用于大、中型饲料厂。缺点是结构复杂，制造技术要求高，压粒时产生热量较多，出机颗粒温度达 75～85℃，对原料营养有些破坏作用。

平模压粒机：平模压粒机工作原理基本上与环模式压粒机相同，只是压模为圆盘式且压模和压辊的相对位置不同，压模轴与压辊轴相互垂直。主要优点是结构简单，制造方便，造价低廉。缺点是平模内各处线速度不等，磨损不均匀，故直径不宜过大。此外，轴承保护不够好，寿命较短，平模压粒机适合于小厂。

压粒机是饲料厂较精密的关键设备，操作时应注意：①开机前调好压辊与压模之间的间隙，过小会加速磨损，过大会降低产量，并调节压制导向板，使物料分布均匀；②空负荷起动，检查运转是否正常，然后逐渐调节各物料流量，直至额定负荷流量稳定为止，出料后检查颗粒是否光滑，软硬是否适中，温度是否正常；③注意观察机器电流、声音和振动等是否正常；④经常检查生产线上的清选机组，以免铁杂物质进入压粒机，损坏机器；⑤压模与压辊磨损后要成对更换，并按规定进行试运转，先用含油多的物料运转，待所有模孔都出粒后，再压制其他物料。在用过的压模停车前，也要加含油较多的物料，使其填在孔内，下次开车使用时可以方便出料。

（6）饲料加工成套设备（机组）　饲料加工机组的设备配套、机械化程度和生产能力差别很大，用户可根据投资水平和实际需

要选用不同的机组。国内定型的成套设备和机组有每小时产0.3~20吨各种等级，有粉料加工成套设备（机组），也有粉、粒料加工成套设备（机组）。

3. 饲喂设备 规模化猪场饲料的贮存、输送和喂养，不仅花费劳动力多（约占总工作量的30%~40%），而且对饲料利用率及清洁卫生都有很大的影响。规模化猪场非常重视饲料贮存、输送和喂养的机械化。

最好的方法是饲料厂加工好的饲料用专用运输车将饲料先送入贮料塔，再通过螺旋或其他输送器将饲料直接输送到食槽或自动食箱，这种工艺过程的主要优点是：①饲料始终保持新鲜；②节约饲料包装和装卸费用；③减少饲料在装卸过程中的散漏损失；④减少饲料污染；⑤自动化、机械化程度高，节省大量劳动力。

饲料贮存、输送和喂养设备主要有饲料塔、饲料输送机、加料车、食槽和自动食箱等。

（1）饲料塔 饲料塔多用2.5~3毫米镀锌钢板压型组装而成。容量有2、4、5、6、8、10吨等多种。

我国南方气候炎热、湿度大，饲料储存3天以上容易起拱。饲料塔下锥体夹角应设计得小些，约45°（一般为45°~60°），必要时应安装机械破拱装置。

饲料塔各连接处应用密封条密封，以避免漏进雨、雪水；要有出气口和料位指示器；高度不能太高，以便加料和检修。选用饲料塔时，一般可按贮存2~3天计算，饲料塔过大，造成设备浪费。

（2）饲料输送机 饲料输送机主要用来将饲料从猪舍外的饲料塔输送到猪舍内，然后分送到饲料车、食槽或自动食箱内。

饲料输送机的形式较多，常用的有卧式搅龙输送机、螺旋弹簧输送机和塞管式输送机。由于塞管式输送机输送距离长，可在任何方向转弯，对颗粒料破碎少、噪声低，而且造价较低，所以

被广泛采用。

(3) 加料车 现代规模化猪场加料车仅作为辅助送料设备，主要用于定量饲养的配种栏、妊娠舍栏和产仔哺乳栏，即将饲料从饲料塔出口送至食槽。加料车有两种类型，一种是手推机动加料，另一种是手推人力加料。

(4) 种猪的给料喂料设备 给生产母猪喂料要根据猪的品种、体重和生理时期，喂给符合营养需要的适量饲料，而且还必须根据需要随时进行调节。如果用人工来操作控制，达到以上要求就很麻烦而且又不准确，若用机械设备配备计算机来控制，那就可以做到了。最近几年国外一些厂家对此做了许多研究，下面介绍两种有关设备。

定量装置的给料系统：利用这个系统，可以根据母猪的情况，调整每天给料的数量。给料准确、操作方便，而且可以同时放料，减少母猪应激。

群养单喂采食站给料系统：母猪采用大群饲养，每栏 30～35 头，每个个体通过安装在身上的发射器与计算机联网，根据每头母猪的品种、体重、妊娠期变化情况，由计算机控制每头母猪的喂给数量。吃料时母猪拱开采食站后门，由发射器通过计算机放料，正常情况下猪吃完定量后由前门一侧回到群养栏。若母猪因病吃量太少，则前门将开启观察治疗室一侧，母猪进入观察治疗室，并由计算机通知工作人员，进行检查与治疗。这个系统既保证妊娠母猪有较多的活动，使身体健康而有活力，又能较为精确地给每头母猪喂料，并用最少的饲料，使母猪达到最高的生育能力，取得很好的效果。

(5) 食槽 规模化猪场配种栏，妊娠栏和产仔哺乳栏都是采用单体限位饲养，常用的食槽有两种。

水泥食槽：连接水泥食槽主要用于配种栏和妊娠栏，优点是坚固耐用，造价低，同时还可以当作饮水槽。母猪食完后，即灌水至食槽，直到下次喂食前，先将水排干，再投料。水泥食槽的

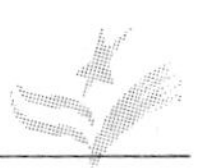

缺点是卫生条件较差，所以现在趋向水泥食槽只作喂料用，另装自动饮水器饮水，或者改水泥连通食槽为单体金属食槽。

金属食槽：在妊娠栏和产仔哺乳栏中也可以用金属制成单体食槽，这种食槽可以做成几个一组联动翻转，既便于同时加料，又便于清洁，使用非常方便。

对单体食槽投料有两种方式，一是用手推饲料车和定量容器，靠手工将饲料加入食槽内。这种投料方式花费劳力较多，定量不够准确。二是单体食槽与定量箱和输送管道连接，实现自动加料。根据需要通过活动套管调节加料的多少。放料时，钢索放松，活门打开，饲料落到食槽中，然后钢索拉紧，关闭活门，准备下一次供料。这种加料系统既节约劳力，加料也比较准确。

（6）自动食槽　规模化猪场为了提高日增重，缩短饲养周期，从仔猪哺乳期（补料）直至断奶后的保育、生长、肥育期都采用全天自由采食喂养方法。为此，在分娩仔猪栏、保育栏、生长栏和肥育栏大都设置自动食箱。

常用的自动食槽有长方形和圆形两种。每一种又根据猪只大小做成几种规格。

长方形食箱还可以做成双面兼用，在两栏中间放一个双面食箱，节约投资，节约占地面积，管理也较方便。

自动食箱内的拨料板，除拨动饲料下落外，还有破拱作用，这对气候湿热的地方是很必要的。调节板要调整适当，以保证饲料流落适量。饲料流落过量，容易被猪扒出，造成浪费。

长方形自动食箱常用镀锌钢板或冷轧钢板成型表面化喷塑制造，也可用半金属半钢筋水泥制造，即底槽、侧板用钢筋水泥，其他调节活动件用金属结构。半金属半水泥自动食箱造价低、寿命长，但比较笨重，制造、运输、安装较麻烦。

圆形自动食箱，饲料桶可以上下移动和转动，以便控制和促进饲料流落。通常，自动食箱的圆筒用不锈钢板制造，而底座则用铸铁或钢筋水泥制造。

自动食箱有许多优点：①自动限制落料，吃多少落多少，饲料不会被拨出，节约饲料，干净卫生；②有间隔环限位，自由采食时，猪只不争斗，不打架，有利于生长发育；③自动食箱便于和输料管道、分配器连接，实现自动送料，节约劳力，便于管理。

4. 供水设备

（1）供水系统 规模化猪场的供水系统主要包括猪饮用水和清洁用水的供给，一般共用同一管路，但在水源较缺的猪场，为节约用水，将饮用水和猪舍冲洗用水分二个系统供给，猪舍冲洗用水可用再生净化水或河流、山塘和水库水等。猪饮用水的供给在国内外规模化猪场中广泛采用自动饮水系统。主要包括供水管路、过滤器、减压阀和自动饮水器等。

采用这个系统有许多优点：①可以随时供给新鲜干净的水，减少疾病传染；②节约用水，节省开支；③避免饮水溅洒，保持栏舍干燥。

清洁用水主要供给各种冲洗、消毒设备使用。管路设计既要考虑配套的设备，又要注意使用方便、节约材料。

（2）猪自动饮水器 采用自动饮水器的供水系统，为防止饮水器的堵塞，保证猪只正常饮水，在饮水管路中应安装过滤器，并注意保持饮水管路中的供水压力（1～2.5千克/平方厘米）。各种猪群饮水器安装高度（厘米）：公猪60～70，母猪55～60，仔猪15～20，保育仔猪25～30，生长中猪35～40，肥育大猪45～50。

猪自动饮水器种类很多，一般可分为鸭嘴式、乳头式、吸吮式和杯式四种，每一种又有多种结构形式。

鸭嘴式猪自动饮水器：目前国内外规模化猪场中使用最多的是鸭嘴式猪自动饮水器。其阀体、阀芯选用黄铜或不锈钢材料，弹簧、滤网为不锈钢材料，塞盖用工程塑料制造，整体结构简单，耐腐蚀，寿命长。猪饮水时，嘴含住饮水器，压下阀杆，水

从阀芯与胶圈间的间隙流出，进入猪的口腔中。当猪嘴松开后，靠弹簧张力阀杆复位，出水间隙被封闭，水即停止流出。鸭嘴式饮水器密封性好，水流出时压力下降，流速较低，符合猪只饮水要求。

鸭嘴式猪自动饮水器一般做成大小两种规格，即可满足各种猪只要求，仔猪和保育仔猪用小型，中猪和大猪用大型。

乳头式猪自动饮水器：乳头式猪自动饮水器的最大特点是结构简单，由壳体、顶杆和钢球三大件构成。猪饮水时，顶起顶杆及钢球，水从钢球、顶杆与壳体间的间隙流出至猪的口腔中。猪松嘴后，靠水压及钢球、顶杆的重力（饮水器倾斜安装），钢球和顶杆落下与壳体密接，水停止流出。这种饮水器对泥沙等杂质有较强的通过能力，但密封性较差，并要减压（压力不超过 0.2 千克 /平方厘米）使用，否则，水流过急，不仅猪喝水困难，而且水流飞溅，浪费用水，弄湿猪栏。

吸吮式猪自动饮水器：吸吮式猪自动饮水器主要由顶杆、钢球、壳体三部分组成。猪饮水时吸吮吸口，浮子向下带动阀杆，水从阀杆与密封圈的间隙流出，直至猪的口腔中。猪不吸吮时，回位弹簧使浮子、阀杆回位，阀杆与密封圈间隙消除，水停止流出。这种饮水器与其他饮水器比较有 3 个突出优点：①哺乳期小猪能很快习惯；②没有猪随意摆弄的零件，减少猪的玩水现象；③饲料和其他脏物不容易进去，故障少，使用寿命长，最适合哺乳仔猪使用。

杯式猪自动饮水器：杯式猪自动饮水器供水部分的结构与鸭嘴式大致相同，猪饮水时推动浮子使阀芯偏斜，水即流入杯中供猪饮用。当猪嘴离开时，阀杆靠回位弹簧弹力复位，停止供水。浮子有限制水位作用，它随水位上升而上升，当水位上升到一定高度，猪嘴就碰不到浮子了，阀杆复位后停止供水，避免水过多渗出和猪玩水。

杯式饮水器的另一种形式：猪饮水时推动压板使阀杆偏斜，

水即流到杯中。当猪嘴离开压板，阀杆复位停止供水。

杯式饮水器的杯体常用铸铁制造，也可以用工程塑料或钢板冲压成形（表面喷塑）。这种饮水器的主要优点是可靠耐用，出水稳定，水量足，饮水不会溅洒，容易保持栏舍干燥。缺点是结构复杂，造价高，还要定期清洗。

猪自动饮水器常见的故障主要是漏水，原因有：①密封胶圈或回位弹簧失效；②密封面夹有泥沙杂物。只要更换密封胶圈或回位弹簧，清除密封面杂物，故障即可排除。

另外，还有一种带药箱的可移动式饮水器，主要是对有病仔猪或小猪投药时使用。

5. 尸体处理设备 规模化猪场饲养密度高，规模大，疾病流行迅速，危害大，搞好死猪处理是防止疾病流行的重要措施。对死猪处理的原则是：①因烈性传染病（如炭疽、气肿疽）而死的病猪尸体，必须进行焚烧火化处理；②因猪瘟等虽然传染激烈，但用常规消毒方法容易杀灭病原体的病猪和其他伤、病死亡的尸体，可用深埋法和高温分解法处理。

下面介绍几种死猪处理方法及有关设备。

(1) 焚化炉 焚化炉由油（或沼气）燃烧器焚化，这种设备处理死猪迅速卫生，臭味和残渣少，适合少量死猪的处理。

(2) 高温分解法

湿化机：湿化机实际上是一个大型的高温高压蒸汽分解消毒机，高温高压的蒸汽使猪尸中的脂肪溶化，蛋白质凝固，同时杀灭病菌。分离出的脂肪可作工业原料，其他可作肥料。湿化机设备复杂，投资大，适用于规模化猪场较集中的地区或大、中城市的卫生处理厂。

干化机：干化机是利用蒸汽（间接）或其他热风、红外线等热源使猪尸干热分解，分离出的脂肪可作工业原料，其他可作肥料，也可作饲料。干化机的优点是处理迅速、产品含水少、易于保存和运输。缺点是不能化制大块原料，尸体要先解体切碎，这

不仅造成麻烦，而且增加了病原体散布的机会，且消耗能源较多。干化机实际使用不多。

生物热坑：生物热坑是由砖和混凝土等修建的可密闭的尸体处理设施，一般深 10 米，直径 3 米左右，它利用尸体厌氧分解产生的高温杀灭病原菌，处理方法简单实用，投资少，处理量大，管理方便。适合中、小型规模化猪场使用。但生物热坑必须设置在猪场的下风区，离生产区、河流、水井 1 公里以外较干燥的地方。猪尸不能堆积太满，离坑口不要超过 1.5 米，投入坑后密封坑口，经 15～20 天则尸体变形，4～5 个月后则全部分解。这时坑内温度高达 65℃以上，长期高温完全可以消灭病菌，分解物可作肥料。

有些规模化猪场，已采用沼气池来处理粪尿水，有的利用沼气池的发酵作用来处理死猪。这种方法也可认为是类似生物热坑法。

（3）深埋法　对少量猪尸也可选择偏僻干燥的地方挖坑深埋，坑深 2 米以上。坑挖好后，底部先撒一层生石灰，投入猪尸，再撒一层生石灰，用土埋实。这是传统的处理方法，既麻烦工作量又大，不适宜处理传染病猪尸。在规模化猪场中一般不采用这种方法。

6. 清洗消毒设备　常用的消毒设备有两种：①高压喷雾系统。该系统设置在整个生产线全部猪舍内，每周定期对所有猪舍全面消毒 1～2 次，可以自动控制，操作方便，节约药液，工作效率高，效果良好。②单机各种各样的喷雾消毒机、火焰消毒器。

下面简单介绍两种常用的消毒设备：

（1）冲洗喷雾消毒机　该机集冲洗和喷雾消毒功能于一体，使用方便，性能可靠。工作时，柴油机或电动机起动带动活塞和隔膜往复运动，清水或药液先被吸入泵室，然后被加压经喷枪排出。

工作原理：当电机带动机体内偏心轴转动时，通过滑块驱动活塞和隔膜作直线往复运动，活塞由上止点向下止点运动时，在活塞顶面与隔膜之间形成真空，从而使隔膜随同活塞向下止点方向变形，致使泵盖与隔膜之间形成真空。此时，泵外的液体在大气压力的作用下，通过泵的进水管，打开进水阀门进入泵盖内腔，当活塞向下止点开始上行时，泵盖内腔的液体受活塞与隔膜挤压，进水阀关闭并同时顶开出水阀，进入气室座经排液管排出，活塞上行终止，排液结束。由于气室座内的压力大于泵室压力，将出水阀关闭。活塞下行时又重复前一次循环过程。左右泵室以同样的工作原理交替进行工作。

该机工作压力为15～20千克/平方厘米，流量为20升/分钟，冲洗射程12～14米，是规模化猪场较好的清洁消毒设备。其主要优点有：①高压冲洗喷雾，冲洗干净，节约用水和药液；②喷枪为可调式，既可冲洗，又可喷雾；③活塞式隔膜泵可靠耐用；④体积小，机动灵活，操作方便；⑤能减轻劳动强度，工作效率高。

（2）火焰消毒器　猪场防疫要求杀菌率必须在95%以上，用药物消毒一遍，平均杀菌率约为84%左右，所以一般要消毒两遍，这就加大了工作量和作业成本。此外，用药物消毒药物残留较多，而火焰消毒器则不存在这些缺点。它利用煤油高温雾化，剧烈燃烧产生高温火焰对猪舍内的设备及建筑物表面进行瞬时高温燃扫，达到杀灭细菌、病毒、虫卵等消毒净化的目的。

火焰消毒器的主要优点是：①杀菌率高，平均可达97%；②操作方便，效率高，油耗少；③消毒后设备和栏舍干燥。

（3）粪沟自动冲洗设备　规模化猪场一般都采取将猪粪尿排入粪沟，然后再利用粪沟一端的冲水器将粪沟的粪便冲至总排粪沟排出。冲水器的形式很多，下面介绍常用的几种。

简易放水阀：水池进水及水面高度靠浮子控制，出水阀由杠杆机构人工控制。这种放水阀结构简单，造价低，操作方便；缺

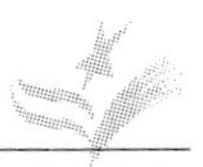

点是密封可靠性差，容易漏水。

自动翻水斗：翻水斗由 6 ~ 8 毫米厚钢板焊接而成，表面涂二层防锈漆，用二支轴支承在边墙上。根据需要可制成各种容量的翻水斗，容量有 0.5 ~ 1.7 立方米。工作时根据每天需要冲洗的次数调好进水龙头的流量，随着水面上升，重心不断改变，水面上升到一定高度时，翻水斗自动倾倒，几秒钟内可将全部水倒出冲入粪沟，翻水斗自动复位。自动翻水斗结构简单，工作可靠，冲力大，效果好；主要缺点是耗用金属多，造价高，噪音大，已被逐渐淘汰。

虹吸自动冲水器：①盘管式虹吸自动冲水器。它安装在水池中心底部，工作时随着水池液面上升，虹吸盘上腔和铜管中的水面也上升（虹吸盘上腔有进水孔与水池相通），当液面上升到铜管顶部后，虹吸盘上腔和铜管中的水靠虹吸作用迅速流出，由于铜管直径大于进水孔，所以虹吸盘上腔形成真空，将膜片阀提起打开，水池的水通过虹吸盘下腔进入排水管排出。每天冲洗的次数靠调节进水龙头控制，每次冲水量的大小由水池底面积及铜管的高度决定。冲洗速度则决定于虹吸盘结构的大小，当出水管直径为 200 毫米时，放 1 立方米水约需 40 秒钟。这种冲水器结构较简单，运动部件不多，工作可靠，缺点是维修较麻烦。②U 型管虹吸自动冲水器。工作时随着水池液面上升，虹吸帽内的液面也上升，液面上升到一定高度，虹吸帽上的排气孔被封闭，虹吸帽内的空气被密封，随水池液面继续上升，密封气室压力也提高。当水池液面超过虹吸帽顶 150 毫米左右，由于密封气室的压力，首先排气管的水和密封气体被压出，密封气室的压力迅速下降，虹吸帽内的液面迅速上升，越过 U 形管顶，连同整个水池的水迅速排出。每天冲洗的次数靠调节进水龙头控制，这种冲水器的主要优点是结构简单，没有运动部件，工作可靠耐用（如果用玻璃等耐腐材料制造，更是牢固耐用），故障少；出水口直径达 300 毫米，排水迅速（放 1.5 立方米水只需 12 秒），冲力大，

粪沟冲洗干净；自动化程度高，管理方便。存在的主要问题是耗用金属多，安装土建工程较大，投资大。

（4）地面冲洗设备　在规模养猪场，地面清洁的劳动量很大，选配合理的地面冲洗设备对减轻劳动强度，提高劳动效率非常重要。现在常用的地面冲洗设备有两种，即各种地面冲洗设备和地面冲洗高压系统。后者是在生产线的各栋猪舍配置一套高压水路系统。有许多高压出水接头，将高压枪的调速接头接上即可使用。这个系统节约投资，使用方便。

7. 运输设备

（1）仔猪运输车　主要用于离奶小猪从产仔哺乳栏转到保育栏。它有两个方向轮，两个定向轮，左右都有进出小门，操作方便，可减少仔猪的应激。

（2）场内运猪车　大型规模化猪场，每一生产单元各栋猪舍都有通道走廊，自成体系。但各生产单元之间常有猪群转移，场内运猪车就是为此而设计的。典型的场内运猪车每车可载 24 头大猪，由拖拉机牵引，靠拖拉机液压输出与拖车升降油缸连接，装卸猪时可使拖拉机水平降落至地面，运输行走前，可以由地面水平升起至输运状态。其最大优点是装卸赶猪方便，是猪场猪群转移的理想运输工具。

（3）运猪车　规模化猪场种猪的进出和肉猪的销售运输量是很大的，同时运输工具的好坏对猪的质量和损耗关系重大，甚至严重影响猪场的经济效益。所以大型规模化猪场都备有专用的运猪车。

（4）散装饲料车　过去猪场所需饲料，由饲料厂加出来以后，经包装、储存和多次装卸运输后才到猪场，这不仅增加了包装、储存和装卸费用，还增加了饲料的污染。现代较先进的规模化猪场，一般都利用散装饲料车，将饲料从加工厂直接运送到猪舍的饲料贮存塔或饲料间。

除上述运输工具外，规模化猪场还有粪便运输车等运输工

具。

8. 检测仪器和用具 随着科学技术的发展，规模化猪场所使用的检测仪器和用具越来越多，精度也越来越高，特别是种猪场公猪测定站，已有一套完整的先进的检测设备。下面仅就一般猪场常用的几种作简要介绍。

(1) 妊娠诊断器 目前世界上使用最普通的妊娠诊断器是超声仪，主要是脉冲回波型或多普勒型。其中多普勒型超声波妊娠诊断器的主要特点是：①头带听筒，不受外界噪音干扰；②可以早期诊断，配种 18 天后可用直肠内探头；③诊断准确率高，不会因卵巢肿大、子宫发炎和积尿等迹象误诊，其诊断准确率对妊娠母猪高达 95%，空怀母猪达 90%；④母猪分娩时，若有活小猪留在子宫内也能检查出来；⑤配有一盒妊娠录音带，此外诊断器体可同时安装二个听筒，这对培养初学者和提高诊断率极为有利；⑥小型轻便。

现以美国 RENCO 公司生产的超声波妊娠诊断仪加以说明：其原理是妊娠诊断仪发射来自传感器的变频超声波，传到母猪体内组织和液面后返回到传感器，返回的声波被诊断仪处理可测量子宫中是否有液体（羊水），若配种后 30 天子宫中有液体，表明已妊娠。妊娠测试可在配种后 15～30 天内进行，诊断仪对配种后 30 天妊娠诊断的准确率可达 100%。为获得准确的测试结果，必须注意以下几点：①传感器放在猪体上的位置要正确适当；②保持传感器与猪体皮肤接触良好；③测试时间要适当。

具体操作方法是：首先将探头接通诊断仪，把接触剂植物油或食用油等涂在猪体右侧后腿前 5 厘米，离乳腺 2.5 厘米位置，再把传感器对准以上位置向前或向边转动 45°，诊断过程就是扫描子宫内的羊水，当传感器与皮肤接触良好时，就会听到时断时续的蜂鸣声，若诊断出有羊水，诊断仪将发出持续的声音，表明已妊娠。若发出的是时断时续的信号，表明母猪处在空怀期。如果从右侧诊断的结果是空怀，重复测一次左边，以便证明测试结

果的准确性。

（2）活体超声波测膘仪 常用的有携带式数字活体测膘仪和B超图象活体测膘仪。

携带式数字活体测膘仪：由测膘机体、探头和充电器组成。目前使用较多的是美国RENCO公司生产的L-M超声波直读数活体测膘仪。

B超图象活体背膘测定仪：具有功能全、数据准确、直观和快速的特点，它既可以活体测定猪背部不同部位的背膘，也可同时测定背最长肌（眼肌）的横断面，并能准确地测量计算背膘厚度和眼肌面积。通过电视扫描系统，记录显示稳定清晰的图象，并能储存，与微机连接，能迅速地把结果打印出来。

（3）耳号牌与耳号钳 过去种猪的编号是用耳号钳在左右耳剪缺口来实现，既麻烦又不安全可靠，增加了猪的应激。目前，在规模化猪场中广泛使用耳号牌。其特点是：①备有多种颜色，多种形状及规格的标记、记号，号码清楚明了，识别容易；②结实耐用，不损伤猪体，不易脱落、损坏，牢固可靠；③安装操作简单、迅速、安全卫生。

（4）赶猪鞭 赶猪在饲养过程中花费劳力较多，所以规模化猪场除注意设计合理的赶猪通道及通道门外，同时还使用赶猪鞭，除用来赶猪行走外，还可以用来在诊断、治疗时让猪站立，使用非常方便。

（三）猪场的必备设施

1. 猪场卫生防护和消毒设施 猪场场界要划分明确，四周应建较高的围墙或防疫沟，以防止场外人员及其他动物进入场区。为了更有效的切断外界的污染因素，必要是可往沟内放水。在场内各区域间，也可设较小的防疫沟或围墙，或结合绿化培植隔离林带。

在猪场大门及各区入口处，各猪舍的入口处，应设相应的消毒设施，如车辆消毒池、人的脚踏消毒槽或喷雾消毒室、更衣换

鞋间等。如果装设紫外线杀菌灯，应强调消毒时间（3～5分钟），通过式（不停留）的紫外线杀菌灯照射达不到卫生安全目的，因此有的场安装有定时通过指示器（定时灯或铃声）。

2. 猪场内的排水设施 为了保证场地干燥，必须专设排水系统（最好采用雨水和污水分开的排水系统，缺水的地方可考虑库存雨水），以便及时排除雨水及猪场生产污水。排水系统多设置在各种道路的两旁及猪舍周边，一般采用斜坡式排水沟，以尽量减少污物积存。如采用方形明沟，其最深处不应超过30厘米，沟底应有2%～2.5%的坡度，上口宽30～60厘米。暗沟或管道排水系统如较长（超过200米），应增设沉淀井，以免污物淤塞，影响排水，同时，在方向改变的地方或直线段通条距离内，应设置检查井（室）。沉淀井或检查井不应设在运动场中或交通频繁的干道旁，且距供水水源至少应有200米以上的间距。

3. 猪场的贮粪设施 猪场的贮粪场设置要根据粪污收集和处理的方式来选择不同的形式。

如粪尿分离时，因粪呈固态贮放，贮粪场体积可以设置得小一些，结构也比较简单。一般设计为深1米，宽9～10米，长30～50米的方形池子，底部用黏土夯实或做成水泥池底，以防粪液渗漏流失，且应有一定坡度，使粪水可直接流向集液井。每头猪所需贮粪池面积（按贮放6个月，堆高1.5米计算）为0.4米^2。位置离猪舍100米左右，粪便可通过猪场后门直接送往农田或运走。

如粪水不分，特别是当施行水冲清粪时，除要求容积大的粪水贮集池（罐）外，还必须具备：①沉淀池或氧化池等；②可往粪沟或粪水池中加水的设备；③用以提升、抽走粪水的泵、搅动装置、冲气装置等；④槽车或灌溉设施以及足以充分利用这些粪水的土地。各种污水池结构应考虑防水。

粪水池一般修在靠近猪舍的地段，但考虑到清粪时的臭气污染，最好离猪舍50米以上距离，容积可按体重70千克的猪每头

每天0.004～0.005米^3，贮存6个月计算。粪水池一般深2.5～3.0米，宽度不大于18米，有地上式、地下式及半地下式三种形式。地上式粪水池在地下水位高，土层薄或场内面积不够的情况下采用，形状有方形、圆形及罐状等，所用材料有防腐木板、水泥板、浇注混凝土、防锈金属板等。有的猪场将粪水池直接修在猪舍漏缝地面下，这种方式只有在经常不断用风机向舍外排气、经常冲洗粪池的情况下使用。因为经常性冲粪和抽风对环境控制不利，粪水池内产生的各种有害气体又会直接对猪和人的健康造成不良影响，现在一般不提倡采用该种方式。

沉淀池：沉淀池可采用平流式或竖流式两种。平流式沉淀池是长方形，粪水在池一端的进水管流入池中，经挡板后，水流以水平方向流过池子，粪便颗粒沉于池底，澄清的水再从位于池另一端的出水口流出。池底呈1%～2%的坡度，前部设一个粪斗，沉淀于池底的固形物可用刮板刮到粪斗内，然后将其提升到地面堆积。竖流式沉淀池为圆形或方形，粪水从池内中心管流入池内，经挡板后，水流向上，粪便颗粒沉淀的速度大于上升水流速度，则沉落于池底的粪斗中，清水由池周的出水口流出。粪水在池内静止可使50%～85%的固形物沉淀，故利用沉淀池既可减少恶臭的产生，又便于上清液的利用。为便于沉淀，沉淀池应大而浅，最大深度不超过1.2米，但水深应不小于0.6米，以保证粪水进入粪水池时不至于将已沉淀的沉渣冲起。沉淀面积的确定，一般以每小时粪水量来计算，即粪水流入量1000米^3/小时时配套1米^{2}沉淀池面积。

氧化池：当往粪水中充入空气供氧时，粪水中的好气微生物就会将多数有机固形物分解成小分子的物质，从而达到粪水的无害化。修建氧化池即是利用这一原理，简单有效地对猪场粪水加以处理。氧化池一般为长圆形，设于猪舍漏缝地板下或舍外一侧，池面积相当于猪舍地面面积，水深0.9～1.5米。池内安装搅拌器，其中轴安装的位置略高于氧化池液面，搅拌器不断旋

转，可使漏下的固体粪便加速分离，使分离的粒子悬浮于池液中，同时向池液供氧，并使池内的混合液沿池壁循环流动，使氧化池内有机物充分利用好气性微生物发酵，猪舍内无不良气味。搅拌器转速快则供氧多，一般以每分钟80～100转为宜。

沼气池：利用沼气池可以把粪便污水等转化为生物能，是废物处理和利用相结合的一种很好的方法。沼气池有间断产气型和连续产气型两种基本类型。间断产气型适用于小规模猪场，即把粪尿放入一个厌氧罐里，让其发酵，产生沼气后就使用，待沼气用完后再把罐内残留物倒出，重新开始下一个产气过程。连续产气型沼气池，可以在不影响沼气产生的情况下，有规律地向池内加入原料。沼气生产温度应控制在20～55℃范围内，为此要保住发酵时产生的热量、预热产气原料或加热沼气池等。沼气产出后，通过装有石灰水和铁粉或铁锉屑等化学物质的“净化器”，吸收掉CO_2、H_2S等，可得到80%～95%的甲烷气。

4. 猪舍附属设施 每栋猪舍应设有一些附属的值班室、饲料间等，一般都设在猪舍的一端，这样送料与清粪就不会交叉。也有一些猪场把两栋猪舍用附属用房连接起来，可以节约辅助面积，提高机械设备的利用率，但当有几栋排列时送料、清粪会交叉，因此也可由几栋猪舍合用一个辅助建筑，这样可使总平面紧凑，也便于提高管理水平和工作效率。并为以后向高一级自动化提供可能性。

5. 后勤保障设施 一个完善的猪场还应有饲料车间、出猪台、自备电机房、生产资料仓库、锅炉房、水塔以及各种生活福利设施等。

参考文献

[1] 吴金先，徐士清. 规模养猪手册. 杭州：浙江科技出版社，1997
[2] 陈清明，王连纯. 现代养猪生产. 北京：中国农业大学出版社，1997

[3] 姚维祯．畜牧业机械化．第二版．北京：中国农业出版社，1991
[4] 东北农学院．家畜环境卫生学．第二版．北京：农业出版社，1990
[5] 李汝敏．实用养猪学．北京：农业出版社，1992
[6] 朱尚雄．中国工厂化养猪．北京：科学出版社，1990
[7] 张岫云．农业建筑学．北京：农业出版社，1988
[8] P.G.M. 莱狄恩．吴国林译．农业建筑工程设计手册．北京：农业出版社，1984
[9] 李焕烈．工厂化猪场设计与设备．养猪（1）．1999
[10] 陈清明等．规模化猪场生产工艺及猪舍的新设计．养猪（3）．1998

第七章
环 境 控 制

在规模化养猪生产中，育种、防疫和喂饲等生产技术无可非议地一直是推动生产发展的有效手段。随着科技和生产的发展，人们又进一步认识到要想继续推动养猪业向前发展，必须解决好规模化养猪的环境条件问题。制约养猪生产的因素可以概括为两个方面，即遗传和环境。遗传决定猪生长发育的潜力有多大，而环境则决定猪的遗传潜力能在多大程度上得以发挥出来。没有优良的遗传因子不能获得优质高产的产品，但是再好的良种如果没有适宜的环境条件，其遗传优势就不能得以充分发挥。因此采用工程技术措施为规模化养猪创造适宜的生产环境条件，就成为推动养猪生产发展的又一有效手段。

要为规模化养猪创造适宜的环境条件，必然要涉及猪场生产废弃物的处理问题。因此猪场废弃物处理与利用技术，可以视为环境控制技术的重要组成部分，也在本章予以介绍。

一、猪舍环境条件及控制

何谓猪舍环境？广义地讲是指猪舍内围绕猪体周围的所有事物，即构成猪生长、发育、繁衍的空间外围事物。一般可分为物理环境、化学环境和生物环境等。物理环境包括猪体周围的光、热、空气、水、房舍和围栏等，其中的空气温度、湿度、太阳辐射和空气流动等，统称热环境。化学环境是指猪体周围空气中及地面上的化学物质。在环境问题中，关心的是空气中的有害化学物质，例如氨气、一氧化碳、硫化氢等对猪生长发育的影响。生物环境是指猪舍内每只猪个体以外的所有生物，包括舍内地面上、空气中的微生物，体外的寄生物，以及周围的其他同类（猪）群体等，其中猪的同类之间的关系，构成所谓的群体环境，或称之为猪的社会环境。

本节主要讨论猪舍的热环境条件及控制，亦涉及其他一些环境因子问题。下面首先介绍猪舍的环境条件。

（一）猪舍的适宜环境

环境控制的目的是为猪创造适宜的生长环境，因此弄清各种环境因子对猪生长的影响，是实施环境控制的先决条件。

1. 温度对猪生长的影响　猪是恒温动物。在一定环境条件下，猪的直肠温度恒定在 39℃。一般来说，猪体温高于环境温度，所以猪体要对周围环境散失热量。散热的方式包括显热散热（辐射、对流和传导）及潜热散热（蒸发）。猪会改变代谢强度来控制自身的产热量，并通过生理调节来调整产热和散热的比例关系，达到热量平衡，从而保持恒定体温。

图 7.1 为猪体温及产热、散热量与环境温度的关系曲线。当环境温度在 $t_3 \sim t_4$ 时，猪只产热量最少，散热也少，此时饲料利用最经济。这个温度范围生理上称为“等热区”，生产上称为适宜温度范围。环境温度低于 t_3 后，为保持体温，猪必须加大产热量，此时采食量增加、生产力下降。低于 t_2 后，已无法再增加产热量，猪体温开始下降，直至冻死。当环境温度高于 t_4 后，由于猪体与环境温差减小，以显热方式散热逐渐困难，此时猪会通过喘息等来增加蒸发散热，以保持恒定体温。高于 t_5 后，显热散热为零，仅靠蒸发散热已不能阻止体温的升高。超过 t_6 后，猪会被热死。t_3、t_4 为适宜温度的下、上临界温度，超过临界温度，饲料利用率降低，畜产品量下降。到 t_2、t_5 时，畜产品量降为零，故 t_2、t_5 称无畜产品温度。温度环境进一步恶化猪会死亡，t_1、t_6 称猪的死亡温度。

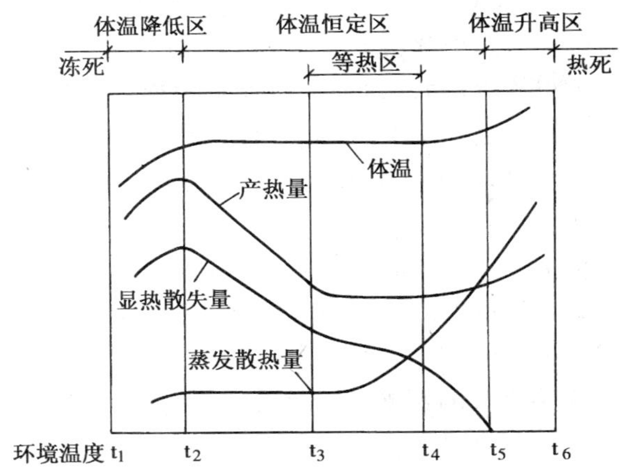

图 7.1 猪体温、散热量与环境温度的关系

表 7.1 中的数据反映了环境温度对猪生产性能的影响。可以看出，环境温度过低或过高都会影响猪的生产性能。

表 7.1 猪增重与环境温度的关系

猪体重（千克）	不同环境温度下的日增重（克）							
	4℃	10℃	16℃	21℃	27℃	32℃	38℃	43℃
34～56	—	620	715	910	890	630	20	－600
56～79	580	670	790	980	830	520	－90	－118
79～102	540	680	830	1 010	760	350	－460	—
102～124	500	760	950	980	690	280	－560	—
124～168	430	850	1 100	900	550	50	－1 500	—

实际上，猪感受到的环境温度是环境气温、相对湿度、风速、热辐射等的综合作用效果。但为简化问题，所谓环境温度也可以仅指猪舍内的气温。

猪舍的适宜环境温度依不同的类别而异。分娩舍内，母猪和仔猪对温度的要求有较大差异，舍内温度主要考虑母猪兼顾仔

猪，一般以 15～29℃为宜。另外，可在仔猪活动区局部供热，这一区内应满足：新生仔猪为 30～34℃，随后每日下降 0.5℃左右；前期仔猪舍用来饲养早期（约 3 周龄）断奶的仔猪，开始时 26～29℃，以后每周降 1.7℃左右；仔猪舍用来饲养 7～11 周龄的仔猪，舍内温度应为 21～27℃；育肥猪舍和妊娠母猪舍内温度为 10～29℃；配种猪舍 13～29℃。

以上各猪舍的适宜环境温度并不一定是其最佳温度。考虑到要达到最佳温度须付出较大的经济代价，所以采用上述较为宽松的适温范围对生产更有利。

2. 湿度对猪生长的影响 湿度是用来表示空气中水汽含量多少的物理量，常用相对湿度来表示。舍内空气的相对湿度对猪的影响，和环境温度有密切关系。无论是幼猪还是成年猪，当其所处的环境温度是在较佳范围之内时，舍内空气的相对湿度对猪的生产性能基本无影响。试验表明，若温度适宜，相对湿度从 45%变到 95%，猪的增重无异常。这时，常出于其他的考虑，来限制相对湿度。例如，考虑到相对湿度过低时猪舍内容易飘浮灰尘，过低的相对湿度还对猪的黏膜和抗病力不利；相对湿度过高会使病原体易于繁殖，也会降低猪舍建筑结构和舍内设备的寿命。所以就算是处于较佳温度范围内，舍内空气的相对湿度也不应过低或过高。

当舍内环境温度较低时，相对湿度大，会使猪增加寒冷感。这是由于猪的毛、皮吸附了潮湿空气中的水分后，导热性增大，使猪体散热量增大。同时，随着通风换气，使蕴含于水汽中的大量潜热流失到舍外，降低了舍温。因此较低舍温时，相对湿度大，会影响猪的生产性能，这一点对幼猪更为敏感。例如，据试验在冬季相对湿度高的猪舍内的仔猪，平均增重比对照组低 48%左右，且易引起下痢、肠炎等疾病。

当舍内环境温度较高时，舍内相对湿度大，同样也会影响猪的生产性能。猪原本适应湿度变化的能力较强，即使相对湿度超

过85%对生长性能影响也不大，但高温下的高湿，会妨碍猪的蒸发散热，从而加剧了高温的危害。如果温度超过适宜温度，相对湿度从40%升高到70%，便会减缓猪的增重。这一点成年猪更为敏感，因为成年猪的适宜生长温度比仔猪要低。

综合考虑，适宜猪生活的相对湿度为60%～80%。在某些地区或季节，舍内相对湿度偏高而无法降低时，应采取措施增加或降低舍温及作好卫生防疫工作，这样也能确保猪只的正常生产。

3. 气流对猪生长的影响　气流对猪机体的作用，主要是影响猪体的散热。在一般环境条件下，只要有气流存在，均可促进机体的对流散热和蒸发散热。当环境温度低于猪的适宜温度下限时，由于气流的作用，加大了猪体的散热量，而使猪感到寒冷，此时为了维持体温，就需消耗更多的能量。反之，当环境温度高于猪适宜温度上限时，由于气流有助于猪体散热，且气流大时散热较多，因此增大风速可明显改善猪的温热环境，缓和热应激对猪的不良影响。

气流对猪体散热的影响，除了气流速度外，气流的温度也是一个十分重要的因素，散热效果随气流的温度上升而下降。当气流温度等于猪皮肤温度时，对流散热的作用消失；当气流温度高于皮肤温度时，机体通过对流得热；低温而潮湿的气流，能显著增大散热量，猪更感寒冷，有可能引起冻伤、冻死。气流总是和温度、湿度一起协同作用于猪的机体，使冷、热应激的程度得以缓和或加剧。

据报道，当舍内环境温度为12℃时，气流速度由0.1米/秒增加为0.26米/秒，25～30千克重的猪的散热量约要增加10%。而对于2千克重仔猪，当气流速度由0.1米/秒增加为0.56米/秒，相当于环境温度下降了4℃。有些专家认为，对于仔猪，在各种环境温度下空气流速都不应超过0.3米/秒，否则会促使仔猪机体变冷且增多疾病（如肺炎）。当然，环境温度过高时，适

当提高气流速度有助于仔猪降温。但各种猪舍内降温气流速度都不宜太高，过高气流的摩擦会使猪感到不适。

正常舍温情况下，猪舍内的气流速度参考参数见表 7.2。

表 7.2　常温下猪舍的气流速度参数

舍　　别	气流速度（米/秒）
空怀和怀孕初期猪舍	0.3
孕后期猪舍	0.2
带仔哺乳母猪舍	0.15
断奶仔猪舍	0.2
肥育猪舍	0.2

冬季从保暖角度考虑，流速可低于表中值。夏季高温情况下，流速可高于表中值以利猪体散热。不过，据报道，体重 90 千克的猪，在 48℃的高温环境中，如果地面潮湿，猪的皮肤在地面上滚湿，风速自 0.1 米/秒增大到 0.9 米/秒，经 30 分钟可使上升的体温下降 2℃左右。而当地面和猪体皮肤干燥后，即使加大风速也没有效果，可见在夏季对猪这种无汗腺的家畜，单纯靠增大气流流速来帮助猪散热，其作用是有一定限度的。必须辅以喷淋等才能充分发挥气流的降温作用。

4. 有害气体对猪生长的影响　猪舍中有害气体主要来自密集饲养的猪的呼吸、排泄和生产中的有机物分解。有害气体主要有氨、二氧化碳、一氧化碳和硫化氢等。

氨气主要来自于粪便的分解。氨易溶于水，在猪舍中氨常被溶解或吸附在潮湿的地面、墙壁和猪黏膜上。氨能刺激黏膜，引起黏膜充血、喉头水肿、支气管炎，严重时引起肺水肿、肺出血；氨还能引起中枢神经系统麻痹，中毒性肝病等。猪处在低浓度氨的长期作用下，体质变弱，对某些疾病产生敏感，采食量、日增重、生殖能力都下降，这种症状称为“氨的慢性中毒”。若氨浓度较高，对猪引起明显病理反应和症状，称为“氨中毒”。

据试验报道，猪的生产性能在空气中氨的体积浓度达到0.005%（50毫升/米^3）时开始受到影响，0.01%时食欲降低和易起各种呼吸道疾病，0.03%时引起呼吸变浅和痉挛。猪舍氨含量一般应控制在0.003%以内。

二氧化碳主要来源是舍内猪的呼吸。一头体重100千克的肥猪，每小时可呼出二氧化碳43升，因此猪舍内二氧化碳含量往往比大气中高出许多倍。二氧化碳本身无毒性，它的危害主要是造成缺氧，引起慢性毒害。猪长期处在缺氧的环境中会精神萎靡，食欲减退，体质下降，生产力降低，对疾病的抵抗力减弱，特别易于感染结核病等传染病。猪舍内二氧化碳体积浓度不应超过0.15%。虽然二氧化碳本身不会引起猪中毒，但二氧化碳浓度的卫生意义在于，它能表明猪舍空气的污浊程度，亦表明舍内空气中可能存在其他有害气体的多少。因此二氧化碳浓度可作为猪舍卫生评定的一项间接指标。

一氧化碳为无色、无味的气体。猪舍中一般没有多少一氧化碳。当冬季在密闭的猪舍内生火取暖时，若燃料燃烧不完全，会产生大量一氧化碳。一氧化碳对血液、神经系统具有毒害作用。它通过肺泡进入血液循环，与血红蛋白结合形成相对稳定的碳氧基血红蛋白，这种血红蛋白不易解离，不仅减少了血细胞的携氧功能，还抑制和减缓氧合血红蛋白的解离与氧的释放，造成机体急性缺氧，发生血管和神经细胞的机能障碍，出现呼吸、循环和神经系统的病变。碳氧基血红蛋白的解离要比氧合血红蛋白慢3 600倍，因此中毒后有持久的毒害作用。当一氧化碳浓度在0.05%时，经短时间就可引起急性中毒。猪舍内一氧化碳浓度应低于0.0025%。

硫化氢是一种无色、易挥发的恶臭气体。在猪舍中主要由含硫物分解而来。硫化氢产生自猪舍地面，且比重较大，故愈接近地面，浓度愈大。硫化氢主要刺激黏膜，引起眼结膜炎、鼻炎、气管炎，以至肺水肿。经常吸入低浓度硫化氢可出现植物性神经

紊乱。游离在血液中的硫化氢，能和氧化型细胞色素氧化酶中的三价铁结合，使酶失去活性，以致影响细胞的氧化过程，造成组织缺氧。长期处在低浓度硫化氢的环境中，猪体质变弱，抗病力下降。高浓度的硫化氢可直接抑制呼吸中枢，引起窒息和死亡。当硫化氢浓度达到0.002%，会影响猪的食欲。猪舍内硫化氨浓度不应超过0.001%。

5. 其他因素对猪生长影响　这里简介噪声、光照、尘埃等对猪生长的影响。

噪声是影响猪正常休息和睡眠的重要因素。断续声比连续声影响更大，夜间噪声比白天噪声影响大。一般认为猪长期处于强噪声中，会出现神经衰弱症候。有研究报道说，猪舍内噪声经常在65分贝以上时，仔猪血液中的白细胞和胆固醇含量分别上升25%和30%。关于猪舍的噪声标准，一种观点认为可以人的卫生学标准为准，即不超过85分贝。而另一种观点认为高强度或长时间的声响并不明显地影响猪的生产性能，但是突然产生的噪声会触发猪短期的兴奋和烦躁，因此应尽量避免突发噪声，以减少兴奋和引起猪因突然逃避而受伤。

光照对于猪舍并不十分重要，特别是育肥猪舍完全可以采用低光照，只要有足够的光线便于管理和饲喂就行了。总的说来，种用猪光照时间相对长一些，有利于活动，增强其体质，提高其种用价值；肥育猪光照相对短一些，减少其活动量，促使其增重。

猪舍中应尽量减少空气中尘埃。因为，灰尘上可能吸附有大量病菌，这些病菌随着漂浮的灰尘传播；灰尘进入眼睛，易使猪患灰尘性眼结膜炎；灰尘被吸入呼吸道后，大于10微米的灰尘一般被阻留在鼻腔里，5～10微米的灰尘可进入支气管，5微米以下的可达到细支气管和肺泡。吸附在呼吸道上的灰尘量过多会引起呼吸道感染，进入细支气管和肺泡的灰尘，随肺部血液循环进入淋巴管使猪发生肺水肿、肺炎等疾病。据统计，肥猪肺炎有

87%发生在灰尘量多的猪舍里，2～6月龄的生长肥育猪受害最重；灰尘可成为空气中水汽的载体或凝聚核，并可吸附氨和硫化氢等有害化学物质，当其被吸入猪呼吸器官时对猪造成危害。因此，应减少舍内空气中的尘埃。

6. 环境的有效温度 前面已提到，动物对环境的温热程度的感受，并不仅仅取决于环境温度，而是环境空气的温度、相对湿度、流速及热辐射等因子综合作用下产生的效果。例如，人在气温恒定在25℃的房间里，冬天会比夏天感觉冷，就是因为夏天墙体热辐射要比冬天强的缘故。在猪舍内，气温、气湿、气流是影响猪温热感受的三个主要因子。各因子之间在作用效果上相辅相成，相互制约。调整任何一个或两个因子的作用强度，就会收到改变整个温热环境的效果。例如高气温时加强通风或降低湿度或二者同时进行，都会促进猪的对流和蒸发散热，使其感到凉爽。

由此可见，仅仅用猪舍内空气温度来评价猪感受到的温热环境是不全面的。当然，采用空气温度来评价温热环境，也是常用的简单可行的方法。

目前在生产中使用的综合评价指标有“有效温度”、“温湿指数”和“风冷指数”几种。这里主要介绍“有效温度”。它是评价气温、相对湿度和风速的综合作用下所产生的热感觉综合指标，用来表示对温热感觉的舒适程度。需要说明的是，由于猪不能像人一样表达出自己对温热环境的综合感受，所以关于有效温度的一些定量结论，在某种程度上是依赖于人对温热环境的综合感受来评定的。换言之，有效温度是衡量猪温热感觉的参考指标。

对于猪感受到的有效温度值的测定曾进行过不少探索，但由于影响因素众多且复杂，结果大都不能令人满意，目前只有一些粗约资料。表7.3是气温和气流综合作用下不同年龄猪舒适与否的资料。

表 7.3 气温、气流对猪舒适感的综合影响

温度（℃）	气流速度（米/秒）		
	低于 0.15	0.15～0.25	0.25～0.38
21	各种年龄猪均舒适	各种年龄猪均舒适	1～8 周龄仔猪不舒适
18	1 周龄内仔猪不舒适	5 周龄内仔猪不舒适	12 周龄内幼猪不舒适
15	10 日龄内仔猪不舒适	1～3 周龄内仔猪不舒适	12 周龄内幼猪不舒适
13	8 周龄内幼猪不舒适	12 周龄内幼猪不舒适	14 周龄内幼猪不舒适
10	15 周龄内幼猪不舒适	14 周龄内幼猪不舒适	16 周龄内幼猪不舒适
7	16 周龄内幼猪不舒适	16 周龄内幼猪不舒适	20 周龄内幼猪不舒适
4	20 周龄内幼猪不舒适	20 周龄内幼猪不舒适	20 周龄内幼猪不舒适
2	所有肥猪都不舒适		

也可以用干球温度和湿球温度来计算“有效温度”。Tngram 等人从仔猪的直肠温度得到“有效温度”的计算公式为：

$$ET = 0.65T_d + 0.35T_w \quad （式 7—1）$$

式中 T_d——干球温度

T_w——湿球温度

山本等人从猪的呼吸数得到的计算公式为：

$$ET = 0.6T_d + 0.4T_w \quad （式 7—2）$$

而人的有效温度的计算公式是：

$$ET = 0.85T_w + 0.15T_d \quad （式 7—3）$$

从中可以看出，人与猪对各种因子影响的反应是不同的。例如干球 30℃、湿球 25℃时，人、猪感受到的有效温度分别是 25.75℃和 28.25℃。可见皮肤蒸发能力较强，湿球温度比干球温度重要。相反，皮肤蒸发能力较弱的猪，干球温度比湿球温度重要。因此，不能完全按照人的感受来评定猪感受到的温热环境。

（二）猪舍环境控制

我国属大陆季风气候，大部分地区冬冷夏热，远不能满足猪只生长的环境要求。但在猪舍内，可以凭借现代科学技术和工程措施，控制舍内小气候，为猪生长提供适宜的环境。

1. 猪舍围护结构的保温隔热 猪舍内小气候环境的控制要取得好的效果的前提是猪舍围护结构具有较好的保温隔热性能。因此，首先应从提高猪舍建筑围护结构保温隔热性能入手来讨论环境控制问题。

（1）围护结构的传热 围护结构的传热量计算是设计保温隔热围护结构、采暖系统等的依据。对于无需对此作过多了解的读者，可跳过此段不看，直接采用后面提到的公式 7—7 计算传热量。但对于多层结构，须用公式 7—6 计算。

当猪舍围护结构内、外两侧受到不同温度作用时，热量就会从高温一侧通过围护结构向低温一侧传递。冬季舍内热量向舍外传递，夏季热量的传递方向将随舍内、外昼夜的温度变化而变化。

热量的传递有导热、对流和辐射三种基本形式。热量通过围护结构的传递是这三种基本形式的综合作用。在传递中，要经过高温作用表面的吸热、结构本身的传热以及低温作用表面的放热三个过程。其中表面吸热和表面放热的机理是相同的，统称为“表面热转移”，它既有结构表面与附近空气之间的对流和导热的传热作用，又有表面与周围其他表面的辐射传热作用；结构实体的传热主要以导热方式传递热量。

在表面热转移过程中，空气的对流和导热作用很难分开，一般将二者的综合效果放在一起考虑，称为“对流换热”。如果再将表面辐射换热的效果加进去，则整个表面热量交换用下式表示：

$$q = \alpha(T_w - T_a) \qquad \text{（式 7—4）}$$

式中 q——单位表面热转移量（瓦/米^2）

α——表面换热系数（瓦/米^2·℃）

T_w——壁面温度（℃）

T_a——周围空气温度（℃）

表面换热系数的倒数称为表面换热阻 $R = 1/\alpha$。表 7.4 和表 7.5 为内、外表面的换热系数和热阻。

表 7.4　内表面换热系数 α_i 及内表面换热阻 R_i 值

内表面特性	α_i（瓦/米^2·℃）	R_i（米^2·℃/瓦）
墙、地面、表面平整的顶棚、屋盖或楼板，以及带肋顶棚（H/S≤0.3）	8.72	0.11
有井形突出物的顶棚、屋盖或楼板（H/S>0.3）	7.56	0.13

注：H 为肋高，S 为肋间净距

表 7.5　外表面换热系数 α_o 及外表面换热阻 R_o 值

外表面状况	α_o（瓦/米^2·℃）	R_o（米^2·℃/瓦）
与室外空气直接接触表面	23.26	0.04
不与室外空气直接接触表面		
阁楼楼板上表面	8.14	0.12
地下室顶棚下表面	5.82	0.17

对于墙和屋顶这种平壁式结构实体的传热，可以近似地认为结构内温度分布仅沿厚度方向发生变化，因此结构传热可简化为一维导热问题。通过单一材料层结构的传热量为：

$$q = \frac{\lambda}{d}(T_1 - T_2) \qquad \text{（式 7—5）}$$

式中　q——单位平壁面积结构传热（瓦/米^2）

d——材料层厚（米）

T_1、T_2——平壁两侧表面温度（℃）

λ——材料导热系数（瓦/米·℃）

材料层厚与材料导热系数之比 $R = d/\lambda$ 称为材料层的热阻。表 7.6 是常见材料的导热系数和热阻。

表 7.6　常见材料导热系数和热阻

材　料　名　称	导热系数（瓦/米·℃）	热阻（米^2·℃/瓦）
砂浆实心砖体	0.184	1.229
水泥沙浆	0.930	1.075
碎砖石或卵石混凝土	1.280	0.781
石棉毡	0.116	8.621
松木	0.350	2.857
泡沫塑料板	0.047	21.277
锯末	0.093	10.753
玻璃纤维	0.058	17.241
膨胀珍珠岩	0.040	25.000
岩棉	0.035	28.571
窗玻璃	0.755	1.325
炉渣	0.280	3.571

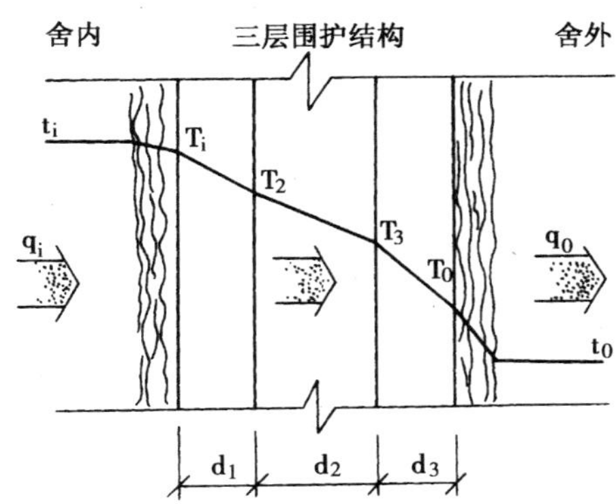

图 7.2　多层平壁的传热

图 7.2 是有三层材料层的平壁结构在舍内、外空气温度 t_i、t_o 作用下热量的传递示意。设 $t_i > t_o$，舍内热量的传递是由内向外，先通过内表面的热量交换，再依次通过三层材料层的结构传热，最后通过外表面的热量交换，将热量传到舍外，图中 T_i、

T_2、T_3、T_o 分别是三层材料层的 4 个界面温度，其值依次降低。d_1、d_2、d_3 是各材料层厚度。在稳定传热条件下，通过多层平壁结构的热流量 q 由下式计算：

$$q = \frac{t_i - t_o}{\frac{1}{\alpha_i} + \sum\frac{d}{\lambda} + \frac{1}{\alpha_o}} = \frac{1}{R_{ov}}(t_i - t_o) \qquad \text{（式 7—6）}$$

这里

$$R_{ov} = \frac{1}{\alpha_i} + \sum\frac{d}{\lambda} + \frac{1}{\alpha_0} = R_i + \sum R + R_o$$

叫围护结构的总传热阻。它表示热量从平壁的一侧空间传到另一侧空间时所受到的总阻力。围护结构总传热阻的倒数 $K = 1/R_{ov}$ 叫围护结构总传热系数。则有：

$$q = K(t_i - t_o) \qquad \text{（式 7—7）}$$

要计算围护结构单位面积的总传热量，可查找出各层材料的导热系数及内、外表面热量交换系数，利用公式 7—6 算出。工程中为简化计算，也给了常见围护结构的总传热系数（表 7.7），这样可利用公式 7—7 计算传热量。

表 7.7 常用围护结构总传热系数（K）

结构材料情况及厚度		K（瓦/米^2·℃）
玻璃	3～3.5 毫米	5.6
玻璃	4～5 毫米	5.2
聚氯乙烯膜	0.1 毫米	6.4
聚氯乙烯膜	0.1 毫米双层	3.5
一砖墙、内表面抹灰 2 厘米		2.1
一砖清水墙		2.2
1/2 砖清水墙		1.6
50 厘米土墙		1.2
厚空心墙（外 1/2 砖，中空 12 厘米，内 1/2 砖，抹灰）厚 61 厘米		0.7
草苫		3.5
实体木质外门一层		4.4
带玻璃外门一层		4.6
木框外窗天窗一层		5.8
金属框外窗天窗一层		5.8
		6.4

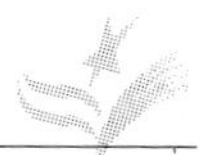

（2）围护结构表面冷凝和水蒸气渗透　空气的含湿能力主要取决于它的温度。当舍内含湿的空气与围护结构的内表面接触时，如果内表面温度低于露点温度，空气中水分就会析出，内表面上会出现冷凝，即出汗现象。内表面应避免冷凝现象，这就要求提高内表面的温度。可通过增大材料层厚度，选择热阻大的结构材料来达到目的。舍内空气相对湿度越高，围护结构为防止表面冷凝所要求的热阻就越大。但如果以相对湿度的峰值作为防冷凝设计的依据是不经济的。一般猪舍防冷凝设计的相对湿度取值为75%～80%。在围护结构内表面抹灰或粉刷，可以在湿度高峰值时吸收一部分冷凝水，然后再逐渐蒸发掉，这也是一种可行的办法。

舍内外空气都含有一定量的水蒸气，当围护结构两侧存在水蒸气分压力差时，水气分子就会从分压力高的一侧通过围护结构向分压力低的一侧渗透扩散，这种现象叫蒸汽渗透。蒸汽渗透的物理学机理与热量传递机理类似，不过对于蒸汽流来说，它的驱动力是水蒸气分压差，而热量传递的驱动力是温度差。蒸汽渗透是物质的迁移，而传热过程是能量的转移。

在冬季，猪舍里存在着水蒸气由里向外传递的趋势。这股向外的蒸汽流，由于逐渐变冷，或多或少会在围护结构材料层内形成水汽的冷凝和积聚，超过一定量时会对材料层的耐久性及保温性能造成危害。在围护结构材料层次的布置上，应尽量在水蒸气渗透的通路上，做到“进难出易”，宜将蒸汽渗透阻较大的密实材料布置在内侧（蒸汽流入的侧），渗透阻较小的材料布置在外侧。对于特别潮湿的猪舍应在围护结构外侧设置有利排除湿汽的通风间层，将舍内渗出的水蒸气由通风气流带走。

（3）围护结构的保温要求　冬季猪舍内的需要的适宜温度是靠外围护结构的保温和设备采暖相互配合来保证的。对围护结构冬季保温的基本要求是：

* 必须有一定总热阻值，使土建投资、采暖设备、燃料消耗

等费用有一个最佳经济组合，达到控制舍内环境温度的目的；

＊内表面温度不能太低，以免产生冷辐射，造成不良生理影响，还要避免在内表面产生冷凝现象；

＊不能让蒸汽渗透在内部产生过多冷凝，否则会降低结构的保温性能，甚至给结构造成破坏；

＊减少通过围护结构（包括门窗）缝隙渗入室内的冷空气量。

评价围护结构保温性的主要指标是总热阻 R_{ov}，R_{ov}越大，热量损失就越小，内表面温度也就比较高。由于舍内热空气向上运动，因此屋顶热阻应大于墙体热阻。越寒冷的地区、热阻应越大。可以按照采暖季节的总度日来划分围护结构的保温等级。每天的度日数是该天的日均温度与 18.3℃的差，采暖总度日数就是冬季每天度日数的总和。表 7.8 是美国不同类型畜舍推荐的总热阻值。

表 7.8 畜舍的最低总热阻

冬季总度日数	推荐的最低总热阻值 R（米²·℃/瓦）					
	前开敞式畜舍		半开敞畜舍		环境控制畜舍	
	墙	屋顶	墙	屋顶	墙	屋顶
2 500	—	1.06	1.06	2.47	2.47	3.83
2 501～6 000	—	1.06	1.06	2.47	2.47	4.40
>6 000	—	1.06	2.12	4.40	3.50	5.81

（4）外围护结构的隔热要求　外围护结构的隔热是夏季防热的主要措施之一。对围护结构隔热的基本要求应根据不同地区的气候和猪舍建筑特点来确定。

建筑类型：在自然通风条件下，主要是隔绝太阳辐射热的影响，使内表面温度不高于舍外空气温度，并且使室内热量能很快地散发出去。对于密闭猪舍，为了减少夏季通风降温设备运行负荷，要求屋顶要有较高的隔热能力。

气候特点：在干热地区，由于昼夜温差大、干燥，要求防热严密，控制通风，重点是隔热。宜采用温度衰减倍数大的厚重围护结构，这样有利于日间隔热降温。对于昼夜温差小，湿度大的南方湿热地区，则要求散热迅速，充分通风，温度衰减倍数可相对小一些。围护结构还应有一定温度传递延迟时间，最好使内表面最高温度出现在下半夜。

建筑朝向：围护结构受太阳辐射最强、最多的部位是屋顶，因此隔热的重点是屋顶，其次是西墙、东墙，再次为南墙。

绿化猪舍周围环境，在屋顶种草或蓄水，涂浅色外表，加荫棚等，可减少辐射热对猪舍环境的不利影响；在屋顶或墙设置通风层，靠通风带走辐射热负荷，隔热好，散热快。通风屋顶的跨度不宜超过 15 米，间层高度 20 厘米左右为宜。基层应有适当的隔热层；采用双排混凝土或轻骨料混凝土空心砖块做墙体，在空斗墙内填充焦渣，其隔热性能也比 24 墙好。在轻质复合结构的内侧加上适当厚度的重质材料，可提高结构的热稳定性。

2. 猪舍采暖　与其他建筑物一样，由于猪舍内外温差的存在，舍内外的热量交换时刻在进行。在冬季，如果想使舍内温度维持在一定水平上，由于围护结构不可能是绝热体，猪散发的体热往往也是有限的，这就需要对猪舍采暖供热。不过对于成年猪，一般尽量利用合理提高围护结构热阻和合理提高饲养密度等办法来增加保温能力和产热量，以尽量避免进行采暖。除严寒地区外，猪舍采暖往往只用于幼猪舍。

（1）采暖设计的热负荷计算　在采暖设计的热负荷计算中，先要确定猪舍内、外气温的计算标准，这个标准称舍内、外设计温度。考虑到经济因素，冬季猪舍的舍内设计温度常选用略高于猪舍的适宜温度范围的下限温度，也可根据实际需要及基本条件适当提高。舍外设计温度，应反映出猪舍运行期间可能遇到的不利天气条件。国内常采用历年冬季平均每年不保证 5 天的日平均温度来作为舍外设计温度。它是根据 20 年的气候统计资料作出

的。

猪舍的热量存在一种收支关系，图 7.3 为这种收支关系的示意。收到的热量有太阳辐射产生的热量、采暖供应热、灯具及其他一些设备放出的热量、猪体向周围环境散发的显热量。对于猪舍设计来说，因要考虑不利的气候条件，例如阴雨天、夜间，故热量收入项中不计入太阳辐射热。而灯具及其他一些设备散热量一般来说很小，可忽略不计。

猪体产生的显热按下式计算：

$$Q_s = q_s N/3\,600$$

（式 7—8）

式中　Q_s——猪舍内猪的显热散发量（千瓦）

N——猪舍内猪的头数

q_s——每头猪产生的显热（千焦/小时·头），可由表 7.9 查找

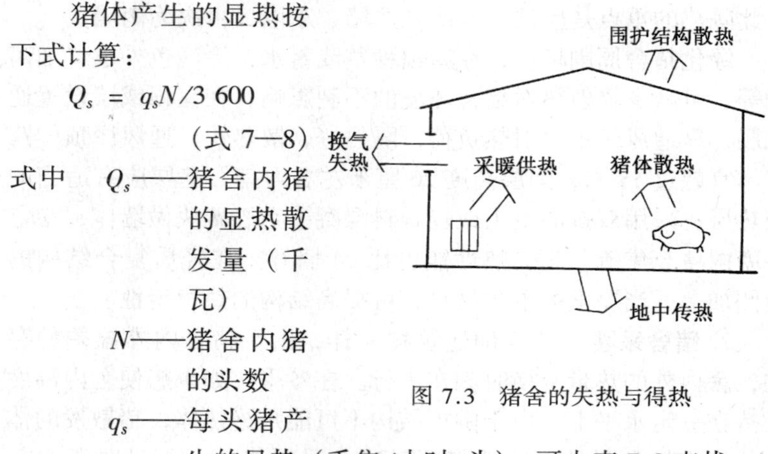

图 7.3　猪舍的失热与得热

表中给定的 q_s 值已考虑了在猪舍建筑结构范围内猪产生的若干显热量被用于蒸发水汽，因此热量收入项中，猪产生的潜热不予考虑。

支出的热量有通过围护结构的表面热交换向外界散失的热量，通过舍内地面向外界散失的热量（地中传热），通风换气散失的显热量。设计计算中，围护结构散热损失可根据公式 7—6 或 7—7 计算，单位要换为千瓦；地中传热可参考工民建规定的不保温地面的传热计算方法，将地面分成四个计算地带，如图 7.4 所示。图中涂黑的四角应重复计算。各地带的热阻和传热系数见表 7.10。

表 7.9　猪产生的显热量和潜热量（千焦/小时·头）

猪体重（千克）		温度（℃）	潜热 q_e	显热 q_s
小猪	4.5	29.4	18.99	137.17
	9.0	23.9	47.48	100.24
	13.5	18.3	132.94	174.10
27		4.4	132.94	320.77
		10.0	144.54	256.41
		15.6	160.36	219.48
		21.1	199.43	159.31
		26.7	260.60	87.59
45.5		4.4	155.04	467.27
		10.0	166.73	371.39
		15.6	199.43	296.48
		21.1	243.35	209.98
		26.7	261.69	143.49
91.0		4.4	221.58	685.83
		10.0	232.13	548.50
		15.6	249.00	436.70
		21.1	293.34	339.73
		26.7	365.06	236.36
母猪和仔猪	177（0周）	15.6	773.34	828.19
	181（2周）	15.6	1 055.12	1 107.88
	186（4周）	15.6	1 174.45	1 138.44
	200（6周）	26.7	1 311.37	1 225.12
	237（8周）	26.7	1 434.05	1 716.67

也可按计算点与外围护结构间的距离 b 来选择地中传热系数（单位：瓦/米^2·℃）。b < 10 米时，为 0.233；b = 10 ~ 20 米时，为 0.116；b = 20 ~ 30 米时，为 0.058。通风换气显热散失量按下式计算：

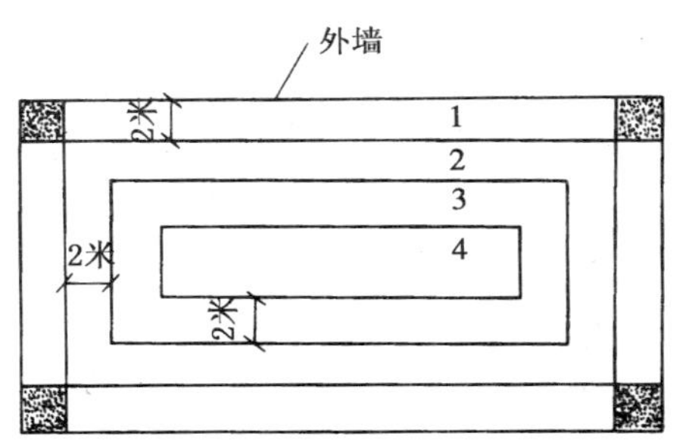

图 7.4　地面传热地带的划分

$$Q_{vs} = L\rho C_p(t_i - t_o) \qquad \text{（式 7—9）}$$

表 7.10　地面热阻及传热系数

地　　带	热阻（米^2·℃/瓦）	传热系数（瓦/米^2·℃）
第一地带	2.15	0.465
第二地带	4.3	0.233
第三地带	8.6	0.116
第四地带	14.19	0.07

式中　Q_{vs}——通风换气显热散失量（千瓦）

L——以容积计的通风量（米^3/秒）

ρ——空气密度（千克/米^3），负压通风按舍内状态决定，正压通风按舍外状态决定

C_p——干空气比热，$C_p=1.003$（千焦/千克干空气·℃）

t_i、t_o——舍内、外气温

由于热量的收与支是动态平衡的，可得到以下热平衡方程：

$$Q_{su}+Q_s-Q_b-Q_g-Q_{vs}=0 \qquad (式\ 7—10)$$

式中　Q_{su}——采暖供应热量（千瓦）

Q_s——猪产生的显热（千瓦）

Q_b——围护结构散热（千瓦）

Q_g——地中散热（千瓦）

Q_{vs}——换气显热散失（千瓦）

整理上式，可以得出猪舍采暖热负荷为：

$$Q=Q_{su}=Q_b+Q_g+Q_{vs}-Q_s(千瓦) \qquad (式\ 7—11)$$

（2）热水采暖系统　热水采暖是以水为热媒的采暖系统。由于水的热惰性较大，采暖系统的温度较稳定和均匀。热水采暖系统主要由提供热源的热水锅炉、热水输送管道及散热设备等构成。

锅炉及锅炉房设备的任务是安全经济地将燃料的化学能转化为热能，通过热媒将热量传给猪舍。锅炉按工质状况可分为蒸汽

锅炉与热水锅炉。热水锅炉结构紧凑，热效率较高，运行压力稳定，安全可靠。除了少量热水采暖系统采用蒸汽锅炉和蒸汽热交换器以外，大多直接采用热水锅炉供热。热水锅炉多用水泵强制循环。热水锅炉的容量以额定产热量来表示。

$$Q = G(i_2 - i_1) \times 10^3 \quad \text{（式 7—12）}$$

式中　Q——热水锅炉产热量（千焦/小时）

G——热水锅炉每小时送出的水量（吨/小时）

i_1，i_2——锅炉进、出热水的热焓（千焦/千克）

散热器是安装在采暖房间内的一种放热设备。对散热器的基本要求是：传热系数高，传热中辐射散热占有相当比例；单位有效放热量的价格和金属耗量低；便于清扫和安装检修；使用寿命长；占地面积小。散热器按其结构形状可分为光管型、翼型、柱型、串片型等，各种散热器的热参数可查工民建采暖设计手册。根据采暖热负荷、散热器热参数、供回水温度等，即可计算出所需散热器的数量。散热器在舍内的布置原则是尽量保证猪舍内温度分布均匀，热损失小，管路短，且应不妨碍生产操作。常将散热器靠墙布置，一般应安置在每个窗下，这样，从散热器上升的对流热气流就能加热从窗户下降的冷气流，使流经工作区的空气比较暖和。

由锅炉送出的将要输入散热器网路的热水温度称给水温度。流经散热器，又循环回锅炉的热水温度称回水温度。设计中，给回水温度都应通过经济技术比较来确定。热水采暖系统的计算流量 G 可按下式计算：

$$G = 3.6mQ/C(t_g - t_h) \quad \text{（式 7—13）}$$

式中　G——计算流量（吨/小时）

m——热水损耗系数，一般取为 1.03

Q——采暖系统热负荷（千瓦）

C——水的比热，C = 4.1868 千焦/千克·℃

t_g——给水温度（℃）

t_h——回水温度（℃）

由上式可知，提高给水温度，就能减少系统的计算流量，因而减小了管径、水泵容量和散热设备的散热面积，这对降低投资是有利的。但另一方面提高给水温度，相应地就需要提高热水采暖系统内部压力，这将受到系统的承压能力的限制。同时，温度过高也将引起舍内温度不均及可能造成接触网路时的烫伤。表7.11给出了不同汽化压力所对应的水温，这也就是从系统承压能力角度允许的给水温度。

表 7.11　不同汽化压力下的水温

汽化压力（帕）	0	4.5×10^4	10.1×10^4	17.3×10^4	26.4×10^4	37.9×10^4
水温（℃）	95	110	120	130	140	150

热水采暖系统按水循环动力可分为自然循环系统和机械循环系统。对于规模化养猪，因管路较长，应采用机械循环。图 7.5 为机械循环热水采暖系统网路布置的几种形式。图中 a 为顺流式，特点是最省钢材，但各散热器不能进行局部调节，使舍温分布不均。b 为跨越式，用管材量比顺流式多一些，但可通过每个散热器下的分流阀局部调节温度。按各回路的路程是否相同来分类有同程式和异程式两种，c 为同程式，d 为异程式。同程式系统的热水流程长度相同，可以避免或减轻因热量过流量不均而造成舍内温度分布不均匀。在工程中多采用同程式系统。在各子循环环路间供水长度占整个环管长度比例很小时，也可采用异程式。这样可节省回水管。采用异程式，各子循环管流量分配应用阀进行调节，以使舍内温度均匀。

管道由于热胀冷缩特性会伸长或缩短，当这种胀缩得不到补偿时，将会产生巨大的压力而引起管道变形甚至破裂。管道长度的胀缩量由下式计算：

$$\Delta L = \alpha(t_1 - t_2)L \qquad (式 7—14)$$

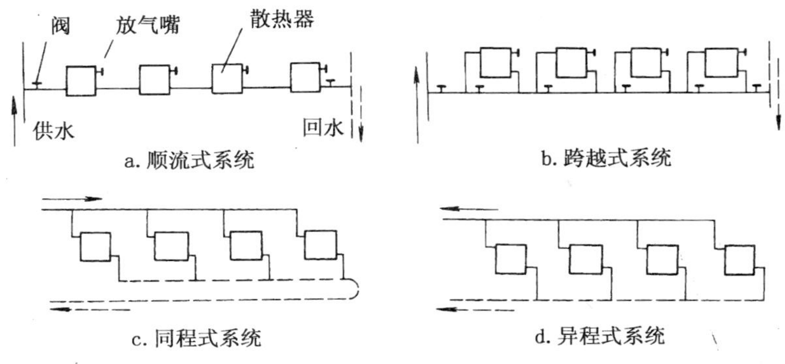

图 7.5　热水采暖网路布置图

式中　ΔL——管道胀缩量（毫米）

α——管道线膨胀系数，一般可取 $\alpha = 1.2 \times 10^{-2}$ 毫米/米·℃

t_1——管壁最高温度，可取为热媒最高温度（℃）

t_2——管道安装时气温，可取最冷月平均温度（℃）

L——计算管段长度（米）

当直管段长度超过 25～30 米时，应设置补偿器以吸收其热伸长量。补偿器一般是一段弯管，利用弯管的变形，使直管段有伸缩的余地。

热水采暖中还应设置膨胀水箱。膨胀水箱的主要作用是容纳和补充系统中由于水受热膨胀或漏失造成的水的余缺，从而稳定水压，避免系统产生超压或欠压进气。此外，还可起排除系统中空气之用。对于给水温度不超过 100℃的热水采暖系统，一般都设置与大气相通的开式膨胀水箱。当水箱中的水过多时，通过溢流管排入下水道。当水箱中水位低于正常水位时，由补水装置进行补水。膨胀水箱的有效容积按下式计算：

$$V = A\alpha\Delta t V_c \qquad \text{（式 7—15）}$$

式中 V——有效容积（米^3）

A——安全系数，一般 $A=3$

α——水的单位体积膨胀系数，$\alpha=0.000\,6$

Δt——系统内水温波动值，间歇供热时 $\Delta t=25$

V_c——系统内的水容量（米^3）

热水采暖系统在充水前是充满空气的，充水或流动过程中，水中溶解的空气也会因水温上升而逸出。若不排出，会聚集在管道中形成气塞，影响水的正常流动。因此应在易聚集空气的地方设置集气罐。当系统充水时，将罐上放气阀打开放气，直至有水充出为止。系统工作期间也应定期打开放气。集气罐型号和尺寸见国家标准图集。散热器上设置放气阀也起同样作用。

热水采暖系统管路水力计算是一个较复杂的问题。可以采用较简单的允许流速法，确定各管段管径大小，再查找有关设计手册，计算出系统的总阻力，确定水泵型号。管路中热媒的流速是影响全系统经济性的因素之一，增大热水流速虽然可以缩小管径而节省管材，但流速过大时会使流动压力损失加大，增加了运行费用。同时，管径太小也不利于环路的水量调节。经过技术经济分析得出的热水采暖的管内最大允许流速的参考值见表 7.12。

表 7.12　热水采暖管内最大允许流速

管径（毫米）	15	20	25	32	40	≥50
最大允许流速（米/秒）	0.5	0.65	0.8	1.0	1.0	1.5

热水采暖系统不仅应能在设计条件下维持舍内温度，而且应在非设计条件下保证应有的室内温度。这就不仅需要有正确的设计，而且还需要对供热网路进行正确的调节。调节可分为初调节和运行调节。

初调节是指热水采暖系统在建成投入运行时，利用预先安装好的阀门，对各支路的流量进行的调节。初调节应首先调节舍外

网路分向各猪舍入口处的阀门，使距锅炉远近不同的猪舍得到的热量大致相等，然后再对舍内各支管阀门调节，使舍内温度均衡。

热水采暖系统在运行中必须根据舍外气象条件的变化进行调节，使散热器的散热量与热负荷的变化相适应。这种调节称为运行调节。运行调节能提高舍温精度，节约燃料。不改变循环水量，只改变给、回水温度的调节称为质调节；不改变给水温度，只改变循环水量的调节称为量调节。由于单纯量调节的流量连续变化难以控制，因此可采用分阶段改变流量的质调节。它的特点是整个供暖期分为几个阶段，每个阶段内流量不变，舍内外温差大的阶段采用较大流量，在每个阶段内采用质调节。各阶段间流量的改变可通过两台不同规格水泵的不同组合来实现；既不改变循环的瞬间流量，又不改变供水温度，而只是增、减每日采暖时数的调节称为间歇调节。

（3）热风采暖系统　热风采暖是利用热源将空气加热到要求的温度，然后用风机将热空气送入采暖间。热风采暖设备的投资一般来说比热水采暖的投资低一些。可以和冬季通风相结合，将新鲜空气加热后送入采暖间。此外它的供热分配均匀，便于调节。热风采暖系统的缺点是采暖系统的热惰性小，一旦停止工作，采暖供热几乎立即减为零。

热风采暖系统可按空气加热方式的不同来分类，也可按热源和热交换设备的不同来分类。

按空气加热方式可分为直接、间接加热方式两种。直接式是让燃烧后的高温气体进入舍内升温，这种方式必须加大通风量，以避免舍内一氧化碳等有害气体浓度过高。在舍内直接烧柴、烧煤属直接加热方式；间接加热则是让燃烧后的气体或热水、蒸汽等热介质通过热交换器加热空气，然后将热空气送入采暖间。它与热水采暖系统不同的是，热水采暖系统的热交换器（散热器）已分布在采暖间内加热采暖间内的空气，而间接加热式热风采暖

系统是加热了空气后，把加热了的空气送进采暖间。

热风采暖系统按热源和热交换设备的不同，可分热风炉式、空气加热器式和暖风机式三种。图 7.6 为一种烧煤热风炉结构示意。工作时，煤在炉膛内燃烧，燃烧产生的高温烟气按虚线路线到达烟道排出的过程中，对加热风管加热，同时通过烟道预热空气室的空气。风机开动时，形成的吸力使空气从空气室进入，在通过加热风管时被加热升温，经热风室进入风机，由风机通过热

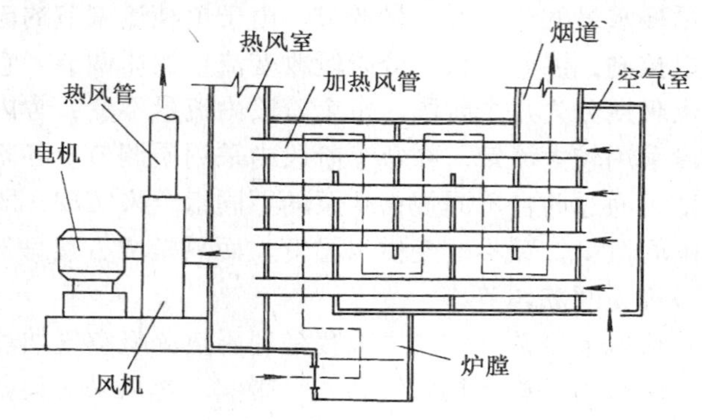

图 7.6 热风炉示意图

风管送入采暖间之后由空气分配管均匀分配。空气分配管可用镀锌薄钢板，塑料薄膜制成，有成排的均布出孔；图 7.7 为空气加热器。它由数排管子和联箱组成。空气加热器由另设的锅炉供应热水或蒸汽，热水或蒸汽从空气加热器的进口进入，通过排管后由出口排出。由于空气与管的换热系数低，所以在管外加上肋片，以增加换热面积，增强对空气的传热性能。另设的风机将舍外空气吸入时，空气以垂直加热器平面方向穿越排管外壁之间的狭窄空间而被加热升温，然后被压入舍内空气分配管均布至猪舍内；另一种热风设备是暖风机，又称热风机，实际上是把一个小型空气加热器与风机、吸气口、送风口组合成一个整体。可将一定数量的暖风机安置在采暖间内构成热风式采暖。可用蒸汽或热

水作为热媒。除了以热水或蒸汽为热媒的热风机，还有烧燃油、烧天然气或液化石油气的热风机，这些热风机的烟道金属壁作为热交换器。

热风设备的入口空气，可以是舍外空气，也可以是舍外空气和舍内空气的组合，还可以完全是舍内空气。后种方式称环流热风采暖，其新鲜空气不直接由热风设备，而是靠另外途径补充入舍内。热风设备入口空气为舍外空气时，送风温度（热风设备出口温度）往往比舍外温度高 22～39℃。如系环流采暖，送风温度可为 35～60℃。送风温度和送风量决定了热风设备提供的采暖供热量，它应与猪舍设计负荷相等（式 7—11），热风设备采暖供热量 Q_{su} 的计算与换气散热损失 Q_{sv} 的计算类同。

$$Q_{su} = Q = L\rho C_P(t_2 - t_1)\text{（千瓦）} \quad \text{（式 7—16）}$$

式中 Q——设计热负荷（千瓦）

L——送风量（米^3/秒）

ρ——空气密度（千克/米^3）

C_P——湿空气比热 $C_P = 1.01$（千焦/千克·℃）

t_2——出口温度，即送风温度（℃）

t_1——入口空气温度（℃）

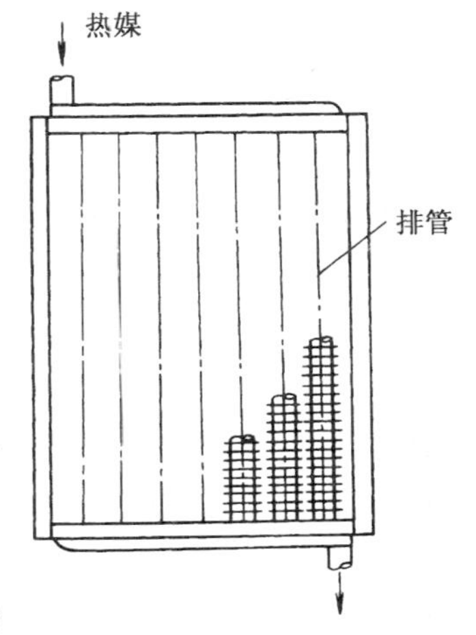

图 7.7 肋管式空气加热器

选择热风采暖系统的空气加热器时，计算方法如下：

供热量：加热器供热量

$$Q = KF/1\,000\Delta t_m \quad \text{（式 7—17）}$$

式中 Q——加热器供应热量（千瓦）

K——加热器传热系数（瓦/米^2·℃）

F——加热器换热面积（米^2），可查手册

Δt_m——热媒与空气之间的对数平均温度（℃）

为简化起见，用算术平均温差 Δt_p 代替 Δt_m。当热媒为热水时，$\Delta t_p = \frac{t_{w1} + t_{w2}}{2} - \frac{t_1 + t_2}{2}$（℃）；当热媒为蒸汽时，$\Delta t_p = t_q - \frac{t_1 + t_2}{2}$（℃）。式中 t_{w1}、t_{w2}、t_q 分别是热水初、终温度，蒸汽温度。

经济质量流速：空气质量流速 vρ 是空气流速 v（米/秒）和空气密度 ρ（千克/米^3）的乘积。式 7—18 中的 k 与 vρ 有关，vρ 大时 k 值大，但 vρ 过大，空气阻力过高会增加风机动力消耗，所以应选“经济质量流速”。通常为 8 千克/米^2·秒左右。

加热面积和加热器台数：由式 7—18 可得加热面积

$$F = \frac{1\,000Q}{k\Delta t_m}(\text{米}^2) \qquad \text{（式 7—18）}$$

然后按每台加热器面积确定加热器台数。此时应考虑到使用中因积垢而降低效率，故应放大 1.1～1.2 倍；

加热器空气阻力：计算出的加热器空气阻力可作为选择风机的依据。经验公式为

$$\Delta H = B(v\rho)^{P}(\text{帕}) \qquad \text{（式 7—19）}$$

式中　vρ——经济质量流速

B、P——实验的系数和指数，可查阅有关手册。

（4）局部采暖　出于满足同一猪舍内不同年龄猪对环境温度的不同要求，或节能的目的，可应用局部采暖设备。已有多种局部采暖的方法。规模化养猪生产中，局部采暖主要应用在产仔母猪舍的仔猪活动区。

加热地板：有热水管和电热线两种。加热地板的设计参考数据见表 7.13。

用热水管加热地板，加热水管埋在混凝土地板中，混凝土地板下有防水绝热层。水泵将热水泵入地板下的加热水管，流动的

表 7.13 加热地板设计数据

猪重量（千克）	加热地板面积（米²）	地板表面温度（℃）	热水管间距（厘米）	电热功率（瓦/米²）
出生到 13.6	0.67（每窝）	29.5～35	每侧仔猪活动区	333～444
13.6～34	0.09～0.18(每猪)	21～29.5	12.5	278～333
34～68	0.18～0.27(每猪)	16～21	37.5	278～333
68～100	0.27～0.315(每猪)	10～16	45	222～278

热水通过热水管对地板加热，地板下的传感器将所测得的温度传给恒温器来启、停水泵；用电加热线加热地板，电加热线的功率以每米 7～23 瓦为宜，电加热线安装于水泥地面以下 3.5～5 厘米处，下有隔热层及防水层。在安装前应多次试验确认其没有断路或短路现象。加热地板上应避免有铁栏杆等。应设恒温器来控制地板温度。

加热保温板：将电加热线安在工程塑料板内，板面有条纹防止跌滑，内装感温元件，形成加热保温板。加热保温板可铺在地面上供仔猪躺卧。由于热空气向上运动，如果在板上加盖罩子，阻止热空气的上升，则罩内会更温暖。

红外线灯：红外线辐射热可以来自电或一些可燃气体。对产后最初几天的仔猪，如果下面有加热地板，每窝仔猪的红外线灯的功率可为 200 瓦，如果无加热地板，功率应大于 500 瓦。红外线灯应悬挂于仔猪活动区地板 0.45 米以上的高度。当红外线辐射热来自可燃气体时，每 300 瓦需 6.5 米^3/小时的通风量。

保育箱：保育箱在猪舍内为仔猪提供了一个更小的、便于控制的人工气候环境。箱内热源除了猪的体热外，人工热源可以是白炽灯、红外灯、石英灯，也可以是埋在板中的电加热线，固态发热体等。箱内一般装有恒温装置，可基本保持箱内气温不变。由于箱体增加了箱内热量向外散失的阻力，因而易于在耗较少能量的情况下获得较高的箱内气温。保育箱的底板若是发热体，就能很好解决仔猪凉肚问题，使箱内仔猪感到特别温暖、舒适。

（5）其他采暖方式　猪舍采暖方式除了以上几种，还有一些已经应用的有效的方式。

利用温室效应给猪舍增温，是冬季光照条件好的地区的一种采暖方式。温室效应的形成是太阳辐射光通过玻璃或塑膜入射到猪舍内，舍内物体获得太阳短波辐射热量，光能变为热能。其热量一部分贮藏，一部分以长波辐射释放，由于玻璃和塑膜能让短波辐射穿入但却阻止长波辐射穿出，故这部分辐射阻留在舍内，使舍内环境温度升高。利用温室效应给猪舍增温要掌握的几个关键是，白天让尽可能多的太阳辐射能进入舍内，并设法让热能蓄积起来，夜间要设法减少热能散失。猪舍建筑的形式与方位，采光面积的大小等都与接受太阳能的多少有关。夜间在采光面加盖保温垫，增大北墙、屋顶及地面结构的热阻，可减少夜间失热。内墙选用蓄热系数大的建材，使其白天吸热蓄存，夜间放热以缓和舍内温度下降。堵塞各种缝隙减少缝隙放热等都是解决问题的途径。还可配备辅助采暖设备，在夜间和阴天对舍内供热。

类似北方农户的火墙、土炕采暖方式，在猪舍采暖中也可以应用。这种方式是利用舍内砖砌的烟道被高温烟气加热，从而加热舍内的空气。砖砌的烟道具有一定的蓄热性能，因而在均衡舍内气温起伏上具有一定作用。烟道不宜太长，除了会使排烟阻力太大之外，还会因烟道前后段温度差异过大造成舍内温度分布不均。烟道也可以用薄铁皮做成，安装在舍内空间，此时要注意烟道可能锈蚀引起泄漏使舍内有害气体浓度过高。

在“猪舍降温”中要提到的土层——空气换热降温方式，在冬季也能起到舍内增温作用，由风机抽出的流经地下风管的空气，其温度高于舍外气温，能取得舍内增温的效果。

3. 猪舍降温　在夏季，大多数地区猪舍内环境温度偏高，必须考虑防暑。在南方地区，通常采用开敞式或有窗式建筑结构，舍内气温基本受舍外气候状态控制，因此在高温期间也应采取有效的降温措施。

(1) 猪舍降温方法　降温的方法很多，其中的机械制冷方法，由于设备和运行费用都很高，使其极不经济，一般不予采用。

绿化遮荫和荫棚遮荫能有效阻挡太阳辐射能，在夏季太阳辐射强烈、湿度不太大的地区，遮荫是简单有效的降温方法。

通风也是一种有效的降温方法。夏季自然通风的气流速度较低，往往要采用机械通风来形成较强气流，进行降温。但过高的气流速度，从生理上看对猪获利不多，而高气流的摩擦会使猪不舒服。此外，单靠通风至多只能使舍内温度接近舍外空气温度，所以单纯通风的作用是有限的。不过根据大猪怕热不怕寒，小猪怕寒不怕热的特点，有的人认为仔猪靠单纯通风已能达到降温目的。

冷水降温是利用远低于舍内气温的冷水，使之与空气充分接触而进行热交换，从而降低舍内空气温度的降温方法。此法是利用水的显热升温来降低舍内空气温度。如果用低于露点的冷水，还具有除湿冷却的优点。但是水的显热较小（4.18 千焦/千克·℃），冷却能力有限，故需消耗大量的低温水。除有可能利用丰富的低温地下水的情况，一般不采用冷水降温。

蒸发是适用于猪舍的一种降温方式。水在蒸发时要从周围空气中吸收大量蒸发潜热，从而降低气温。在常温 25℃的情况下，水的蒸发潜热量为 2 442 千焦/千克，与 15℃冷水升温至 25℃时的冷水降温法相比，在相同水耗量的情况下，蒸发降温从空气中吸收的热量比冷水降温大 58 倍，因此蒸发降温效率较高。不过，在高湿气候条件下，水已无多大蒸发余地，故降温效果不佳。

土层-空气换热降温在国外被有的猪场采用。据资料介绍，在地下 3 米深处由中心辐射状埋设 12 根风管，每根 30 米长，一端与埋在舍中的竖管相通，另一端与舍外的装有风机的竖埋管相通。启动风机后，风流经风管与地层换热。冬季加温，夏季降温。当冬季舍外为 -28℃时，经地下管进入舍内的空气温度达到了1℃。夏季舍外气温为35℃时，空气流经地下风管后可降低到24℃。某猪场在地下埋20根直径为18厘米、长35米的风管，当送风量10 000米^3/小时，可使舍内常年保持15~21℃气温。不过需要指出的是，该资料并未说明这套装置使多大面积的猪舍取得这样的降温效果。

滴水降温是另一种经济有效的降温方式，适合于单体定位的公猪和分娩母猪。在这些猪的颈部上方安装滴水降温头，水滴间隔性地滴到猪的颈部，由于猪颈部神经作用，猪会感到特别凉爽。此外，滴水在猪背部体表散开，蒸发，对猪进行了吸热降温。滴水降温不是针对舍内环境气温降温，而是直接降低猪的体温。

（2）湿帘-风机降温系统　湿帘-风机降温系统已是一种生产性降温设备，主要是靠蒸发降温，也辅以通风降温的作用。由湿帘（或湿垫）、风机、循环水路及控制装置组成。图7.8是一种湿帘-风机降温系统的示意。水泵将水由水箱泵入均布水管，水从均布水管上均布的小孔中流出使整个湿帘被淋湿，下流的水被

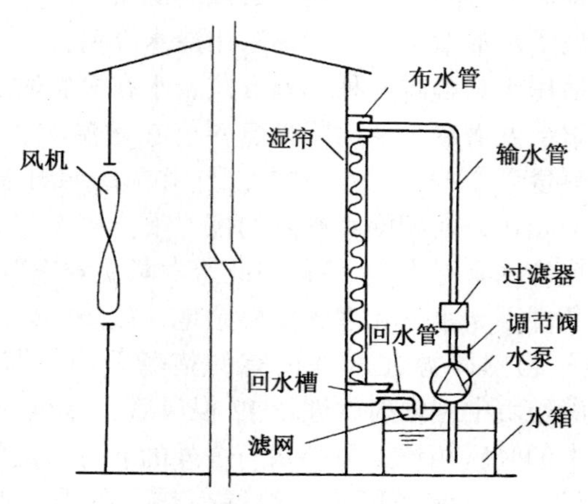

图 7.8　湿帘-风机降温系统

集水槽收集并流回水箱。与此同时，风机开启使舍内形成一定负压，舍外空气就穿越湿帘进入舍内，当具有一定流速的舍外空气流经湿帘的湿表面时，湿帘上的水分蒸发而吸收空气中的热量，从而使穿越湿帘的空气降温。试验表明，当气温高于30℃，相对湿度小于50%时，流经湿帘的空气温度可下降6℃左右。相对湿度在75%时，可下降3℃左右。由此可见，湿帘降温系统在干热地区的降温效果十分明显。在较湿热地区，除了某些湿度较高的日数，这也是一种可行的降温设备。

湿帘降温系统中，湿帘的好坏，对降温效果影响很大，相对来说经树脂处理的做成波纹蜂窝结构的湿强纸湿垫降温效果好，通风阻力小，结构稳定，安装方便，可连续使用多年。当其垫面风速1~1.5米/秒时，湿垫阻力为10~15帕，降温效率80%。

湿帘（或湿垫）也可应用白杨木刨花、棕丝、多孔混凝土板、塑料板、草绳等制成。白杨木刨花制成湿垫时，若增大刨花垫的厚度和密度，能增加降温效果，但也增大了通风阻力。白杨木刨花湿垫的密度为25千克/米^3，厚度为8厘米的结构较合理。刨花湿垫的合理迎风面风速为0.6~0.8米/秒。

每次用完后，水泵应比风机提前几分钟停车，使湿垫蒸发变干，减少湿垫长水苔。在冬季，湿帘外侧要加盖保温。白杨刨花湿垫一般每年都要更换一次，波纹湿强纸湿垫大约有5年使用寿命，这往往不是强度破坏，而是湿垫表面积聚的水垢和水苔，使它丧失了吸水性和缩小了过流断面。在使用过程中，白杨木刨花会发生坍落沉积，波纹湿强纸也会湿胀干缩，这都会使湿帘出现缝隙造成空气流短路，降低应用效果，应注意随时填充和调整。

湿帘降温系统既可将湿帘安装在一侧纵墙，风机安装在另一侧纵墙，使空气流在舍内横向流动。也可将湿帘、风机各安装在两侧山墙上，使空气流在舍内纵向流动。

（3）喷雾降温系统　喷雾降温系统是将水喷成雾粒，使水迅

速汽化吸收猪舍内显热量。这种降温系统设备简单，具有一定降温效果，但使舍内湿度增大，因而一般须间歇工作。

当一滴重1克的水被喷成直径为0.008～0.01厘米的雾粒时，总表面积将扩大数百倍，这就大大地加快了水汽化的速度。一般情况下，喷雾是通过几个途径来发挥降温作用的：喷头将水喷成直径为0.1毫米以下的雾粒，雾粒在猪舍内飘浮时吸收空气中大量显热很快地汽化；喷出的雾粒可以造成局部降温状态，使舍内空气对流；部分水分喷落在猪身上，直接吸收猪体上的热量而汽化使猪感到凉爽。

喷雾降温时，随着气温下降，空气的含湿量增加。到一定时间后（据试验1～2分钟左右），达到湿热平衡，舍内空气水蒸气含量接近饱和。此外，地面可能也被大水滴打湿。如果继续喷雾，会使猪舍过于潮湿产生不利影响，猪越小，影响越大，因此喷头必须周期性地间歇工作。这种舍内呈周期性的高湿，对舍内环境的不利影响相对要小得多。如果舍内、外空气相对湿度本来就高，且通风条件又不好时，则不宜进行喷雾降温。喷雾时辅以舍内空气一定流速可提高降温效果。空气的流动可使雾粒均布，可加速猪体表、地面的水分及漂浮雾粒的汽化。

对体大一些的猪的喷雾降温，实际上主要不是喷雾冷却空气，而是喷头淋水湿润猪的表皮，直接蒸发冷却。这种情况下对喷头喷出的雾粒大小要求不高，喷头可在每栏的上方设一个，喷头喷雾量为0.0017米^3/10头·分。喷头向下安装，形成的雾锥以能覆盖猪栏的3/4宽度为宜。用时间继电器将喷雾定为2分钟，每小时循环喷一次。喷雾压力2.7千克/厘米^2，喷头安装高度约1.8米。

要想获得更小的雾粒，须采用专门喷头，增大喷雾压力。目前农业建筑用的高压微雾降温系统，雾粒直径仅为数微米。这样小的雾粒，一般湿度情况下在舍内飘浮2米就可完全汽化，降温效果十分明显。这种降温系统由于管路中压力高达几十千克每平

方厘米，故设备费用相对较高。为保证高压设备的安全，应请专业公司制作、安装。

4. 猪舍通风换气　通风换气是猪舍内环境控制的一个重要手段。其目的是：在气温高的情况下，通过空气流动使猪感到舒适，以缓和高温对猪的不良影响；在猪舍密闭情况下，引进舍外新鲜空气，排除舍内污浊空气，以改善舍内空气环境质量。前者可以称为通风，后者可以称为换气。

通风换气的原则是：

* 排除过多水汽，使舍内空气的相对湿度保持适宜状态；
* 维持适中的舍内气温；
* 气流稳定，均匀，不形成“贼风”，无气流死角；
* 清除舍内有害气体；
* 防止水汽在墙、天棚内表面凝结。

关于夏季通风，主要是从缓和高温对猪的不良影响来考虑，已在“猪舍降温”部分给予了讨论，这里主要讨论猪舍冬季换气问题。

（1）猪舍冬季的换气量　通风换气系统在冬季的主要任务是在维护舍内一定环境温度的情况下，排除棚内过多的水汽和有害气体。所以换气量主要依据棚内二氧化碳、水汽量及热平衡情况来确定，表 7.14 列出了猪产生的二氧化碳、水汽量，猪的产热量见表 7.9。下面分别给出了按二氧化碳浓度、水汽量及热平衡计算换气量的方法，最后应根据分析比较，确定出合理的通风量。

根据二氧化碳计算换气量：在猪舍内，如果二氧化碳浓度高，表明舍内空气污浊程度也高，相应的氨气、硫化氢气体浓度也高，因此可用二氧化碳浓度来代表舍内空气污浊情况。按二氧化碳计算换气量的思路是：根据舍内二氧化碳总量，求出每小时需由舍外引入新鲜空气，才可将舍内二氧化碳浓度冲淡至容许范围。其公式为：

表 7.14　猪产生的二氧化碳、水汽（气温 10℃、相对湿度 70%）

猪　类　别	体重（千克）	二氧化碳（升/小时）	水汽（克/小时）
空怀及妊娠 1、2、3 个月母猪	100	36	101
	150	42	118
	200	48	134
妊娠 4 个月母猪	100	43	120
	150	50	141
	200	57	160
哺乳母猪	100	87	242
	150	99	276
	200	114	320
2 月龄内仔猪	15	17	46
后备猪育肥幼猪	60	53	92
	80	38	107
	90	41	114
种公猪	100	44	123
	200	57	161
	300	77	216
大肥猪	100	47	132
	200	63	175
	300	83	230

$$L = \frac{mK}{C_1 - C_2} \quad \text{（式 7—20）}$$

式中　L——所需换气量（米^3/小时）

m——舍中猪只数量（头）

K——每头猪产生的二氧化碳量（升/头·小时）

C_1——舍内空气中二氧化碳允许浓度（可取为 1.5 升/米^3）

C_2——舍外空气中二氧化碳浓度（可取为 0.3 升/米^3）

根据水汽计算换气量：用水汽计算换气量的依据是，通过由舍外引入比较干燥的新鲜空气，置换舍内潮湿空气，按舍内、外空气所含水分之差异求得排除舍内所产生的水汽所需的换气量。其公式为：

$$L = \frac{Q}{q_1 - q_2} \qquad (式 7—21)$$

式中 L——排除舍内产生的水汽需引入的新鲜空气量（米^3/小时）

Q——猪舍内产生的水汽量及由潮湿体蒸发的水汽量（克/小时）

q_1——舍内湿度适宜时所含水汽量（克/米^3）

q_2——舍外大气所含水汽量（克/米^3）

由潮湿物体表面蒸发的水汽，通常按猪产生水汽总量的 25% 计算。

根据热平衡计算换气量：热平衡计算换气量的公式可采用式 7—9，将其整理后有

$$L = \frac{Q_{vs}}{\rho C_P(t_i - t_o)} \qquad (式 7—22)$$

式中 L——由热平衡计算的换气量（米^3/秒）

ρ——空气密度（千克/米^3）

C_P——干空气比热（千焦/千克干空气·℃）

Q_{vs}——换气显热散失量（千瓦），由公式 7—11 求出

t_i、t_o——舍内、外气温（℃）

实际工作中，也可根据换气参数确定换气量，表 7.15 给出了猪舍冬季的参考换气参数。

（2）猪舍的自然通风换气　猪舍通风换气的方式可分自然通风换气和强制通风换气。前者适于高湿、高温季节的全面通风及寒冷季节的微弱换气。对于夏季蒸发降温或开窗受到限制使高温季节通风不良，则要采用后者。

表 7.15 猪换气量参数（冬季）

猪类别	体重（千克）	换气量（米³/分）	
		正 常	最 低
母猪（带仔）	1～9	2.2	0.6
肥 猪	9～18	0.3	0.04
	18～45	0.4	0.07
	45～68	0.5	0.09
	68～95	0.6	0.06
繁殖母猪	100～115	0.7	0.08
种公猪	11～135	0.8	0.11

自然通风换气是指利用舍内外空气密度差引起的热压或风力造成的风压来促使空气流动而进行的通风换气。

靠热压通风时，当舍外温度较低的空气从进风窗孔进入舍内，遇到由猪体或其他热源散发的热，温度会升高，从而变轻上升，于是在顶部形成较高压力区。若顶部有排风窗孔，空气就会排出。与此同时，下部的空气由于不断变热上升，形成了空气稀薄区，舍外较冷的空气就会不断进入舍内。如此周而复始，形成自然通风换气。舍内外如果不存在温度差，就不会产生热压通风。若进、排风窗孔没有高度差，相当于只有一种窗孔，仍然可以进行热压通风，只不过通风量少而已，这时窗孔上部排气，下部进气，相当于进、排风两个窗孔联在了一起。

舍外气流与建筑物相遇，将发生绕流，使周围的气流压力分布发生变化。迎风面气流受阻，动压降低静压增高，侧面和背风面由于产生了局部涡流，静压降低。这称为迎风面形成了正压，背风面形成了负压，由于迎风面的空气压力超过了正常大气压、背风面空气压力小于正常大气压，舍外空气就从迎风面墙上的开口进入舍内，舍内的空气从背风面墙上的开口排出，形成了风压自然通风。

一般说来，猪舍是在热压和风压同时作用下进行自然通风换

气的。热压作用的变化相对较小，风压作用的随机性很大。在迎风面的下部开口和背风面的上部开口，可使热压和风压的作用方向一致。

冬季换气量较小，在南方的有窗式猪舍，舍外冷空气通过围护结构的缝隙的渗透量就有一定的通风量。因此，只要在上部开设少量的排气孔就可以满足热压换气的要求。在北方，要求围护结构的保温和密闭性能比较好，然而这种结构往往与夏季通风要求矛盾。此外保温猪舍冬季的舍内外温差比较大，其热压通风能力也大，但冬季通风换气量的要求却比较小，因此在排气风帽处要设备灵活方便的调节机构。

（3）猪舍的机械通风换气　猪舍机械通风通常有进气系统、排气系统两种形式。

进气通风系统：又称正压通风系统。风机将舍外空气强制送入舍内，在舍内形成正压，迫使舍内空气通过排气口流出，实现通风换气。其优点是可以方便地对进入舍内的新鲜空气进行加热、冷却和过滤等预处理；缺点是由于形成正压，迫使舍内潮湿空气进入墙体和天花板，且易在屋角形成气流死角。图 7.9 为一进气通风猪舍。进风管道内设计空气流速为 1 米/秒左右，管道均布送风口的出流速度一般小于 4 米/秒。

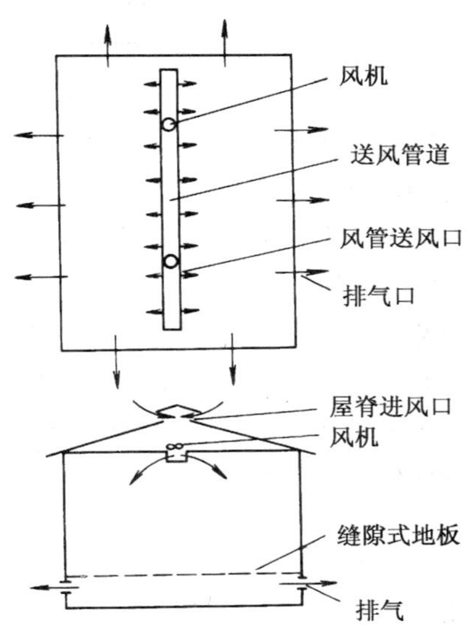

图 7.9　进气通风系统

排气通风系统：又称负压通风系统。风机将舍内污浊空气强制排出舍外，在舍内形成负压，于是舍外空气就从设在顶棚或对面墙壁上的进气口流入舍内，实现通风换气。如果适当地确定进气口的位置和形状，可使进入的新鲜空气在舍内均布。一般将风机安装在侧墙上，因此施工方便，成本低，风机便于维护。缺点是当围护结构缝隙较多时，易使舍内气流紊乱，破坏热力工况。负压通风对进入舍内的新空气的预处理也比较困难。排气通风系统有屋顶排气通风，横向排气通风，纵向排气通风几种形式。图7.10为猪舍的一种排气通风示意。

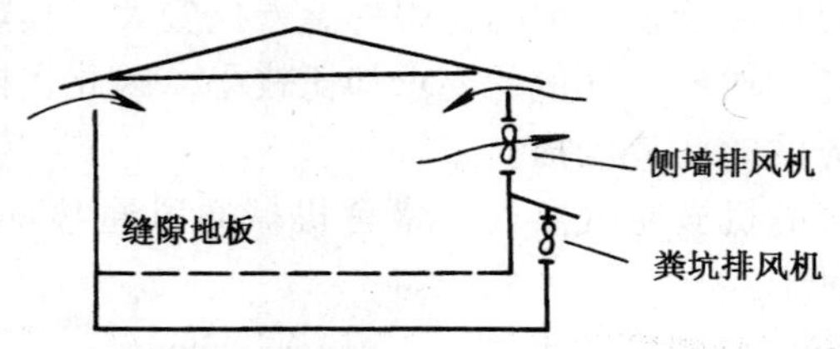

图 7.10 排气通风系统

在排气通风系统中，影响舍内气流分布模式的主要是进气射流的速度和方向。因此，进气口尺寸、位置和形状是设计时必须考虑的重要因素。尽管风机决定了猪舍的排风量，但它们只能在1.5米左右的半径范围内对气流的流线分布有一些作用。在猪舍两侧屋檐下设置连续的缝隙式进气口，就可以为猪舍提供均匀一致的新鲜空气。进气缝隙应在风机两侧1.5米范围内隔断，以免发生空气短路。图7.11是一种连续缝隙进气口。冬季关闭屋檐进风口，舍外空气通过下风的山墙天窗进入阁楼，风机从屋顶阁楼里引进新鲜空气。夏季打开两侧屋檐下的进风门，直接从舍外进风。部分进入阁楼的气流，可为阁楼通风，降低天花板温度。图7.12是另一种可按季节改变进、排气路线的猪舍，右墙上部风机大，下部风机小，夏季左墙进风门全开，右墙风机全开，下部风机可消除通风死角。冬季左墙风门关，只靠屋檐下缝隙进风，右墙上部风机关并加盖，只下部小风机开，这样更利于保温。

缝隙进风流速低于1～2米/秒对猪舍空气分布不利，屋檐下缝隙进气形成的射流速度应达3～5米/秒，只要进气口内、外两侧静压差为10～20帕时就能实现这一流速。屋檐下缝隙射流进气的好处是射流初始速度高，下沉得就慢，这样首先是降低了天花板温度，消除冬季天花板的结露，同时有利于新鲜冷空气能相对更均匀地分布在舍内，当其沉下来后，温度已被提升，猪不会感到有冷风。

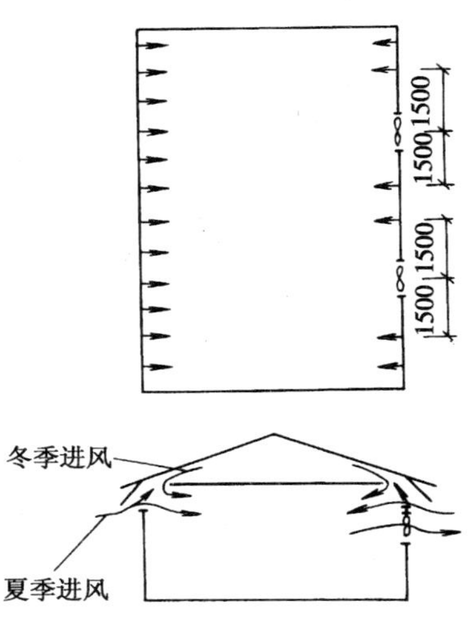

图 7.11 缝隙式进气口的位置

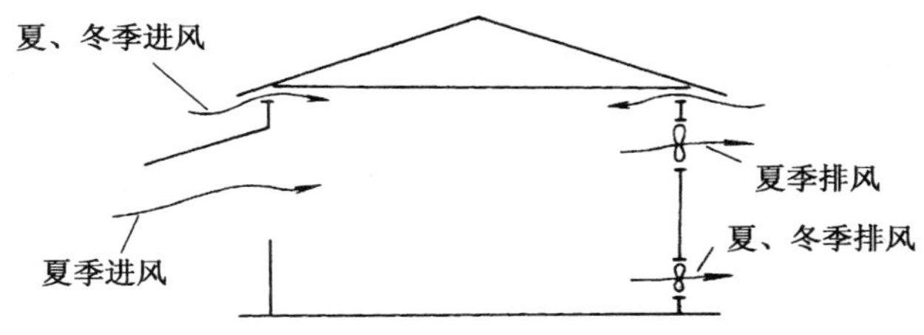

图 7.12 可按季节改变进、排气路线的猪舍

风机是机械通风系统中最主要设备，有轴流式和离心式两种。轴流风机的比转数高，因此送风量大而压头低，最佳工作范围较窄，常采用改变转速的方法来调节送风量。轴流风机叶片的旋转可以逆转，因此既可用于进风也可用于排风。猪舍的通风换气一般要求风机有较大的通风量和较小的压力，故多采用轴流风机。

离心式风机的比转数较小，因此风压大而送风量相对较小，

适用于需较大风压进行较远距离送风的场合。对于通过管网均匀送风的进气通风系统，常采用离心式风机。

对于墙排风机来说，在满足了流量和静压要求后，还要考虑风机效率。一般较大直径风机每瓦输出功率输送的空气流量要比小直径风机多，从这个角度讲应尽量选用大风机。但一年中，有必要调节风机送风量，小流量风机便于调节风量，此外考虑到故障因素也应选用多台风机，因此一般以多台大小风机组合成的系统为好。

二、粪尿的处理与利用

（一）规模化猪场粪尿对环境的污染

分散户养的农户养猪方式，产生的粪污较少，完全可以还田作为肥料利用，基本上不存在环境污染问题。规模化猪场饲养规模大，集约化程度高，有利于提高生猪的饲养技术、防疫能力和管理水平，与传统方式即农户分散饲养相比，规模化饲养能够大大提高生产效率和饲料转换率，降低生产成本，从而增加经济效益。但是这种集中饲养方式造成了粪尿过度集中和冲洗水大量增加。为了运输方便，规模化猪场大多建在城市郊区，周围无足够的农田消纳数量众多的粪污，或因人为因素不加以利用，粪污任意堆放和排放，严重污染周围环境，同时也污染自身环境。规模化猪场对环境的污染主要表现在以下几方面。

1. 大气污染　猪的粪尿中含有大量有机物，排出体外后会迅速腐败发酵，产生硫化氢、氨、胺、硫醇、苯酸、挥发性有机酸、吲哚、粪臭素、乙醇及乙醛等恶臭物质，污染猪舍和大气环境。除猪舍排出的有害气体外，猪场的化粪池，堆肥场也是散发恶臭气体的主要场所。以上有害气体及生产中产生的大量尘埃、微生物排入大气，散布于猪场及附近居民区上空，刺激人畜呼吸道，可引起呼吸道疾病，影响人畜健康。恶臭气体还会使人产生

不愉快的感觉，影响人的工作效率。猪场自身也常因大气污染引起猪只生产力下降。

2. 水体和土壤污染 猪场的粪便和污水不经处理，随意排放，或处置不当，经降水的冲洗、冲刷而污染地面水、土壤和地下水。粪便污水对水体和土壤的污染主要是有机污染物和氮、磷营养物质所带来的危害。

（1）有机污染物 粪污中含有大量碳水化合物、含氮化合物等腐败性有机物，进入天然水体后，首先使水质浑浊，水色变黄，气味恶臭。在微生物作用下，大量消耗水体中的溶解氧（DO），严重时，溶解氧被耗尽，有机物进行厌氧分解，产生各种恶臭物质，水体变黑发臭，水质恶化，不能饮用。

衡量污水中有机污染物的指标主要是化学需氧量（COD）和生化需氧量（BOD）。

化学需氧量（COD）指水体中能被化学氧化剂氧化的物质在规定条件下进行化学氧化过程中所消耗的氧的数量，以每升水样中消耗氧的毫克数表示。常用的化学氧化剂有重铬酸钾和高锰酸钾。

生化需氧量（BOD）指水体中微生物分解有机物的过程中所消耗的水中溶解氧的量，以每升水样消耗溶解氧的毫克数表示。一般都以在20℃条件下，培养5天所消耗的氧来表示，记为BOD_5。

（2）营养物质 猪粪尿中本来就含有大量无机的氮、磷营养物质，在有机物分解过程中，有机态的氮、磷还要被矿化为无机的氮、磷物质。这些富含氮、磷的污水长期不断排入水体，使水生生物特别是藻类不断得到营养，大量繁殖，形成一片片“水花”。形成水花的藻类往往带有恶臭，有的在代谢过程中产生有毒物质，对鱼类有毒。由于藻类大量繁殖，加大了水的浑浊度，使底生植物和藻类的光合作用受到障碍而死亡。死亡的藻体和底生植物在厌氧条件下腐烂分解，导致水体恶化。

（3）生物性污染 实践表明，猪粪污水及其所污染的水体、饲料和空气，最终会导致猪传染病和寄生虫卵的蔓延与发展，这也是影响猪只生产水平的直接原因，严重时将成为威胁猪只生存的重要因素。

人畜共患传染病（即指那些由共同病原体引起的人与脊椎动物之间相互传染和感染的疾病）的传播载体也主要是粪尿排泄物。据世界卫生组织和联合国粮农组织有关资料统计，目前已有200种“人畜共患传染病”，其中，严重的有89种，可由猪传染的约25种。

（二）规模化猪场粪尿的产生及特性

1. 粪尿及污水产生量 规模化养猪基于先进的生产设备，科学的饲料配方及饲养技术，猪舍多采用缝隙地板，用水冲洗清理粪便，产生的污水量相应增大，其排放的粪便污水产生量与家庭户养有较大差别。据德国、比利时、美国和中国规模化养猪生产线粪便污水产生情况综合分析，每生产1头肥猪（180天，100千克重），约产生4吨重的粪便污水，约含120～150千克的总固体（TS）。表7.16分别列出了年出栏200头、500头、1 000头、2 500头、10 000头育肥猪的存栏量、日产生污水量和总固体量（TS）。

2. 粪尿与废水水质 综合多种资料及实践经验，规模化猪场粪尿及污水水质见表7.17。如果是干粪先单独收集，其污水水质有较大变化。

（三）猪场污水排放要求

畜禽粪便污染已引起了国家环保部门的高度重视，国家环保总局已将规模化禽畜养殖场纳入废水限期达标排放的范围。但是，规模化禽畜养殖场的废水达标排放，至今仍然没有合适的标准可作依据。国外如欧盟、日本等国早已制定有畜禽养殖行业废水排放标准，国内的上海、广州、台湾等地区也分别制定了畜禽养殖行业废水排放标准。至今我国还没有制定国家级的禽畜养殖

表 7.16 年出栏 200～1 000 头育肥猪猪场存栏及粪便污水产生量

年出栏数		母猪	公猪	仔猪	育肥猪
200 头	存栏（头）	10	1	28	59
	产生污水（吨/天）	0.362	0.033	0.361	1.476
	总固体（千克/天）	6.60	0.58	5.60	29.50
500 头	存栏（头）	25	2	70	147
	产生污水（吨/天）	0.904	0.066	0.903	3.677
	总固体（千克/天）	16.50	1.16	14.00	73.50
1 000 头	存栏（头）	50	3	137	293
	产生污水（吨/天）	1.808	0.098	1.767	7.328
	总固体（千克/天）	33.00	1.74	27.40	146.50
2 500 头	存栏（头）	125	7	343	731
	产生污水（吨/天）	4.520	0.229	4.425	18.282
	总固体（千克/天）	82.50	4.06	68.60	365.50
10 000 头	存栏（头）	500	25	1 383	2 917
	产生污水（吨/天）	18.08	0.819	17.841	72.954
	总固体（千克/天）	330	16.50	276.60	1 458.40

表 7.17 粪尿及污水（粪尿加冲洗水）的水质

项　　目	粪	尿	污水（粪尿加冲洗水）
BOD_5（毫克/升）	6 300	500	3 000～13 000
TSS（毫克/升）	217 000		9 200～16 500
TN（毫克/升）	466	7 780	995～3 114
NH_4-N（毫克/升）			400～2 800
TKN（毫克/升）			680～1 100
TP（毫克/升）			100～250
COD（毫克/升）			11 000～26 000
TS（毫克/升）			10 000～20 000
VS（毫克/升）			8 000～16 000
pH			7.0

行业污水排放标准，规模化猪场污水排放只能执行《污水综合排放标准》（GB8978-1996），这标准对规模化猪场来说，有一定的难度。因此，应尽快制订适合我国国情的禽畜养殖业标准。表

7.18 列出了国内外禽畜养殖业污水的排放标准，可供参考。

表 7.18　国内外有关禽畜养殖业污水排放标准

项目	中国 GB8978-1996*	中国台湾	日　本	欧盟
pH	6.0～9.0	6.0～9.0	5.8～8.6	
BOD_5（毫克/升）	≤60(1997,12,31 前) ≤30(1998,1,1 后)	≤100(a**) ≤80(b**)	≤160(日平均 120)	≤30
COD_{Cr}（毫克/升）	≤150(1997,12,31 前) ≤150(1998,1,1 后)	≤400(a) ≤250(b)	≤400(日平均 300)	≤150
SS（毫克/升）	≤200(1997,12,31 前) ≤150(1998,1,1 后)	≤200(a) ≤150(b)	≤200(日平均 150)	≤200
TKN（毫克/升）				
NH_4-N（毫克/升）	≤25(1997,12,31 前) ≤25(1998,1,1 后)	≤20(a) ≤10(b)		
NO_3-N（毫克/升）		≤100(a) ≤50(b)		
TP（毫克/升）			≤16(日平均 8)	

*　为 GB89878-1996 二级标准值

**　a 指 1992 年标准值，b 指 1998 年标准值

（四）粪尿的收集与分离

规模化猪场集约化程度较高，规模大，每天产生大量的粪尿。为了保持栏内卫生，改善环境条件，必须即时将粪尿清理出猪舍。

1. 粪尿清除与收集　目前规模化猪场粪尿清除与收集有机械（人工）清除和水冲清除两种方式。

（1）机械（人工）清除　当粪便与垫料混合或粪便与尿液污水分离时，常采用这种方式。为使猪粪与尿液及生产污水分离，通常在猪舍中设置污水排出系统。液形物经排水系统流入粪水贮存池贮存，而固形物则借助人或机械清除运载工具集中堆放在集粪区，然后出售或送至农田作肥料。排水系统一般由排尿沟、降口、地下排除管及粪水池组成。为了便于尿水顺利流走，猪舍地

面应向排尿沟倾斜。

(2) 水冲清除　这种方式多在不使用垫草，采用漏缝地板时应用。漏缝地板是快速清粪的最好办法，良好的漏缝地板能使猪粪很快漏到地板下面的集粪区或粪池。漏缝地板具有省工时、效率高的优点。缺点是：漏缝地板下不便消毒，不利于防止疾病在舍内传播；土建工程相对较复杂；投资大，耗水多，粪水贮存、管理、处理工艺复杂；粪水的处理、利用困难；易于造成环境污染。此外，采用漏缝地板、水冲清粪易导致舍内空气湿度升高，地面卫生状况恶化，有时出现恶臭、冷风倒灌现象，甚至造成各舍之间空气串通。

对漏缝地板的要求是耐腐蚀，不变形，表面平，不滑，导热性好，坚固耐用，漏粪效果好，易于冲洗，适合各种日龄猪的行走站立，不卡猪蹄。板条和缝隙宽度的变动尺寸推荐值列于表7.19。

表 7.19　板条和缝隙宽度的推荐值

猪的类型	猪体重（千克）	最大板条宽度（毫米）	缝隙宽度（毫米）
泌乳母猪	180	100[a]	9.5（仔猪栏内）
培育前期仔猪	5.5～13.5	50[a]	9.5
培育期仔猪	13.5～34	50～100[a]	25
生长期	34～68	150	25
育肥期	68～100	150～200	25
种猪	145～180		
在圈内		150～200	25
在栏内		100	25

a. 仔猪用漏缝地板总的缝隙面积应较大，板条应光滑而无孔隙，如编织金属网

钢筋混凝土板块、板条，其规格可根据猪栏及粪沟设计而定。漏缝断面呈梯形，上宽下窄，便于漏粪。

金属编织地板网，由直径5毫米的冷拔圆钢织成10毫米×40毫米、10毫米×50毫米的缝隙网片与角钢、扁钢焊合，再经防腐处理而成。这种漏缝地板网具有漏粪效果好，易于冲洗，栏内清洁、干燥，猪只行走不打滑、使用效果好的优点，适宜于分

娩母猪和保育猪使用。

塑料漏缝地板，由工程塑料模压而成，可将小块连接成组合大面积，具有易于冲洗消毒、保温好、防腐蚀、防滑、坚固耐用、漏粪效果好等特点，适用于分娩母猪和保育仔猪栏。

漏缝地板下的粪尿再用水冲洗清除，如果设计合理，操作得法，冲洗系统能清走粪沟中绝大部分粪便，减少猪舍中的有害气体和臭味。常用冲洗系统有水箱—粪沟冲洗式、重力引流式和粪沟再注式等。水冲清粪由于耗水量多，粪水贮存量大，处理困难，生产中为了节约用水，可采取循环利用的办法。不过，冲洗水循环利用要注意防止疫病的交叉感染。

2. 粪尿分离　如采用水冲式粪尿清除收集系统，为了便于猪粪堆肥利用，必须用固液分离机对猪粪尿水进行固液分离。猪粪尿水的固液分离机有多种，其中应用最多的有倾斜筛式固液分离机、振动式固液分离机、回转滚筒式和压榨式固液分离机等。

倾斜筛式固液分离机：是将集粪池中的粪尿水通过水泵抽送至倾斜筛网的上端，粪尿水沿筛面下流，液体通过筛孔流到筛板背面集液槽而流入贮粪池，固形物则沿筛面下滑到水泥地面上，定期人工运走。这种分离机结构简单，但获得的固形物含水率较高，在80%以上。

压榨式固液分离机：固形物下落时，再通过压榨机压榨，所获得的固形物含水率较低，一般在65%～70%之间。

螺旋回转滚筒式固液分离机：由集粪池抽出的粪尿水从滚筒一端加入，粪尿通过滚筒时，液体通过滚筒的筛网流入集液槽而流入集粪池，固形物则由于滚筒的回转及滚筒内螺旋的驱动而从滚筒的另一端排出。这种分离机结构也比较简单，运转中耗能不多，固形物含水率在65%～70%之间，但效率低。

平面振动筛式固液分离机：由集粪池抽出的粪尿水置于平面振动筛内，通过机械振动，液体通过筛孔流入集粪池，固形物则留在筛面上，倒入贮粪槽内。分离出的固形物含水率较高，筛孔

容易堵塞。

（五）粪尿污水处理与利用

猪场粪尿污水的处理方法有物理法，如：过滤、沉淀等。化学法，如：混凝、沉淀、化学消毒等。物理化学法，如：吸附、气浮、反渗透等。使用最多的还是生物处理法，此法是利用微生物的代谢作用分解污水中的有机物。根据微生物在呼吸作用中的需氧情况，生物处理法可分为好氧处理和厌氧处理两大类。

1. 厌氧处理 规模化猪场由于集中饲养所产生的猪粪废水不仅数量很大，而且有机物质和悬浮物含量高，污染严重，观感较差。比起城镇生活污水和低浓度工业废水来，较难用好氧的方法直接处理。根据资料报道和试验研究结果，用厌氧的方法处理猪粪污水可以去除 80% 以上的污染物，同时还可获得可利用的能源。所以，厌氧生物处理工艺是目前处理猪粪水领域中最重要的应用技术，无论是国际还是国内，对于猪场废水的处理，首选厌氧生物处理的方法。

20 世纪 80 年代以来，我国建立的猪场废水处理工程多属以获取能源为主要目的厌氧处理工程，即利用猪场废水通过厌氧发酵的途径，达到制取再生能源（沼气）、消除污染、改善环境目的的沼气工程。规模化猪场办沼气有其可行性，因为规模化猪场有一定的饲养规模，猪场在饲养期间每天都有大量的粪尿排出，如果全部收集进行厌氧处理，每天可产生一定数量的沼气。规模化养猪决定了猪只的饲养数量多，又由于猪只集中饲养，粪便收集方便，所以发酵原料较为稳定。

猪粪中碳、氮的比例比较合适，发酵产气性能也比较稳定，因此以猪粪尿为原料的沼气工程易于管理。我国已建成一大批大中型猪场沼气工程，在发酵工艺、装置设计、设备配套和运行管理方面都取得了较好的经验。

厌氧处理也称甲烷发酵，是利用兼性微生物和厌氧微生物的代谢作用，在无需提供氧气的情况下，把复杂有机物转化为生物

气（沼气）、水和少量的细胞物质，沼气的主要成分为1/3的二氧化碳和2/3的甲烷。

厌氧过程是在缺乏分子态氧的环境条件下进行的。厌氧菌无细胞色素，不能利用分子态氧作为最终受氢体，这种情况不同于好氧呼吸。当利用分子态氧以外的无机氧化物如 NO_3、SO_4、CO_2 等分子作为最终受氢体的生物氧化作用过程，叫做厌氧呼吸，也称为发酵。

总的生化反应为：有机物→$CH_4 + CO_2$ + 细胞 + 代谢产物

有机物进行厌氧发酵时，主要经历三个阶段：液化阶段、产氢产乙酸阶段和产甲烷阶段，如图7.13。

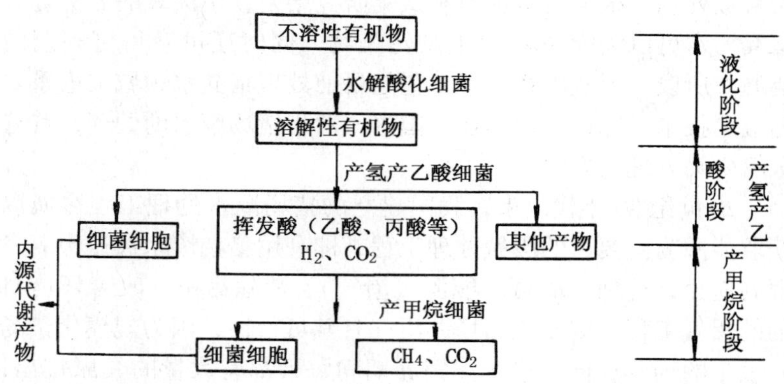

图 7.13　有机物厌氧分解过程示意图

液化阶段：是在水解和发酵细菌的作用下，使复杂的有机物得到水解和发酵转化为脂肪酸、醇类、氢和二氧化碳。

产氢产乙酸阶段：通过各种同型乙酸细菌把水解产生的分子量较小的有机酸和脂肪酸、醛类和氨基酸、醇类等转变成乙酸和氢。

产甲烷阶段：通过产甲烷菌的作用，把乙酸、氢/二氧化碳和甲酸、甲醇等转变成甲烷和二氧化碳。

与好氧处理相比，厌氧生物处理具有下述优点：能耗低，容积负荷较高，装置容积小、占地少；采用密闭发酵，有利于改善猪场环境，同时由于厌氧发酵的固体滞留期（SRT）较长，厌氧处理后可以去除粪液中90%以上的致病菌和寄生虫卵，有利于保护环境和人体健康；特别适合于猪粪尿这种高悬浮固体浓度的原料，在运行中一般不会发生管孔堵塞等等问题；污泥量少，且污泥稳定。

已建成的猪场废水厌氧处理工艺有完全混合式厌氧处理反应器、厌氧接触反应器、折流式厌氧反应器及上流式厌氧污泥床（UASB）等。

（1）完全混合式厌氧处理工艺　猪场粪尿污水厌氧处理工程多数采用这种工艺，池子为地面立式圆柱形池或半地下矩形池，用泵进出料，设有机械搅拌或者气搅拌、水力搅拌。采用废热来加热料液，常采用中温（30～35℃）或近中温（28～32℃）发酵。进料后立即进行搅拌，每5～10小时搅拌一次，使厌氧微生物与料液充分地进行混合。

完全混合式厌氧处理系统由以下几部分组成。

预处理设备：由于猪粪尿中含有大量的纤维、饲草及石、砂等杂物，所以在用泵进料到厌氧池前进行预处理是必不可少的。从规模化猪场排出的粪污量大，固形物（TS）浓度较高，一般为3%，为了使料液中的杂质不致于堵塞进料泵和进出料管道，所以首要的措施是进行固液分离。

目前比较有效的分离设备有斜板筛、螺旋挤压式固液分离机等。特别是后者，它可以把分离的杂质中的水分挤干，通过堆肥直接加工成肥料，再添加必要的氮、磷和钾元素，制成颗粒肥，便于储存和运输。分离出来的液体进完全混合式厌氧池或进高效厌氧消化器发酵产气。

消化池：如图7.14所示，完全混合式的厌氧消化池主要用于高含悬浮物的物料处理，如粪水、污泥等。此种池子从农村地下水压式沼气池改进而成，适合处理较为粗糙的原料，猪场沼气工程多数采用这种池形。消化池设有搅拌系统，可使料液和沼气微生物充分混合，加强发酵等生化作用，避免料液短路——进料未经发酵产气就排出池外。池子立于地面，设有保温层和进料的预热系统，两者协同作用，为中温发酵工艺创造了良好的温度条件。猪场地处城市郊区和边远山区，缺乏燃料，为减轻职工的劳动强度、处理污染和废物利用，建造沼气工程来集中供气解决职工的生活问题，一般采用的中温发酵工艺，温度的恒定可产生定量的沼气，有利于沼气的定时定量输送。用泵进出料和排放污泥机械化的运作方便了操作，大大减轻了工人的劳动强度，也保证了进出料的稳定和固体停留时间（SRT），有利于微生物的生长繁殖。

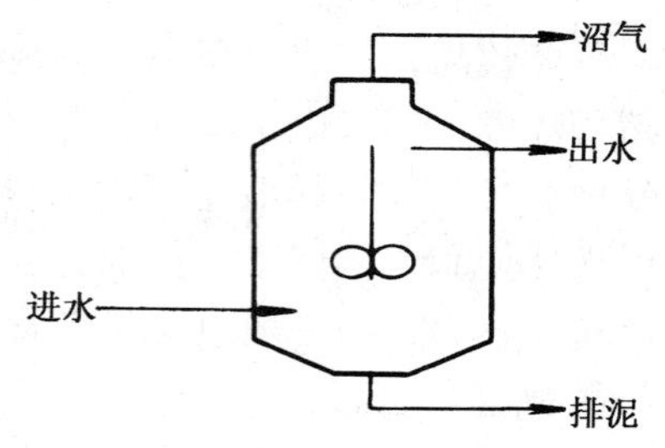

图 7.14 完全混合式厌氧消化池示意图

搅拌器：由于完全混合式厌氧消化池采用含水率较高的原料，原料在池中往往存在分层现象，进料中的营养不能与发酵池底部的微生物充分混合，这一方面会造成新鲜料液短路；另一方面，微生物没有充足的营养维持个体的增长和繁殖，使消化速率逐步降低。搅拌系统在完全混合式厌氧消化池中是必不可少的。猪场沼气系统采用的搅拌系统，大致分成三种，即机械搅拌、水力搅拌和气搅拌。

后沉池：经过厌氧发酵的料液从厌氧消化池排出，需要在沉淀池中沉淀 1～2 小时，使污泥和液体分离，沼气逸出，目前有许多厌氧沼气工程为了保证有足够量的发酵菌种，采用了把沉淀污泥泵回到厌氧池的接触工艺，取得了很好的效果。

输配气系统：由于厌氧消化池产气是连续的，而生产、家庭

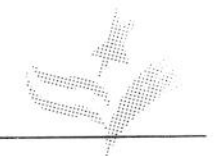

煮饭用气往往集中在一段时间，所以必须有贮气设备。猪场沼气工程一般用沼气池气箱部分贮气或用湿式贮气柜贮气。厌氧消化池产生的沼气含有硫化氢，燃烧之前还必须进行脱水、脱硫处理。

(2) 折流式厌氧处理工艺　猪场废水处理的难度很大，一是排水量大；二是固液混杂，有机物浓度高；三是生猪养殖业受市场影响波动太大。所以投资少、运行成本低、管理方便、处理效果好的装置和配套的发酵工艺是猪场真心欢迎的。废水处理和资源回收相结合，既消除污染，又化害为利，促进经济发展。

工艺特点：厌氧发酵工艺采用多池组合，常温发酵，冬季可利用地温保持均衡发酵，水力滞留期 3～4 天。采用斗墙折流布水，废水在池内通过斗墙横向均布，流向呈“W”上下折流。每池 3～4 级，后两级布有软性填料，从而达到理想的布水和截留污泥的目的，能承受较大冲击负荷，并使废水能与污泥充分接触。废水处理的全过程均利用猪场的自然地形，利用高差进行进出料，不用动力。固液分离用编织塑料滤网，干粪渣人工清理，废水自流进入沼气池，发酵后自流进入氧化塘。

结构：厌氧发酵池采用拱形钢筋混凝土结构，上下为两圆弧拱组成，单池为 200～350 立方米，4～5 个池并列组成一个整体工程。整个发酵池为地埋式，采用砖砌斗墙布水，如图 7.15 所示。

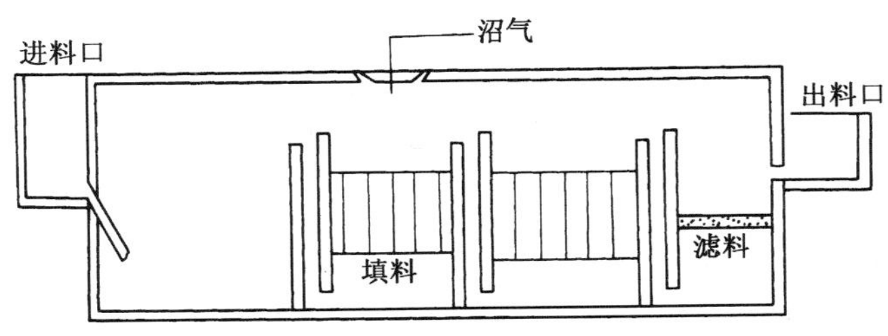

图 7.15　折流式厌氧处理工艺示意图

贮气装置：贮气装置采用钢丝网水泥制作，钢筋混凝土作水封池。贮气柜分大小两个，大的贮气供发电，小的供生产用气。镀锌钢管输气。

处理效果：发酵池为常温发酵，所以全年池容产气率大于0.3 米^3/米^3·天，废水用泵输送到果园作肥料和灌溉用水，果树成林后，废水全部利用。废水也可经污泥沉淀池进入氧化塘进一步自然处理，达标排放。测试 BOD_5 去除率为 88%、COD_{cr} 去除率为 87%、悬浮物去除率为 98%、NH_3 去除率为 83%，出水均低于国家污水综合排放二级标准。

此工艺是从猪场实际出发，因地制宜，建造成本低，建设期短，当年投产，污水处理效果好，成为猪场、沼气工程、园艺场三结合的开发模式，经济效益十分显著。

(3) 上流式污泥床（UASB）工艺　这项工艺是荷兰农业大学在 1974—1978 年间研制的。目前已有很多座生产规模装置在运行。

工作原理：上流式厌氧污泥床（UASB）的结构如图 7.16 所示。反应器的底部有浓度很高的具有良好沉淀和凝聚性能的污泥，称污泥床。要处理的污水从反应器的底部进入污泥床，并与污泥床内的污泥混合。污泥中的微生物分解污水中的有机物，将其转化成沼气。沼气以微小气泡形式不断放出；微小气泡在上升过程中，不断合并，逐渐形成较大的气泡，在反应器本身所产的沼气的搅动下，反应器上部的污泥处于悬浮状态，形成一个浓度较稀薄的污泥悬浮层。

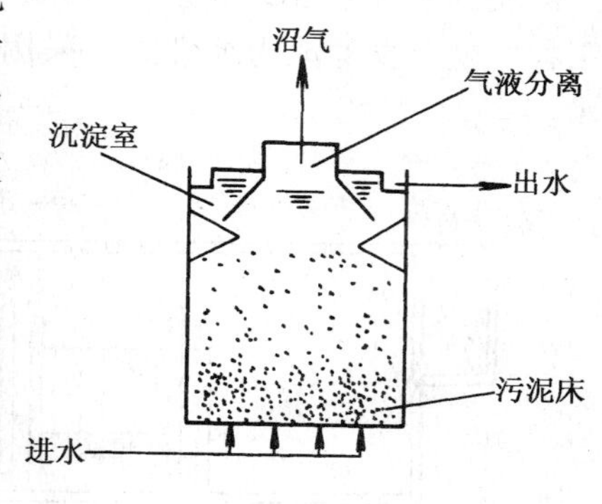

图 7.16　上流式污泥床示意图

上流式污泥床反应器的高度一般为3~6.5米。在反应器的上部设有固、气、液三相分离器，固、液混合液进入沉淀区后，污水中的污泥发生絮凝，颗粒逐渐增大，并在重力作用下沉降。沉淀至斜壁上的污泥沿着斜壁滑回厌氧反应区内，使厌氧反应区积累起大量的污泥。分离出污泥后的处理水从沉淀区溢流，然后排出。在反应区内产生的沼气气泡上升，碰到反射板时折向反射板的四周，然后穿过水层进入气室，集中在气室的沼气，用管道导出。

工艺的基本特点：多年的厌氧发酵实践表明，要使设备具有较大的处理能力，就必须使单位容积内具有高的污泥浓度。污泥床反应器正是具备了这个特点。它与其他反应器不同之处在于：①反应器中污泥的循环和机械搅拌一般维持在最低的限度，甚至完全取消；②反应器的上部设置有一个气、液、固分离系统，液相所携带的污泥可自动返回到设备内。

污泥床反应器的结构特点：①具有能使水、固、气很好分离的三相分离器，污泥与液体的分离是基于污泥絮凝、沉淀和过滤作用；②在反应器的底平面上部设布水系统，布水系统有许多布水点。布水点均匀分布在池底上，这些布水点设在不同的高度上。从水泵来的水通过配水系统流进布水管，从管口流出。

配水设备为多个布水槽，多个布水槽内设一根多孔布水管，为了使布水均匀，采取两项措施：一是多孔管上仅布置水量比较大的孔眼，间隙可采用50~70厘米，孔径采用20~25毫米；二是采用脉冲进水，加大瞬时流量，使各孔眼的过水量较为均匀。

脉冲进水可以采取两种设备：一种是用时间控制器控制进水泵的启、停；另一种是设置脉冲投配箱，废水先抽升（可以连续抽升，多余的水溢流），脉冲投配箱用时间控制器定期将从投配箱送进多孔管。经验表明，采用这种方式，可以使反应器面积上的布水均匀度达到95%。

杭州市西子养殖场沼气示范工程采用了上流式污泥床厌氧

罐，猪场每天排放的猪粪和冲洗污水由刮粪机收集流入调节池，由搅拌机混合均匀，酸化24小时，以提高厌氧消化系统的效率。然后将酸化后的猪粪污水进行固液分离，每天分离残渣2.8吨，外运作为肥料或鱼饲料。经固液分离的粪液流入计量池，冬季用蒸汽加热，泵入500米^{3}的UASB，采用20～30℃近中温发酵，水力停留时间（HRT）为5天。厌氧出水进入气浮池进行泥水分离，厌氧污泥回流入计量池，再回入UASB，使保持足够的菌种。上清液进入好氧处理系统，进一步去除COD_{cr}、BOD_5，再经生物净化，达到排放标准。

2. 好氧处理 猪粪废水经过厌氧处理，虽然降解了大部分有机污染物，但是出水污染物浓度仍然很高，还必须经过好氧处理才能满足排放要求。好氧生物处理是在有氧的条件下，借助好氧微生物和兼氧微生物的代谢作用处理污水。在处理过程中，污水中的微生物通过自身的生命活动——氧化、还原、合成等过程，把吸收的一部分有机物氧化分解为简单的无机物，如H_2O、CO_2、NH_3等，并释放大量的能量；而把另一部分有机物代谢合成新的细胞物质（原生质），从而微生物不断生长、繁殖，产生更多的微生物（也就是污水处理中形成的剩余污泥）。好氧处理基本原理可用图7.17表示。好氧处理主要有氧化沟法、活性污泥法、SBR法、生物转盘和接触氧化法等。

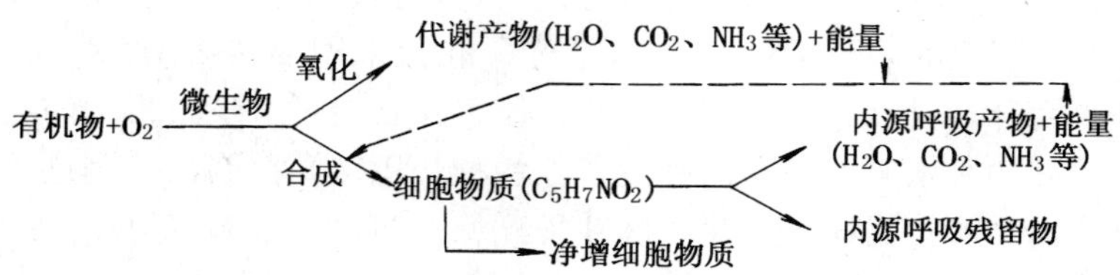

图 7.17 有机物好氧分解过程示意图

（1）氧化沟 氧化沟为长圆形，池内安装搅拌器（转刷或转碟），其中轴安装的位置略高于氧化沟的液面，搅拌器不断旋转，可使固体粪便加速分散，使分离的粒子悬浮于池液中，同时向池液供氧，并使池内的混合液沿池壁循环流动，使氧化沟内有机物充分利用好氧微生物分解，畜舍内无不良气味。搅拌器转速快则供氧多，一般以每分钟 80～100 转为宜。图 7.18 是一种猪舍采用氧化沟处理猪粪尿、污水平面示意图。

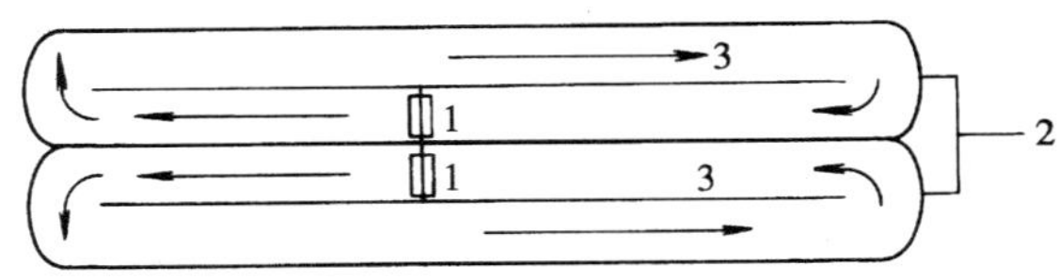

图 7.18 氧化沟平面示意图

1. 搅拌器 2. 流出口 3. 粪液

(2) 活性污泥法 活性污泥法是指在污水中加入活性污泥，经混合曝气，使污水中有机物被活性污泥吸附和氧化的一种污水处理方法。如果向猪粪尿污水中不断通入空气，维持水中足够溶解氧，经过一段时间后，水中就会生成一种絮凝体，这种絮凝体就是“活性污泥”。活性污泥含有大量微生物，主要是细菌，许多细菌及其分泌的胶体物质（主要是多糖）和有机及无机悬浮物黏附在一起，形成“菌胶团”，菌胶团是活性污泥的核心，它具有很强的吸附和氧化分解有机物的能力，而又不被原生动物所吞噬，且易于沉淀。活性污泥法的主要构筑物是曝气池和二次沉淀池。其基本流程如图 7.19 所示。

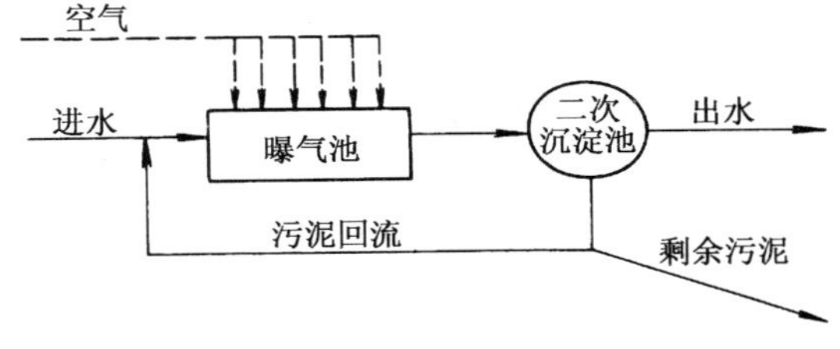

图 7.19 活性污泥法基本流程图

污水和回流污泥同时进入曝气池，沿曝气池通入压缩空气，使污水与活性污泥充分接触，并供给混合液以足够的溶解氧。在好氧状态下，污水中的有机物被活性污泥中的微生物氧化分解而达到稳定，然后混合液流入二次沉淀池进行泥水分离，澄清水溢流排放，沉淀下来的污泥，一部分作为菌种回流到曝气池，以维持曝气池中所需的污泥浓度，增长的污泥作为剩余污泥从系统中排出。

活性污泥正常运行的必要条件是具有性能良好的活性污泥和充足的氧气供应。良好的活性污泥具有颗粒松散，易于吸附氧化有机物的能力，以及在澄清时有良好的凝聚和沉降性能。供应的氧气应满足微生物分解有机物和维持其生命活动的需要，并使活性污泥保持悬浮状态，以便与污水中的有机物充分接触。供氧方式一般采用鼓风曝气和机械曝气，鼓风曝气法是用鼓风机供应空气；机械曝气一般是利用装设在曝气池表面的曝气叶轮转动，剧烈翻动水面，使空气中的氧溶于水中。

（3）SBR 法　SBR（Sequencing Batch Reactor）法，也称为间歇式活性污泥法或序批式活性污泥法。其去除污染物的机理与传统活性污泥法完全一致，只是运行方式不同。传统活性污泥法采用连续运行方式，污水连续进入处理系统并连续排出，系统内每一单元的功能不变，污水依次流过各单元，从而完成处理过程。SBR 工艺采用间歇运行方式，污水间歇进入处理系统并间歇排出。系统内只设一个处理单元，该处理单元在不同时间发挥不同作用，污水进入该单元后按顺序进行不同的处理，最后完成总的处理被排出。一般来说，SBR 的一个运行周期包括五个阶段，如图 7.20 所示。阶段Ⅰ为进水期，污水在该时段内连续进入处理池内，直至达到最高运行液位；阶段Ⅱ为曝气期，在该期内既不进水也不排水，但开启曝气系统为反应池曝气，使污染物质进行生化分解；阶段Ⅲ为沉淀期，在该时段内不进水或排水，也不曝气，反应池处于静沉状态，进行高效泥水分离；阶段Ⅳ为排水

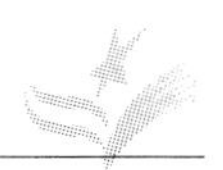

期，在该期内将分离出的上清液连续排出；阶段Ⅴ为空载排泥期，将剩余污泥排出反应池，运行单元在该时段可闲置一段时间。通过改变运行程序，在去除有机物的同时，可以实现脱氮除磷。

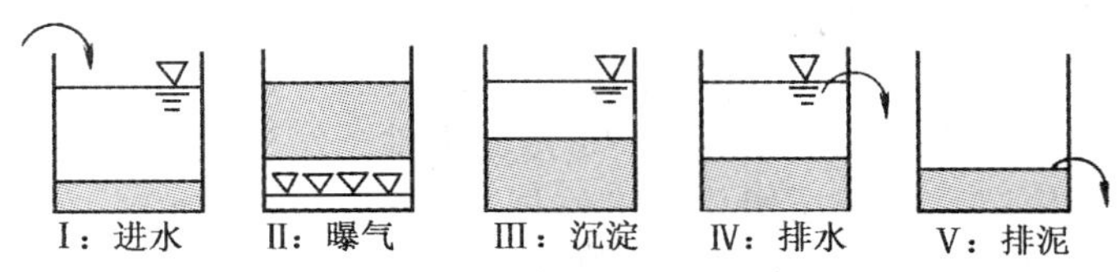

图 7.20 SBR 法的典型运行程序

用 SBR 工艺处理猪场污水，进水 COD_{Cr} 1 169 ~ 2 207 毫克/升，BOD_5 567 ~ 1 153毫克/升，SS 705 ~ 750 毫克/升；出水 COD_{Cr} 396 ~ 748 毫克/升，BOD_5 50.5 ~ 228 毫克/升，SS 20 ~ 26 毫克/升。COD_{Cr}、BOD_5、SS 去除率分别为 51.2% ~ 81.5%、72.4% ~ 95.7%、96.3% ~ 97.3%。SBR 对 NH_4-N 具有相当好的去除效果，在高 NH_4 – N 进水浓度（283 ~ 409 毫克/升）情况下，出水能达到很低浓度（0.68 ~ 11.5 毫克/升），去除率达 97.2% ~ 99.8%。

由于 SBR 工艺在去除有机污染物的同时，又能脱氮除磷，在猪粪水的处理中，将会得到广泛的应用。

（4）生物滤池　生物滤池主要由滤料、池壁、布水系统和排水系统组成。污水通过布水系统均匀地分布于滤料上面。并从上部呈滴洒状喷淋而下，污水通过滤池时，填料截留污水中的悬浮物质，并把污水中胶体物质吸附到自己的表面，其中有机物使微生物迅速繁殖，微生物又进一步截留吸附污水中悬浮物及胶体物质，逐渐形成具有生物化学活性的生物膜。生物膜主要由菌胶团和大量的真菌菌丝组成，还有许多原生动物和较高等的动物生长。生物膜不仅能大量吸附污水中的有机物，而且当滤池通风良

好，滤料空隙中有足够的氧时，具有很强的氧化有机物的能力。由于微生物不断生长、脱落和更新，脱落的生物膜随污水流出生物滤池而进入二沉池沉淀。

长期以来，都以碎石、卵石、炉渣等作为生物滤池的滤料。近年来，由于塑料工业的发展，开始采用聚乙烯、聚苯乙烯等轻质材料制成波形板式、列管式或蜂窝式滤料，以提高滤床高度。

普通生物滤池呈方形、矩形或圆形池子，池内铺设滤料，滤料由工作层及承托层组成。工作层 1.3 ~ 1.8 米，滤料一般采用碎石、卵石、炉渣、焦炭等，粒径 30 ~ 40 毫米。普通生物滤池处理效率高，但水力负荷和有机负荷都低。为了提高负荷，又发展了塔式生物滤池（图 7.21），它是由砖或其他材料构成的圆形或多边形构筑物，形状如塔，简称滤塔。由于塔体高（8 ~ 24 米），滤料层深，塔内空气流通性好，故有利于污水、空气和生物膜三相充分接触，以及由于污水在滤塔内分布均匀，大大提高了处理污水的能力。与普通生物滤池相比，其负荷可提高许多倍，特别适用于 BOD_5 高的污水的处理。据试验，流经滤塔前的猪场污水，其 COD 为 5 300 ~ 32 500 毫克/升，悬浮物（SS）为 15 000 ~ 47 000 毫克/升，而滤出液的 COD 降至900 ~ 1 400 毫克/升，SS 降至 400 ~ 500 毫克/升。此种滤池的缺点是对污水的预处理要求高。

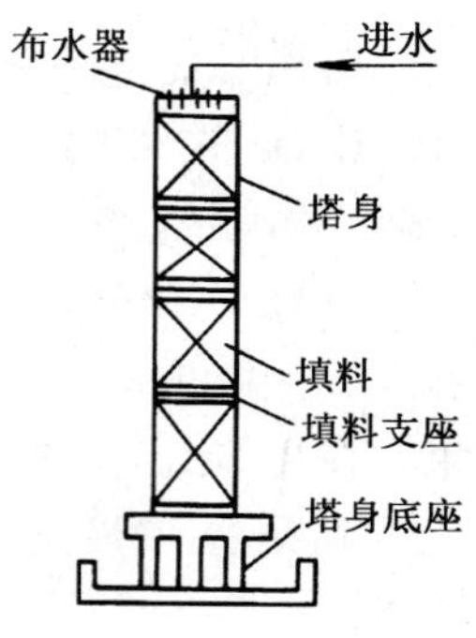

图 7.21　塔式生物滤池

（5）生物转盘　生物转盘是由固定在横轴上的一系列间距很近的圆盘组成（图 7.22）。盘片材料可用聚乙烯塑料、玻璃钢、金属板或其他材料制成，盘片直径为 1 ~ 3 米，40% ~ 45% 的盘片面积浸在氧化槽内的污水中，上半部露在大气中。污水从槽中流过时，原有或接种的微生物即黏附于转盘的盘片表面，形成生

物膜，通过电机带动横轴，使圆盘在氧化槽内慢慢旋转，生物膜即交替通过空气及污水。

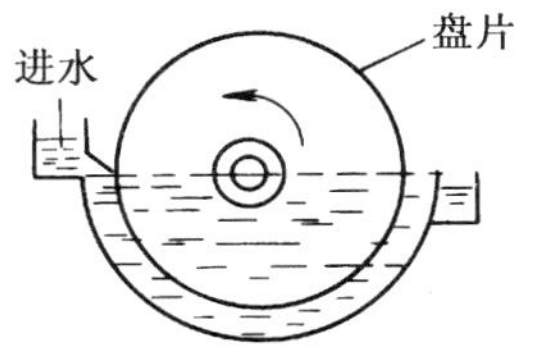

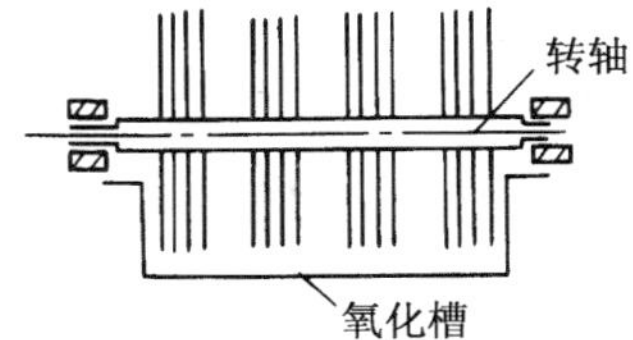

图 7.22 生物转盘

氧化槽可用钢板或钢筋混凝土建成，断面最好是半圆形，以免产生死角。

生物转盘是生物膜法的一种，其工作原理是圆盘上生长着一层生物膜，当圆盘浸在污水中时，生物膜吸附污水中的有机污染物。当圆盘离开污水时，其表面形成一层薄薄的水膜。水膜从空气中吸氧，同时在微生物的作用下，被吸附的有机物氧化分解。这样圆盘每转动一圈，即完成一个吸附—吸氧—氧化分解的过程。圆盘不停地转动，就连续不断地完成这个过程，使污水中的有机物不断分解而达到污水净化的目的。

生物转盘具有电耗少，卫生条件好，操作简单等优点，尤其适用于有机物多而水量不大的污水。用二级串联生物转盘处理养猪场污水效果良好，据测定，污水 BOD_5 为 1 300 毫克/升时，经过一级转盘处理后，BOD_5 为 310 毫克/升；经过二级处理后，BOD_5 为只有 33 毫克/升，去除率约 90%。

(6) 接触氧化法　生物接触氧化法又称接触曝气法，是在生物氧化池内设置填料，经过充氧的污水以一定速度流经填料，使填料上长满生物膜，污水与生物膜相接触，在生物膜的作用下，污水得到净化。接触氧化法具有生物膜法的基本特点，但又与一般生物膜法不尽相同。一是供微生物栖附的填料全部浸在污水中，所以这种生物滤池又叫淹没式生物滤池。二是采用机械设备

向污水中充氧，而不同于一般生物滤池靠自然通风供氧，所以接触氧化法又相当于在曝气池中添加了供微生物吸附的填料，故这种滤池又可称为接触曝气池。三是污水中同时还有 2%～5% 的悬浮态的活性污泥，对污水也起净化作用。因此接触氧化法是一种具有活性污泥法特点的生物膜法，兼有生物膜法和活性污泥法的优点。

我国建造的接触氧化构筑物多为直流式，其特点是，直接在填料底部鼓风曝气，生物膜受到上升气流的强烈搅动，加速了生物膜的更新，使其经常保持较高的活性，而且能克服堵塞现象。图 7.23 为直流式接触氧化池示意图。

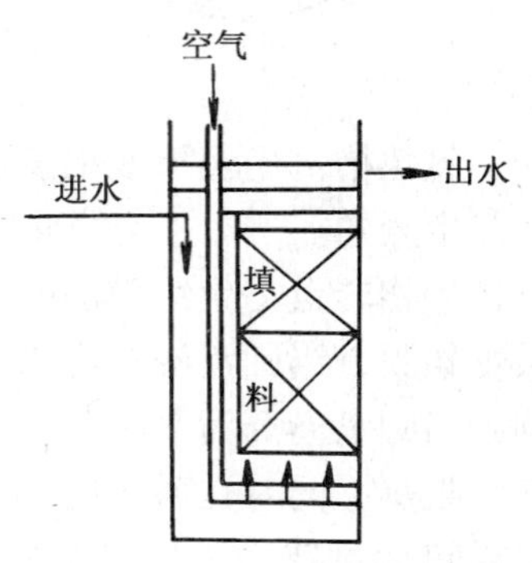

图 7.23　直流式接触氧化池

3. 粪尿的综合利用　猪粪尿虽可引起水质和空气污染，但它们又不同于一般的工业废弃物，粪尿中含有大量的营养物质，若能合理利用，则可带来可观的经济效益，因此，我们不但应当把粪尿的污染危害降至最低限度，而且还必须采取各种有效措施，进行多层次、多环节综合处理，最大限度地利用其包含的营养物质，变废为宝，化害为利。

现在，美国、日本、荷兰、加拿大、澳大利亚等畜牧业发达国家都十分重视猪粪尿的综合利用，并已进行了大量的研究，如充分利用厌氧及好氧发酵技术来降解粪尿中的有害物质，以降低其污染危害；另外，对发酵后的残留物的再利用的方法也进行了充分的研究，如对固形物，研制了各种撒播机，使固形物能均匀撒播于草地和农田；对发酵后的液体的喷洒更是研究了多种机械，最早的喷粪车由于向空中喷洒而引起空气的污染，经改进后可水平喷洒、向下喷洒、贴地喷洒，并能通过控制喷洒速度和雾

滴大小来减少空气污染；还发明了注射机，能把发酵液注入地下10～15厘米，既全面利用了营养，又减少雨水冲刷而污染水源。还有将畜粪处理后作庭院花肥、降解的热量再利用、深度处理的粪液作灌溉等等，都是对粪尿的充分利用。

在我国，数千年来农民一直将畜禽粪尿作为重要的、优良的有机肥来源而施入土壤，用以保持和提高土壤肥力。但近二三十年来，随着现代化封闭型规模化养殖技术的采用，城市畜禽养殖业逐步朝向高产优质发展，其发展速度与规模是过去的“一农家，一亩地，一口猪”模式不能相比的，但这种封闭型规模化养殖技术存在一个致命的缺陷，即该技术的广泛使用会导致养殖业与种植业的相互分离，造成一方面养殖场的粪尿污染环境，另一方面大量的土地因失去了畜禽粪尿提供的优质有机肥源，而使土壤肥力逐年下降的现象。对于规模化猪场来说，由于对猪粪尿进行处理意味着大量的投入，直接产生的效益又不明显，因此许多规模化猪场在建设时只着眼于短期的经济效益，而忽视了长期的环境与生态效益和可持续性发展，这种做法对维护生态环境良性循环十分不利。因此，为了保护环境，有利于生态平衡，一定要改变规模化养殖业“自我封闭”的方向，从建设生态农业和保护环境的原则出发，运用生物工程技术对猪粪尿进行综合处理与利用，合理地将养殖业与种植业紧密结合起来，形成物质的良性循环模式。

目前，粪尿的综合利用工程技术主要有两大类型：物质循环利用型生态工程和健康与能源型综合系统。

（1）物质循环利用型生态工程　物质循环利用型生态工程是一种按照生态系统内能量流和物质流的循环规律而设计的一种生态工程系统，其原理是某一生产环节的产出（如粪尿及废水）可作为另一生产环节的投入（如圈舍的冲洗），使系统中的物质在生产过程中得到充分的循环利用，从而提高了资源的利用率，预防了废弃物对环境的污染。

下面结合图 7.24 对这种物质循环利用型生态工程技术作一个简要阐述和举例介绍。图 7.24 所示的这种系统我们称之为：种植业－养殖业－沼气工程三结合的物质循环利用型生态工程，该类型的显著特点是将种植业与养殖业有机地联结起来。在该生态工程系统中，沼气工程起到了一个枢纽作用，它将畜禽养殖业与种植业联接起来。规模化猪场排出的粪便污水进入沼气池，经厌氧发酵产生沼气，供民用炊事、照明、采暖（如温室），乃至发电；沼渣可用作培养食用菌、蚯蚓或作农肥，用于种植业（农田和果园）；沼液可用作优质饵料，用于喂鱼、虾等，或用作速效肥料，用于作物、果园和蔬菜的施肥。

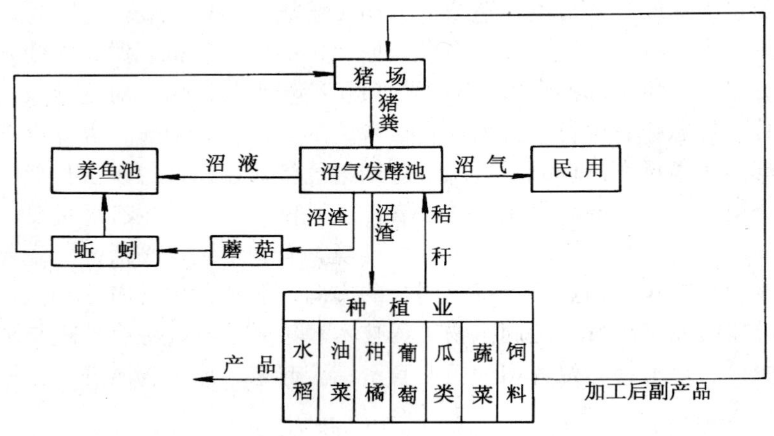

图 7.24 种植业—养殖业—沼气工程三结合物质循环利用系统

目前在国内，有多处这种系统的实际应用例子，如南京市的古泉生态农场，他们已建成本类型典型的示范生态工程。该农场将养猪、养鸭、养鱼、养蚯蚓、培植蘑菇和种植果园等生产活动有机、合理地组合在一起，组成了一个良性的循环系统。另外，在湖北鄂东蕲春养猪场，他们处理粪便的途径是先将粪尿等废弃物冲入沼气池，经厌氧发酵处理后，沼气接至生活区；沼液一部

分用作饲料地的追肥，另一部分流入鱼塘养鱼；沼渣大部分返还饲料地做底肥，小部分送至蚯蚓场养殖蚯蚓。蚯蚓晒干磨碎后做蛋白质饲料拌入配合饲料中，可代替鱼粉降低配合饲料的成本。另外，深圳市农牧联合公司的莲塘尾农场于20世纪90年代初期建成的集约化猪场粪便污水综合处理工程，也是该类型的一个典型代表。

从上述实例可以看出，物质循环利用型系统实际上是一个以生猪养殖为中心，集种、养、渔、副、加工业于一体的生态系统，它具有与传统养殖业不同的经营模式。在这个系统中，生猪得到科学的饲养，物质和能量获得充分的利用，环境得到良好的保护，因此，生产成本低，产品质量优，资源利用率高，收到了经济效益与生态效益同步增长的效果，按照这种生态农业模式进行规划和改造养猪场，将成为我国现代化养殖业发展的必然走向。

物质循环利用型生态系统除上述的种植业—养殖业—沼气工程三结合型生态工程作为代表外，还可形成种植业—养殖业—加工业—沼气工程四结合的生态工程、养殖业—渔业—种植业三结合的生态工程、养殖业—渔业—林业三结合的生态工程等等类型。

（2）健康和能源型综合系统　该系统的运作方式是：将畜禽粪便进行厌氧发酵，形成气体、液体和固体三种成分，现在已有一种简单的气体分离装置可以把沼气中的甲烷和二氧化碳分离开来，沼气中的甲烷可以作为燃料，还可进行沼气发电，获得再生能源；二氧化碳用于培养螺旋藻等经济藻类。沼气池中的上层液体经过一系列的沼气能源加热管消毒处理后，可作为培养藻类的矿质营养成分。沼气池下层的泥浆与其他肥料混合后，作为有机肥料可改良土壤。由沼气发电产生的电能，可用来照明，还可带动藻类养殖池的搅拌设备，也可以给蓄电池充电。过滤后的螺旋藻等藻体含有丰富、齐全的营养元素，既可以直接加入鱼池中喂鱼、拌入猪饲料中喂猪，也可以经小型的干燥设备烘干、灭菌，然后作为廉价的蛋白质和维生素源，供人们食用，补充人体所需的必需氨基酸、稀有维生素等营养要素。该系统的其他重要环节还包括一整套的净水系统和植树措施。这一系统的实施、运用，可以有效地改善猪场周围的卫生和生态环境，提高人们的健康和营养水平。猪场还可以从混合肥料、沼气燃料、沼气发电、鱼虾和螺旋藻等藻体中获得经济收入。该系统的操作非常灵活，可随不同地区、不同猪场的具体情况而加以调整，见图 7.25。

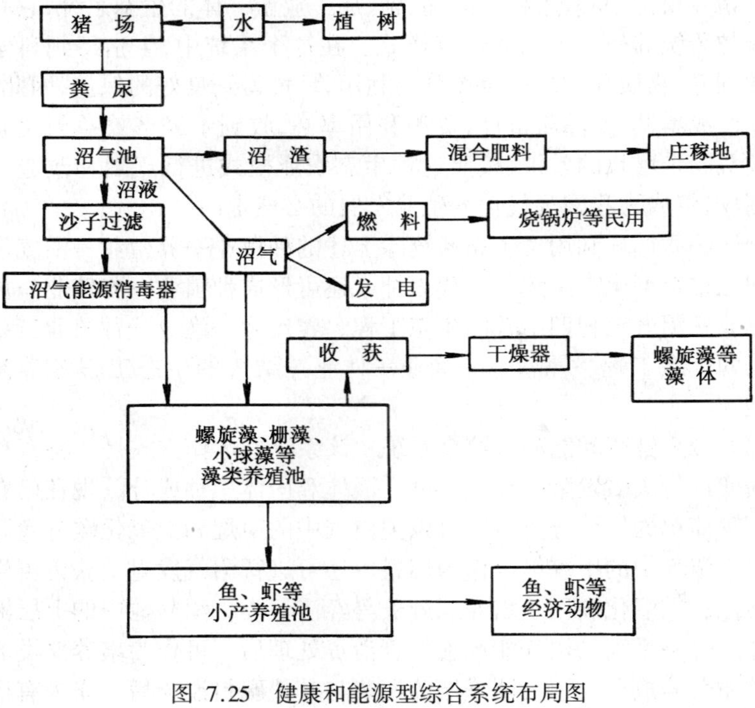

图 7.25　健康和能源型综合系统布局图

参 考 文 献

[1] 东北农学院．家畜环境卫生学．第二版．北京：农业出版社，1992

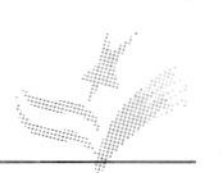

[2] 赵恒斗．规模化养猪的污水产生、治理与综合利用．中国沼气，1996，14（3）：30～32

[3] 张忠祥．我国城市畜禽养殖业的水污染防治．城市环境与城市生态，1996，9（1）：48～54

[4] 王凯军，王晓惠，柯建明．厌氧处理技术发展现状与未来发展领域．中国沼气，1999，17（4）：14～17

[5] 申立贤．高浓度有机废水厌氧处理技术．北京：中国环境科学出版社，1991

[6] 华永新．西子养殖场沼气工程简介．中国沼气，1999，17（4）：25～26

[7] 李宝林，王凯军等．大型集约化猪场粪水处理现状及建议．中国沼气，1998，16（2）：31～32

[8] 沈谨，路旭，孙瑜．规模化猪场粪污水处理固液分离工艺及设备．中国沼气，1999，17（4）：18～20

[9] 段文霞，牟树森．畜粪污染处理和利用研究．四川环境，1994，13（2）：27～31

[10] 方仁声，赖昭胜．猪场废水沼气发酵综合处理工程技术研究．中国沼气，1999，17（3）：17～19

[11] 姚爱莉．禽畜场沼气生产利用考察报告．中国大中型沼气工程考察文集．北京：能源出版社，1985，84～104

[12] 徐洁泉，杨可俊，刘膺虎，黄志龙，徐可南．集约化猪场粪便污水沼气发酵综合处理系统的生产试验．中国沼气，1991，3：26～29

[13] 方仁声．大型猪场废水处理技术与应用．中国沼气，1998，16（4）：39～41

[14] 郑武，谢小丽，陈仁忠等．广州市畜牧业废水排放与治理现状分析．农业环境与发展，1998，2：17～20

[15] 王云飞等．分段厌氧—A/O 系统处理高浓度禽粪水．上海环境科学，1992，11（7）：33～36

[16] 邓良伟，姚爱莉，梅自力．SBR 工艺处理猪场粪污的试验研究．中国沼气，2000，18（1）：8～11

[17] 郭传甲．现代养猪．北京：中国农业科技出版社，1992

[18] 曹明聚．现代工厂化养猪生产与管理．郑州：河南科学技术出版社，1999

[19] 农业部畜牧兽医司．塑膜暖棚饲养畜禽技术．北京：农业出版社，1993

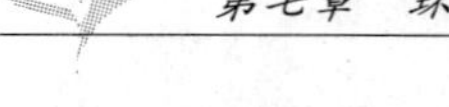

[20] 崔引安．农业生物环境工程．北京：中国农业出版社，1994

[21] 钱镛．农业建筑与环境工程概论．北京：中国农业出版社，1994

[22] 鲁纯养．农业生物环境原理．北京：中国农业出版社，1994

[23] M.L. 伊斯梅．牲畜环境原理．北京：中国农机出版社，1983

[24] Lo K.V.，Liao P.H.，Gao Y.C.. Anaerobic treatment of swine wastewater using hybrid UASB reactors. Bioresource Technology 1994，47：153～157

[25] Fernandes，L. Effect of temperature on the performance of an SBR treating liquid swine-manure. Bioresource Technology 1994，47：219～227

[26] Ng W.G. Aerobic treatment of piggery wastewater with the sequencing batch reactor. Bio. Waste，1987，22：285～294

[27] Jung-Jeng Su，Cheng-Ming Kung，Jing Lin，Wen-chyan Lian，Jih-Fang Wu. Utilization of sequencing batch reactor for In situ pigggery wastewater treatment. J. Envir. Sci. Health，1997，A32（2）：391～405

第八章
猪场的卫生防疫

一、规模化养猪卫生防疫措施

传统养猪的兽医防疫方式往往是以临床兽医学为主，而规模化猪场，要保证大群猪只的健康，防疫方式必须转变为预防兽医学为主，建立一种由多项因素、相互联系、相互作用的综合疾病控制系统，针对社会环境、人、猪和饲料等方面，分别采用不同的方式进行消毒、隔离、净化、检疫等措施，以防病原侵入猪体，从而保证养猪业的发展（表 8.1）。

表 8.1　猪场合理的疫病控制系统

项目	生态环境类别	控　制　措　施
	社会环境	场址选择及建筑布局合理
	舍场环境	划分管理区和生产区
群体	群落环境	员工的个人卫生
	各工段环境	粪尸作无害化处理
	小群环境	检疫及种源净化
个体	个体环境	消毒、灭虫、灭鼠
	体内生理环境	药物抗菌、免疫接种、及时治疗

（一）管理区与生产区划分

1. 外部管理、供应区　本区与社会往来密切，有经营管理、物资供应和产品输出三大功能，包括办公室、宿舍、仓库、饲料工厂、车房及生产区外的其他设施，因病原及其他不良因素常进入此区。管理区的卫生要求如下：

（1）定期消毒，垃圾在指定地点集中焚化。

（2）在各办公处应有洗手盆、肥皂、贮放垃圾的容器等完善的卫生设备。

（3）生活区的污水另设水塘贮积处理。

（4）管理区和生产区之间设置屏障，有各自封闭的间隔，严格控制进入生产区的通道，防止无关人员由管理区进入生产区。

2. 内部猪群生产区　是经常在脱污、消毒、除虫、免疫措施的保护下，保证场内猪群不受污染侵害的“生物环境清净区”。生产区的卫生要求如下：

（1）凡进入本区的人员、饲料、运输车辆、猪种均分别经过检疫、消毒。

（2）猪舍内各工段和隔离舍，应严格做到人员、用具、畜群三固定。

（3）提供一种舒适的无应激因子的舍内环境。

（4）在配种、怀孕、分娩、保育、生长、育成各专用舍门口设置消毒池，内贮消毒液，供往来人员出入消毒，每一专用舍在清出旧猪群后，应彻底消毒，间歇几天后，方可接受新猪群。

3. 规模化猪场布局　从防疫要求及流水作业线的要求考虑。

（二）消毒

采用机械清扫、冲洗和使用各种化学消毒药物相配合的方法进行消毒。

1. 大门

（1）在大门入口处设消毒池，消毒药物用2%的烧碱溶液，消毒对象主要是车辆的轮胎。

（2）设喷雾消毒装置，消毒的对象是车身和车底盘

2. 生产区　工作人员在进入生产区之前，必须经过在消毒间用紫外灯消毒15分钟，或更换工作衣、帽，有条件的地方最好淋浴更衣，参观人员的消毒方法与工作人员相同，并按指定的

路线参观。

3. 猪舍 采用“全进全出”饲养方式的猪场，在引进猪群前，空猪舍应彻底消毒。

（1）消除杂物、粪尿及垫料。

（2）用高压水彻底冲洗顶棚、墙壁、地面及栏架，直到洗净为止。

（3）水洗干燥后，关闭门窗，用福尔马林（30毫升/立方米）熏蒸消毒12～24小时；再用2%烧碱或3%来苏尔对地面进行消毒1次，24小时后用净水冲去残药。

4. 饲养管理用具 饲槽及其他用具需每天洗刷，定期用0.1%新洁尔灭消毒。

5. 走廊过道及运动场 定期用2%烧碱或3%来苏尔消毒。

6. 猪体 用0.1%新洁尔灭，2%～3%来苏尔或0.5%过氧乙酸等进行喷雾消毒，喷雾粒子要求50～100微米。

7. 产房 地面和设备用水冲洗干净，干燥后用福尔马林（30毫升/立方米）熏蒸2小时，再用0.1%新洁尔灭、3%来苏尔等消毒，用干净水冲去残药，再用10%石灰乳刷地面和墙壁。母猪进入产房前全身洗刷干净，用0.1%新洁尔灭消毒全身后进入产房。母猪分娩前用0.1%高锰酸钾消毒乳房和阴部，分娩完毕，再用消毒药抹拭乳房、阴部和后躯。及时清理胎衣和产房。

（三）购进猪只的检疫

（1）引进种猪时，做好产地疫情调查，对种猪进行检疫和挑选，委托当地兽医卫生机构对种猪着重进行下列疫病的检疫：口蹄疫、猪瘟、猪传染性水疱病、猪伪狂犬病、猪钩端螺旋体病、猪喘气病、猪萎缩性鼻炎和猪布氏杆菌病。这些疾病检验为阴性后才能引入。引入种猪应在隔离舍观察30日，确认健康后，方能进入生产区。

（2）规模化猪场应定期进行猪瘟、口蹄疫、喘气病、布氏杆菌、猪痢疾、萎缩性鼻炎等疾病的检疫，还要定期进行粪便寄生

虫卵的检查。

(3) 对检验出的病猪或阳性猪，应按不同的情况作妥善处理。凡传染病或可疑为传染病的病猪应予以扑杀，如种猪存在猪喘气病、猪萎缩性鼻炎等，且阳性率高者，应全群淘汰或转为肉用。

(4) 猪场应设兽医室，以便经常对疾病进行病理变化检查及病原学的检查，及时做出正确诊断。

(四) 死猪尸体及粪污处理

(1) 每套猪舍，应备有质地坚韧的、不漏水的袋和带有拖轮有盖的收尸桶，猪只的尸体及分娩时产出的胎盘、死胎，随即装入袋中，扎紧袋口，放入收尸桶中加盖提出门外，由卫生人员以专用容器集中运至尸体处理处，高温或毁尸坑处理。

(2) 猪场应有完备的粪污处理设施，包括猪栏漏缝地板、冲洗设备、排污沟、集污池等。粪污应做到干稀分流，分离后的污水入污水处理池净化处理后排放，粪渣运至农区堆肥发酵后使用。

(五) 灭鼠、灭蚊蝇

1. 灭鼠方法　①清除垃圾物；②使用捕鼠夹、捕鼠笼等捕杀；③使用毒鼠药。

2. 灭蚊蝇方法　①保持猪舍良好通风，经常清除粪尿；②使用杀虫灯；③使用杀虫药，可用敌敌畏、蝇毒磷等杀虫药，每月在猪舍内外和蚊蝇容易孳生的场所喷洒2次。

(六) 发生疫病时的扑灭措施

(1) 发生疑似传染病时必须及时隔离，尽快确诊。病因不明或剖检不能确诊时，应将病料送上级有关部门诊断。

(2) 确诊为传染病时，应逐级上报，迅速采取紧急措施，根据传染病的种类，划定疫区进行封锁，全场进行紧急消毒，对健康猪进行必要的紧急接种或采取血清和药物等防治措施。

(3) 划定的封锁区应有明显的标志，固定专人管理。解除封锁日期和方法，应根据国家有关规定进行。被传染病污染的病猪

和用具、工作服及其它污染物等必须进行彻底消毒，粪便应无害化处理，垫草应予以烧毁；

(4) 传染病猪及疑似传染病病猪的肉、皮等经兽医检查，根据规定分别作无害化处理后利用，或焚烧深埋。屠宰猪应在指定地点进行。屠宰场地、用具及污染物必须严格消毒。

二、规模化猪场主要传染病免疫程序

规模化猪场主要传染病免疫程序见表 8.2。

表 8.2 规模化猪场主要传染病免疫程序

病名	猪别	疫苗接种时间
猪瘟	仔猪	首免 20 日龄，二免 50 ~ 60 日龄，用猪瘟弱毒疫苗
	种猪	每年 3、9 月份各接种 1 次，用猪瘟弱毒疫苗；猪瘟发病的疫点猪场，为彻底杜绝本病的发生，除上述程序外，还可进行超前免疫，即仔猪生后擦干羊水和黏液后，立刻注射 2 头份猪瘟单苗，接种后 3 小时再让其吃初乳
猪丹毒	仔猪	50 ~ 60 日龄接种，用猪丹毒、猪肺疫二联疫苗
	种猪	每年 3、9 月份各接种 1 次，用猪丹毒、猪肺疫二联疫苗
猪肺疫	仔猪	50 ~ 60 日龄接种猪丹毒、猪肺疫二联疫苗
	种猪	每年 3、9 月份各接种 1 次，用猪丹毒、猪肺疫二联疫苗。
仔猪副伤寒	仔猪	首免 30 ~ 40 日龄，2 免 70 日龄，用本地菌株制苗效果最好
细小病毒病	种公猪	引进青年公猪时免疫接种，3 周后重复免疫，以后每 6 个月免疫 1 次
	母猪	配种前 4 周免 1 次，每 6 个月免疫 1 次

（续）

病名	猪别	疫苗接种时间
日本乙型脑炎	繁殖猪	每年 3、4 月份接种乙型脑炎弱毒疫苗
猪伪狂犬病	母猪	产前 40 天注射猪伪狂犬病毒灭活疫苗
钩端螺旋体病	母猪	配种前 2～3 周进行免疫接种，6 个月后重复 1 次，非疫区可不免
猪萎缩性鼻炎	仔猪	于 3～7 日龄和 21 日龄进行 2 次免疫，非疫区可不免
	母猪	产前 5 周和 2 周进行 2 次免疫，非疫区可不免
传染性胃肠炎	母猪	产仔前 6 周和 2 周接种疫苗，未发病猪场可不免
仔猪黄白痢	种母猪 仔猪	产前 14～21 天注射本地菌株疫苗 发病严重的猪场，猪生后 1～2 天，14～20 天 2 次接种本地菌株疫苗
仔猪红痢	种母猪	产前 14 天和 28 天各免疫 1 次，未发病猪场可不免
猪喘气病	种猪 仔猪	成年猪每年用灭活疫苗接种 1～2 次，肌肉注射 7～15 日龄首免弱毒疫苗，2 周后再接种灭活疫苗
猪口蹄疫	仔猪 种猪	灭活苗肌注：25 千克以下 1 毫升，25 千克以上 2 毫升 每 6 个月接种 1 次，出口猪出栏前 1 月免疫

三、病料采集、保存和运输

当猪群发生疑似传染病，而依靠临床症状、流行病学和病理变化难以确诊时，应尽快采集样品送有关兽医防疫部门进行化验。

（一）注意事项

(1)合理取材:在采集样品前,必须根据流行特点、症状和病理变化,对发生的疫病作出初步诊断,然后,有针对地采集样品。

(2)所采集样品的病猪应当是未经抗菌素治疗者。

(3)死后要立即取材。

(4)疑有炭疽时不宜剖检。

(5)所用器械、容器应事先消毒,并严格无菌操作。

(6)作好个人防护与环境消毒。

(7)样品妥善包装,低温保存。

(二)样品的采集

1. 组织、脏器的采集 无菌采集相关组织器官一小块,置灭菌容器中,或以50%甘油生理盐水保存。供组织切片用的应立即放入10%福尔马林液中保存。并作组织涂片或触片。

2. 血样采集 血液最好用肝素钠抗凝(每毫升血加20国际单位即0.2毫克);血清的采集,使血液自然凝固,冰箱放置,使血清析出,加入青、链霉素。

3. 液体病料的采集 脓汁、水疱液、水肿液、渗出液、胸水、腹水、关节液和尿液等,用无菌注射器抽取后,注入灭菌容器内。

4. 分泌物的采集 以灭菌棉拭取鼻黏膜、咽部的分泌物,放入灭菌试管中,或肉汤液中。

(三)样品的包装与运输

采集的样品应冷藏或冰冻保存。容器瓶口应塞紧,并用石蜡封固,贴上标签,注明样品来源、种类、采集时间、保存方法,并填好送检单,用冰瓶冷藏送检。

四、常用诊断技术

(一)常用细菌学诊断技术

1. 细菌标本片的制备和染色 细菌标本片根据需要可制备

不染色的标本和染色标本两种。不染色标本主要是用于观察细菌运动情况，又分为压滴片和悬滴片。而染色标本主要用于观察细菌大小、形态特征，最为常用，下面主要介绍染色标本片的制备与染色。

（1）细菌染色标本片的制备　染色标本的制备一般包括涂片、干燥、固定、染色和封片几个基本步骤。

涂片：按标本性质和检验目的分为4种。①触片——以灭菌或洁净的剪刀剪取一块组织，将其新鲜切面在玻片上轻压或轻而快地涂抹；②推片——用于血检，将血液加一滴于玻片上，用另一载玻片边缘接触血滴，轻微左右推动后再以45°左右的角度向前推进，形成均匀薄层；③液体材料——用接种环取1～2环液体置载玻片中央，涂布均匀即可；④固体材料——用灭菌接种环取一滴生理盐水，再挑取菌落少许与生理盐水混匀，涂布即成。

干燥：一般置空气中自然干燥。也可在温箱或火焰上方温热干燥。

固定：有火焰固定和化学固定。一般用火焰固定，以涂有材料的玻片背面在酒精灯火焰上方来回通过数次，略作加热进行固定。化学固定多用甲醇、酒精等浸泡2～3分钟。

染色：根据需要使用不同染液进行染色。

封片：若标本需长期保存，可在标本上滴加1滴加拿大树胶，用盖玻片盖上，自然干燥即成。

（2）染色方法　常用的细菌染色方法主要有两类，即简单染色法和复染色法。下面介绍几种常用染色方法。

革兰氏染色：①先配制染液。草酸铵结晶紫——取结晶紫13.87克溶于95%酒精中，配成饱和液，取此饱和液2毫升，加蒸馏水18毫升，再加1%草酸铵水溶液80毫升，混匀过滤即成；革兰氏碘液——取碘化钾2克，加5毫升蒸馏水使之完全溶解，再加入碘片1克研磨，并缓慢加水至完全溶解，再补加蒸馏水至300毫升即成，当产生沉淀或褪色后即不能再用；石炭酸复红

液——取碱性复红 3.41 克溶于 100 毫升 95%酒精中制成饱和液，取此液 10 毫升与 5%石碳酸液 90 毫升混匀成石炭酸复红液，再用蒸馏水稀释 10 倍即成。②染色步骤为，在制备好的涂片上滴加草酸铵结晶紫染液 1～2 分钟，水洗；滴加革兰氏碘液作用 1～3分钟，水洗；加 95%酒精脱色半分钟至 1 分钟，水洗；滴加石炭酸复红染液复染 30 秒，水洗，吸干，镜检。革兰氏阳性菌染成蓝紫色，阴性菌染成红色。本染色法为最常用的方法，主要用于细菌的鉴别、分类。

瑞氏染色法：①染液配制——取瑞氏染料 0.1 克于研钵中，缓慢加入甲醇研磨，使其完全溶解，倒入棕色瓶中，再加甲醇至 60 毫升，置暗处过夜，过滤即成，此染液需置暗处保存。②染色步骤——在干燥的抹片上滴加适量的瑞氏染液，经 1～3 分钟后加等量蒸馏水，轻晃玻片使之混匀，经 3 分钟后，水洗，吸干，镜检。细菌染成蓝色，组织、细胞等呈其他色，细菌荚膜呈淡紫红色。该法用于血液涂片染色和组织涂片中巴氏杆菌的两极着色较佳。

美蓝染色：①染液的配制——称取美蓝 0.3 克研磨，加入 30 毫升 95%酒精磨匀，配成美蓝酒精饱和液，将此液与 0.01%氢氧化钾 100 毫升混合，过夜后经过滤即成美蓝染液。若将此染液在瓶中装一半，瓶塞经常拔去并摇动瓶子，使染料充分氧化，约 1 年后即成多色性美蓝染液。②染色法——在已干燥、固定好的抹片上，滴加适量染液，经 1～5 分钟后，水洗、吸干、镜检。该法用于观察细菌形态特征，显示某些细菌的两极着色，用多色性美蓝染液可染出荚膜，菌体呈蓝色，荚膜呈粉红色。

2. 细菌形态学观察　利用显微镜观察细菌的形态、大小、排列、特殊结构和染色反应等，是细菌鉴定的一种手段。

（1）细菌形态及排列　根据细菌的外形可分为球菌、杆菌和螺旋菌三大类。

（2）染色性　根据革兰氏染色可把所有细菌分为革兰氏阳性

菌和革兰氏阴性菌两大类。

（3）细菌细胞的特殊结构　一些细菌具有特殊结构，如芽胞、荚膜、鞭毛、菌毛等，具有种的特异性，在细菌的鉴定和分类上有一定意义。

3. 细菌的分离培养方法

（1）需氧菌分离培养法　平板划线分离为最常用的细菌分离培养方法。左手持平皿，用拇指、食指及中指将平皿盖打开少许，并靠近酒精灯火焰操作，右手持接种环灭菌后取少许材料划线。注意不要划破琼脂，划线不能重复，以免形成菌苔。挑取单个菌落染色、镜检、纯培养，以进一步鉴定。

（2）厌氧菌分离培养法　一些细菌生长繁殖的环境不能有游离氧存在，需在厌氧条件下培养，这些细菌为厌氧菌。厌氧培养法很多，主要有物理、生物和化学三种方法。

物理方法：有厌氧罐法、真空干燥器法、加热密封法、高层琼脂法、摇振培养法等。

化学方法：包括焦性没食子酸法、连二亚硫酸钠法和硫乙醇酸钠法等。

生物学方法：常用含有动物组织块（肉渣、肝块、脑块等）的各种厌氧液体培养基。初次分离厌氧菌常需培养5～7天，甚至1周以上。经分离纯化并反复培养的厌氧菌所需时间明显缩短。

（3）试验动物分离法　当被检材料污染严重时，可先将材料稀释5～10倍，低速离心10分钟，取上清液接种易感动物（常为小白鼠）。由于病原可在易感动物体内大量繁殖并致其死亡，而非病原菌被机体消灭，因而，从死亡实验动物中可分离到纯的病原菌。

4. 菌种保存方法　菌种保存是实验室的一项日常工作，菌种保存方法除了保持菌种活性，不污染杂菌外，应尽量少发生变异。

（1）继代保存法　选择适宜的培养基制成液体、固体或半固体培养基，接种细菌培养 18 小时左右，将棉塞改为螺旋塞、橡胶塞、石蜡封口，置冰箱保存，根据不同菌种的保存时间，间隔一定时间传代再保存。该法保存时间短，而且细菌传代次数过多易出现变异，因此，传至一定代次后应通过易感动物，以保持或恢复其生物学特性。为了延长保存时间，可在培养好细菌的培养基表面用灭菌液体石蜡覆盖。

（2）冷冻保存法　将培养的菌体用灭菌盐水洗下，离心取沉淀，悬浮于 10%甘油或二甲基亚砜的水溶液中。如为非芽胞厌氧菌，还可加入 20%脱脂乳。至 -20℃以下保存可达 1 年以上。

（3）冻干保存法　将菌液中加入保护剂，冷冻真空干燥而成，置低温冰箱保存。保存期可达数年，是保存时间最长的一种方法。

5. 细菌的鉴定　根据细菌的生长条件、培养时间、菌落形态和颜色、穿刺培养的生长形状，细菌形态大小、排列、染色情况，细菌生化试验，以及血清学试验等，可以对细菌进行种和型的鉴别。由于在每个猪细菌性病中，对该细菌都有上述特点的描述，故不在此详述。另外，现有许多商品出售的现成培养基和细菌生化试验反应管，可供细菌鉴定之用。

（二）常用病毒学诊断技术

1. 病毒的分离培养方法　病毒的分离培养是病毒性疾病的诊断、防制和疫苗研制、生产工作中最基本的工作。病毒分离培养主要是通过接种动物、胚和组织细胞进行。

（1）病料采集　以无菌操作采取病料，病料应选择有眼观病变的组织器官或渗出物。

（2）病料处理

无菌液体（如胸水、心包液、脑脊液等）：可不作任何处理，直接用于病毒的分离培养。

血液：采集的血液中应加抗凝剂，如肝素钠（每 10 毫升血加0.1%肝素钠1毫升）、EDTA钠（每10毫升血加20毫克EDTA钠），并可加入青、链霉素各2 000国际单位或微克/毫升，以利抑菌防腐。

组织器官：将组织器官充分剪碎、研磨，按1∶3～1∶5加入灭菌肉汤、Hanks液或PBS液，磨匀，制成组织混悬液，并反复冻融几次，以3 000转/分离心15分钟，取上清液。加入青、链霉素，冰箱过夜，作为接种用。

鼻咽拭子或直肠拭子或分泌物等：采集这些病料后应置于含有保护液（常用的有：0.5%明胶或牛血清白蛋白的Hanks液、10%犊牛血清的Hanks液，其中应含2 000国际单位或微克/毫升的青、链霉素）的容器中，充分挤压和荡洗棉拭子，以3 000转/分离心15分钟，取上清液作接种用。

粪便或肠内容物：用含10%犊牛血清的Hanks液稀释10倍，加青、链霉素、两性霉素B于4℃感作4小时或过夜。也可经离心取上清液用滤器过滤除菌。

（3）病料的接种和培养 根据临床诊断怀疑为某种病毒后，根据病毒的嗜性，选择某种动物或鸡胚或细胞，进行接种和培养。

动物接种：选择本动物或易感实验动物，按一定途径接种，如皮下、皮内、脑内或鼻腔、口等接种，观察其发病和死亡情况。

鸡胚接种：可进行鸡胚尿囊腔、卵黄囊和尿囊膜接种，观察鸡胚病变和死亡，取其尿囊液、卵黄液或胚做进一步试验。

组织细胞培养：常用各种传代细胞或原代细胞进行病毒分离培养。多数病毒感染细胞后，都能引起细胞病变，可在倒置显微镜下直接观察。有的细胞不发生病变，但能改变组织培养液的pH，或出现红细胞吸附及血凝现象，还可用免疫荧光技术检查细胞中的病毒。

一般初次从病料中分离病毒，不能引起病变或死亡，通常需

盲传三代以上，才能分离到病毒。

2. 病毒的收获 接种鸡胚死亡后，可取尿囊液或卵黄液，或是胎儿捣碎后加胚液，冻融3次，离心，取上清液，这里面都含有病毒。置低温保存。组织细胞培养的病毒，当出现稳定的细胞病变后，就可收取培养液或培养液与细胞培养物混合物。细胞培养物中的病毒可采用冻融、超声波等方法使其释放出来。

3. 病毒的提纯 每种病毒都具有各自的提纯方法，但一般采用一种主要的方法，或配合其他方法，以提纯病毒。常用的方法有物理、化学和生物提纯法。

（1）物理提纯法 采用超速离心是提纯病毒常用的方法。该方法又分为三种。

差速离心法：是将病毒样品进行低速离心与高速离心或超高速离心交替使用而获得一定纯度的病毒。先中速离心除去宿主细胞碎片及其他杂质，再超高速离心使病毒沉淀。

等密度梯度离心法：是在密度连续呈阶梯状变化的介质溶液中离心沉降病毒粒子的一种带状分离法。病毒根据其大小、密度不同，可在不同密度的介质溶液中分离开来。一般常用10%～60%的蔗糖溶液作介质。

平衡密度梯度离心法：根据粒子的浮密度不同形成一系列的区带加以分离。常用氯化铯制备介质梯度。该方法广泛用于病毒和核酸的提纯。

（2）化学提纯法

沉淀法：常利用此法沉淀浓缩病毒，进行病毒的粗提纯。常用饱和硫酸铵沉淀法和聚乙二醇沉淀法。先将病毒液低速离心取上清液，加入饱和硫酸铵或分子量为2 000～6 000的聚乙二醇，4℃过夜，10 000转/分离心30分钟，取沉淀以少许PBS液溶解后，4℃过夜，离心，上清液浓缩至原体积1/10～1/100。

层析法：利用病毒粒子是一种高分子核蛋白，其表面也携带有特定电荷，对离子交换树脂、凝胶等吸附剂具有亲和性，从而

将病毒粒子吸附，再用离子溶液将吸附的病毒洗脱回收。

(3) 生物提纯法　利用某些病毒在一定温度下可吸附红细胞，而在另一温度下又从红细胞上解脱下来的特性进行病毒纯化。

4. 电镜观察　利用电镜可直接观察病毒粒子的结构、大小和在组织细胞中的繁殖部位。常用电镜技术包括超薄切片和负染技术。还有将免疫技术与电镜技术相结合的免疫电镜技术，如病毒的电镜凝集试验。该方法简单易行，不仅可用于某些病毒性疾病的诊断，而且可用于病毒的分型鉴定。检验的病毒可以是细胞培养液，也可直接用含有大量病毒的粪便和组织等，但都须先浓缩提纯。将处理好的病毒液与阳性血清作用，负染后电镜观察。凝集反应阳性时，可见病毒粒子凝集成团。对于一些形态结构特殊的病毒利用电镜可直接诊断和分类。

(三) 血清学诊断技术

根据抗原与抗体能特异性反应并出现可见的抗原-抗体复合物，或不可见但经过某种指示系统，使其变为可见或可测状态的原理，设计了许多血清学方法。血清学反应不仅可以检测动物体内、外的病原微生物或其抗原成分，还可测定动物机体对病原微生物侵袭或对其抗原成分的免疫反应，现已广泛用于病原微生物的诊断、鉴定和免疫抗体的检测等。下面介绍几种常用的血清学诊断方法。

1. 直接凝集试验　颗粒性抗原与其相应抗体直接结合，在适当电解质存在下，经过一定时间出现肉眼可见的凝集团块，这种现象称为凝集反应。

(1) 玻片凝集试验　适用于新分离菌的快速鉴定或分型，如布氏杆菌、大肠杆菌和沙门氏菌的玻片凝集试验。将平板凝集抗原与抗体各一滴在载玻片上混合，数分钟内出现颗粒或絮状凝集，即为阳性反应。每次试验应设阴性和阳性对照。

(2) 玻板凝集试验　用已知的平板凝集抗原与不同稀释度的

被检血清各一滴于玻板上，充分混匀，根据凝集反应强度来定性和定量。取洁净玻板一张，用蜡笔划成约 4 厘米^2 的小格，每列 5 格，第 1 至 4 格分别加待检血清 80 微升、40 微升、20 微升和 10 微升，每列第 5 格可分别加阴、阳性血清和生理盐水作对照。然后，每格加平板凝集抗原 30 微升，混匀，静置 5～10 分钟，观察结果。结果判定，按下列标准记录反应强度。

＋＋＋＋：出现大量凝集块，液体完全透明，即为 100%凝集。

＋＋＋：有明显的凝集颗粒，液体几乎完全透明，即为 75%凝集。

＋＋：有可见的小凝集颗粒，液体不甚透明，即为 50%凝集。

＋：有很少量的凝集，液体浑浊，即为 25%凝集。

－：液体均匀浑浊，无凝集。

以呈＋＋以上凝集血清的最大稀释度为该被检血清的凝集价。

（3）试管凝集试验　将血清作 2 倍递进稀释，第 1 管通常以 1∶5 或 1∶10 开始，用 0.5%石炭酸生理盐水作稀释液。同时设阴、阳性血清和抗原对照，每管加抗原 0.5 毫升，使每管总量为 1.0 毫升。置 37℃温箱或水浴 4 小时，也可室温过夜，判定结果。按下列标准记录反应强度。

＋＋＋＋：液体完全透明，菌体完全被凝集呈伞状沉于管底，振荡时沉淀呈片状，100%凝集。

＋＋＋：液体略浑浊，管底有明显的伞状沉淀，振荡时呈小或大片状，75%凝集。

＋＋：液体中等混浊，管底有部分伞状沉淀，振荡时呈小片状，50%凝集。

＋：液体透明度不明显，管底有很少不明显的沉淀，25%凝集。

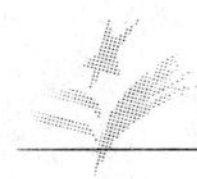

－：液体不透明，管底无伞状沉淀，有时管底可有少量沉淀，但振荡后立即散开呈均匀混浊。

以出现＋＋以上凝集血清的最大稀释倍数为被检血清的凝集效价。

（4）微量凝集试验　在96孔微量反应板上进行凝集试验，其操作与结果判定与试管凝集相似，只是反应的液体量减少了。

2. 间接凝集试验　是利用某些与免疫无关的均一小颗粒物质，将可溶性抗原（或抗体）吸附于其表面，当与相应的抗体（或抗原）相遇时，在有电解质存在的条件下，即发生肉眼可见的凝集现象。

（1）胶乳凝集试验　利用聚苯乙烯胶乳液作为载体，吸附某种抗原（或抗体）的胶乳可用来检测未知的抗体（或抗原），这就称胶乳凝集试验。现在已用于检测猪伪狂犬病抗体和钩端螺旋体病抗体等。

操作方法：①抗原制备，应用热酚法或超声波法可获得特异性和敏感性较好的胶乳凝集抗原；②胶乳的致敏，为了减少胶乳的非特异性凝集和使胶乳稳定，应先用胰蛋白酶处理，再逐滴加入抗原，同时搅拌混匀，置50℃水浴18～24小时，取出，4℃保存，致敏的胶乳应呈均匀的乳状；③玻板胶乳凝集试验，在玻板上滴加待检血清，再滴加胶乳抗原，混匀，3～5分内观察结果。

结果判定：参照前面介绍的玻板凝集试验的判定标准进行结果判定。

（2）间接红细胞凝集试验　用可溶性抗原（抗体）致敏红细胞，并与相应的抗体（抗原）进行混合后所发生的凝集现象，称为间接红细胞凝集反应。该试验具有敏感、简便、快速等优点，加之致敏红细胞经适当处理或冻干保存可长期保持敏感性，适于猪场等基层应用。

红细胞的保存与固定：常用人O型红细胞或绵羊红细胞。红细胞可用肝素抗凝或玻珠脱纤，在4～8℃可保存3～4天。为

了使红细胞保存时间延长，可采用醛固定制成醛化红细胞，常用醛化红细胞的方法有：①甲醛固定法：新鲜红细胞液离心，沉淀用生理盐水洗涤3～5次，配成8%红细胞悬液，加入等体积3%甲醛，置24℃搅拌固定17小时，用pH7.2的PBS洗5次，用同液配成10%红细胞悬液，4℃保存；②丙酮醛-甲醛双固定法：洗涤后的红细胞用pH7.2的PBS配成8%红细胞悬液，加入等体积3%丙酮醛，置24℃搅拌固定17小时，用PBS洗5次，用同液配成10%红细胞悬液。再加等体积的3%甲醛，按上述方法同样处理后，用pH7.2的PBS配成10%红细胞悬液，4℃保存。

红细胞的致敏：蛋白质抗原（如细菌、病毒等）一般需要致敏处理过的红细胞，常用鞣酸法致敏。将红细胞液用pH7.2的PBS洗涤3～5次，用同液配成2.5%的悬液，再用pH7.2的PBS现配1∶10 000～1∶20 000的优质鞣酸，将两者等量混合，37℃水浴15分钟，用PBS洗3次后，再配成2.5%鞣酸化红细胞液。取该液1毫升与pH6.4的PBS 4毫升、抗原1毫升混匀，置室温振荡30～60分钟或者37℃水浴30～45分钟。以pH7.2的PBS（含1%灭活兔血清）洗3次后，用同液配成1%～2%的悬液即成。这种致敏红细胞冻干可长期保存。

间接血凝试验：常采用微量法在96孔板上进行，待检血清先56℃灭活30分钟，按2倍系列稀释，同时设阴、阳性血清对照，每孔加入等量的1%～2%致敏红细胞悬液，混匀，置37℃ 1～2小时，观察结果，接下列标准记录反应的强度。①＋＋＋＋：凝集的红细胞均匀覆满孔底，强凝集时凝集块皱缩成团状或边缘呈锯齿状；②＋＋：红细胞凝集成薄层，但中央有红细胞沉积的小圆点，约为阴性对照圆点的1/2大；③－：红细胞全部沉于中心呈光滑的圆点状，无分散的红细胞薄膜。当红细胞、抗原和血清对照正常时，以出现＋＋以上凝集的血清最大稀释度为该被检血清的凝集价。

利用反向间接凝集试验可检测未知抗原。

(3) 协同凝集试验 葡萄球菌 A 蛋白（SPA）能与多种动物 IgG 分子的 FC 结合，IgG 仍保持其抗体活性，当此连接着特异性抗体的 SPA 与相应抗原结合时，可相互连接引起协同凝集反应。可在玻板上进行，几分钟内即可判定结果，该法现已广泛用于快速检测猪丹毒、猪链球菌和猪瘟病毒，可直接检出血液和内脏中的病原。

操作方法：先以标准菌株或 1 800 株葡萄球菌在平板上培养，用 PBS 液洗下菌苔，洗涤、离心，沉淀加 0.5% 甲醛生理盐水配成 10% 悬液，室温 3 小时，离心洗涤 2 次，再用生理盐水恢复到 10% 菌悬液，加 1/万硫柳汞，即成 SPA 菌液，4℃可保存数月。用抗血清致敏 SPA，并配成 1% 致敏菌液。将待检血液、内脏悬液或培养细菌液滴在玻片上，再滴加致敏菌液，混匀，同时，设阴性菌对照和培养基对照。

结果判定：混合后半分钟内出现明显凝集者为阳性，凝集颗粒小者为可凝，无凝集者为阴性。

3. 血凝及血凝抑制试验 多种病毒能凝集动物的红细胞，此种凝集作用可被相应抗血清抑制，因此可用血凝（HA）和血凝抑制（HI）试验鉴定病毒，并可检测病毒毒价和血清中的抗体效价。该方法简便、快速。

(1) 血凝试验 根据病毒血凝特性选用适当动物的红细胞。流感病毒用鸡细细胞，乙脑病毒用鹅红细胞，猪细小病毒用豚鼠或鸡红细胞。

操作方法：采抗凝血液，用生理盐水洗涤离心 3 次，至上清液透明无色，取离心沉积红细胞配成 1% 红细胞悬液。在 96 孔微量板上按 2 倍系列稀释待检病毒液，加样为 25 微升，然后每孔加 1% 红细胞 25 微升，摇匀，同时设稀释盐水对照。室温经 30~60 分钟判定结果。

结果判定：凝集程度的判定标准同间接血凝，以出现 50% 凝集的最大稀释度为血凝效价。

（2）血凝抑制试验

工作抗原配制：先测定病毒液的血凝效价，按血凝价乘 4，即为 4 个单位血凝素的稀释度，按此配制的血凝抗原即为 4 单位血凝工作抗原。

待检血清：因被检血清中常含有非特异性血凝和血凝抑制物质，故试验前应将待检血清作适当处理，前者常用红细胞吸附法，后者用过碘酸钾、胰酶或高岭土处理。

操作方法：在微量板上先加待检血清 25 微升，并作 2 倍系列稀释，每孔加 4 国际单位血凝抗原，混匀，室温作用 0.5～1 小时，每孔加入 1%红细胞，摇匀，置室温或 4℃经一定时间判定结果。抗原和红细胞液均加 25 微升，每孔总量为 75 微升。

结果判定：不同病毒与抗体作用时间和红细胞凝集时间有所不同，具体作用时间请参照各病诊断方法说明。以能完全抑制凝集的血清最大稀释度为血凝抑制效价。

4. 沉淀反应 可溶性抗原与相应抗体在溶液中结合，形成肉眼可见的沉淀，称为沉淀反应。经典的沉淀反应有环状试验和絮状试验，随后又出现了琼脂免疫扩散、免疫电泳、火箭电泳、对流电泳、免疫沉淀等技术，大大提高了反应的敏感性和对复合抗原的分析能力，使沉淀反应得到更广泛的应用。下面仅对环状沉淀和琼扩试验作介绍。

（1）环状沉淀试验 将可溶性抗原叠加于细玻管中的抗体表面，在抗原抗体相接触的界面可出现环状沉淀带。该法简单快速，如用于炭疽病诊断、链球菌血清型鉴定等。

试验方法：取 5 支小试管，1、2 管内加阳性血清，3、4 管加正常血清，5 管内加抗原，分别加至 4～5 毫米高。将 1、4、5 管上轻轻叠加等量缓冲液，2、3 管上轻轻叠加等量待检抗原。几分钟后观察结果。

结果判定：第 1、3、4、5 管的两液面间无沉淀带，此时，若第 2 管出现白色环状沉淀带判为阳性，未出现沉淀带判为阴

性。注意反应液必须澄清，可采用高速离心澄清。

（2）琼脂免疫扩散试验（简称琼扩）　利用抗原抗体能在琼脂中自由扩散，二者在琼脂中结合，在最适比例处出现沉淀带。此法常用于抗原或抗体的检测，以及抗原比较和鉴定。

操作方法：用含0.01%硫柳汞的生理盐水配制1.5%～2%琼脂，加热溶化后倒入平皿中，约3毫米厚。然后在琼脂板上按七孔图案（中间一孔，周围等距离6孔，孔径0.5厘米，孔距0.7厘米）打孔，挑出孔内琼脂，将琼脂板在火焰上微加热以使孔底封闭。按不同要求每孔加样后，将琼脂板平放于有湿纱布的饭盒中，置室温或37℃一定时间，观察中间孔与周围孔之间有无白色沉淀带出现。

结果判定：检测或比较抗原时，抗血清置中心孔，抗原置周围孔，若血清为单因子血清，出现沉淀带则为阳性；若其中为多价血清，比较待检抗原关系时，沉淀带完全融合，证明为同种抗原，若二者有部分相连并有交叉，则两者完全不同。检测血清时，抗原置中央孔，抗体作2倍系列稀释后加入周围孔，出现沉淀带为阳性，出现沉淀带的血清最高稀释倍数，为其琼扩效价。

该方法因简便易行，特别适于猪场等基层单位使用。

5. 中和试验　有生物活性的抗原与相应抗体结合后，可失去原有的生物活性，称为中和反应。该试验具有高度特异性，可用于病毒鉴定和定型，以及检测抗体效价。该方法由于操作复杂，多为研究之用，基层应用有一定难度。

（1）毒价滴定　试验前必须先测定病毒的感染力。选择适合的细胞，鸡胚或实验动物，将病毒原液作10倍递进稀释，选4～6个稀释度接种细胞培养（或鸡胚，动物），每个稀释度接种3～6管（只），接种后一定时间内观察细胞病变（或死亡数），最后按Reed和Muench法或Korber法计算$TCID_{50}$（或ELD_{50}，LD_{50}）。

Reed 和 Muench 法：

$$距离比 = \frac{高于50\%的感染率 - 50}{高于50\%的感染率 - 低于50\%的感染率}$$

$$TCID_{50} = 高于50\%的病毒稀释度的负对数 + 距离比$$

Korber 法：

$$lgTCID_{50} = L + d\,(S - 0.5)$$

式中　L——病毒的最低稀释倍数的对数

d——稀释系数，即稀释对数之间的差

S——每个稀释度出现细胞病变的比值之和

（2）固定病毒稀释血清法　将已滴定病毒液稀释成 200$TCID_{50}$（或 LD_{50}，ELD_{50}），与等量血清混合后，即为 100$TCID_{50}$；血清先作 5 倍稀释，置 56℃灭活 30 分钟，再倍比稀释；在不同稀释度的血清中加入等量的病毒液混合，37℃水浴 1～2 小时，每一稀释度接种 3～6 瓶细胞培养，观察细胞病变，同时设不加血清的病毒液对照，高浓度血清对细胞毒性对照，空白对照等；根据结果按 Reed 和 Muench 或 Korber 法计算 50%保护率的血清稀释度，即为该血清中和效价。

（3）固定血清稀释病毒法　将病毒原液按 10 倍系列稀释，分装两列无菌试管，第一列加等量正常血清作对照，第二列加待检血清，混匀后置 37℃ 1 小时，分别接种细胞培养（或鸡胚、动物），记录每组细胞病变（或死亡数），分别计算 $TCID_{50}$和中和指数。

$$中和指数 = \frac{中和组\ TCID_{50}}{对照组\ TCID_{50}}$$

一般待检血清中和指数 > 50 者判为阳性，10～49 为可疑，< 10为阴性。

6. 酶联免疫吸附试验　将抗原或抗体固化于某种载体表面，又不让其丧失免疫活性，而将相应抗体或抗原用酶标记，使其既具有酶活性又带有免疫活性，当两者反应后，即可用酶底物反应

来指示抗原—抗体的结合，从而达到测定抗原抗体目的。目前，该方法因特异、灵敏、快速而广泛用于多种疾病的诊断和检测。并有多种疫病的商品诊断盒出售。特别是不需特殊仪器，便于基层应用。

（1）酶标记物的制备　常用辣根过氧化物酶和碱性磷酸酶等标记提纯的免疫球蛋白。标记方法有过碘酸钠氧化法和二醛法。标记后的抗体要进行纯化，以除去游离酶和多余的免疫球蛋白等。酶标抗体可冷冻干燥或低温保存，也可加入等体积甘油，置-20℃保存。

（2）基本操作程序　先将抗原（或抗体）包被微量滴定板，再加入相应的待检样品与包被物作用，加入酶标记物作用，最后加底物显色，并用2M硫酸或水终止显色，用酶联免疫检测仪测定各孔的吸收值。在每次加样作用后都要洗涤，才能再加下一种液。结果判定，可根据光吸收值进行定性定量。如猪瘟抗体检测吸收值>0.17为阳性，并可测定抗体效价。

（3）试验方法类型　根据加样层次和酶标记物不同，其方法可分很多类型。

间接法：用于测定抗体，其操作步骤为，包被抗原→被检血清→酶标抗抗体→底物显色。

双抗体法：用于检测大分子抗原，其操作步骤为，包被抗体→被检抗原→酶标抗体→底物显色。

双夹心法：可用于抗原和抗体测定。其操作步骤为，异源抗体1包被→被检抗原（或已知抗原）→同源抗体1（或被检抗体）→酶标被检抗体的抗抗体→底物显色。

酶标生物素和亲和素复合法：该结果灵敏度更高，可检测微量抗原。其步骤为，包被抗体→被检抗原→生物素标记抗体→亲和素和酶标生物素复合物→底物显色。

斑点酶联免疫吸附试验（Dot-ELISA）：用硝酸纤维素膜作固相载体，显色底物用3，3-二氨基联苯胺代替ELISA中的可

溶性底物。该法具有用量少、敏感度高、用肉眼即可判定结果的优点。现已用于猪瘟抗体检测。

7. 免疫荧光技术 是利用荧光素标记抗体，对被检材料进行荧光染色，用荧光显微镜对相应抗原进行示踪定位。如用猪瘟荧光抗体进行猪瘟生前诊断和宰后检验之用。

（1）荧光抗体制备 常用的荧光素是异硫氰酸荧光素 FITC，呈草绿色荧光。标记的抗体必须先经过盐析法粗提和层析法纯化，以消除其他物质干扰。按每毫克 IgG 中加入 15～20 微克的 FITC，在 pH9.5 缓冲液中，于 4℃搅拌 12～18 小时。经凝胶层析纯化荧光抗体，并测定其荧光素（F）和蛋白质（P）的比值。用于抗原定位时，F/P 比值以 1.0～1.5 为宜。另外，还需进行荧光抗体特异性和最佳工作浓度的测定。

（2）待检标本制备 主要有切片法包括冰冻切片和石蜡切片，组织培养小盖玻片及组织压、印片等。涂片和压印片是快速诊断常用方法。

（3）荧光抗体染色技术 分三大类，即直接法、间接法和补体法。直接法的操作步骤为：①将固定标本置 PBS 中浸洗 3 次，每次 3～5 分钟，最后至蒸馏水中 5～10 分钟脱盐；②将标本自然干燥或吸水纸印干；③在标本上滴加适量工作浓度的荧光抗体，于湿盒中 37℃作用 30 分钟；④用 PBS 将荧光抗体轻轻冲洗后，再浸洗 3 次，用吸水纸吸干；⑤封片，在标本上滴加磷酸甘油，盖上洁净的盖玻片。

直接法应设标准阳性和阴性标本对照。该法简便、快速，特异性高。

（4）荧光显微镜检查 根据所用荧光物质选择激发滤光片，并在目镜内装上黄色滤片以保护视力。每次用灯应在 2 小时内结束，标本越薄越好，在同一标本区观察不要超过 3 分钟。否则会使荧光减弱、猝灭。用 FITC 染色，阳性抗原呈亮绿色。可以观察病毒在细胞中的定位。

五、常用疫苗与消毒药物

（一）常用疫苗

猪常用疫苗的用法、用量、用途及保存见表8.3。

表8.3 猪常用疫苗的用法、用量、用途及保存

名称	免疫期	用法与剂量	保存温度	保存时间	用途
猪瘟兔化弱毒冻干疫苗	12个月	盐水稀释，皮下或肌肉注射1毫升	－15℃ 0～8℃	12个月 6个月	预防猪瘟
猪瘟兔化弱毒细胞培养冻干疫苗	12个月	盐水稀释，皮下或肌肉注射1毫升	－15℃ 0～8℃	12个月 6个月	预防猪瘟
猪丹毒、猪肺疫二联灭活疫苗	6个月	皮下或肌注，仔猪5毫升，1月后3毫升	4～8℃	18个月	预防猪毒、猪肺疫
猪瘟、猪肺疫、猪丹毒三联冻干疫苗	猪丹毒和肺疫半年猪瘟1年	铝胶盐水稀释，肌注1毫升	－15℃ 4～8℃	12个月 6个月	预防猪瘟、猪丹毒和猪肺疫
仔猪副伤寒弱毒疫苗	6个月	冷开水稀释后口服，铝胶水稀释深层肌注	－15℃ 2～8℃	12个月 9个月	预防猪副伤寒
仔猪大肠杆菌病基因工程疫苗	6个月	皮下注射1毫升	－15℃	18个月	预防仔猪黄、白痢
仔猪红痢灭活疫苗	6个月	肌肉注射2～3毫升	4～8℃	12个月	预防仔猪红痢
猪喘气病弱毒疫苗	8个月	胸腔注射5毫升	－15℃ 0～8℃	10个月 1个月	预防猪喘气病
猪喘气病灭活疫苗	8个月	肌肉或皮下注射2毫升	4～8℃	12个月	预防猪喘气病

（续）

名　称	免疫期	用法与剂量	保存温度	保存时间	用　途
猪细小病毒灭活疫苗	6个月	肌肉注射2毫升	4～8℃	6个月	预防猪细小病毒病
猪伪狂犬病灭活疫苗	10个月	肌肉注射2～3毫升	4～8℃	12个月	预防猪伪狂犬病
猪伪狂犬病基因缺失弱毒疫苗	12个月	肌肉注射，乳猪0.5毫升，仔猪1.0毫升，大猪2.0毫升	－15℃ 0～8℃	18个月 9个月	预防猪伪狂犬病
猪乙型脑炎灭活疫苗	10个月	肌肉注射2毫升	4～8℃	12个月	预防猪乙型脑炎
猪乙型脑炎弱毒冻干疫苗	6个月	皮下注射1毫升	－15℃ 0～8℃	18个月 半年	预防猪型乙型脑炎
猪传染性胃肠炎弱毒疫苗	6个月	后海穴注射，仔猪1毫升，母猪2毫升	－20℃	24个月	预防猪传染性胃肠炎
猪口蹄疫灭活疫苗	4～6个月	皮下或肌注，仔猪2毫升，大猪3毫升	4～8℃	12个月	预防猪口蹄疫病
猪传染性萎缩性鼻炎灭活疫苗	4～6个月	皮下注射，仔猪0.5毫升，种猪2毫升	4～8℃	12个月	预防猪传染性萎缩鼻炎
猪钩端螺旋体灭活疫苗	12个月	皮下或肌注，第1次3毫升，第2次5毫升	2～8℃ 暗处	12个月	预防猪钩端螺旋体病
猪链球菌多价灭活疫苗	6个月	皮下或肌注1毫升	4～8℃	12个月	预防猪链球菌病

（二）猪场常用消毒药

1. 用于环境和用具消毒药

（1）煤酚皂溶液（来苏儿）　由煤酚500毫升与植物油300克，氢氧化钠43克配制而成。

［作用］本品为三种甲基酚的混合物，能使细菌蛋白变性，杀菌力强。内服有制酵作用。

［用法］2%溶液消毒手、皮肤，5%溶液浸泡器械，消毒圈舍、用具和排泄物。

本品有特臭味，屠宰场不宜用，以免影响肉品质。

（2）煤焦油皂溶液（克辽林/臭药水）　本品为含有煤酚的粗制剂，. 用煤焦油加松香、肥皂、氢氧化钠等加温制成。深棕色乳状。

［作用］消毒防腐作用大而毒性小，对大多数病原微生物及疥螨均有效。

［用法］3%～5%溶液消毒圈舍、用具和排泄物。1%～2%溶液治疗疥螨，并有收敛，制止发酵作用。内服治疗胃膨胀，下痢，传染性肠炎，稀释成1%溶液，口服2～5毫升。

（3）氧化钙（生石灰）

［作用］对细菌有一定程度抑制杀灭作用，但对芽胞无效。

［用法］10%～20%石灰乳（1～2千克生石灰加10千克水制成），涂刷畜舍墙壁、地面，与排泄物混合以进行消毒。

（4）含氯石灰（漂白粉）

［作用］用水溶解后，放出有效氧和氯使蛋白质变性，呈现消毒作用，能杀灭细菌、芽胞和病毒，作用短而快。

［用法］主要用于消毒饮水和排泄物，饮水消毒每升水加漂白粉0.3～1.5克。10%～20%混悬液消毒圈舍、地面、车船等，3%～5%混悬液用于粪便、尿、脓液的消毒，0.5%混悬液用于器皿及饲具等表面消毒。

（5）复合酚消毒剂

［性状］深褐色液体，有异味。

［作用］具有杀灭细菌、霉菌和病毒的作用，对杀灭畜禽寄

生虫卵有特效，抑制蚊蝇等昆虫及鼠害的滋生，具有清洁环境和杀灭病原微生物两大作用。

［用法］预防消毒：0.33%喷雾畜舍、车辆；0.5%消毒口蹄疫、猪瘟发生场场地；1%消毒球虫污染场地。

本品禁止与碱性药品或其他消毒药混用。

（6）过氧乙酸

［性状］无色透明液体，易溶于水，易挥发。高浓度遇热易爆炸。

［作用］高效广谱杀菌药，对细菌、霉菌、芽胞和病毒均有效。

［用法］0.01%～0.05%溶液用于搪瓷、玻璃及橡胶制品短时间浸泡消毒。0.5%用于环境、畜舍消毒，1%用于排泄物消毒。

（7）苛性钠（氢氧化钠、烧碱）

［作用］对细菌和病毒具有强大的杀灭力。

［用法］配成2%～5%溶液，用于猪舍、车辆、用具、封锁疫区地面及道路消毒。本品具有腐蚀性，用具消毒完后要用水冲洗干净，消毒猪舍时，应将猪赶出，消毒数小时后，再用清水冲洗干净，方可让猪进圈。

2. 用于皮肤黏膜的消毒药

（1）碘

［作用］本品能氧化细菌原浆蛋白的活性基因，并与菌体蛋白质的氨基结合而使其变性。故具有很强的杀菌力，能杀灭细菌、霉菌、芽胞和病毒。

［用法］5%碘酊用于注射部位及手术部皮肤、手指、器械的消毒。10%碘酊可作皮肤刺激药。

（2）乙醇（酒精）

［作用］能使蛋白质变性或沉淀，起到杀菌作用。以70%～75%的乙醇消毒作用最强。浓度低于20%和高于95%时，杀菌作用均不可靠。乙醇在体内能抑制中枢神经系统呈现麻醉作用。

此外，用稀乙醇涂擦局部皮肤，有刺激作用，可促进血液循环，也能促进炎性渗出物消散。

［用法］70%乙醇用于皮肤、器械的消毒；40%以下乙醇可用于胃肠弛缓、胃扩张等，口服25～50毫升。

（3）新洁尔灭

［作用］本品为阳离子表面活性剂，能吸附于细菌表面，改变细胞膜的通透性，使菌体内酶、代谢产物等逸出，妨碍细菌的呼吸及糖酵解过程，并使菌体蛋白变性，而呈现杀菌作用。低浓度能杀灭多种革兰氏阳性菌和阴性菌，在碱性环境中作用更强，并能杀灭多种真菌和病毒。作用快，毒性低，对组织无刺激作用，且能脱脂，除污。

［用法］0.1%溶液用于皮肤、手、术部消毒；0.01%～0.05%溶液用于黏膜和创面冲洗；0.05%～0.1%溶液中加入0.5%亚硝酸钠后，浸泡金属器械。

（4）消毒净

［作用］抗菌作用较强，对组织刺激性小，不损坏器械。

［用法］0.1%溶液消毒手和皮肤，0.1%醇溶液消毒术部，0.02%以下水溶液冲洗黏膜，0.05%～0.1%浸泡金属器械。

（5）洗必泰

［作用］广谱消毒药。效力比新洁尔灭强，作用迅速持久，毒性小，无刺激性。

［用法］0.02%～0.05%水溶液冲洗腹腔、口腔、鼻腔、创面等，也可用于手术消毒，0.1%水溶液浸泡器械、工作衣等。0.5%水溶液用于注射部位或术部皮肤、手术室用具消毒。

3. 用于创伤的消毒防腐药

（1）过氧化氢溶液（双氧水）

［作用］系氧化剂，遇腐败组织或脓液，放出大量氧而杀菌。并有防腐、除臭、清洁、收敛、止血作用。

［用法］30%溶液用于洗涤污秽的陈旧化脓创及深部瘘管等。

（2）高锰酸钾

［作用］为一强氧化剂，与微生物或腐败组织接触放出生态氧，呈现杀菌作用。本身则还原成二氧化锰，又能与蛋白质结合。因此，低浓度有收敛作用，高浓度有腐蚀作用。

［用法］0.05%～0.2%水溶液洗涤口腔、咽部、直肠、阴道，以及深部组织创伤。0.01%～0.05%用于中毒时洗胃，可避免或减轻中毒反应。

（3）甲紫

［作用］对革兰氏阳性菌杀灭力强，对表皮癣菌、念珠菌也有抑制作用。对组织无刺激性。

［用法］1%溶液用于感染创。除有防腐作用外，还能与创面上组织结合形成保护膜。

（4）利凡诺（雷佛奴尔）

［作用］对革兰氏阳性菌及少数阴性菌有抑制作用。对组织无刺激性。溶液遇光渐变色，宜新鲜配制。

［用法］0.1%～0.2%水溶液用于创伤、慢性溃疡、皮肤，黏膜的洗涤及湿敷。0.05%～0.1%水溶液静脉注射可用于治疗化脓性链球菌所引起的败血症。

六、规模化猪场兽医诊断室的建立

在规模化养猪生产中，兽医诊断室是规模化猪场必不可少的重要设施。猪场的兽医诊断室可对发病猪进行常规的细菌学检查和血清学检测，并结合流行病学、临床症状和病理剖检等作出快速而准确的诊断。在引进种猪时，可对口蹄疫、猪瘟、水疱病、伪狂犬病、钩端螺旋体病、喘气病、猪萎缩性鼻炎、布氏杆菌病等进行检疫。还可以对这些传染病定期进行监测和寄生虫卵检查，从而有效地控制传染病的发生与传入，确保规模化猪场的安全生产。

兽医诊断室的总体要求：应建立在猪场的管理区内，建筑面积大约50平方米，隔成大小两间，地面和墙壁用不透水的建筑材料，地面铺防滑瓷砖，离地1.5米高内的墙壁用釉砖砌墙群，天花板光滑，备有门窗、水电等，室内建筑应符合卫生要求。小间用于病死猪的剖解、病料采集、器皿清洗、试验准备等，大间用于存放仪器设备、药品试剂柜、工作台、无菌操作间或超净工作台，以及进行细菌的分离接种和实验诊断等。

（一）常规剖解器械、药品

1. 器械　解剖板或盘、解剖刀、剪、镊子、手术刀、骨剪、标本瓶等。

2. 药品　75%酒精、新洁尔灭、福尔马林等。

（二）细菌分离培养的相关仪器及药品

1. 设备　普通光学显微镜**1**台，恒温培养箱1台，干热灭菌箱1个，手提式高压灭菌器1个，电冰箱、冰柜（-20℃）各1台，高、低速离心机各1台，恒温水浴箱1台，抽气机1台，电动振荡器1台，超净工作台1个，注射器、针头若干，滤器若干。

2. 玻璃器皿　不同规格的试管、培养皿、三角烧瓶、烧杯、吸管，载玻片和盖玻片，容量瓶、量筒及量杯，离心管，试剂瓶（不同颜色），玻璃缸，研钵，玻棒，酒精灯，漏斗，双蒸馏水发生器等。

3. 药品

（1）清洗剂　肥皂、洗衣粉、洗洁精、2%稀盐酸、清洁液等。

浓清洁液配方：重铬酸钾10克，浓硫酸100毫升，水60毫升。

稀清洁液配方：重铬酸钾8克，浓硫酸100毫升，水1 000毫升。

配制方法：先将重铬酸钾溶于水，待冷却后，将硫酸缓慢加

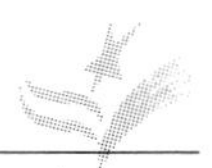

入重铬酸钾液中，边加边搅拌。配制时需用耐酸瓷缸或烧杯。

用途：较脏的吸管、试管、培养皿、玻片等。

（2）消毒剂　0.1%新洁尔灭、75%酒精、3%～5%碘酒。

（3）染色试剂　美蓝、结晶紫、革兰氏碘液、95%酒精、复红染液、姬姆莎染液、抗酸染色液、鞭毛染色液、芽胞染色液等。

（4）指示剂　溴钾酚紫、中性红、酚红、甲基红、酚酞、溴麝香草酚蓝，精密 pH 试纸等。

（5）缓冲液　磷酸盐缓冲液、枸橼酸盐缓冲液、醋酸盐缓冲液、巴比妥盐缓冲液、硼酸盐缓冲液等，按需要和要求配成不同浓度和 pH。

（6）培养基

原料：主要有蛋白胨、牛肉膏、胰蛋白胨、氯化钠、糖类、琼脂粉等。

成品：营养肉汤、营养琼脂、麦康凯琼脂、伊红美蓝琼脂、SS 琼脂、M-H 琼脂、血琼脂平板和厌氧菌分离培养基等。

细菌生化鉴定培养基：有各种成品糖发酵管，以及硫化氢、靛基质、甲基红、硝酸盐还原、尿素分解、明胶液化、枸橼酸盐利用、VP 等试验所用培养基。

（7）药敏纸片　可购买多种成品药敏试纸。

（三）血清学检测的相关设备及药品

1. 设备　电泳仪、微量移液器、酶标检测仪、96 孔微量板、玻板，以及细菌分离所用的一些仪器。

2. 诊断试剂或试剂盒　应购买猪瘟、大肠杆菌病、沙门氏菌病、布氏杆菌病、伪狂犬病、细小病毒病、乙型脑炎、猪喘气病等的诊断抗原、血清或诊断试剂盒。

（四）寄生虫检验的有关仪器及药品

1. 仪器、用具　放大镜、显微镜、血球计数板、铜网、搪瓷盅、容量瓶、解剖镊子、解剖针、培养皿等。

2. 药品　姬姆萨染色液、苏木素卡红染色液、乙醇、甲醛等。

参　考　文　献

[1] 廖延雄．兽医微生物实验诊断手册．北京：中国农业出版社，1995
[2] 戴华生等．新实验病毒学．北京：中国学术出版社，1983
[3] 蔡宝祥等．动物传染病诊断学．南京：江苏科技出版社，1993
[4] 殷震．动物病毒学．第2版．北京：科学出版社，1997
[5] 国际兽疫局．诊断试剂和疫苗标准手册．第3版．1996
[6] 刘玉斌等．动物生物制品手册．长春：吉林科技出版社，1993
[7] 马学军等．畜禽常用药物手册．南昌：江西科技出版社，1998

第九章
常见病的防治

一、传染病

（一）猪瘟

猪瘟是由猪瘟病毒所致的急性、热性、高度接触性传染病。于 1883 年首先发现于美国，此后，猪瘟遍布于全世界，由于采取严格的防制措施，有十多个国家（美国、加拿大、澳大利亚及多数欧洲国家）现已消灭了猪瘟。我国首次报道于 1953 年，自使用了猪瘟兔化弱毒疫苗（中国兽药监察所研制）后，在各级领导重视，专业技术人员和饲养管理人员的共同努力下，严格执行猪瘟防制条例，采取有效防制手段，使本病基本上得到控制。目前与世界多数靠疫苗控制或消灭猪瘟的国家一样，在我国一种病型温和，病势缓慢，病变局限，并呈散发的非典型猪瘟也时常发生。同时，随着规模化养猪的发展，由于免疫不当引起免疫失败，及一些管理方面的因素，也有典型猪瘟发生，造成较大的经济损失。在规模化养猪中，猪瘟仍然是我国猪传染病防制方面应当重点注意的疫病。

1. 病原 猪瘟病毒（HCV）是黄病毒科（Flaviviridae）瘟病毒属（Pestivirus）的一个成员。病毒粒子直径 40～50 纳米，基因组为单股 RNA。HCV 与同属的牛病毒性腹泻病毒（BVDV）之间，基因组序列存在高度同源性，抗原关系密切，存在交叉反应。HCV 不同毒株间存在显著抗原差异，根据对单抗的反应可将 HCV 分为几个抗原群。国内外都已研制出只与 HCV 毒株而不与 BVDV 毒株反应的单抗，以及只与 HCV 疫苗弱毒株（C 系）反应不与 HCV 其他毒株反应的单抗，成为 HCV 毒株鉴定的有力工具。HCV 野毒株毒力差异很大，有强、温和、低毒株之分。强毒株引起死亡率高的急性猪瘟，而温和毒株一般是产生亚急性或慢性感染，低毒株感染只造成轻度疾病，往往不显临床症状，但胚胎感染或初生猪感染可导致死亡。HCV 对环境的抵抗力不强，但存活的时间部分取决于含毒的介质。60℃ 10 分钟处理可使细胞培养液失去传染性，而脱纤血中的病毒在 68℃ 30 分钟尚不能灭活。含毒的猪肉和猪肉制品几个月后仍有传染性。乙醚、氯仿和去氧胆酸盐等脂溶剂可很快使病毒失活。2%氢氧化钠仍是最合适的消毒药。HCV 的培养最常用的是猪肾细胞。

2. 流行病学

（1）由于疫苗免疫不当，仔猪抗体水平不整齐，在一些新建猪场，由于猪只来源于不同地区，混合后常发生严重的典型猪瘟，经济损失严重。规模化养猪场也有本病的发生。

（2）1955 年，Young 首先提出猪瘟胎盘感染，目前猪瘟胎盘感染已成为当前猪瘟流行的一种新形式。通常由于疫苗毒力不稳定使母猪感染通过胎盘造成母猪繁殖障碍，可引起流产、死胎、畸形胎及产后数日的弱仔猪死亡，造成重大经济损失。

（3）由于疫苗的作用，猪瘟的发病率低于未使用疫苗猪群，且症状趋于非典型。给诊断防治带来困难。

（4）除了温和型猪瘟出现以外，牛病毒性腹泻病病毒（BVDV）与猪瘟病毒密切相关，已证明 BVDV 可导致母猪死产和新生仔猪死亡，小猪的临诊特征和大体病变与感染慢性猪瘟类似。用污染的疫苗免疫母猪，初生小猪出现与猪瘟几乎相同的临诊症状，母猪可出现木乃伊胎，新生仔猪衰弱，震颤症或健康带毒。

3. 症状 根据临床症状和其他特征，猪瘟可分为急性、慢性和迟发性3种类型。

急性型猪瘟：开始时群内仅几只显示临床症状，表现呆滞，被驱赶时站立一旁，呈弓背或怕冷状，或低头垂尾。同时食欲减少，进而停食。病猪体温升高至41℃上下，高的可达42℃以上。白细胞数量剧烈减少。病猪有眼结膜炎，两眼有多量黏液或脓性分泌物，严重时眼睑完全封闭。体温升高之初病猪便秘，随后下痢。少数病猪可发生惊厥，常在几小时内或至多在几天内死亡。随着病的发展，群内更多的猪发病，最初的病猪则出现步态不稳等衰弱症状，随后后肢麻痹。病初的皮肤充血到病的后期变为紫绀区或出血变化，以腹下、鼻端、耳和四肢内侧等部位为常见。大多数病猪在感染后10～20天之间死亡。症状较缓和的亚急性猪瘟病程一般在30天之内。

慢性型猪瘟：病程可分为3期。早期即急性期，有食欲不振、精神萎顿、体温升高和白细胞减少等症状。几周后食欲和一般状况显著改善，体温降至正常或略高于正常，但仍有白细胞减少，此时进入中期。后期病猪重现食欲不振、精神萎顿症状，体温再次升高直至临死前不久才下降。病猪生长迟缓，常有皮肤损害。慢性猪瘟病猪可存活100天以上。

迟发性猪瘟：是先天性HCV感染的结果。胚胎感染低毒HCV，如产下正常仔猪，则终生有高水平的病毒血症，而不能产生对HCV的中和抗体，这是典型的免疫耐受现象。感染猪出生后几个月可表现正常，随后发生轻度食欲不振、精神沉郁、结膜炎、皮炎、下痢和运动失调。病猪体温正常，大多数存活6个月以上，但最终不免死亡。

先天性HCV感染可导致流产、木乃伊胎、畸形、死产、产出有颤抖症状的弱仔或外表健康的感染仔猪。子宫内感染的仔猪皮肤出血常见，且初生死亡率高。

4. 病理变化 最急性的猪瘟常缺乏明显病变。

急性和亚急性猪瘟呈现以多发性出血为特征的败血症变化，此外消化道、呼吸道和泌尿生殖道有卡他性、纤维素性和出血性炎症反应。脾脏的边缘性梗死是猪瘟最有诊断意义的病变。淋巴结和肾脏是病变出现频率最高的部位。淋巴结水肿、出血，呈大理石样外观，所有淋巴结均可发生。肾脏针尖状大的出血斑，以皮质表面常见，外观呈火鸡蛋样。除此以外，全身浆膜、黏膜和心、肺、膀胱、胆囊均可出现大小不等，多少不一的出血点或出血斑。

慢性猪瘟的出血和梗死变化不明显，但回肠末端、盲肠和结肠常有特征性的坏死和溃疡变化，呈纽扣状。

迟发性猪瘟的突出变化是胸腺萎缩和外周淋巴器官严重缺乏淋巴细胞和生发滤泡。

先天性 HCV 感染可引起胎儿木乃伊化、死产和畸形。死产胎儿病变是全身性皮下水肿，腹水和胸水。在出生后不久死亡的子宫内感染仔猪，皮肤和内脏器官常有出血点。

5. 诊断 急性猪瘟根据流行病学、临床症状、病理变化和血液指标变化可作出初步诊断，但非典型猪瘟确诊需借助实验室病原分离和检测。猪瘟检测的方法有：兔体交互免疫试验、中和试验、新城疫病毒强化试验、协同凝集及凝集抑制试验、炭凝集试验、免疫琼脂扩散试验、间接血凝试验及反向间接血凝试验、对流免疫电泳或免疫电渗透技术、酶标技术、单克隆抗体技术及聚合酶链反应等。其中用 ELISA 技术进行猪瘟抗体检测，是目前认为较为准确的方法。McAb 技术能区别强毒感染和弱毒免疫感染或 BVDV 感染，本方法通过进一步推广完善，将对控制和扑灭本病起重要作用。

6. 预防控制 目前采用的疫苗有中国兔化弱毒，牛（羊）睾丸细胞苗，兔化弱毒克隆株苗及日本的细胞弱毒苗，免疫效果均较好。

（1）免疫程序 猪瘟的免疫程序应根据本场及本地情况进行

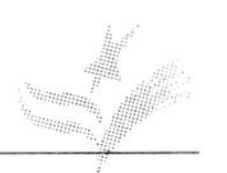

选择，目前常用的程序有：

仔猪出生后吮初乳前接种疫苗，注苗后 2 小时吃初乳，6 个月再免疫 1 次。

非疫区，免疫母猪所产仔猪 60～65 天免疫，留作种用的再免疫 1 次。未免疫母猪所生仔猪 20～25 天免疫，以后一年一次。

疫区，仔猪出生后 7～20 天首免，30～60 天二免，以后一年 1 次。

1 年以上无可疑疫情安全地区，35～60 日龄结合阉割一起注苗，其中疫点、受威胁区 20～25 日龄首免，60 日龄二免。

目前已确定猪瘟的母源抗体主要是经初乳传递，为此在吃初乳前对仔猪进行“超前免疫”，可避免母源抗体对疫苗的干扰，而达到较好的防疫效果，可考虑推广应用，但本方法在实际应用中有一定难度，在生产管理过程中应严格控制吃初乳的时间，否则难以达到理想效果。

（2）免疫剂量　猪瘟的免疫剂量正在被加大，有的养猪场的兽医人员认为用苗剂量越大其保护性越好，据目前生产疫苗厂家提供的产品监测情况，认为加大在 1～4 倍范围即可。即一般小猪可用到 2 头份，大猪可用到 4 头份。由于猪瘟疫苗的剂量要求，特别建议在猪瘟疫区，尽可能使用单苗，而不用三联苗，以免由于疫苗剂量不够，造成非典型、甚至典型猪瘟流行。

（3）免疫效果监测　疫苗免疫后，可进行免疫效果监测，用间接血凝检测免疫抗体，1∶16 以上有保护作用，低于 1∶16 者应补注疫苗。

（4）猪瘟的控制和消灭　必须采取综合措施：①提倡自繁自养，必须引进猪种时，应注射猪瘟兔化弱毒苗，待产生免疫后，才可引进，进场后应单独饲养在隔离舍 2～3 周，再进行混群；②加强猪场的兽医卫生监督等系列措施，舍内定期大消毒，做好猪舍积肥，粪肥指定地点做生物热处理，出入猪场、猪舍应进行消毒，一般情况下杜绝进入舍内参观。③制定科学的免疫程序，强化猪瘟兔化弱毒疫苗的免疫，加强猪瘟抗体水平监测；对于猪瘟病毒胎盘感染的控制，须经几年的严格检疫，淘汰带毒母猪。

（二）非洲猪瘟

非洲猪瘟（African Swine Fever）是猪的一种急性的高度接触传染性疾病，由非洲猪瘟病毒引起，以高热、皮肤发绀及淋巴结和内脏器官的严重出血为特征。非洲猪瘟在症状上与急性猪瘟相似。目前，本病在我国还未见报道，由于其危害严重，在引种时一定要严格检疫。

1. 病原　非洲猪瘟病毒属于虹色病毒科，虹色病毒属。病毒粒子直径约为 175～220 纳米，二十面体对称，壳粒数为 812 个或更多，成熟病毒有囊膜，核酸为双股 DNA。病毒对乙醚及氯仿等脂溶剂敏感，对热、腐败、干燥的抵抗力较强。病毒可在鸡胚卵黄囊培养繁殖，也可在体外培养的猪骨髓细胞和白细胞以及 PK15、BHK-21、Vero 传代细胞上增殖，并产生明显的细胞病变和红细胞吸附现象，这种吸附现象可被同型的抗血清所抑制。而猪瘟病毒无此吸附作用，可以区别。

2. 流行病学　本病仅发生于猪。病猪、隐性感染猪和非洲野猪是传染源。易感猪食入被病毒污染的饲料和饮水经消化道感染，也可经呼吸道感染。猪群初次发生本病时，传染快，发病率和死亡率都很高，以后有所下降。病愈猪带毒时间很长，但抗体和对同型病毒的免疫性保持时间较短。

3. 症状　潜伏期 4～9 天。病猪体温突然上升，达 40.5℃以上，稽留约 4 天。体温下降或死前 1～2 天才开始出现精神沉郁，食欲减退。全身衰弱，四肢无力，不愿站立和行走。心跳急速，呼吸加快，并伴有咳嗽，眼鼻有浆液性或脓性分泌物。鼻端、耳、腹部等处常有紫绀。症程 4～7 天，病死率 95%～100%。慢性病猪主要呈慢性肺炎症状，时有咳嗽，呼吸加快以至困难。病程数周至数月。

4. 病理变化 耳、鼻端、腹壁、外阴等无毛或少毛部位的皮肤出现紫红色斑块，界限明显。四肢、腹壁等处有出血斑。内脏淋巴结严重出血，外观似血瘤。胸腔、腹腔和心包积液。心内外膜有出血点。肺小叶间水肿，气管黏膜有瘀斑。结肠浆膜、肠系膜水肿，呈胶样浸润。胃肠黏膜有斑点状或弥漫性出血或有溃疡。肝脾有时充血和肿胀。胆囊肿大，充满胆汁。组织学检查，淋巴组织中淋巴细胞严重坏死和核破裂，而猪瘟则无此变化。

5. 诊断

（1）病原分离鉴定 取病、死猪的淋巴结、骨髓、肝、脾、肺等器官组织和血液、体液及各种分泌物和排泄物，经处理后接种于鸡胚卵黄囊或接种于猪白细胞或骨髓原代细胞分离病毒。用红细胞吸附和红细胞吸附抑制试验鉴定病毒，并与猪瘟病毒区别。也可将病毒接种猪瘟免疫猪和易感猪，两种猪均发病，为非洲猪瘟；仅猪瘟易感猪发病为猪瘟。

（2）血清学试验 病毒抗原的测定可用红细胞吸附和红细胞吸附抑制试验，直接免疫荧光试验。抗体的测定可用间接免疫荧光试验、酶联免疫吸附试验、免疫电泳试验、补体结合试验、琼脂扩散试验等。

6. 防治 目前尚无有效的治疗药物和疫苗。首先应加强检疫，严防本病传入，一旦发现有可疑病猪，应立即封锁，迅速诊断，确诊是本病后，应全群扑杀、销毁，彻底消灭本病。对猪场、圈舍、用具等进行严格彻底消毒，并暂时停止养猪，以防再次感染。

（三）猪口蹄疫

口蹄疫（Foot and mouth disease）是偶蹄兽的一种急性、热性、高度接触性传染病，由口蹄疫病毒引起，以口腔黏膜、蹄部和乳房等处发生水疱和糜烂为特征。本病传染性极高，感染动物范围比较广泛，一旦发生，常呈大流行性，发病率高，难以控制和消灭，在我国家畜家禽防疫条例中被列为一类传染病。近年，

该病又在一些国家和地区暴发流行。

1. 病原 口蹄疫病毒属于小核糖核酸病毒科口蹄疫病毒属。病毒呈近球形或六角形，直径为20～25纳米，无囊膜，核酸为单股RNA。病毒对乙醚、氯仿有抵抗力，不耐酸。口蹄疫病毒有O、A、C、Asial、SAT-1、SAT-2、SAT-3等7个血清型和60多个亚型。各型引起的症状相同，但免疫原性不同，不能产生交叉免疫。

2. 流行病学 易感动物有猪、牛、绵羊、山羊、骆驼等。急性病畜和潜伏期带毒动物是最危险的传染源。病畜的水疱皮和水疱液中含有大量病毒，血液、肉、唾液、乳汁、精液、尿、粪等分泌物和排泄物中都含有病毒。本病通过直接接触病原体和借助空气进行感染，感染率和发病率很高，传染力强，传播迅速，范围广。

3. 症状 潜伏期1～2天。病猪体温升高，精神不振，食欲减少或废绝。舌、唇、齿龈、腭黏膜和鼻镜上出现水疱和糜烂。蹄冠、蹄叉、蹄踵等部位红肿、敏感，随后出现水疱和糜烂。母猪乳房和乳头也常见水疱和糜烂。如无细菌感染，1周左右痊愈。吮乳仔猪的口蹄疫常呈急性胃肠炎和心肌炎而突然死亡。死亡率一般可达60%～80%。

4. 病理变化 除相同于临床症状的口腔和蹄部病变外，剖检死亡幼猪可见到心肌变性和出血。慢性病死的猪只，心肌有不规则的灰白色或灰黄色的条纹和斑点病灶，形状类似虎斑，俗称“虎斑心”。组织学检查为炎症和变性，肌纤维甚至完全溶解。骨骼肌也发生蜡样变性，形成许多散在病灶。

5. 诊断

（1）病原分离鉴定 自患畜病料中分离病毒，是最可靠的诊断方法。一般采取水疱皮和水疱液作为病毒分离材料。通常应用2～5日龄乳鼠、12～14日龄鸡胚和单层的细胞培养物分离病毒。用各型标准血清进行补体结合试验作定型鉴定。也可用琼脂扩散

试验、中和试验和交叉免疫保护试验鉴定口蹄疫病毒及其型。

（2）血清学试验　可用补体结合试验、琼脂扩散试验、交叉免疫保护试验、中和试验、反向间接血凝试验，对流免疫电泳、酶联免疫吸附试验、葡萄球菌协同凝集试验检测病毒抗原。其中，反向间接血凝试验是最常用的诊断方法，可以检测抗原或抗体，还可进行病毒血清型鉴定和与水疱病的鉴别诊断。应用各型口蹄疫抗原进行上述各项试验，可以定性和定量检测动物血清抗体。对照比较急性期和恢复后双份血清的抗体滴度，具有确切的回顾性诊断意义。

6. 防治　本病发生后，应迅速向上级有关部门报告，并对疫区施行封锁和隔离。将患病和疑似患猪宰杀、烧毁或深埋，对疫区、疫点进行严格彻底的消毒。平时应对疫区和受威胁区的易感猪进行预防接种，可用与当地毒型一致的猪口蹄疫灭活苗或多价苗定期免疫。种猪一年免疫 2～3 次。

（四）猪水疱病

猪水疱病（Swine vesicular disease）是猪的接触性传染病，由猪的水疱病病毒引起，以病猪发热，鼻镜和蹄部皮肤产生水疱为特征。猪的水疱病在临床上很难与口蹄疫相区别。

1. 病原　猪水疱病病毒属于小核糖核酸病毒科，猪肠道病毒属。病毒为圆形、无囊膜，直径 28～30 纳米，核酸为单股 RNA，病毒对乙醚有抵抗力，对酸不敏感。

2. 流行病学　本病仅发生于猪，不同年龄、性别、品种的猪均可感染。病猪、潜伏期的猪和病愈带毒猪是主要的传染源。病毒通过受伤的蹄部、鼻端的皮肤，消化道黏膜而进入体内。本病无明显的季节性。由于传播不如口蹄疫病毒快，所以流行较缓慢，不呈席卷之势。

3. 症状　病猪食欲减退，精神不振，体温升高。四肢的蹄冠部、趾间、内蹄和口唇部、鼻端、鼻镜等处发生水疱。蹄部水疱破裂，发生糜烂、溃疡后引起跛行和起立困难。水疱也偶见于

乳房、口腔、舌表面。幼猪个别有神经症状。

4. 病理变化 特征性病变是蹄部、鼻盘、唇、舌面出现水疱。少数病例在心内膜有条状出血斑。组织学检查，主要在水疱发生部位的皮肤出现局部性渗出性炎症，皮肤上皮细胞变性坏死。

5. 诊断

（1）病原分离鉴定 采取病猪未破溃或刚破溃的水疱皮，经处理后，颈部皮下接种 2～3 日龄的吮乳小白鼠或仓鼠，或者 IBRS2、PK15 等猪肾传代细胞。一般在最初 1～2 代内即可引起感染，实验动物发病死亡，或培养细胞出现细胞病变。初代分离如呈阴性结果，应继续盲传 2～3 代，分离毒可用猪水疱病抗血清中和后，接种 2 日龄乳鼠以鉴定分离毒。如注射猪水疱病免疫血清中和组小鼠健活，病毒对照或用各型口蹄病免疫血清中和对照的乳鼠发病死亡，则被检病料为猪水疱病病毒，而不是口蹄病病毒。

（2）血清学试验 中和试验可用已知血清鉴定未知病毒，也可用已知病毒鉴定未知血清。反向间接红细胞凝集试验为常用诊断方法，免疫荧光抗体法、补体结合试验可用来检测抗原。放射免疫分析法可用来检查水疱病待检血清和水疱皮中是否含有相应的抗体和抗原。

6. 防治 患过猪水疱病的猪可得到免疫，不再发病。为防止病毒扩散，禁止动物和人出入疫区，并进行彻底消毒，在治疗方面，尚无有效的药物，可用抗菌素进行对症治疗，以防继发细菌感染。可用疫苗预防接种。

（五）猪水疱性口炎

水疱性口炎（Vesicular stomatitis）是猪、马、牛、羊等的一种急性高度接触传染性疾病，由水疱性口炎病毒引起，以患病动物的鼻、口、蹄部皮肤或黏膜形成水疱为特征。

1. 病原 水疱性口炎病毒属于弹状病毒科，水疱病毒属。

病毒呈子弹状，长175纳米，宽65纳米。核酸为单股RNA。病毒具有囊膜，膜上有密集的纤突。对乙醚和脂溶剂敏感，有两个血清型，即新泽西型和印第安那型（有3个亚型）。

2. 流行病学 多种动物能感染本病，以猪、牛、马较易感。本病多发生于夏季及秋初。主要通过接触感染而传播，但大部分是以吸血昆虫为媒介进行传播。

3. 症状 病猪体温升高至40.5℃以上，稽留2～3日。发热1～2日后，在鼻端、鼻镜、口腔、舌端部的皮肤和黏膜形成水疱。水疱破裂后，形成糜烂和溃疡。蹄部溃疡严重时，猪只行走困难。病程约2周。

4. 病理变化 本病病变局限在水疱形成部位。组织学检查，表皮细胞内浆液蓄积，并相互融合，扩大形成水疱，上皮细胞变性坏死，真皮发生白细胞浸润，皮下有时发现细胞浸润等炎性变化。

5. 诊断

（1）病毒分离鉴定 采未破溃水疱的水疱液和水疱皮接种于猪肾Hela、BHK-21等细胞上进行培养，将出现细胞病变的培养液和已知抗血清作中和试验进行病毒鉴定。水疱性口炎病毒在多种培养细胞上都能形成明显的细胞病变，或小白鼠脑内接种可使发病，引起严重脑炎。以上两点可区别于口蹄疫、猪水疱病、水疱性疹病毒。

（2）血清学试验 用完整病毒制备高免血清，做中和试验或补体结合试验时，可分别测定型、亚型乃至株的特异性抗原。用病毒核蛋白（吐温-乙醚处理病毒）制备高免血清，可用补体结合试验测定群特异性抗原。本病毒与相应的免疫血清在琼脂扩散试验中出现两条沉淀线，可区别印第安那和新泽西两个血清型。用中和试验和补体结合试验可测定痊愈猪血液中长期存在的中和抗体和补体结合抗体。

6. 防治 本病无有效的防治方法，可用抗菌素类药物防制继发感染。加强引种检疫，本病一旦发生，应采取隔离、消毒或捕杀等措施尽快扑灭本病。

（六）猪伪狂犬病

猪伪狂犬病（Aujeszky's disease Peseudorabies）是由疱疹病毒群的伪狂犬病病毒（ADV）所引起的猪的一种病毒性传染病。猪的感染因年龄不同症状有所区别，小猪以中枢神经症状为特征，呈现非化脓性脑炎；断奶猪及育肥猪以呼吸系统症状为主；怀孕母猪表现流产、死胎、木乃伊胎。2周龄以内小猪致死率可达100%。

1902年匈牙利Aujeszky首先发现该病，目前该病已在44个以上国家中发生。前苏联、西德、法国、日本、匈牙利、丹麦曾多次发生该病流行，目前该病已成为美国养猪业头号重点防制的疫病。1948年刘家纯首先在我国发现猪伪狂犬病，到目前为止我国已有19个省（区）市报道过本病。近年来仅我国台湾省在进出口贸易中因该病损失达40亿台币。近十几年来，本病的流行在全球范围内呈持续上升趋势，目前已成为养猪业危害最大的疾病之一。

1.病原　伪狂犬病病毒属于疱疹病毒科，呈球形，含有双股DNA，能在多种组织细胞内增殖，其中以兔肾和猪肾细胞最敏感。本病毒的抵抗力较强，病毒在畜舍内的干草中能存活30天以上，55~60℃经30~50分钟才能灭活。

2.流行病学　已证实有35种动物可以感染本病，猪是本病病毒最重要的贮存宿主及传染来源，在本病的流行上有重要意义。

目前导致伪狂犬病顽固发生的原因有以下几方面：

（1）泛嗜性，伪狂犬病毒可在多种组织细胞和鼻咽黏膜、扁桃体局部淋巴结、肺等组织器官中增殖。

（2）所有疫苗只抑制出现临诊症状，不能控制感染和排毒。

（3）隐性潜伏和随后激化的弱毒株可向未注苗猪只散毒，致

使猪产生抗体，被错误认为是野毒感染。

(4) 不同毒株（包括弱毒疫苗株）感染同一动物时，病毒可以重组，产生强毒力毒株，引起新的疫情暴发。

1991 年以来，各国伪狂犬病疫情不断扩大蔓延，主要通过频频“引种”，将该病引入某些猪场，它具有：“隐性带毒、亚临床型、持续感染和垂直传播”四大特点。感染耐过猪及病猪是本病的重要传染来源，应坚决淘汰，切忌留作种用。

3. 症状 潜伏期一般为 3～6 天，少数达 10 天。成年猪一般为隐性感染，也可发生发热、精神沉郁，有些猪呕吐、咳嗽，一般于 4～8 天内完全恢复。怀孕母猪可发生流产、木乃伊胎儿、死胎。据近年来的报道，奇痒症状的猪以往罕见，但目前则常可见到。新生仔猪及 4 周龄内的仔猪感染本病者，病情极严重，常可发生大批死亡。仔猪突然发病，体温上升达 41℃以上，精神极度萎顿，发抖，运动不协调，痉挛，呕吐，腹泻，极少康复。3～4 周龄猪损失可达 40%～60%。

4. 病理变化 猪的病变差异大，常见不同程度的卡他性胃炎和肠炎，中枢神经系统症状明显时，脑膜明显充血，脑脊髓液量过多，肝脾等实质脏器常可见 1～2 毫米直径的灰白色坏死病灶，肺充血、水肿。组织学病变主要是中枢神经系统的弥散性非化脓性脑膜脑炎及神经节炎，有明显的血管套及弥散性局部胶质细胞反应，同时有广泛的神经节细胞及胶质细胞坏死。在脑神经细胞内，鼻咽黏膜、脾及淋巴结的淋巴细胞内可见核内嗜酸性包涵体。

5. 诊断

(1) 临床综合诊断　新生仔猪及 4 周龄内仔猪，常突然发病，高烧达 41℃以上，间有呕吐、腹泻及神经症状，出现运动失调，兴奋不安，身体各部分肌肉痉挛，随后麻痹死亡，病程 1～2天，死亡率很高。4 周龄左右的猪，发病后只有轻微症状，有轻热，呼吸困难，有时出现腹泻和呕吐，几天内可完全康复，

但也有部分猪出现神经症状后死亡。妊娠母猪常发生流产、死胎或木乃伊胎，流产发生率约占50%。成年猪一般隐性感染，有时有轻度呼吸系统症状，不吃、呕吐、萎顿等。由于猪的病症复杂，若出现以上症状，怀疑有伪狂犬病时，应进一步进行实验室诊断。

(2) 实验室诊断　采取猪扁桃体、咽部黏膜、脑、延脑、小脑和海马角等检查细胞中有无核内包涵体。

将病料接种家兔，2～3天后，注射局部出现奇痒及全身症状，常在奇痒出现后1～2天内转为麻痹而死亡。

血清学诊断：可用直接免疫荧光法检查脑、扁桃体的压印片或冰冻切片，发现核内包涵体出现荧光，有诊断价值。检查血清抗体可用中和试验、间接血凝抑制试验、琼脂扩散试验、补体结合试验、酶联免疫吸附试验等。其中，血清中和试验较为敏感、准确。

6. 防治

(1) 综合性防治措施　鉴于猪是本病毒的重要保存者，引进种猪时应注意隔离观察，防止带入病原。消灭饲养场的鼠类对本病的预防有重要作用。发生本病的猪场，应将病猪隔离扑杀，对场内的易感猪进行紧急预防接种，畜舍及用具每隔5～6天消毒1次，粪便发酵处理。

(2) 免疫预防　目前可用于猪伪狂犬病预防的疫苗有3种：弱毒疫苗、灭活疫苗及基因工程疫苗。研究表明，弱毒疫苗免疫后仍然能感染强毒而不发病，但可继续排毒成为隐性感染，造成本病的再流行；灭活疫苗效果稍好一些，免疫母猪后，可提高小猪母源抗体水平，使小猪母源抗体持续时间较长，但也可干扰对小猪直接免疫时小猪产生免疫抗体。所以免疫预防本病，应重点加强小猪的免疫。

(3) 免疫程序　使用弱毒疫苗及灭活疫苗免疫，一般小猪6～14周龄首免，4～6周后再免一次，免疫期可达5～6个月。就

现有诊断技术，弱毒苗及灭活苗所产生的抗体与强毒感染所产生抗体，用目前监测方法均无法区别，使本病的控制与扑灭仍有很大麻烦。

随着分子生物学技术的发展，新的基因工程疫苗可克服弱毒疫苗及灭活疫苗的不足，目前国内外重点研究的 ADV 的许多基因缺失突变毒株，制成基因缺失疫苗，有广泛的应用前景。如决定 ADV 致病力的主要是胸苷激酶（TK），去除胸苷激酶基因的病毒对猪不致病且有完整的免疫原性，而野毒株含有 TK 基因，用分子生物学方法进行检测，可以区别是免疫疫苗的猪还是野毒感染猪。这对解决本病的控制与扑灭有重要价值。

（七）猪细小病毒病

猪细小病毒病（Porcine parvovirus disease）是由猪细小病毒（PPV）引起的猪的以胚胎和胎儿感染及死亡，而母猪本身不显症状的一种母猪繁殖障碍性传染病。目前本病在世界各地猪群中普遍存在，在大多数猪场呈地方性流行。本病最早于 1967 年报道于美国，其后欧、亚、非及大洋州的各地区国家均有流行。我国 1983 年首次从上海分离到本病毒以来，东北、华北、华中、华南、西南地区都相继有本病的报道。1985 年又报道从宁夏、西安、兰州、呼和浩特等地区亦发现了本病的存在。且阳性率很高（猪场阳性率 100%，猪群阳性率 82.21%）。由此可见，在我国，本病已广泛分布存在，所以一定要引起足够的重视，以免造成大的经济损失。

1. 病原　猪细小病毒属细小病毒科，细小病毒属，单股 DNA 病毒。病毒粒子呈圆形或六角形，无囊膜，直径约 20 纳米，病毒粒子分为实心和空心两种，二者在氯化铯中的浮密度分别为 1.39 克/毫升和 1.30 克/毫升，且都具有血凝活性，但后者无感染性。病毒粒子含有 3 种主要结构蛋白 A、B、C。

PPV 能通过几乎所有猪的原代细胞，如猪肾、猪睾丸细胞等及传代细胞的 PK-15、ST、IBRS-2、CP 等进行分离，初次分离

时，不易产生 CPE，需盲传数代后才产生 CPE。

PPV 能凝集鼠、大鼠、人 O 型、猴、小白鼠、鸡和猫的红细胞，其中以豚鼠红细胞最好。病毒粒子对热、消毒药的抵抗力强，对 pH 适应范围广，能耐受 70 ℃ 2 小时、56 ℃48 小时，80℃5 分钟则使其丧失感染性，4℃可长期保存。对乙醚、氯仿等脂溶剂有抵抗力。0.5%漂白粉液、2% NaOH 液 5 分钟可杀死 PPV，3%甲醛需 1 小时，甲醛蒸气需相当长的时间才能杀死 PPV。

2. 流行病学 感染的公猪及母猪是主要的传染源，病毒常由胎盘感染和交配感染传给胎儿，也可通过被污染的食物、环境由呼吸道、消化道传给易感动物，鼠类是重要的传播媒介。PPV 主要感染胚胎、仔猪、育肥猪、母猪、家公猪、野公猪等，但只有母猪表现繁殖障碍，其它不同年龄、种类的猪只不表现临床症状，据报道，在牛、绵羊、猫、鼠、小鼠和大鼠的血清中也存在特异性的抗体。

本病常见于初产母猪，一般呈地方性流行或散发，一旦 PPV 传入阴性猪场，于 3 个月内几乎 100%的猪只都会受到感染，在本病发生后，猪场可能连续几年不断地出现母猪繁殖失败。母猪怀孕期感染后，其胚胎死亡率可达 80%～100%。猪感染细小病毒后 1～6 天可出现病毒血症，1～2 小时后随粪便排出病毒，污染环境，7～9 天后出现 HI 抗体，21 天内抗体效价可达 1:15 000，且能持续数年。本病的流行常发生于春秋产仔季节。

3. 症状 仅怀孕母猪表现症状，母猪在不同孕期感染，分别造成死胎、木乃伊胎、流产等不同症状，在怀孕 10～30 天感染时，则胚胎死亡并被吸收，在怀孕 30～50 天感染时，主要生产木乃伊化胎儿，木乃伊化的程度与胎儿日龄有关，由于没有发生严重的胎盘炎或还保留一些活胎儿，所以没有发生流产，木乃伊化胎儿便随活仔猪同时排出，这时的活胎儿不含抗体，但组织中含有大量的抗原，以至持续 8 个月时仍然能排毒感染其他猪。

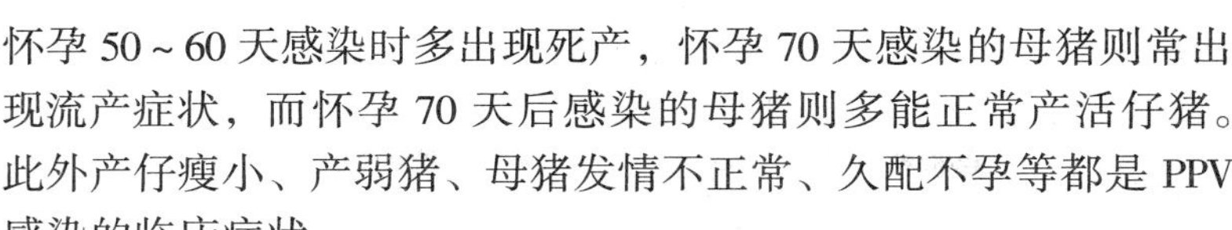

怀孕50～60天感染时多出现死产，怀孕70天感染的母猪则常出现流产症状，而怀孕70天后感染的母猪则多能正常产活仔猪。此外产仔瘦小、产弱猪、母猪发情不正常、久配不孕等都是PPV感染的临床症状。

4. 病理变化 眼观病变为母猪子宫内膜有轻微炎症，胎盘有部分钙化，胎儿在子宫有被溶解、吸收的现象。感染胎儿还可见充血、水肿、出血、体腔积液、脱水（木乃伊胎）及坏死等病变。组织学病变为母猪的妊娠黄体萎缩，子宫上皮组织和固有层有局灶性和弥散性单核细胞浸润。感染胎儿死亡后可见多种组织和器官有范围广泛的细胞坏死、炎症和核内包涵体。在大脑灰质、白质和软脑膜有以增生的外膜细胞、组织细胞和浆细胞形成的血管套为特征的脑膜脑炎变化，一般认为这是本病的特征性病变。

5. 诊断 如果怀孕猪发生流产、死产、胎儿发育异常、木乃伊化等，同时有证据为传染病时，应考虑到PPV感染可能，确诊还要依靠实验室诊断。

（1）病原的分离及鉴定 病原的分离是最确切的诊断依据。但由于PPV的广泛存在，很易发生实验室污染，所以要事先排除培养细胞中的PPV污染（可用荧光抗体技术监测）。一般用流产、死胎或木乃伊胎儿的内脏做为分离病毒的材料，如脑、肾、肺、肝、睾丸、胎盘和肠系膜淋巴结等，其中以肝和肠系膜淋巴结分离率最高。将病料制成1∶10悬液，离心后取上清液接种尚未长成的单层的原代仔猪肾细胞或胎猪肾细胞，并观察3～6天，若无病变出现可盲传3代，同时设不接毒的细胞作对照。当出现CPE后可通过荧光抗体技术或电镜检测病毒。做病原的分离时，大于70日龄的死胎不宜送检，否则因有抗体干扰病毒分离，影响检验结果。

（2）血清学技术

血凝和血凝抑制实验：血凝实验可用于检查组织提取物中的

病毒抗原。该方法简单易行，但敏感性较低。HI 实验用于感染后的抗体检查，只能证明有 PPV 感染，但不能证明是否新近感染，通过检查双份血清可证明是否新近感染。HI 滴度对非特异性抑制因素（具有大分子球蛋白的多种特殊糖蛋白）是非常敏感的，至今已证实人和几乎所有种类动物的血清中存在这些物质。因此，必须用高岭土从血清中把它们排除。HI 试验是目前进行的血清学调查运用最广泛的方法。

荧光抗体技术：可直接检查组织中的病毒抗原，较 HI 敏感，是一种特异性强、且快速的诊断方法。

中和试验：可用于猪感染 PPV 后抗体检查，该法比 HI 试验敏感，但是实用性远不如 HI，且费时。

ELISA：可用于抗原及抗体的检测，其灵敏度与 HI 相当，但至今未标准化。待标准化试剂盒出现后，有望取代 HI 成为抗体监测的常用方法。

分子生物学技术：如核酸探针技术与 PCR 技术已用于 PPV 抗原的检测，其灵敏度高，但是目前还难于推广应用。

引起猪繁殖障碍传染性因素中，除 PPV 外，还有乙型脑炎、伪狂犬病、布氏杆菌病、血凝性脑炎、猪繁殖呼吸综合征等。可通过流行病学、症状、病理变化、血清学及病原分离与鉴定等方面加以区别诊断。

6. 防制

（1）采取综合性防制措施　PPV 对外界环境的抵抗力很强，要使一个无感染的猪场保持下去，必须采取严格的卫生措施，尽量坚持自繁自养，如需要引进种猪，必须从无 PPV 感染的猪场引进。当 HI 滴度在 1∶256 以下或阴性时，方能准许引进。引进后严格隔离 2 周以上，当再次检测 HI 阴性时，方可混群饲养。发病猪场，应特别防止小母猪在第一胎采食时被感染，可把其配种期拖延至 9 月龄时，此时母源抗体已消失（母源抗体可持续平均 21 周），通过人工主动免疫使其产生免疫力后再配种。

(2) 疫苗预防　近年来，公认使用疫苗是预防猪细小病毒病、提高母猪繁殖率的有效方法，目前已有10多个国家研制出了PPV疫苗。疫苗包括活疫苗与灭活苗。活疫苗产生的抗体滴度高且维持时间长，一般可达数年；而灭活苗的免疫期比较短，一般只有半年。疫苗注射可选在配种前几周进行，以使怀孕母猪于易感期保持坚强的免疫力。为防止母源抗体的干扰可采用两次注射法或通过测定HI滴度以确定免疫时间，抗体滴度大于1:20时，不宜注射，抗体效价高于1:80时，即可抵抗PPV的感染。在生产上为了给母猪提供坚强的免疫力，最好猪每次配种前都进行免疫，可以通过用灭活油乳剂苗两次注射，以避开体内已存在的被动免疫力的干扰。

将猪在断奶时从污染群移到没有PPV污染地方进行隔离饲养，也有助于本病的净化。

（八）猪生殖与呼吸系统综合征

猪生殖与呼吸系统综合征（PRRS）是近年来新发现的一种猪病毒性传染病，它是一种有高度传染性的猪综合征，以母猪发热、厌食和流产、木乃伊胎、死产、弱仔、繁殖障碍及仔猪的呼吸症状和高死亡率为特征。本病已给养猪业带来严重经济损失，受感染的种猪场母猪流产、早产、死胎率可达20%以上，新生仔猪和断奶仔猪死亡率可高达80%，育肥猪的发病率高而死亡率较低。Dea等1987年首次在美国报道此病，以后相继在德国（Kacrok 等，Hill，1990）、法国（Albina 等，1991）、荷兰（Wensvoot等，1991）和英国（Wensvoot等，1991）发生本病的暴发流行。在短短几年中，该病迅速传播到了加拿大及欧洲和南美各国，还传播到了一些亚洲国家。目前猪繁殖与呼吸系综合征有向全世界蔓延的趋势，很多兽医学家担心在不久的将来该病很可能会遍及全世界主要养猪国家。我们周边国家如俄罗斯、日本、韩国和菲律宾，以及我国台湾省已证实了该病的存在。台湾1987—1991年间，曾多次自欧美地区引进种猪，从而带进了该

病，这几年常有该病的发生，每年约5%的猪死于该病，给台湾养猪业造成了严重的经济损失。我国陈溥言等用间接免疫荧光抗体试验检测了我国从加拿大进口的279头种猪血清，发现有3头为美洲株阳性，且从病死猪的肺组织中分离到1株能使Marc145HS2H产生细胞病变的病毒，并判定为PRRSV美洲株，这是我国首次分离到PRRSV的报道。目前我国农业部已开始实施对种猪场进行本病的普查工作。

猪繁殖与呼吸系统综合征的发生历史很短，但它的名称却很多。1990年10月，美国家畜保健学会将该病称为“神秘猪病”；在德国则称为“母猪后期流产”；1991年6月英国政府使用了“猪蓝耳病”这个名称，一般猪简称为“蓝耳病”（Blue ear disease）；在西班牙称为“蓝色流产病”；在荷兰称为“猪流行性流产和呼吸道综合征”；1992年国际兽疫局决定使用“猪繁殖与呼吸系统综合征”（Porcine reproductive and respiratory syndrome，简称PRRS）。

1. 病原 1991年，荷兰中央兽医研究所的Wensvoot等人从自然感染和实验感染的猪中分离到一种未知的致病因子，经鉴定为病毒，并以该研究所所在地（Lelystad）将其命名为Lelystad病毒（Lv）。Lv为有囊膜的单股RNA病毒，对氯仿和其他脂溶剂敏感，不能凝集鸡、鼠、猪、绵羊和人的O型红细胞，可在猪肺泡巨噬细胞、猪睾丸细胞、猪上皮细胞和PSEK细胞上增殖并形成CPE。Lv大小为45～55纳米，核衣壳直径30～35纳米。在蔗糖中的浮密度为1.14克/毫升，CsCl中为1.19克/毫升。该病毒在形态、生物物理特性及核苷酸序列、基因构成和复制方式等方面与马动脉炎病毒、小鼠脱氢酶病毒和猴出血热病毒等类似，因此将它归属于披膜病毒科，动脉病毒群。目前已证实在不同地区分离的毒株间存在抗原性差异。有报道将PRRSV分为两个亚群，亚群A为Wensvoot等（1991）报告的欧洲原型（Lv）株，亚群B为Bentfield等（1992）报告的美国原型（ATCC-VR-2332）株。

2. 流行病学 在自然流行中，猪繁殖与呼吸系统综合征仅见于猪，其他家畜和动物未见发病。不同年龄、品种、性别的猪均可感染，但不同年龄的猪其易感性有一定差异。生长猪和育肥猪感染后症状比较温和，母猪和仔猪的症状则较为严重，乳猪的病死率可达 80% ~ 100%，患猪和带毒猪是本病的主要传染源，从患猪的鼻腔、粪便拭子和尿液中均可发现病毒，耐过猪大多可长期带毒。本病传播方式不仅是猪与猪之间的直接接触传染，还可借助空气传染，而且已证实该病可通过精液传播。病毒通过空气传播和猪对猪的接触传播是本病的主要感染途径。Terpstrn 报道，本病从德国传到荷兰，与空气传播有关，认为病毒在空气中至少可传播 3 ~ 20 千米。试验表明：猪场猪粪未作及时清除，种猪群中日龄较大的猪，血清阳性者占 80% ~ 100%，育成猪的阳性率达 20% ~ 50%。而粪便及时清理和洗刷消毒后，12 个月内育猪时，未检出阳性。Christianson 等进行了 PRRSV 对妊娠母猪及胎儿发病机理的研究，认为该病存在垂直传播的迹象。

感染 PRRSV 的猪群常有继发性细菌感染，如猪链球菌 2 型引起脑膜炎和出血性败血症，另外，继发感染支原体、卡氏肺孢子虫及胸膜肺炎放线杆菌，而引起呼吸系统症状加重和死亡率增高。

在我国，本病与猪瘟混合感染而导致猪瘟发病严重的现象，需引起足够重视和进一步研究。

3. 症状 由于病毒毒株间致病力的差异，使得病猪临床表现不完全一致，甚至有的表现为亚临床症状。病初病猪厌食，呼吸困难，嗜睡，发热，少数猪躯体末端皮肤发绀。仔猪断奶前后突然死亡。育成猪眼肿、结膜炎、腹泻、便血，并伴有肺炎症状。妊娠母猪流产、早产、死产或木乃伊胎儿。公猪精子质量下降明显，母猪不育。新生仔猪的耳朵和四肢末端皮肤发绀。

如果母猪发生流产、死胎、木乃伊胎、新生仔猪大量死亡时，而育肥猪没什么临床症状，同时有证据表明是一种传染病

时，就应当考虑该病的可能性。如果能观察到患猪耳朵、四肢末端、乳头、阴部、尾巴发绀呈蓝紫色，则临床诊断可成立。但发绀通常仅有少部分猪，仅占猪群的1%～2%，而持续时间很短，有的只有几个小时，而不容易观察到。

4. 病理变化 感染猪检查发现，皮下水肿、胸水、心包积液和腹水增多，耐过猪呈多发性浆膜炎、关节炎、脑膜炎等，并伴有间质性肺炎。感染猪出现弥漫性间质性肺炎，伴有中性粒细胞浸润的卡他性肺炎病灶区，肺脏硬化，脾脏发生特异性脾炎，动脉周围淋巴鞘出现淋巴细胞缺失，红髓巨噬细胞肿大并有空泡形成，鼻黏膜上皮细胞变性，纤毛丧失，上皮细胞肿胀，表层脱落。

在未发生继发感染的情况下，感染猪肉眼病变常轻微，显微变化可见间质性肺炎，有时可见鼻炎、脑炎和心肌炎，主要适合于发病仔猪，对母猪、流产胎儿及育肥猪的意义不大。间质性肺炎是PRRS最常见的特征性组织病理学变化。

5. 诊断

（1）荷兰提出一种简易的临床诊断方法 这种诊断方法有3项指征：①20%以上的胎儿死产；②8%以上的母猪流产；③断奶前有26%以上的仔猪死亡。如果这3项指标中有2项条件成立的话，则临床诊断成立。

（2）抗原检测 PRRS病毒已在2个细胞培养系统中分离成功，即原代猪肺泡巨噬细胞（PAM）和细胞系CL2621及MA104，对血清和肺组织进行病毒分离的成功率最高。美国、加拿大、欧洲应用较多的方法是荧光标记单克隆抗体方法检查患猪肺、脾的组织切片，可找出病毒抗原所在位置。

荷兰自1991年起，采用免疫过氧化物酶单层细胞试验来检测该病抗原。Pol等报道对患猪肺、脾加入酶标记的抗体，再用底物显色，成功地检出组织中的抗原。

（3）抗体检测 目前主要有3种方法可检测血清中病毒抗

体：①免疫过氧化物酶单层细胞试验（IPMA），这种方法在普通实验室即可完成，且特异性强，可检测出感染后 1、2 周至 12 个月的抗体，操作简单便利，其不足之处是较费时；②间接荧光抗体试验（IFA），可检测感染后 2～28 天的抗体；③酶联免疫吸附试验（ELISA），此法比 IPMA 法更敏感，可检出 3 周后抗体，特异性好，操作简单便宜，可作各种常规检测手段，不足之处是漏检率较高。

6. 防制措施

（1）目前全球对 PRRS 的防治仍无有效的方法，也没有研制出有效的疫苗。我国已从进口母猪中检测到 PRRSV，所以防治本病的当务之急是尽快建立一套检测本病的简便、快速的诊断方法。

（2）尽量减少从发生过本病的国家进口种猪、精液和血液制品等。

（3）猪场严格控制啮齿类动物进出及繁殖，防止野生动物、禽类与猪群接触。发病猪群对症治疗，精心饲养管理，减少群养密度。

（4）做好猪场卫生，及时清粪，坚持清洗消毒猪舍和运动场等。

（九）猪流行性乙型脑炎

流行性乙型脑炎（Japanese B encephalitis），简称乙脑，是乙脑病毒引起的一种人与动物共患的传染病。其临床特征随患病动物种类的不同而异，猪主要表现为母猪流产和死胎，公猪睾丸肿大，少数猪，特别是幼猪呈典型的脑炎症状。

1. 病原 乙型脑炎病毒属于黄病毒科，黄病毒属。病毒呈球形，直径为 30 纳米左右，有囊膜，其上有囊膜粒。核酸为单股 RNA，病毒对热、酸敏感，乙醚、氯仿、胰蛋白酶都可灭活病毒。病毒可在鸡胚内增殖，也可在鸡胚成纤维细胞、牛胚肾细胞、猪肾细胞、仓鼠肾细胞、Hela、Vero 等细胞上增殖。病毒对鹅、鸽和新生雏鸡的红细胞有凝集性，但其血凝素易于破坏，且反应条件要求严格。

2. 流行病学　乙脑能感染人及多种动物，猪、马、牛、羊等均易感染本病。病畜是本病的传染源。传播途径主要通过蚊虫的叮咬，经皮肤感染。感染的公猪精液也可作为媒介感染母猪，妊娠母猪感染后可通过胎盘侵害胎儿。由于蚊（库蚊、伊蚊、按蚊）为传播媒介，故乙脑的流行呈明显的季节性，多发生于夏秋蚊孳生季节。本病呈散发流行，并多为隐性感染。在自然条件下，常呈现每 4～5 年流行一次的周期性倾向。

3. 症状　潜伏期 3～4 天。患病幼猪高热稽留，精神沉郁，步行踉跄，最后身躯麻痹而死。妊娠母猪主要表现为流产，产出大小不等的死胎、畸形胎、木乃伊胎及弱仔。流产后不影响下次配种。公猪单侧或两侧性睾丸肿大，局部发热，有痛感，数天后睾丸肿胀消退，逐渐萎缩变硬。

4. 病理变化　母猪子宫黏膜充血、出血、水肿及糜烂。流产胎儿脑皮下及腹腔水肿或早已死亡，呈木乃伊化。公猪病变睾丸实质充血，并有楔状或斑点状出血和坏死灶。病死猪软脑膜充血，切面见脑实质点状出血和不同大小的软化灶，肝、脾、肾有坏死灶。脑组织学检查可见淋巴细胞和单核细胞浸润，血管周围有管套现象。

5. 诊断

（1）病毒分离鉴定　取脑组织制成 5～10 倍的脑悬液，应用脑内—皮下或脑内—腹腔接种乳鼠，或将病料接种仓鼠肾传代细胞、BHK-21 培养，也可接种于 7～9 日龄鸡胚的卵黄囊内分离病毒。分离获得病毒后，用标准毒株和标准免疫血清与分离株进行交叉补体结合试验，交叉中和试验，交叉血凝抑制试验、酶联免疫吸附试验、小白鼠交叉保护试验等鉴定病毒。

（2）血清学试验　可用补体结合试验、反向间接血凝试验、荧光抗体技术、免疫酶技术及放射免疫测定等方法检测感染小鼠

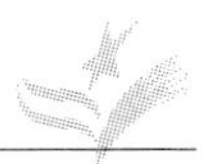

和自然感染动物脑内的病毒抗原。检测特异性抗体可用中和试验、血凝抑制试验、补体结合试验、间接免疫荧光抗体试验、酶联免疫吸附试验。动物感染乙脑病毒后，血凝抑制抗体一般在发病后4～5天开始出现，2周左右达高峰，并可维持1年左右。中和抗体在发病后7天左右出现，在体内存在可达1年以上。补体结合抗体出现较晚，于病后2周左右才呈阳性反应，在体内维持时间通常为4～6个月。因此，通常取发病早期和恢复期双份血清检查，才具有诊断意义。另外鉴定血凝抑制抗体是IgM还是IgG，有着早期诊断的意义。如果是IgM，即表示动物是新近感染。

6. 防制措施 本病发生后，无特效药物治疗。定期的疫苗接种是预防本病的有效措施。每年4月份给5月龄以上种猪接种乙型脑炎弱毒苗，或在猪6月龄（或配种前1个月）注射乙型脑炎灭活苗，2周后，再注射1次，可使猪只产生坚强免疫力。此外，必须加强猪舍的环境卫生管理及灭蚊。彻底消毒。

（十）猪流行性感冒

猪流行性感冒（Swine influenza），简称猪流感，是一种具有高度接触传染性的猪呼吸系统传染病，其特点为发病急骤，传播迅速。临床上以突然发烧及其他伤风症状为特征。猪流感是由猪流行性感冒病毒引起，并具有人畜共同感染的特性。

1. 病原 猪流行性感冒病毒属于正黏病毒科，流感病毒属。病毒粒子多数呈球形，直径约为80～120纳米。核酸为单股RNA。根据病毒粒子蛋白的抗原性分为A、B、C三型，引起猪流感的是A型流感病毒。病毒粒子表面存在的血球凝集抗原（H抗原）和神经氨酸酶抗原（N抗原）的组合决定其亚型。猪流感病毒的表面抗原组成为H1N1。据报道，猪在自然条件下可感染甲3型（H3N2）人流感病毒，人也可感染猪流感病毒。

猪流行性感冒病毒能在鸡胚内增殖，也可在原代猪胎肾细胞、猪肺细胞、犊牛肾细胞、人源细胞系内增殖。病毒能凝集

马、鸡和人的红细胞。

2. 流行病学 本病流行有明显的季节性，主要发生于晚秋和初春及寒冷的冬季。阴雨绵延，过分寒冷，通风及营养不良等因素均可诱发本病的流行。不同年龄、品种、性别的猪都可感染发病。病猪和带毒猪是本病的传染源。本病主要经呼吸道感染，且传播迅速。呈流行性暴发，其发病率高，但病死率低。

3. 症状 潜伏期2～7天。典型猪流感的症状特点是突然全群感染，所有易感猪一夜间开始咳嗽，精神及食欲不振，体温升高到40～41.5℃，呼吸困难，眼、鼻有黏液性分泌物，肌肉和关节疼痛，不愿站立。经5～7天病程后，几乎所有的病猪很快康复，如在流感暴发时不发生细菌感染，死亡率一般比较低。怀孕母猪如果感染了病毒可引起死胎或弱仔。

4. 病理变化 鼻腔、气管内有白色黏液附着，气管下部到支气管有大量泡沫黏液。呼吸道黏膜充血，血样黏液增多。肺前下部呈红褐色，硬度增加，周围气肿及出血。肺门淋巴结红肿，脾肿大。组织学检查，可见呼吸道黏膜上皮的纤毛消失，变性、坏死、脱落和细胞浸润。肺病变部位的支气管上皮发生变性、坏死及增生。肺泡陷落，上皮细胞增生和炎性细胞浸润。

5. 诊断 根据本病的流行特点、临床症状及病理变化特点进行综合分析即可作出初步诊断，确诊需进行病毒分离鉴定。

（1）病毒分离鉴定 取鼻分泌物或肝、脾、肺淋巴结，经处理后接种于9～12日龄鸡胚羊膜腔或尿囊腔内分离病毒，用血凝和血凝抑制试验鉴定病毒。

（2）血清学试验 采病猪急性期和恢复期双份血清，进行血凝抑制抗体的测定，若恢复期血清比急性期血清的抗体滴度增高4倍以上时，可判为阳性反应。此外，中和试验，免疫荧光法也可用于诊断。

6. 防制措施 本病的治疗尚无特效药物。如果不出现并发病，绝大多数患猪在5～7天后都会自动恢复。为防制继发感染，

可在饲料和饮水中加入抗菌素和磺胺类药物，同时使用对症疗法以减轻症状。本病的预防无有效疫苗，主要依赖于综合措施。加强猪群的饲养管理和卫生防疫措施，能制止本病的蔓延。

（十一）猪痘

猪痘（Swine pox）是猪的一种急性热性病毒性传染病，由猪痘病毒引起，痘苗病毒也可引起猪痘。猪痘的特征是在皮肤上有规律地出现红斑、丘疹、水疱、脓疱、结痂等病变。

1. 病原　猪痘病毒属于痘病毒科，猪痘病毒属。病毒呈砖形，大小约 320 纳米 × 280 纳米，有囊膜。核酸为双股 DNA。对乙醚敏感。病毒不能在鸡胚中传代，在猪肾、睾丸、猪胚肺的细胞培养中盲传几代后即可适应生长。无红细胞凝集性。

2. 流行病学　猪是本病唯一的自然感染宿主。乳猪和幼猪最为敏感。病猪和康复带毒猪是该病的主要传染源，病毒从皮肤、黏膜的痘疹中排至外界，污染环境。本病可通过呼吸道、消化道和皮肤传染。猪虱、蚊、蝇等昆虫是本病的机械传播媒介。

3. 症状　潜伏期 5～7 天。病初体温微升，随后在腹下部和前后肢内侧出现红斑，红斑迅速增大，变成丘疹、水疱和脓疱，最后形成痂皮。病猪眼、鼻分泌物增加。本病一般呈良性经过，发病率在幼猪中可达 30%～50% 以上，但死亡率极低，一般不超过 1%，若饲养管理不当或有继发感染，则常使幼龄仔猪的死亡率增高。

4. 病理变化　除与临床症状相同的皮肤变化外，解剖病死猪可见口、鼻、咽、气管、支气管等部黏膜有卡他性或出血性炎症。组织学检查可见皮肤病变部上皮增生，除胞浆内包涵体外，还出现核内包涵体，核空泡化。在细胞浆内还能形成大晶体，直径达 800 纳米，为其他痘病毒所无。

5. 诊断

（1）病原分离鉴定　取痘疹皮、痘疹液等经处理后，接种猪肾、睾丸单层细胞，观察细胞病变，电镜检查病毒。鉴定病毒可

用已知阳性血清作细胞中和试验。

痘苗病毒也可引起猪痘，在病原鉴定上要注意区别。猪痘病毒只感染猪，只在猪细胞上增殖，有核内包涵体，在鸡胚绒尿膜（CAM）上不形成痘斑，动物试验仅感染兔，无红细胞凝集性，康复猪对痘苗病毒敏感。痘苗病毒宿主范围广泛，能在多种培养细胞上增殖，只有胞浆内包涵体，在 CAM 上形成痘斑，动物试验可感染兔、鼠、牛、羊，有红细胞凝集性，康复猪对痘苗病毒具有免疫力。上述特点为两种病毒的主要区别。

（2）血清学试验　可用中和试验、补体结合试验、琼脂扩散试验作血清学诊断。

6. 防制措施　目前尚无有效疫苗，病猪康复后可获得免疫力。平时应注意清洁卫生，消灭猪虱等外寄生虫。对病猪，应及时隔离治疗，可用 0.1% 高锰酸钾溶液冲洗痘疹，然后涂以 1% 龙胆紫溶液。如有继发感染，可用抗菌素类药物治疗。

（十二）猪脑心肌炎

猪脑心肌炎（Encephalomyocarditis）是猪和某些哺乳动物、啮齿类动物与灵长类动物的一种急性传染病，由脑心肌炎病毒引起，以脑炎、心肌炎和心周炎为主要特征。1958 年，在巴拿马首次诊断出脑心肌炎病毒感染是猪的致死性疾病的病因之一，现在被认为是美国中西部猪繁殖障碍的病因。

1. 病原　脑心肌炎病毒属于小核糖核酸病毒科，心病毒属。病毒呈圆形，直径 22～30 纳米，无囊膜，核酸为单股 RNA。病毒对乙醚有抵抗力，对热的抵抗力也较高。能在鸡胚上和鼠胚成纤维细胞、初生仓鼠肾细胞上增殖。病毒可凝集绵羊的红细胞。

2. 流行病学　猪、啮齿类动物和灵长类动物均对本病易感。病猪、带毒猪及某些带毒动物是本病的传染源，病猪的脑、心、肺、脾、肠等含有大量病毒，患猪和带毒鼠类的粪便内也含有大量病毒。本病主要经消化道感染，母猪感染后也可经胎盘或哺乳传给仔猪。不同毒力的毒株对猪的致病性不同，强毒株可引起很

高的死亡率，毒力较弱的只引起50%的感染猪死亡。有的毒株只引起猪的心肌炎，而不引起死亡。

3. 症状 断奶前仔猪死亡率增加，小猪发热和突然死亡，死亡率可高达80%。母猪受孕率或产仔率突然下降，接着出现死胎增加。由于心肌受损，病猪呼吸急促，虚弱。同时，精神沉郁，食欲废绝，呕吐、下痢。

4. 病理变化 猪体下半部皮肤发紫，胸腔、腹腔和心包囊内积液，并有少量纤维蛋白。肝肿大，肠系膜水肿，肺充血、水肿，有时有局部性肺炎。右心室扩张，心肌苍白、软，心肌上有直径为2～15毫米的不连续白色区域或大片的灰白色坏死区。组织学检查，可见心肌变性、坏死和淋巴细胞、巨噬细胞、炎性细胞浸润。坏死心肌常有无机盐沉着。偶见很轻微的、弥散的、亚急性的脑膜脑炎。

5. 诊断 根据临床症状和病理变化可作出初步诊断。确诊需进行病原分离。

（1）病毒分离和鉴定 用病猪心脏接种小鼠，小鼠在经非胃肠道途径或经口感染后4～7天内死亡。也可用心脏、肝脾等经处理后，接种于鼠胚成纤维细胞或初生仓鼠肾细胞分离病毒。用特异性免疫血清对分离毒进行中和试验来鉴定病毒。

（2）血清学试验 可用病毒的细胞中和试验和血凝抑制试验来检测血清中的抗体。

6. 防制措施 本病无有效治疗药物。应加强引种检疫，防止本病传入。病愈猪有坚强的免疫力，高免血清在被动免疫和临床治疗上可能有效。本病无疫苗预防。控制猪场鼠类或尽量减少猪群直接和间接的接触污染的饲料和饮水是必要的防制措施。

（十三）猪腹泻性传染病

猪腹泻病原种类繁多，病性复杂，近年来又不断有新病原出现，同时还存在多种病原混合感染，成为一个引人注目的世界性问题。腹泻通常见于仔猪，也见于母猪。但近年来，在群养仔猪

中，腹泻性传染病的发病增多，它已是仔猪生长受阻和死亡率高的重要原因。据调查，有的猪场仔猪腹泻率高达50%以上，死亡率15%~20%。引起猪腹泻性传染病的病因多种多样，主要包括以下几种：

病毒性：包括轮状病毒（RV）、猪流行性腹泻病毒（PEDV）、传染性胃肠炎病毒（TGEV）、肠道病毒（EV）、疱疹病毒（HV）、猪瘟病毒（HCV）、腺病毒（AV），其中以前3种危害较严重。

细菌性：埃希氏大肠杆菌（E.coli）、沙门氏菌（Salmonella）、猪痢疾密螺旋体（T.h.）、C型产气荚膜梭菌、弯杆菌，均可引起仔猪腹泻，以大肠杆菌最为重要，沙门氏菌次之。

寄生虫性：有球虫、蛔虫、类圆线虫、鞭虫、棘头虫等。

上述病原中，以细菌和病毒最常见。它们或单独致病，或混合感染，混合感染常出现极高的死亡率。美国研究结果表明，RI、TGE及E.coli三重感染死亡率高达90%以上。本文主要讨论猪的病毒性腹泻和细菌性腹泻及其防制措施。

1. 猪病毒性腹泻

（1）传染性胃肠炎（Transmissble Gastroenteritis，TGE）　本病是猪的一种急性肠道传染病。临床以厌食、呕吐和腹泻为特征，特别在寒冷季节，能迅速传播到各种年龄的猪，感染率几乎100%，10日龄以内的仔猪常发生严重脱水和电解质丧失而病死率很高。5周龄以上的小猪，病死率很低。较大的或成年猪几乎没有死亡，一般取良性经过，并产生免疫力。据报道，康复猪带毒可达10周，甚至100天。有的猪发病后，排毒时间虽然不长，但病毒在体内却能保存很长时间，可在不良因素诱发下重新排毒而导致病的传播。该病病原为冠状病毒科冠状病毒属的猪传染性胃肠炎病毒，主要存在于猪的空肠和十二指肠，其次是回肠，由于病毒的大量复制，导致小肠绒毛萎缩，病毒在呼吸系统和肾内含量也高。

本病多发生在冬季，而在炎热的夏季不易流行。在疫区，由于母猪具有免疫力，其初乳中的母源抗体可为哺乳仔猪提供保护力，仔猪的发病率和死亡率都很低，但在断奶后又可成为易感猪。诊断可根据临床症状、流行病学分析以及用免疫荧光、免疫酶技术，若可能还可进行病毒分离与病毒中和试验等加以确诊。

防制措施：给予口服补液盐，防止脱水，注意保暖和保持仔猪舍干燥卫生，小猪初生前6小时应给予足够的初乳，以提供足够母源抗体保护。本病主要以局部及全身的细胞免疫发挥抗感染作用，而以肌内注射疫苗建立起体液免疫无抗病毒感染的能力。怀孕母猪于产前45天及15天左右，用弱毒疫苗经肌肉、鼻两处接种，使对母猪产生一定程度的刺激而产生免疫力，这样出生后的哺乳小猪便能获得母源抗体被动免疫保护。在仔猪出生后也可以口服弱毒苗而产生主动免疫。

（2）猪流行腹泻（Porcine Epidemic Diarrhoea，PED） 本病是20世纪70年代发现的一种猪肠道传染病，不仅发生于成年猪而且发生在小猪，感染率近乎100%，在小猪中有很高的发病率和死亡率，哺乳仔猪死亡率平均50%，临床上以拉水样粪便、呕吐、脱水为特征，其流行无季节性，全年均可发生。

该病的病原为类冠状病毒的猪流行性腹泻病毒，形态与冠状病毒相似，但抗原性不同。病毒主要存在于感染猪的小肠上皮细胞及粪便中，它不仅引起肠道局部感染，而且可以随血液循环感染到其它组织，病毒在呼吸道也可检出。经口、鼻实验感染强毒后，病毒进入小肠引起小肠黏膜上皮细胞增生、上皮变性损伤、吸收功能障碍等而引起腹泻、脱水死亡。

诊断：可根据临床症状，所有年龄的猪均可感染发病，但在哺乳仔猪中死亡率较低，在猪群中蔓延相对较慢等作出初步诊断。确诊可用免疫电镜和单抗ELISA检测以及免疫荧光（直接法）等特异性检测方法。也可用间接血凝试验（IHA）及间接免

疫荧光（IFA）等血清学方法以检测血清中的抗体。

防制措施：该病毒对外界抵抗力不强，一般碱性消毒药均有良好的消毒效果。在治疗中可试用微生态制剂—调痢生，据报道有较好治愈效果，其它可结合对症疗法灌服磺胺药、活性炭以及肌注氯霉素等防止细菌继发感染。

（3）猪轮状病毒感染（Porcine Rotavirus Infection，PRI） 本病毒感染可引起猪肠道急性炎症症状。十二指肠末端各小肠的柱状上皮细胞受破坏，一些消化酶消失，肠壁变薄，肠绒毛萎缩，消化功能减退，经 2～3 天就出现症状。感染猪是否出现临床症状与猪的免疫状态、年龄、感染剂量、环境因素有关。发病仔猪主要表现厌食、精神萎顿、腹泻（腹泻表现与仔猪黄、白痢相同）、脱水死亡，而中猪和大猪则呈隐性感染，无临床症状。感染的哺乳仔猪和断奶仔猪死亡率为 7%～50%不等，减轻体重约在 10%～15%，若有大肠杆菌混合感染病情则更加严重。

病原是猪轮状病毒，该病毒是于 1968 年 Mebus 等在美国的一个农场犊牛腹泻病例中发现的，由于病毒形状似车轮状，所以 1975 年国际病毒委员会正式采用了轮状病毒这一名称。该病毒曾从多种哺乳动物——犊牛、羔羊、仔兔、仔猪以及婴孩分离到，它们之间十分相似。研究证实：轮状病毒有 6 个抗原上不同的血清组（A-F）。在猪已发现 4 个血清组 A，B，C 和 D 均有保护性。母猪因感染本病而获得免疫，其乳汁因含有特异性抗体可为哺乳仔猪提供免疫保护。

世界卫生组织将 ELISA、电镜和病毒核酸电泳 3 种方法作为人轮状病毒感染的标准诊断方法。对猪的诊断也适用。

防制措施：①注意供给乳猪充分的初乳和母乳，使乳猪获得被动免疫；②由于大多数母猪在初乳和乳汁中含有有效的抗轮状病毒抗体，所以应在哺乳仔猪肠道有母源抗体保护时，有意使小猪接触感染病毒以刺激产生主动免疫；③注意使用口服补液盐防止脱水，补充养分；④加强环境消毒和卫生。

2. 细菌性腹泻

(1) 仔猪黄痢（又称早发性大肠杆菌病） 该病是由致病性大肠杆菌引起的一种高度致死性的传染病。发病猪以排出黄色或黄白色水样粪便和迅速死亡为特征，发病率和死亡率均很高。主要发生于5日龄以内的初生乳猪，3日龄以内的乳猪发病率90%左右，死亡率50%，更小的仔猪甚至100%死亡。7日龄的乳猪也几乎感染发病，因此有人认为该病可能由母猪带菌引起。仔猪黄痢是以溶血性大肠杆菌引起，有人指出在同一流行区内常局限于1~2种大肠杆菌血清型。在消化道内的病原菌在肠黏膜上皮的绒毛上繁殖，产生肠毒素，扰乱小肠代谢而发病。

(2) 仔猪白痢（又称迟发型大肠杆菌病） 本病是由致病性大肠杆菌引起的10天至3周龄仔猪常发的非败血性、急性肠道传染病。临床上以排出灰白色、糨糊状有腥臭味稀粪，发病率高、死亡率低为特征，对仔猪的生长发育有较大的影响，危害大，在规模化养猪饲养场普遍存在，造成很大的损失。

(3) 仔猪红痢（C型魏氏梭菌型肠炎或仔猪传染性坏死性肠炎） 该病是由C型魏氏梭菌的外毒素引起的，主要发生于1周龄以内的仔猪，以1~3日龄新生仔猪多见，偶尔发生于2~4周龄以下的仔猪。据观察，3日龄内发病率71.1%，4~7日龄为10.5%。第2周龄为13.2%，第3周龄为5.3%，死亡率一般在20%~70%。发病有一定的规律性。发病仔猪由于肠黏膜炎症和坏死，以排出红色稀粪为特征，病程短、死亡率高。

由于魏氏梭菌广泛存在于人畜肠道、土壤、下水道及尘埃中，往往在饲养条件不良时引发此病。

(4) 猪副伤寒（又称猪沙门氏菌病） 猪副伤寒主要是由猪霍乱沙门氏菌和猪伤寒沙门氏菌引起的仔猪腹泻性传染病。主要发生于20日龄至4月龄的小猪，其他年龄的猪少见。急性病例表现为败血症，亚急性和慢性病例主要为大肠坏死性肠炎，消瘦和下痢，粪便恶臭，有时带血。

根据临床症状、流行情况、病理变化及实验室检查可做出诊断。

(5) 猪痢疾（Swine Dysentory） 猪痢疾是一种危害严重的猪肠道传染病。各种年龄的猪均可感染，以正在发育的小猪受害最严重。其特征是大肠黏膜发生卡他性出血性炎症，进而发展为纤维素性坏死性炎症。主要症状为患猪的黏液性或黏液出血性下痢，可引起病猪死亡，发育受阻，饲料利用率降低。

本病的病原体为猪痢疾密螺旋体。据研究，肠道内的一些微生物也参与促进本病的发生。该病原体对外界环境抵抗力较强，一旦传入猪群就很难根除，据报道病猪临床康复 70 天后仍可同居感染。猪的发病死亡率一般在 25% ~ 30%。有人实验认为该病猪群只能做到临床净化，不能彻底清除，除非淘汰。

诊断可用病猪带黏液粪便或大肠黏膜抹片染色镜检，或将病料制成悬液标本在暗视野显微镜下检查可见活动菌体，也可将病料做分离培养，进行诊断。

防制该病可用痢菌净，治疗剂量为 2.5 毫克/千克体重，混于饲料中，每个疗程 7 天，喂 2 个疗程，疗程间停药 3 天。尔后再喂 3 个预防量疗程，预防剂量为 100 毫克/千克饲料。美国已研制出油佐剂灭活苗用于预防该病。

猪腹泻性传染病鉴别诊断见表 9.1。

3. 猪腹泻的综合防制

(1) 使用口服补液盐 由于腹泻猪导致脱水和营养物质的丧失，其日龄愈小愈严重，死亡率也就愈高。畜禽口服补液盐是目前应用于畜禽腹泻以防止脱水的最好方法，由葡萄糖、氯化钠、碳酸氢钠、氯化钾等混合制成。临用时加水饮用或灌服，极易被胃肠黏膜所吸收，使仔猪腹泻时丧失的各种离子、碱性物质及水分等很快得到补充。同时它还能通过神经系统、血液循环系统直接或间接地发挥生理效应，并能增强机体的免疫功能，在防治仔猪腹泻中应用，显示出较好效果。

表 9.1　猪腹泻性传染病鉴别诊断表

	病毒性腹泻			细菌性腹泻				
病名	轮状病毒感染	猪传染性胃肠炎	猪流行性腹泻	仔猪副伤寒	仔猪黄痢	仔猪白痢	猪痢疾	猪梭菌性肠炎
病　原	轮状病毒	冠状病毒	类冠状病毒	沙门氏菌	致病性大肠杆菌	致病性大肠杆菌	猪痢疾密螺旋体	C型魏氏梭菌
流行病学	各种幼龄动物隐性感染多,不良诱因出现症状,隐性及康复猪排毒,各种动物之间相互感染	猪不分年龄,但以10日龄内发病多;死亡率较高,季节性,传播迅速	各种年龄猪发病	1~4月小猪,不良因素引起或继发于其他病	1周内初生仔猪,1~3日龄最多见,7日龄以上很少,带菌母猪传染,与胎次有关	10~20日龄发病,1月以上很少发生,与不良诱因有关	各种年龄猪,以2~4月龄多见,带菌多,不良诱因有关	1~3日龄初生仔猪多发,1周龄以上很少发生
症　状	与仔猪黄痢相同	仔猪呕吐,水样腹泻,可持续2~7天	与胃肠炎相似,水泻持续4~6天,可自然康复	急性型体温41~42℃,皮肤紫斑,下痢为主;慢性型下痢,皮肤弥漫湿疹	生后7小时发病,1~3天内拉稀粪如水,黄色浆状,脱水,消瘦死亡	突然发生腹泻,粪便呈乳白或黄白色,被毛粗乱,发育受阻	潜伏期2日至2月以上,最急性突然腹泻,急性粪便中带血、纤维素	仔猪出生后1~3天下血痢,排血便含坏死组织,一般当天或第三天死亡
病　变	肠壁变薄,肠绒毛变短	卡他性胃肠炎,肠壁变薄,肠管扩张,肾变性	与传染性胃肠炎相似	肠系膜淋巴结索状肿,卡他性出血性纤维素性肠炎;脾、肾、肝肿大,有坏死灶	小肠膨胀,黄色浆状内容物,胃肠黏膜充血、出血	卡他性肠炎,内容物呈糨糊状,灰白色,肠系膜淋巴结肿胀	大肠、结肠黏液性出血性纤维素性炎症,肠壁覆盖假膜	空肠、回肠暗红,充满含血液体,肠壁出血、坏死
防　治	可用"调痢生",注意补液	可用"调痢生",注意补液	可用"调痢生",注意补液	氯霉素30~50毫克/千克,可用地方毒株疫苗	土霉素、新霉素、环丙沙星、黄连素等,地方毒株苗	土霉素、新霉素、环丙沙星、黄连素等,地方毒株苗	痢菌净2.5~5毫克/千克/天,用3~5天	抗菌素来不及治疗,用疫苗、类毒素

(2) 药物防治　对猪腹泻应在准确诊断的基础上及时进行药物治疗，确诊是由细菌引起的急性腹泻，应辅以抗生素治疗。用药时应选择对病原微生物敏感的抗菌药物（通过药敏试验或平时临床资料分析来确定）。在对四川地区药敏调查时发现：喹诺酮类抗生素（恩诺沙星、环丙沙星）较敏感，应注意选用。

(3) 根据微生态学原理使用微生态制剂　研究表明，动物肠道中正常定植的大量微生物菌群以厌氧菌为主，需氧菌较少，比例为100∶1；猪腹泻时厌氧菌减少，需氧菌增加，比例变为1∶100。使用好氧性非致病菌制成活菌制剂，经口服进入肠道，产生厌氧环境，可使厌氧菌增加，致病菌受到抑制，从而恢复肠道内菌群的平衡，达到防治腹泻的效果。如用蜡样芽胞杆菌制成的“促菌生”、“调痢生”（8501）等属于这类型。后者制成粉剂，每克含活菌数亿，治疗剂量100～150毫克/千克体重1次，连续3天，预防剂量50毫克/千克体重。此外，还有嗜酸乳酸菌制剂，由于它在肠道的生长繁殖，产生乳酸菌素和降低肠道内pH而抑制致病菌而发挥防治效果。

(4) 使用疫苗　由于抗菌素的长期大量使用，肠道内的沙门氏菌、大肠杆菌产生了广泛的耐药性，在四川地区一些规模化猪场的调查表明，分离菌株耐4种或5种以上抗生素的耐药菌株在多数猪场已常见，所以药物防治常达不到理想效果。大多数规模化养猪场已广泛使用疫苗预防。由于沙门氏菌、大肠杆菌血清型种类繁多，采用单一菌株疫苗不能有效预防，在大型种猪场分离筛选本地（场）菌株制备灭活苗可取得良好效果。免疫程序如下：

仔猪副伤寒：仔猪首免30～40日龄，2免70日龄，用本地菌株制苗效果最好；种母猪产前14～21天注射本地菌株疫苗。

仔猪黄、白痢：发病严重场，1～2日龄、14～20日龄仔猪接种本地菌株苗。

仔猪红痢：种母猪产前14天和28天各免1次，每次5~10毫升。连续产仔的母猪，因前一胎已在分娩前注射过本苗，只需在分娩前半个月注射1次，剂量3~5毫升使仔猪获得被动免疫。未发病猪场可不免。

传染性胃肠炎：母猪产前6周和2周接种疫苗，未发病猪场可不免。

（十四）猪丹毒

猪丹毒是由红斑丹毒丝菌（俗称猪丹毒杆菌）引起的一种人畜共患传染病。其特征主要表现为急性败血症和亚急性疹块型，部分慢性病例表现为多发性关节炎或心内膜炎。

1882年Pasteur首先自猪丹毒病猪体内分离到一种纤细弯曲的细菌，并将此菌的培养物通过家兔和鸽致弱，制成菌苗，免疫猪以抵抗自然感染。该病广泛流行于世界各地，对养猪业带来巨大经济损失。人类也可被感染，称为类丹毒，常在皮肤形成局部性红肿。

1. 病原　红斑丹毒丝菌（Erysipelothrix rhusiopathiae）属于丹毒杆菌属（Erysipelothrix），是一种革兰氏阳性纤细杆菌。无鞭毛，不能运动，无荚膜和芽胞。在心内膜疣状物上，多呈长丝状。在病料的组织触片或血片中多单在、成对或成丛排列。本菌为需氧菌。在固体培养基24小时培养物中长出的菌落分为光滑型（S）、粗糙型（R）和中间型（I），三者可互变。目前认为该菌有24个血清型（1~24型），一个无特异性抗原的N型和2个亚型。本菌对外界的抵抗力较强，耐酸性强，对热敏感。常用的消毒药能迅速将其杀死。但石炭酸杀菌力很低。本菌在0.5%石炭酸中可存活99天。

2. 流行病学　病猪、带菌猪及其他带菌动物是本病主要传染源。病猪的分泌物和排泄物中均含有本菌。据报道，健康带菌猪约占24.3%~70.5%。从多种野生动物和鸟类都曾分离出本菌，为潜在传染源。当猪体抵抗力下降时，也可发生内源性感

染。

该病主要由患病动物的粪尿排菌，污染饲料、饮水、土壤、用具和场舍，经消化道传染其他猪只或动物。屠宰场、加工厂的废水，食堂残羹和腌制、熏制的肉品也是引起本病传播的根源。鱼粉也曾查到本菌。本病也可通过损伤的皮肤及蚊、蝇等吸血昆虫和蜱传播。

本病主要发生于猪，尤以 3～12 月龄猪更为易感，其他家畜、家禽也可发病。人亦可感染。本病一年四季都有发生，但以炎热多雨季节发病较多。呈散发或地方流行性，有时呈暴发性流行。

3. 症状　潜伏期，自然感染与人工感染基本相似，一般为 3～5天。本病在临床上一般分为三型。

（1）急性败血型　最为常见，在暴发初期，少数猪无任何症状突然死亡。多数猪以败血症为主，表现为不食，间有呕吐，体温高达 42℃以上。精神沉郁，喜卧。强迫驱赶，则发出尖叫，步态僵硬或跛行。病初粪干，后期可发生腹泻。发病 1～2 天后，皮肤潮红继而发紫，以耳、腹、腿内侧多见，指压退色。病程 3～4天。

哺乳仔猪和刚断奶小猪发生本病时，一般突然发病，出现角弓反张、抽搐等神经症状，不久倒地而死，病程 1 天左右。

（2）亚急性（疹块型）　病程较缓和，其特征是皮肤表面出现疹块，俗称“打火印”。常在发病后 2～3 天在胸、腹、背、肩、四肢部的皮肤出现方形、菱形或不规则的疹块。初期充血，指压退色；后期瘀血，紫黑色。疹块发生后，体温逐渐恢复正常，数日后，病猪多自行康复。病程约 1～2 周。

（3）慢性型　一般由上述两型转变而来，也有原发性的。常见的有关节炎型、慢性心内膜炎型和皮肤坏死型。关节炎型主要表现为四肢关节（多见于腕、跗关节）肿痛，病肢僵硬，跛行或卧地不起，食欲正常，但消瘦、衰弱，病程数周至数月。心内膜

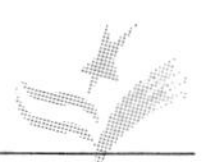

炎型主要表现为消瘦、贫血，全身衰弱，不愿走动，身体走动时摇晃。听诊心脏有杂音，心律不齐。有时在行进中突然倒地死亡。皮肤坏死型常发生于耳、背、肩及尾部，病变部皮肤变黑色，干硬。坏死的皮肤逐渐与其下层新生皮脱落，犹如一层甲壳。有时可在部分耳壳、尾巴末梢和蹄部发生坏死。

4. 病理变化

（1）急性败血型　鼻、唇、耳及腿内侧等处皮肤呈不同程度紫红色。全身淋巴结呈浆液性出血性炎症。心包和胸腔积液，肝肿大，脾脏呈典型的急性炎症变化。胃肠道黏膜呈卡他性或出血性炎症，尤其以胃底部和十二指肠为重。肾常呈急性出血性肾小球肾炎。

（2）亚急性疹块型　以皮肤疹块为特征变化。疹块内血管扩张，皮下组织水肿浸润，疹块中央呈苍白色。死亡病例亦有上述败血症病变。

（3）慢性型　关节炎型多见于四肢一个或多个关节肿胀，关节增生肥厚，不化脓，切开关节囊有浆液性纤维素性渗出物，黏稠并带红色。心内膜炎时，见心脏1个或数个瓣膜表面有菜花样疣状赘生物。它是由肉芽组织和纤维素性凝块组成。常见于二尖瓣。

5. 诊断　根据流行病学、临床症状及解剖病变可作出初步诊断，确诊需作病原学检查。采取高体温病猪的耳静脉血，死后取心血、脾、肝、肾、淋巴结触片或抹片，染色，镜检，如发现革兰氏阳性纤细杆菌，散布或在白细胞内成丛排列，可作出初步诊断。将上述病料接种鲜血培养基，培养48小时，长出针尖大小菌落，菌落表面光滑，边缘整齐，发微蓝色光，菌落周围形成狭窄绿色溶血环，挑取菌落染色，镜检，必要时可作生化鉴定或血清型鉴定。亦可将病料接种小白鼠、豚鼠，从小鼠心血中分离出本菌。而豚鼠无反应。

血清学检查　常用的有凝集试验、生长试验和酶联免疫吸附

试验。

6. 防制措施

（1）免疫接种　目前使用的有猪丹毒弱毒菌苗 GC_{42}，该苗既可注射，又可口服，安全性、免疫性均较好。另有猪丹毒氢氧化铝甲醛苗及猪瘟、猪肺疫、猪丹毒三联苗。接种该苗应在断奶后进行，免疫期可达 6 个月。

（2）治疗　青霉素对本菌高度敏感，故治疗本病以青霉素疗效最好。对急性败血型猪丹毒，首次可按 1 万～2 万国际单位/千克体重静脉注射水剂青霉素，同时再辅以肌肉注射常规剂量，以后按肌肉注射治疗，直至体温正常。其次金霉素、土霉素也相当敏感，疗效佳。若发现青霉素疗效不佳时应即时改换药物。

（3）防疫措施　加强饲养管理，保持圈舍干燥、卫生、定期消毒，消灭鼠、蚊、蝇，做好粪、尿、垫草的无害化处理。一旦发现本病，应即时隔离重病猪并作治疗，全群紧急免疫接种。

（十五）猪肺疫

猪肺疫又称猪巴氏杆菌病（Pasteurllisis in swine），是由多杀性巴氏杆菌引起的猪的一种急性、热性传染病。其特征是最急性型呈败血症和咽喉炎，急性型呈纤维素性胸膜肺炎，慢性型较少见，主要表现为慢性肺炎。

本菌最早由 Loeffer 于 1882 年发现，称为猪出血性败血症巴氏杆菌病。猪巴氏杆菌病分布广泛，世界各国均有发生。卡特氏（Carter1975 年）认为，巴氏杆菌病是由于饲养管理失调、环境改变，寄生虫侵袭和其他细菌诱发复合感染而发病。

1. 病原　猪肺疫病原为多杀性巴氏杆菌（Pasteurella multocida），为革兰氏阴性、两端钝圆、中央微突的球杆菌或短杆菌。不形成芽胞，无鞭毛，不运动，新分离的强毒菌株有荚膜，常单个存在。病料组织涂片、触片、血液抹片，以瑞氏、姬姆萨氏或美蓝染色时，菌体多呈卵圆形，两极着色深，似两个并列球菌。本菌为需氧及兼性厌氧菌。

本菌在鲜血琼脂平板上形成2毫米大小菌落，但菌落形状不一，其菌落于45°折光下观察时，呈蓝绿色带金光，边缘有窄的红黄光带，称Fg型；菌落呈橘红色带金光，边缘有乳白色带，称为Fo型；不带荧光的菌落为Nf型。用荚膜抗血清作交叉间接血凝试验，可将本菌分成A、B、D、E 4种荚膜血清型。如用盐酸去荚膜，以菌体与菌体抗血清作交叉凝集试验，可分出1～12个菌体血清型。本菌的血清型以菌体血清型和荚膜血清型合并表示构成15个血清型。猪肺疫多为1：A，3：A，5：A，7：A和1：D。用Carter氏分型法，我国从各地病猪分离的菌株主要是B型，其次是A型。

巴氏杆菌对直射日光、干燥、热和常用消毒药抵抗力不强，但在腐败的体内可存活1～3个月。

2. 流行病学 病猪、带菌猪及其他感染动物是本病的传染源。病猪排出的分泌物和排泄物中含大量病菌，污染饲料、饮水、用具和外界环境，经消化道传染；或者由咳嗽、喷嚏排菌，通过飞沫经呼吸道传染；也可经吸血昆虫传染及经皮肤、黏膜伤口发生传染。健康带菌猪在环境变化，应激因素情况下如天气突变、潮湿、拥挤、通风不良、饲料突然改变、长途运输、寄生虫病等，引起猪抵抗力下降，也可发生内源性感染。

多种动物都可感染该病，尤以牛、猪、禽、兔更易感。发病年龄、性别、品种差异不显著，猪以小猪和中猪易感性较大。但有母源抗体的小猪，在断乳时50%有抵抗力。该病一年四季均可发生。并常与猪瘟、喘气病混合感染或继发。

3. 症状

最急性型：多见于流行初期，俗称“锁喉风”，常突然发病死亡。病程稍长病猪，体温41℃以上，食欲废绝，精神沉郁，寒颤，呼吸困难，白猪在耳根、颈、腹等部皮肤可见明显的红斑。咽喉部肿大、坚硬，有热痛，病猪张口喘气，口吐白沫，可视黏膜发绀。严重者呈犬坐式张口呼吸，终因窒息死亡。病程

1～2天。

急性型：体温41℃左右，病初为干性短咳，后变为湿性痛咳，鼻孔流出浆液性或黏液性分泌物，呼吸困难，可视黏膜发绀，口角有白沫。触诊胸部有痛感，初期便秘，粪表面被覆有黏液，有时带血，后转为腹泻。多在4～6天死亡。不死者常转为慢性。

慢性型：病猪持续咳嗽，呼吸困难，持续性或间歇性腹泻，逐渐消瘦，被毛粗乱，行动无力，有的关节肿胀、跛行。皮肤出现湿疹。有的病猪皮肤上出现痂样湿疹，最后多因衰竭而死亡。不死的成为僵猪。

4. 病理变化

最急性型：全身皮下、黏膜、浆膜、心冠脂肪出血，喉头黏膜出血肿胀，全身淋巴结肿大，呈浆液性、出血性炎症。肺充血，水肿。胃肠黏膜有出血性炎症。

急性型：肺肝变、水肿和气肿、出血，病变主要在尖叶、心叶和膈叶前缘。肺切面呈大理石样，胸腔和心包积有多量淡红色的混浊液体。胸膜和心包膜粗糙，上附纤维素，有的心包和胸膜粘连。气管、支气管内有泡沫样黏液。

慢性型：病猪消瘦、贫血，肺有坏死灶，周围形成增生的结缔组织，内含干酪样物质，有的形成空洞。心包和胸腔内积液，胸膜增厚，上有纤维素絮片或与肺粘连。

5. 诊断 根据流行病学、临床症状、病理变化可初步确诊。进一步确诊需作病原学诊断。对最急性型和急性病例，可采取心血（或血液），局部水肿液，胸腔渗出液，肝、脾、肿胀的淋巴结，作组织触片或涂片，用革兰氏、瑞氏染液，或美蓝染液染色、镜检，如见多量、两极着色的小杆菌，即可作出诊断。必要时可将病料接种鲜血琼脂平板或接种小白鼠，从鲜血平板上或从小鼠心血分离出上述菌，即可确诊。还可用间接血凝试验确定荚膜抗原类型，用凝集试验确定菌体抗原类型。

6. 防制措施

（1）预防　改善猪的饲养管理和卫生条件，尽量减少外界环境条件的改变，消除降低猪体抵抗力的一切不良因素。当天气突变或长途运输后，可在饲料中加抗生素预防。环境定期用20%新鲜石灰乳，5%漂白偻、3%来苏儿消毒。病死猪深埋或高温处理。免疫接种是预防本病的有效措施，种猪配种前免疫，仔猪45～60日龄免疫。

（2）治疗　病猪可用青霉素、链霉素、广谱抗生素、磺胺类药物治疗。病初及时用药效果较好。抗猪肺疫血清，配合抗生素或磺胺药治疗，疗效更好。

（十六）猪喘气病

猪喘气病广泛流行于世界各地，国外称此病为猪支原体肺炎或猪地方流行性肺炎，是猪的一种慢性呼吸道传染病。主要表现为咳嗽和喘气，患猪生长发育缓慢，饲料转化率低。本病的死亡率不高，但在饲养管理不良，有继发性感染时会造成严重死亡，特别是在集约化高密度饲养的条件下，传播更迅速，经济损失更严重。

1. 病原　1965年美国的Mare Switzer和英国Goodwin whittlestone等确认病原为猪肺炎支原体（Mycoplasmal pneumonia of swine）。支原体是一种多形态微生物，其大小介于细菌和病毒之间，直径约为0.3～0.8微米。对常用消毒剂敏感，对土霉素、卡那霉素、泰妙菌素、壮观霉素、林可霉素等敏感。对青霉素、磺胺类药、醋酸铊等有抗药性。耐低温但不耐热（55℃在1分钟内灭活）。

2. 流行病学　本病仅发生于猪，不同年龄、性别、品种和用途的猪都易感本病。但以1～3月龄的猪多发，母猪和成年猪以慢性和隐性感染为主，母猪怀孕后期表现出明显症状。本病主要通过呼吸道感染，一年四季都可发生。饲养管理和卫生条件差，环境的突然改变等是本病发生和发展的主要因素。

3. 症状

急性型：常见于新发生本病的猪群，尤以仔猪和青年猪多见。病猪常突然发作，呼吸次数每分钟可达70～130次，严重者张口喘气，口鼻流沫，呈腹式呼吸或呈犬坐势。咳嗽次数少而低沉。体温一般正常。当病猪呼吸困难时，食欲大减，甚至可窒息死亡。病程一般约7～10天。

慢性型：病猪长期咳嗽，常见于早、晚、运动及进食后发生。初为单咳，严重时呈痉挛性咳嗽。随着病程的延长，呼吸次数增加，表现出明显的腹式呼吸，时而明显，时而缓和。食欲减少，生长发育缓慢，消瘦。病程达3～6个月以上。

隐性型：病猪在良好的饲养管理条件下无明显症状，偶见有轻微咳嗽，体况较好，但血清学检查阳性，X线胸透和剖检可发现不同程度的肺炎病灶。

4. 病理变化　本病的主要病变在肺脏。急性死亡猪肺有不同程度的水肿和气肿，在肺叶出现融合性支气管肺炎变化。肺的心叶、尖叶、中间叶及膈叶前缘呈淡红色或灰红色肺炎变化，像肌肉样称为“肉变”，其病变以心叶和尖叶最为显著。病重时肺叶病变呈灰白色或灰黄色，称为“胰变”或“虾肉样变”。肺门淋巴结和纵膈淋巴结显著肿大，呈灰白色。恢复期病例，在肺炎病灶吸收后病变逐渐消散，肺小叶间结缔组织增生硬化，表面凹陷，肺组织膨胀不全。继发细菌感染可引起肺和胸膜粘连，出现纤维素性、化脓性和坏死性病变。

5. 诊断

（1）根据流行情况及临床表现以咳嗽，喘气为特征，病理剖检主要在肺的心叶、尖叶、中间叶及膈叶前缘出现“肉变”或“胰变”，一般可作出诊断。

（2）血清学诊断　可采用间接血凝试验、微粒凝集试验、微量补体结合试验、免疫荧光试验等方法进行检测。

（3）在现场用X线检查透视肺部可作出快速准确的诊断。

6. 防制措施

（1）预防接种　健康猪只用猪喘气病弱毒疫苗和灭活疫苗进行交叉免疫预防，仔猪在 15 日龄首免弱毒疫苗，30 日再接种灭活疫苗，效果较好。繁殖母猪在配种前 1 周，种公猪在每年 4 月和 10 月进行预防接种。

（2）治疗　可选用壮观霉素、利高霉素或林可霉素，按每千克体重肌肉注射 10～15 毫克；枝原净（泰妙菌素），按每千克体重 20 毫克拌入饲料喂；硫酸卡那霉素，按每千克体重 4 万国际单位，肌肉注射；上述用药每天 1 次，连用 5 天为 1 疗程，用 1～3 个疗程，每个疗程间隔 5 天。特效米先，小猪 1～3 毫升，大猪 5 毫升肌肉注射，隔天 1 次，用 3～5 次；土霉素原粉，按每吨饲料加 500 克拌料，连用 10～15 天。

（3）控制与净化　采用监测、免疫、隔离、治疗、淘汰、消毒等综合防治措施可使猪喘气病达到控制和净化。主要措施有：

第一，无本病的猪场，坚持自繁自养，如必须从外地引进种猪，应严格隔离检查 3 个月，确诊无猪喘气病方可与健康猪只混群，并按免疫程序接种猪喘气病疫苗。

第二，利用康复母猪或培育无特定病原猪建立健康猪群。对病猪应隔离治疗或淘汰，尽快育肥出售；对有饲养价值的优良种猪进行治疗直到痊愈方可配种。母猪在怀孕后期和哺乳期用抗肺炎支原体药物控制感染；哺乳仔猪直至断奶后 1 个月期间应加强监测，防止仔猪窜圈，经检查证明健康再分群饲养，留作种用。

第三，猪群全进全出，空圈不少于 15 天，并进行严格消毒后方可进猪。

第四，加强饲养管理，做好卫生防疫工作。

（十七）猪水肿病

本病是由致病性溶血性大肠杆菌引起仔猪的一种急性疾病。其特征为胃壁和其他部位发生水肿。本病常突然发病。发病率不很高，但病死率很高，常出现内毒素中毒引起休克而迅速死亡。

1. 病原　由某些血清型（如 O_8、O_{138}、O_{139}、O_{147}）的溶血性大肠杆菌感染所引起，但一次水肿病暴发一般只涉及一个菌株。即使偶尔分离到两个菌株，也只有一个菌株占优势。感染病菌产生毒素是致病的重要原因。

2. 流行病学　本病多发于刚断奶后的仔猪。特别是气候突变和阴雨后多发。仔猪饲料单一，采食蛋白质、淀粉含量过高或缺乏矿物质（主要为硒）和维生素的饲料，都可促进本病的发生。一般多见于春、秋季节。

3. 症状　在一窝或一群仔猪中，生长快、体膘好的一头或几头猪突然发病。以后陆续出现病猪或不再出现病猪。病猪体温正常或稍高，心跳、呼吸加快。随着病情加重，四肢作游泳状划动，口吐白沫，触摸时猪只敏感，叫声嘶哑，呼吸困难，卧地不起。有的猪前肢跪地，后肢站立，或后肢麻痹而不能站立。腹泻或便秘。脸部、眼睑、结膜、齿龈水肿，有时水肿波及颈部和腹部皮下。病程数小时至 2 天，病猪多数死亡。慢性病者可达 1 周以上。

4. 病理变化　组织水肿是本病的特征。体表水肿多见于眼睑及脸部，切开水肿部可见清亮或茶色液体。内脏则以胃壁、肠系膜、肠系膜淋巴结，胆囊和喉头多见。胃壁水肿常在大弯及贲门部，切开时在黏膜和肌层之间有一层透明或淡红色胶冻样液体。有时可见卡他性或出血性肠炎，肝脂肪变性，肺水肿，心包、胸腔积液。脑膜充血，脑实质充血或水肿。

5. 诊断　根据本病的流行病学、临床症状和病理变化不难作出诊断，必要时亦可从肠系膜淋巴结和肠内容物分离病菌，并进行鉴定。

6. 防制措施

（1）预防　加强仔猪断奶前后的饲养管理，提早补饲。在缺硒地区补充维生素 E 和硒。猪舍保持清洁、干燥、温暖。

（2）治疗　对病猪要及早治疗，抗毒素血清效果较好。另

外，抗菌消炎及利尿同时应用也有一定疗效。如环丙沙星、链霉素、土霉素、磺胺类药，加上亚硒酸钠、维生素 E 对本病效果较好。水肿严重的，除用抗生素外，亦可加入安钠咖、葡萄糖、双氢克尿噻，作静脉注射，进行对症治疗。

（十八）猪链球菌病

猪链球菌病是由一些链球菌引起的猪的多种传染病症的总称。急性型常为出血性败血症和脑炎，慢性型则以关节炎、心内膜炎及组织化脓性炎症为特点。而 E 群链球菌引起的淋巴结脓肿最为常见、流行最广。C 群引起败血性链球菌病，危害最大、发病率和死亡率高。

1. 病原 链球菌（Streptococcus）为革兰氏阳性、球形或卵圆形细菌。不形成芽胞、无鞭毛，有的可形成荚膜，呈长短不一的链状排列。需氧或兼性厌氧菌。在培养基中加入血液、血清或腹水有利于该菌生长。本菌的致病力取决于产生毒素和酶的能力。本菌对高热及一般消毒药抵抗力不强。但在组织或脓汁中的细菌，在干燥条件下可存活数周。

2. 流行病学 病猪和带菌猪是主要传染源。新生仔猪感染，多为母猪传染所致。据报道，我国流行的败血性链球菌病病愈猪，经 6 个月仍能从扁桃体检出本菌。伤口（如新生仔猪脐带伤口）和呼吸道是本病的主要传播途径。各年龄猪均易感，其中新生仔猪、哺乳仔猪的发病率和死亡率最高。成年猪发病较少。本病无明显季节性，常呈地方流行性，多表现为急性败血型，短期内波及全群，发病率和死亡率均高。新疫区流行期 2～3 周，高峰期 1 周左右。猪淋巴结脓肿的发病率可达 90%，猪群内可连年发病。

3. 症状 本病潜伏期一般 1～3 天，最短的数小时，长的可达 6 天。根据病程可分为：

最急性型：多不见症状而突然死亡。

急性型：病猪突然不食，体温 41℃以上，稽留热。精神沉

郁，嗜卧，步态不稳，呼吸迫促，流浆液性鼻汁。腹下、四肢下端及耳呈紫红色，并有出血斑点。便秘或腹泻带血，尿色发黄或发生血尿。可表现关节炎，跛行。有些猪表现为脑膜脑炎型，抽搐，共济失调或作圆圈运动，或突然倒地，口吐白沫，四肢呈游泳状，最后衰竭或麻痹而死。部分病猪还表现为肺炎或胸膜肺炎症状，呼吸急促、咳嗽，呈犬坐姿式，最后窒息死亡。

慢性型：体温时高时低，一般在40℃左右，精神、食欲时好时坏。一肢或多肢关节肿大，跛行，站立困难或卧地不起。逐渐消瘦，贫血。有的颈部皮下出现脓肿，触诊硬痛，破溃后流出脓汁。病程长短不一，一般2~3周，有的长达1月。

4. 病理变化

急性败血型：主要表现为出血性败血症变化。血液凝固不良，胸、腹下和四肢皮肤出现紫斑或出血斑。全身淋巴结肿大、出血，黏膜、浆膜皮下均有出血斑点。胸、腹腔积液增多，浑浊，含絮状纤维素。多数脾脏肿大、质脆，肾肿大、充血和出血，胃和小肠黏膜不同程度充血和出血。

急性脑炎型：主要表现为脑膜充血、出血，严重者溢血，少数脑膜下积液。部分猪在头、颈、背部皮下，肠系膜、胆囊壁有胶样水肿。

胸型：主要表现为化脓性支气管肺炎，多见于尖叶、心叶和膈叶，肺颜色灰白、灰红和暗红，切面有脓样病灶。气管内有较多的淡红色泡沫液体。肺胸膜增厚，常与胸壁粘连。

慢性型：主要是多发性关节炎，颈部皮下脓肿，严重者关节周围化脓，坏死。

5. 诊断　根据流行病学、临床症状、病理变化可作出初步诊断。确诊需要作：

（1）细菌检查　取病猪血液、肝、脾、脑等涂片、镜检。也可将病料接种于鲜血琼脂平板，可见长出细小的菌落，多数菌种有溶血现象。挑取菌落染色、镜检。

（2）动物接种　将病死猪的肝、脾或脑组织病料磨碎，加生理盐水稀释，接种小白鼠，小鼠可在12～72小时呈败血症死亡，并可从小鼠内脏中重新分离出本菌。

（3）鉴别诊断　本病易与猪瘟、猪丹毒、猪肺疫和猪副伤寒等传染病混淆，但从病原菌上可区别上述病。

6. 防制措施　疫区或疫场应接种猪链球菌疫苗。一旦发生本病，应及时隔离，治疗病猪，猪舍、栏、用具用百病消喷洒消毒。舍外用2%烧碱水消毒。未发病猪进行紧急预防注射。饲料中按每吨添加400克土霉素，连喂4天。

治疗：大剂量青霉素对本病有良好疗效。但治疗要及时，体温恢复后应继续用药2～3次。土霉素、复方磺胺类药也有良好疗效。

（十九）猪传染性胸膜肺炎

猪传染性胸膜肺炎又称猪副溶血嗜血杆菌病，是由胸膜肺炎嗜血杆菌引起猪的一种呼吸道传染病。以肺炎和胸膜炎为特征，急性病例死亡率较高，慢性病例常呈良性经过。本病自1957年发现以来，已在世界广泛流行，并呈逐年增长趋势。

1. 病原　胸膜肺炎嗜血杆菌（Haemophilus pleuropneumoniae）曾称为副溶血嗜血杆菌。为革兰氏阴性，微小至中等大小的球杆状或杆状菌，有时成丝状，亦表现多形性和两极染色，无运动性。兼性厌氧，常需在CO_2的气体中生长。生长需要V因子。菌落细小，透明，黏液状。由于葡萄球菌在生长中可合成V因子，并向外扩散到周围培养基中，因此在绵羊鲜血琼脂平板上先划线接种金黄色葡萄球菌再接种本菌时，相邻的本菌菌落生长良好，溶血更明显，称作“卫星”现象。根据荚膜抗原本菌可分为10个血清型。该菌对外界环境的抵抗力不强。

2. 流行病学　病猪和带菌猪是本病主要传染源。隐性带菌猪很多。病菌常通过飞沫传播，在规模化猪场，猪群之间更易通过接触传播。公猪与母猪的交配也是传播途径之一。各种年龄、性别的猪都有易感性，但以3月龄内仔猪最为易感。大群密集饲养，通气不良，拥挤或运输，都可诱发本病。该病发病率高，死亡率差异大，主要是由饲养管理和气候因素而定。

3. 症状　潜伏期1天至数天不等。饲养管理好坏、应激因素多少决定潜伏期长短和病的轻重。最急性病猪未表现明显症状即突然死亡。急性病猪突然发病，体温高达40℃以上，精神沉郁，食欲废绝，轻泻和呕吐。病初无呼吸道症状，最后呼吸极度困难，张口伸舌，口、鼻流出淡红色泡沫样液体。口、鼻、四肢皮肤呈蓝紫色。多在24～36小时死亡。少数转为亚急性或慢性病例。慢性病猪多由急性型转变而来。无体温反应，仅有间隙性咳嗽，生长缓慢。

4. 病理变化　病变主要表现在呼吸系统。最急性病例由于死亡迅速，尸检时无明显特征病变。急性型鼻腔有血性泡沫，肺脏心叶、尖叶及膈叶有肺炎病变。病变部位呈紫红色、坚实，切面似肝，间质充满胶冻样液体、色红。慢性型在肺炎区出现纤维性物质附着，有黄色胶冻样渗出液。在肺脏膈叶可见大小不等的结节，其周围的结缔组织增生明显，常与胸壁黏连。

5. 诊断　根据流行病学、临床症状、解剖病变（胸膜炎、心包炎、纤维素性粘连）可初步判断为本病，确诊需作病原学或血清学诊断。

（1）病原学诊断　取病料接种绵羊血琼脂平板，再在平板上按“S”状接种上葡萄球菌，培养后如见有可疑菌落，再以阳性血清作玻片凝集试验，即可诊断。

（2）血清学诊断　隐性感染猪的检出主要靠血清学诊断。可用玻片或试管疑集试验，补体结合试验或ELISA检查抗体。

6. 防制措施

（1）免疫　用从分离的地方菌株制备成灭活菌苗免疫，有较好的预防效果。

（2）防疫　防止健康猪与病猪接触，严防带菌猪引入健康猪群。因此，坚持自繁自养，加强检疫，严格消毒是主要的防疫措施。

（3）治疗　对急性病猪必须及时治疗。猪群中一旦发现有临床症状，主要是出现呼吸道症状的猪，应立即剔出、隔离，并用抗生素治疗，如壮观霉素、枝原净、青霉素、土霉素、磺胺嘧啶类药物均有效。枝原净按每千克体重20～30毫克拌料，连用5天；土霉素按每吨饲料添加600克，连用5～7天。

（二十）猪传染性萎缩性鼻炎

本病是猪的一种慢性呼吸道传染病。以鼻甲骨萎缩为特征，尤其以鼻甲骨的下卷曲部最为常见。临诊表现主要为喷嚏、鼻塞等鼻炎症状和颜面部变形或歪斜。

1. 病原　其病原主要为支气管败血波氏杆菌（Bordetella bronchiseptica），近年来证实产毒素多杀性巴氏杆菌等病菌与支气管败血波氏杆菌的混合感染是引起本病的主要病因。波氏杆菌为革兰氏阴性球杆菌，无芽胞，多呈两极着色。抵抗力不强，一般消毒药能将其杀死。

2. 流行病学　各年龄猪都可感染本病，但以仔猪最易感。病原体从病猪和带菌猪的鼻腔分泌物排出后，通过空气飞沫经呼吸道传染，特别是母猪有病时，最易将本病传染给仔猪，猫、鼠、兔和犬等也可带菌，并能传播本病。饲养管理不好、通风不良、拥挤、潮湿、寒冷等因素，可促进本病的发生。

3. 临床症状　乳猪可早在3～4日龄感染发病，表现为剧烈咳嗽，呼吸困难，体温不高。不吃乳，极度消瘦，常全窝死亡。病猪常因鼻炎刺激鼻黏膜而表现不安，如摇头、拱地、搔抓或摩擦鼻部。数周后，少数猪可以自愈，但大多数猪有鼻甲骨萎缩变化，经过二三个月，鼻和面部变形。鼻端上翘或歪向病损严重的一侧。

4. 病理变化　病变主要在鼻腔和邻近组织，最有特征的变化是鼻腔的软骨和鼻甲骨组织的软化和萎缩。鼻甲骨的下卷曲萎缩最为常见，严重者鼻甲骨甚至消失。部分猪有肺炎病变。

5. 诊断　根据临床症状、病理变化可作出诊断。也可采病料进行病原分离。将猪鼻盘部污染物擦净，用70%酒精消毒，用灭菌生理盐水清洗鼻腔几次，尽可能洗下鼻腔里的病料，或用长的灭菌棉棒插入鼻腔中部或深部，轻轻转动几次后取出，放入盛有肉汤的试管中培养。也可采取感染猪的血清做试管凝集试验，其判定标准为：1∶80 出现＋＋以上为阳性，1∶40 ＋＋为可疑，1∶20 以下为阴性。

该病应注意与传染性坏死性鼻炎和骨软病相区别。传染性坏死性鼻炎是由坏死梭杆菌所致，引起软组织及骨组织的坏死，腐臭并形成溃烂或瘘管；骨软病可表现鼻部肿大变形，但无呼吸症状，有骨质疏松、异食等特点，但鼻甲骨不萎缩。

6. 防制措施　引进种猪时，要加强检疫，并对引进的种猪隔离观察 1 个月以上；若发病猪很少，可及时淘汰，根除传染源；若发病猪很多，最好采取“全进全出”的措施，将患病猪群全部肥育后屠宰，经彻底消毒后重新引进种猪。平时应加强饲养管理和卫生、消毒。可接种猪传染性萎缩性鼻炎油佐剂二联灭活苗加以预防。母猪产前接种，仔猪 1～4 周龄免疫。

病猪可用链霉素按 10～20 毫克/千克体重，肌注，每天 2 次。也可用磺胺类药、土霉素，按 0.1%拌料饲喂。

（二十一）猪布氏杆菌病

布氏杆菌病简称布病，俗称波状热或流产病，是一种自然疫源性疾病和职业病。在家畜中，牛、羊和猪最常见，并可传给人类。其特征是侵害生殖系统，母畜发生流产和不孕，公畜可引起睾丸炎。本病分布广泛，可严重地损害人、畜的健康。

1. 病原　该病由布氏杆菌感染所致。猪布氏杆菌有 3 个生物型。本菌为革兰氏阴性菌，多呈球杆状，无鞭毛和芽胞。

2. 流行病学　本病的感染范围很广。各年龄猪均有易感性，以生殖期的猪发病较多。病猪和隐性带菌猪及其他感染动物是主

要传染源，并通过污染的饲料和饮水，经消化道而感染，也可经配种感染。该病常呈地方性流行。

3. 症状 感染猪大部分呈隐性经过，少数猪呈现典型症状，表现为流产、不孕、睾丸炎、后肢麻痹及跛行，短暂发热或无热。公猪发生睾丸炎时，睾丸肿胀、硬固，有热痛，病程长，后期睾丸萎缩，失去配种能力。

4. 诊断 可通过病原分离鉴定和血清学检查。最简单实用的方法是布氏杆菌虎红平板凝集试验，也可用补体结合试验和变态反应检查。

5. 防制措施 本病无治疗价值，一般不采用治疗的办法。发病后的防制措施如下：

（1）用凝集试验方法对猪群进行逐只检疫，阳性猪一律淘汰。种公猪配种前还要检疫1次。

（2）流产胎儿、胎衣、羊水及阴道分泌物应深埋，被污染的场所及用具用3%～5%来苏儿或2%碱水消毒。

（3）在疫区，可用布氏杆菌猪型二号冻干苗进行预防接种，饮服两次，间隔30～45天，免疫期1年。

（4）猪群头数不多，而发病率或感染率很高时，最好全部淘汰，重新建立猪群。

（二十二）猪结核病

结核病是结核分枝杆菌属细菌所致的人畜共患慢性传染病。该病的特征是在某些器官形成结核结节，病程较长者结节中心干酪样坏死（如豆腐渣样）或钙化。

1. 病原 该病由结核分枝杆菌属中的多型结核杆菌引起。该菌具有抗酸染色的特点，不形成芽胞，无鞭毛，不运动。

2. 流行病学 患病人类及多种动物，尤其是开放性患者是本病的传染源。结核病的易感动物很多，如牛、猪、鸡和人。猪得结核病主要由于与结核病人、牛和鸡直接或间接接触。本病通过消化道、呼吸道感染传播。一般散发，发病率及死亡率不高。

3. 病理变化 猪结核病的结核病灶主要见于咽部、颈部及肠系膜的淋巴结。猪的全身性结核病很少见，偶尔在肝、脾、肺、肾及许多淋巴结见到结核病变。结核病灶的特征为特异性肉芽肿，坚实，隆起，呈灰色或灰黄色，中心干酪样化坏死或钙化，与周围界限较明显。

4. 诊断

（1）结核菌素试验 用牛型结核菌素和禽型结核菌素各0.1毫升分别同时注射于两侧耳根皮内，经48～72小时观察注射部位的反应，任何一侧局部发红肿胀，均可判为阳性。多用于群体检疫。

（2）显微镜检查 采取结核病灶内的干酪样物涂片，干燥，火焰固定，滴加石炭酸复红液，并微加温染色2～5分钟，水洗，以3%盐酸酒精脱色30秒至1分钟，水洗后用碱性美蓝液复染1～2分钟，水洗、干燥，镜检可见被染成红色的结核杆菌，而其他细菌或细胞被染成蓝色。多用于屠宰后的猪体检查。

5. 防制措施 加强饲养管理，引进种猪时应用结核菌素试验检疫。各种动物（特别是牛、猪、鸡）应分开饲喂，不用未经处理的鸡粪喂猪。开放性结核病人不能作饲养员。更不能从结核病医院收集残羹喂猪。

（二十三）猪李氏杆菌病

李氏杆菌病是由产单核细胞李氏杆菌所致的人、畜共患的散发性传染病。其特征表现为脑膜脑炎、败血症和母猪流产。多为散发，发病率很低，但病死率很高。

1. 病原 本病是由产单核细胞李氏杆菌引起，现已知的有7个血清型和11个亚型，猪以Ⅰ型多见。该菌为革兰氏阳性，无芽胞，在病料涂片中常呈两个菌体排成“V”形，或互相并列。

2. 流行病学 本病的易感动物很广泛，传染源也很多。病畜的分泌物和排泄物所污染的饲料和饮水是主要传染媒介。经过消化道、呼吸道及损伤的皮肤而感染。本病的发生有一定的季节

性，主要发生于冬季和早春。

3. 临床症状 可分为败血型、脑膜脑炎型和混合型，而常见的是混合型，多见于哺乳仔猪。病猪突然发病，初期体温升高达41℃以上，吮乳减少或不吃，粪干尿少，中、后期体温降至常温或常温以下。多数病猪表现脑膜脑炎症状，兴奋不安，肌肉震颤、僵硬，运动失调。严重者抽搐，口吐白沫，后肢麻痹不能站立。

4. 病理变化 死于神经症状的病猪，脑及脑膜充血、水肿，脑干变软。病理组织学检查，见有严重的单核细胞浸润现象。死于败血症状的病猪，肺充血水肿，心内外膜充血，胃及小肠黏膜充血，肝、脾和心肌中有白色小坏死灶。

5. 诊断 采取肝、脾、脊髓液及脑桥等病料，涂片，用革兰氏染色、镜检，如发现阳性小杆菌，在排除猪丹毒的情况下可确诊。仍有可疑时，可将上述病料作细菌分离培养鉴定及组织学检查。

6. 防制措施 搞好环境卫生，正确处理粪便，做好灭鼠工作，发病早期大剂量应用磺胺类药物、青霉素等合用，有良好治疗效果。

（二十四）猪钩端螺旋体病

钩端螺旋体病是一种人兽共患传染病。可能出现黄疸、血红蛋白尿、皮下水肿及流产等症状。大多呈现隐性感染。

1. 流行病学 各种家畜及野生哺乳动物和人均可感染，特别是鼠类最易感。病畜和带菌动物是传染源，特别是带菌鼠和感染猪在本病的传播上起着重要作用。病原体从尿液排出后，污染周围的水源、土壤、经过损伤的皮肤、黏膜及消化道而感染。本病多发生于夏秋季节，以气候温暖、潮湿、鼠类繁多地区发病较多。

2. 临床症状及病理变化 本病的潜伏期2～5天。依其症状可分为4种类型。

急性黄疸型：常发生于肥育猪。病猪有时无明显症状，突然死亡。有时出现便秘，呈羊粪状，颜色深褐，尿呈茶褐色，眼结膜及巩膜发黄。病理变化主要是皮下脂肪黄染，肝呈土黄色。

水肿型：常发生于中、小猪。病猪头、颈部发生水肿，初期短暂发热，黄疸，便秘，食欲减退。病理变化为黄肝、黄脂、淋巴结肿大、充血。

神经型：病猪发生抽搐，肌肉痉挛，行动僵硬，步态不稳等神经症状。

流产型：出现流产、死胎或呈木乃伊胎。尸检常见黄肝、黄脂，皮下水肿等。

以上所分类型往往同时存在，或先后发生，应予注意。

3. 诊断　在发热期采取血液，在无热期采取尿液或脑脊髓液，死后采取肾或肝，进行暗视野活体检查和染色检查，可见到菌体纤细呈螺旋状，两端弯曲成钩状的病原体，但检出率较低。此外，可用血清学试验及酶联免疫吸附试验进行检查。

4. 防制措施　首先，应做好灭鼠工作。其次，对病猪粪尿污染场地，可用2%碱水消毒。在本病常发地区，应注射钩端螺旋体菌苗，两次肌肉注射，间隔1周，用量3~5毫升，免疫期约为1年。

治疗时选用链霉素，庆大霉毒、土霉素、强力霉素等都有较好疗效。

二、寄生虫病

（一）猪蛔虫病

本病是由猪蛔虫寄生在猪小肠内而引起的一种寄生线虫病。对3~6月龄猪只危害较重，影响猪的生长、发育。

1. 病原　猪蛔虫的成虫为粉红或淡黄白色、圆柱状的大型线虫，雄虫长14~28厘米，雌虫长20~40厘米，雄虫尾端弯

曲。虫卵暗褐色或灰色，外层有较厚的边缘不整齐的蛋白质外膜。

成虫寄生在猪小肠内，雌雄交配后，雌虫产生大量虫卵，虫卵随粪便排出体外，在适当的条件下，经10天左右发育为幼虫。幼虫在卵内蜕化后变成第二期幼虫，当猪只吞食含幼虫的虫卵后，卵壳在小肠溶化，幼虫逸出，钻入肠壁移行和发育。而多数幼虫则进入血液，随血流进入肝脏，再经血流到肺脏，幼虫在肺壁毛细血管和肺泡内发育生长，经细支气管移行到咽喉部，再经口腔被吞咽到消化道，在小肠内发育为成虫。

2. 症状 一般仔猪多因幼虫引起肺炎，表现咳嗽，体温升高，呼吸加快，当虫移行至小肠时，猪只表现为发育不良，生长缓慢或停滞，还可引起肠炎、肠阻塞和肠破裂。当虫体进入胆管时可造成胆管阻塞，引起黄疸。

3. 诊断 根据临床症状，进行粪便检查和尸体解剖可诊断。亦可以贝尔曼氏法分离幼虫。取粪样直接涂片镜检，发现虫卵即可确诊，采用饱和盐水漂浮法收集虫卵，检出率更高。

4. 治疗 左咪唑按8毫克/千克体重，溶于水拌料一次饲喂。甲苯咪唑10～20毫克/千克体重，混在饲料中内服。伊维菌素0.3毫克/千克体重，皮下注射。丙硫苯咪唑3～6毫克/千克体重，每日1次内服，连用3天。

5. 预防 经常保持圈舍干净，粪便堆积发酵。对圈舍定期消毒，猪定期驱虫，每年春、秋两季各驱虫一次。

（二）猪弓形虫病

本病是刚第弓形虫寄生在猪、人和其他动物体内而引起的一种人畜共患的原虫病。断奶猪最易发病。弓形体病分布很广泛。人或动物大部分为隐性感染，少数表现出临床症状。该病暴发时，发病率和死亡率都较高。猪主要通过胎盘、子宫、生殖道及初乳感染，经呼吸道也可感染，在夏季通过吸血昆虫叮咬而感染。

1. 病原　弓形虫在宿主细胞内寄生，其不同发育阶段有不同的形态类型。

(1) 滋养体和包囊

滋养体：呈新月状或弓状，长 4～7 微米，一端稍尖，一端钝圆。正在繁殖中的虫体，还可呈圆形、卵圆形。主要在急性发病期的腹水、肝、肺、脾和淋巴结中，急性期后，则在脑和肌肉中。滋养体在发育中逐步消失，发育成一种囊状虫体。

包囊：呈卵圆形囊状。卵膜较厚，包囊约长 51 微米，宽 10 微米，囊内有数目不等的滋养体。常存在于慢性病的脑、肌肉、肺、心、肾等实质细胞内。这种虫体长期存在，从而成为重要传染源。

(2) 裂殖体、配子体和卵囊

裂殖体：在猫肠上皮细胞中寄生，呈圆形，内含许多裂殖子。

配子体：也存在猫肠上皮细胞中，分大、小配子体，小配子体色淡核疏松，有许多小配子排列在边缘。大配子体核小而致密，胞浆内有着色良好的颗粒。

卵囊：见于猫的粪中。呈卵圆形，囊壁分两层，内含一颗粒状物组成的接合孢子。感染性卵囊内有两个孢子囊，每个孢子囊内有 4 个子孢子和 1 个残体。

当猫吞食了感染性卵囊或含滋养体的包囊后，侵入肠上皮的卵囊以裂殖方式大量繁殖裂殖子，一部分裂殖体裂变为配子体，进行有性繁殖，所产卵囊随猫粪排出体外，在温度和湿度适宜的条件下，经 2～4 天发育成感染性卵囊。

进入猫体内的包囊中的滋养体，侵入全身脏器组织的有核细胞内，进行无性繁殖，形成囊型虫体，在细胞内可存活数年。当猪经口、呼吸道黏膜或皮肤伤口感染了包囊或采食了被感染性卵囊污染了的饲料和饮水后，虫体经血流到脏器和组织细胞中进行无性繁殖，形成包囊性虫体。

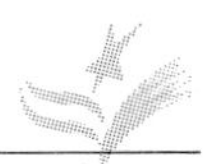

2. 症状　3～5 月龄猪多呈急性经过，潜伏期 3～7 天，体温升到 40.5～42.3℃左右，稽留热。食欲减退，精神不振，粪便干硬，便秘，有时下痢。呼吸困难，咳嗽。耳、下腹部皮肤发绀，体表淋巴结肿大。有的四肢及全身肌肉僵直，走路不稳。少数病猪在病初呕吐。病程 10～15 天，不死可转慢性或逐渐康复。

慢性病猪发育不良，下痢、消瘦。孕猪发生死胎、流产，分娩的仔猪发生急性死亡，衰弱或畸形。

3. 诊断　根据临床情况较难诊断，确诊需检查虫体或取病料接种实验动物以及进行血清学试验。可采取脑、肝、肺等组织进行组织切片观察，在急性阶段，可取血液、乳汁、渗出液等涂片，染色、镜检。发现组织细胞内或游离的滋养体，即可确诊。也可将病料接种小白鼠、家兔分离虫体。另外，还可用补体结合反应、血球凝集试验和荧光抗体法等进行诊断。

4. 治疗

（1）磺胺嘧啶钠 70 毫克/千克体重，肌注，并用甲氧苄氨嘧啶 14 毫克/千克体重内服，每天 2 次，5 天为一疗程。或注射增效磺胺-5-甲氧嘧啶 0.2 毫克/千克体重，每天 2 次，连用 5 天。初次用量加倍。

（2）磺胺药与乙胺嘧啶合用有协同作用。乙胺嘧啶与磺胺二甲基嘧啶合用，分别按 0.005%和 0.05%混入饲料或饮水中喂服。

（3）按每吨饲料中添加 150 克氯苯胍，对猪感染弓形虫的滋养体有抑制作用，连用有治疗效果。

5. 预防

（1）因猫是本病的终末宿主，因而要禁止猫接触猪和饲料。

（2）定期对猪弓形虫检疫，检疫出的感染猪只，进行隔离治疗。

（3）本病流行期间，以磺胺 2，6 二甲氧嘧啶（SDM）与乙胺嘧啶合用进行预防，每天0.05～0.1克/千克体重，肌注，连续5～7天。

（三）猪疥癣

本病是由猪疥癣虫寄生在猪皮内所引起的一种接触性传染的慢性皮肤寄生虫病。俗称“猪癞”。病猪以皮炎和搔痒为特征。

1. 病原 虫体呈圆形或龟形，微黄白色，腹面有四对足和两对角质支条。幼虫有3对足，前两对，后一对。虫卵椭圆形、透明，内含卵胚或幼虫。

虫体发育分为卵、幼虫、稚虫和成虫四个阶段。雄虫在交配后不久死亡。雌虫在猪皮肤内穿孔凿隧道，并在此产出虫卵，持续4～5周后死亡。虫卵经3～4天孵出幼虫，幼虫另开新道，蜕皮变成稚虫，稚虫又开新道，蜕皮变为成虫。

2. 症状 主要是皮肤发炎，脱毛、奇痒和消瘦，本病通常从头、眼、耳壳、腹下部开始，然后蔓延至全身。初期皮肤发红、搔痒，常在围杆、墙上摩擦，猪擦破皮后可出现丘疹、水泡，破溃后结痂、脱毛。严重者皮肤失去弹性，形成皱褶。还可出现减食，精神萎顿，消瘦和贫血等全身症状。

3. 诊断 根据临床症状及病原检查，很易诊断。

4. 治疗

（1）蝇毒磷乳剂0.025%～0.05%药液，洗浴或喷雾。

（2）双甲脒（Amilraz）用0.01%～0.05%涂擦或喷洒于患部皮肤，7～10天后再用一次。

（3）伊维菌素是目前最好的、能同时驱体内外寄生虫的药，按0.2毫克/千克体重，皮下注射，严重者，1～2周后再用一次。

5. 预防 保持猪舍干燥、通风、透光，并经常用10%～20%石灰水消毒。购进仔猪时应先检查，有疥癣时应先治好后再同圈。可定期用阿维菌素拌料预防。

三、普 通 病

（一）消化系统疾病

1. 消化不良 消化不良又称胃肠卡他，是胃肠道黏膜表层的炎症反应，使胃肠消化机能受到扰乱，消化、吸收功能减退，食欲减退或废绝。

（1）病因 大多因饲养管理不当引起，常见的如：突然改换饲料，时饥时饱或喂食过多，饲料霉变，饮水不洁、运动不足或长途运输等。某些传染病、热性病和胃肠道寄生虫病也常继发消化不良。

（2）症状 病猪精神不振，食欲下降，咀嚼缓慢，饮水增加，口臭，有舌苔。严重的病猪有时出现腹痛、肚胀和呕吐，呕吐物酸臭。粪便时干时稀，有时拉稀粪，内混有黏液和未消化完全的饲料，但体温一般正常。

（3）防治 加强饲养管理，合理调配饲料，定时定量饲喂，不喂发霉变质或混有泥砂的饲料，不饮脏水。对病猪少喂或停喂1～2天，改喂容易消化的饲料。药物治疗以清肠制酵、调整胃肠功能为主：①人工盐 30～80 克，鱼石脂 2～5 克，加水适量，1次内服；②炒山楂、六曲、（炒）莱菔子、芒硝各 30 克、麦芽 60克，大黄 18 克，煎水分两次喂服；③病猪久泻不止或剧泻时，可用痢特灵 0.2～0.5 克，一次内服。

2. 胃肠炎 胃肠炎是指胃肠黏膜表层和深层组织的严重炎症，临床上以体温升高，剧烈腹泻及全身症状加剧为特征。

（1）病因 其病因都与消化不良的病因类似，只是作用更为剧烈，持续时间更长。主要由于喂给腐烂变质、发霉、不清洁、冰冻饲料或误食有毒植物及酸、碱等化学药物而发病。受寒、长途运输及维生素缺乏等也可引起。

（2）症状 多突然发生剧烈而持续腹泻，排泄物呈水样，

有的伴有黏液、假膜、血液或脓性物，有腥臭味，猪迅速消瘦，并有腹痛现象。体温升高，心跳、呼吸加快，可视黏膜发红。四肢、耳尖冰冷，卧地不起，最后衰竭而死。

（3）防治　加强饲养管理，不喂变质腐败和有刺激性的饲料，定时定量喂食。猪圈保持清洁干燥，冬季注意保温。发现消化不良，及早治疗，以防加重转为胃肠炎。治疗可采用以下方法：①葡萄糖生理盐水 500～1 000 毫升，维生素 C 1 克，5%碳酸氢钠溶液 5～10 毫升，12.5%氯霉素液 5 毫升或氨苄青霉素 0.5～1 克，混合后一次静脉滴注，一天 2 次，连用 3 天；②鞣酸蛋白 2～5 克，磺胺脒 10～15 克，混合灌服，一天 2 次，连用 2～3天；③胃肠炎缓解后可适当应用健胃剂，小猪可用多酶片、酵母片内服；也可用胃蛋白酶、乳酶生各 10 克，安钠咖粉 2 克，混合后分 3 次内服。大猪则用健胃散 20 克、人工盐 20 克，一日分 3 次内服。

3. 便秘　猪便秘是因粪便在肠腔内蓄积变干变硬，使肠腔完全阻塞，临床表现为食欲减少，腹围膨大，不断有排便姿势，但未见有粪便排出。

（1）病因　长期饲喂干硬不易消化的饲料及含粗纤维过多的饲料，如干薯藤、豆秸等劣质饲料；仔猪喂精料过多，突然变换饲料，饮水和运动不足；怀孕后期或分娩不久伴有肠弛缓的母猪；某些传染病或其他热性病，也常继发本病。

（2）症状　采食减少甚至停止，喜饮水，腹围逐渐膨大，不断作排粪姿势，但未见排出粪便。手压腹部能触到如算盘珠一样的粪球。病猪疼痛不安，体温正常或稍低。

（3）防治　改善饲养管理，合理搭配饲料，粗料细喂，多喂给青绿多汁饲料，保证充足的饮水和适当的运动，不用纯米糠饲喂刚断奶的仔猪。

对病猪应停饲，改喂青绿块根类多汁饲料，喂给大量温热水，有条件的地方喂一些山芋，治疗方案如下：①用温肥皂水

1 000～5 000毫升反复深部灌肠，软化粪便，促进排粪；②按摩腹部，小心细致地压碎粪球；③液体石蜡 100～200 毫升或 10%硫酸钠 300～500 毫升，一次灌服。

（二）呼吸系统病

1. 支气管炎 本病是由于猪舍环境差、潮湿拥挤及有刺激气体侵害所致。临床表现为短而干性痛咳，呼吸困难，听诊气管啰音。天气突变、长途运输等因素也可引起发病。

（1）病因 饲养管理不良，猪舍潮湿、拥挤，通风不好，粪便清理不及时，地面污秽，产生某些有刺激性气体（如氨气等），气候突然变化，长期阴雨、寒冷等。

（2）症状

急性病例：病初有阵发性短而干的、有痛感的咳嗽，以后转为湿性咳嗽。听诊有明显的气管湿啰音或干啰音。叩诊胸壁有痛感。体温升高，精神不振，食欲下降，严重时转为支气管肺炎。

慢性病例：表现为气喘，逐渐消瘦，最后衰竭死亡。

（3）防治 加强科学饲养，饲养密度要适当，猪舍内应经常保持温暖干燥，通风良好。治疗时可用链霉素 0.5 克，青霉素 80 万国际单位，稀释后一次肌注，一天 2 次，连用 2～3 天。或用氯化铵 1～2 克，碳酸氢钠 1～2 克，混合后一次灌服，一天 3 次，连用 3 天。

2. 肺炎 肺炎主要是肺炎双球菌或其他病菌感染及一些理化因素刺激肺组织引起的炎症，一般可分为小叶性肺炎和大叶性肺炎。小叶性肺炎又可分为卡他性肺炎和化脓性肺炎。猪以卡他性肺炎较为常见。

（1）病因 饲养管理不当，受寒感冒是主要原因。而猪圈拥挤，长途运输，气候骤变，潮湿寒冷等，都可诱发感冒而得肺炎。吸入刺激性气体，误咽或灌药不慎而使药液误入气管等可引起异物性肺炎。另外，本病常继发于猪瘟、猪肺疫、结核、肺丝虫病等。

(2) 症状　呼吸加快，咳嗽，体温升高，食欲减少或废绝。听诊，呼吸粗厉，并有啰音。鼻腔流出黏稠液体，呈白色、黄白色甚至铁锈色。病后期，食欲废绝，消瘦，呼吸困难，咳嗽加剧，心跳加快，可视黏膜发绀，甚至窒息死亡。

(3) 防治　注意猪舍清洁卫生和保暖，经常给予青绿饲料。治疗时主要是消炎，配合祛痰止咳。①青霉素 80 万～160 万国际单位，链霉素 1 克，一次肌注，一天 2～3 次，连用 2～5 天；②10%磺胺嘧啶 10 毫升，一次肌注，一天 1 次，连用 2～4 天；③硫酸卡那霉素、土霉素等对本病也有良好疗效。

3. 感冒　感冒是因天气突变等原因引起的，以上呼吸道黏膜炎症为主的急性全身性疾病。临床表现为体温升高，食欲减少，流清鼻涕，咳嗽，流泪等。本病多发生于气候多变的早春和晚秋，仔猪更易发生。

(1) 病因　多发生于气候突变，忽冷忽热，猪舍阴暗潮湿、过于拥挤，长途运输、贼风吹袭等因素，使猪体抵抗力降低，特别是上呼吸道黏膜的防御机能减退，致使呼吸道内的常在菌得以大量繁殖或感染其他细菌和病毒而引起生病。

(2) 症状　病猪精神沉郁，体温升高，眼结膜发红，咳嗽，打喷嚏，流清鼻涕，时间久了鼻孔周围可附着干燥分泌物。耳尖、四肢发凉。若无并发症，常经过 3～7 天可自愈。

(3) 防治　做好防寒保温工作，特别是仔猪更应保温，注意天气变化，给予充足饮水。本病的治疗主要是解热、镇痛、防止继发感染。①30%安乃近 3～5 毫升或复方氨基比林 5～10 毫升，一次肌注；②氯化铵 2～3 克，加入复方甘草剂 20～40 毫升，每天 1～2 次，每次 10～20 毫升，连用 3～5 天。

若有并发感染，可用抗生素或磺胺类药物。

(三) 营养缺乏性疾病

1. 佝偻病　佝偻病是仔猪发生的一种无机盐代谢障碍性疾病，主要由于钙、磷缺乏，以及维生素 D 和日光照射不足，从

而引起猪体内钙、磷代谢紊乱，骨质形成不正常而发病。

(1) 病因　主要是饲料中钙、磷缺乏及钙、磷比例失调所致，维生素 D 缺乏，母猪长期关在室内或在照不到日光的冬季，也是本病发生的原因。此外，一些慢性病和胃肠疾病影响了维生素、钙、磷的吸收和利用，也可诱发本病。

(2) 症状　先天性的仔猪佝偻病，出生即可见颜面骨肿大，硬腭突出，四肢关节肿大而不能屈曲。后天性的佝偻病，则病程进展缓慢，病初异嗜，随后发生跛行，骨骼变形，如凹背，前肢或后肢呈“X”形，关节肿胀，咀嚼硬物困难，肋骨与肋软骨结合处肿大，步态失调，消瘦，腹泻。病重的四肢麻痹，卧地不起。

(3) 防治　饲料中添加足够的维生素 D 和钙、磷，多补充喂些青绿饲料，冬季保证照射到日光，合理搭配饲料，消除影响钙、磷吸收的因素均可防止本病的发生。母猪在怀孕后期和产后应多补喂维生素 D 或注射维丁胶钙。

病仔猪可用维丁胶钙注射液，按 0.2 毫克/千克体重，隔日 1 次肌肉注射；维生素 A，维生素 D 2～3 毫升肌肉注射，隔日 1 次；成年猪静脉注射 10%葡萄糖酸钙 50～150 毫升，或 3%次磷酸钙溶液 60～70 毫升，每日 1 次。

2. 仔猪贫血　仔猪贫血是指初生哺乳仔猪发生的一种营养性贫血，主要是因缺铁引起，常整窝发生，造成严重损失。

(1) 病因　本病主要是由于母猪乳汁中铁含量不足，满足不了仔猪生长的需要。仔猪生长发育快，全血量也随体重相应增加，如供铁不足，将影响血红蛋白的合成，因此，本病又称缺铁性贫血。

(2) 症状　病猪精神沉郁，离群伏卧，营养不良，被毛逆立，体温一般不高。可视黏膜苍白，轻度黄染。光照耳壳呈灰白色，几乎见不到明显的血管，针刺也很少出血。呼吸、脉搏次数增加，有心内杂音，稍加运动则心悸亢进，喘息不止。严重的消

瘦衰弱，以致死亡。剖检可见典型贫血变化。

(3) 防治　加强哺乳母猪饲养管理，多喂富含蛋白质、无机盐和维生素的饲料，多到户外运动，也可在猪舍放置土盘，让其自由舔食。在规模化猪场，仔猪出生后 3～5 天即开始补加铁剂，如肌注右旋酐铁 2 毫升或铁钴注射液 2 毫升，防治效果确实、可靠。

(四) 非传染性繁殖障碍性疾病

1. 母猪难产　由于多种原因引起猪在分娩过程中，胎儿不能顺利产出称为难产。临床特征表现为不停努责，不见仔猪产出，痛苦呻吟，烦躁不安。

(1) 病因　难产的病因大致可分为娩出力弱、产道狭窄及胎儿异常三类。

娩出力弱：母猪过肥或瘦弱，老龄瘦弱，或运动不足引起。

产道狭窄：多为骨盆狭窄，它是由于母猪发育不全，或母猪过早配种，骨盆腔未发育完善，影响仔猪产出。阴道狭窄及子宫颈狭窄比较少见。

胎儿异常：分娩时胎位不正，胎向不正及胎势不正，有时因胎儿过大或畸形，妨碍胎儿产出。

(2) 临床症状　母猪预产期已到，并不断出现努责，但不能顺利产出胎儿，母猪表现烦躁不安，时起时卧痛苦呻吟。有的母猪虽能顺利产出一部分胎儿，以后由于娩出力减弱而不能继续产出胎儿。

(3) 防治　当发生难产时，应立即检查产道、胎儿及母猪全身状态，弄清难产的原因及性质，以便及时进行正确的助产。

娩出力微弱：怀孕母猪努责次数少且力量弱，以致长时间不能产出仔猪。有的母猪在产出一部分胎儿后，因过度疲惫，不能很快产出余下的胎儿，或无力产出其余胎儿。此类难产应根据具体情况，可采用下列助产方法：①当子宫颈未充分开张，胎囊未破时，应隔着腹壁按摩子宫，以促进子宫肌的收缩。子宫颈已开

张时，可向产道注入温肥皂水或油类润滑剂，将手伸入产道抓住胎儿头部或两前肢慢慢拉出，有时也可将母猪前下腹部抬起，这样也有利于拉出胎儿。②如果子宫颈已开张，并且胎儿及产道均无异常时，可应用催产剂，皮下注射缩宫素注射液 10～20 国际单位。当无法拉出胎儿，药物催产又无效时，可行剖腹产手术。

骨盆狭窄或胎儿过大：母猪阵缩及努责正常，但产不出胎儿。检查时可发现胎儿中等偏大或骨盆狭窄。为了强行拉出胎儿，应向产道灌注温肥皂水或油类润滑剂，后将手伸入产道抓住胎头或上颌及前肢，倒生时可握住两后肢，慢慢拉出胎儿。若无拉出的可能，则应实行剖腹产手术。

胎位不正：此类难产较少见，发生时多为横腹位及横背位。①横腹位是胎儿横位，四肢突入产道。助产的方法是用手将胎儿前躯向里推，然后握住后肢将胎儿拉出。②横背位是胎儿横卧，胎背朝向产道。助产时，若胎儿前躯靠近产道，则应向前推后躯，然后握住胎头及两前肢慢慢拉出；若胎儿后躯靠近产道，则应向前推前躯，然后握住两后肢向外拉出。其他同前。

胎向不正：可分为侧胎向及下胎向两种。在正生侧胎向或下胎向时，以手握住两后肢，将胎儿扭转成上胎向后，慢慢拉出。如果胎儿一部已进入产道而扭转困难时，可将它推至骨盆入口之前，则较易扭转成功。

胎势不正：因猪的颈部粗短，不易变转，故胎头姿势不正很少发生。

2. 胎衣不下　母猪产出胎儿后经 2～3 小时未排出胎衣或只排出一部分叫胎衣不下。临床表现为产后不见胎衣排出而长时间排出恶露，或部分胎衣悬垂于阴户外。

（1）病因　胎衣不下的原因大致有两类：一是子宫收缩无力，由于孕期饲养管理不善，怀孕后期运动不足，矿物质、无机盐、维生素缺乏等使孕猪过肥或瘦弱，引起子宫收缩无力等；二是胎儿胎盘与母体胎盘相粘连，多见于发生子宫内膜炎的母猪。

（2）病症　分娩后数小时胎衣部分或全部滞留在子宫内，有的部分悬垂于阴户外。母猪不断努责，不安，精神不振，食欲减退或废绝。从阴户流出暗红色有恶臭气味的液体，时间过长可引起败血症。

（3）防治　加强母猪怀孕期饲养管理，适当运动和补充青绿饲料。

母猪发生胎衣不下，可皮下注射垂体后叶素或催产素注射液，1次注射10～50国际单位，可促使胎衣排出。也可静脉注射10%氯化钙液20毫升，或10%葡萄糖酸钙液50～150毫升。如果上述方法仍不能见效，可剥离胎衣。但因母猪的产道较窄，而子宫角过长，有时以手剥离较困难。剥离前应先消毒母猪外阴，将经消毒并涂油的手（有条件时可戴长臂乳胶或塑料手套）伸入子宫内，剥离和拉出胎衣，最后投入金霉素或土霉素胶囊（每粒含量250毫克）2～4粒，或者将金霉素或土霉素1克，加入50毫升蒸馏水中，注入子宫内，防止感染。

3. 母猪不孕症　母猪不孕症是母猪生殖机能发生障碍，暂时或永久性不能繁殖后代的病理现象。临床上以性机能减退，发情失常，屡配不孕为特征。

（1）病因　母猪过肥，内分泌活动失调，长期不发情。慢性子宫内膜炎，卵巢机能减退，卵泡囊肿，持久黄体，阴道炎，子宫蓄脓等。幼稚病引起脑下垂体机能不全，达到交配年龄时生殖器仍发育不全或无性周期。营养性不良，猪体消瘦，性机能减退，发情失常。由于维生素、矿物质不足引起分泌机能紊乱，致长期不孕。

（2）症状　性欲减退或缺乏，长期不发情，排卵失常，屡配不孕。

（3）防治　根据不孕的原因和性质，加强饲养管理是治疗此类不孕症的根本措施。在此基础上，根据具体情况和条件，可选用下述一些方法催情。

调整母猪营养：因过肥而不孕时，首先要减少精料，增加青绿多汁饲料。相反，如果营养不足，躯体消瘦，性机能减退，则可增加精料。

公猪催情：利用公猪来刺激母猪的生殖机能。

按摩乳房：此法不仅能刺激母猪乳腺和生殖器官的发育，而且能促使母猪发情和排卵。按摩法可分为表面按摩和深层按摩。

注射促卵泡素（FSH）：该药有促使卵泡发育、成熟的作用。对于母猪无卵泡发育、卵泡发育停滞、卵泡萎缩等，可肌肉注射FSH 50～100国际单位。

注射前列腺素类药物（PGF12甲酯）：母猪1次可肌肉注射3～4毫克，一般可于注射后1～3天内出现发期情。

注射雌激素制剂：己烯雌酚，每次皮下注射3～10毫克；苯甲酸求偶二醇，每次肌肉注射1～2毫升，间隔24～48小时可重复注射1次。

4. 非传染性流产　本病是由于近亲交配、药物中毒、母猪生殖器官疾病和胎儿异常，管理不善，外来强刺激所致。临床上以精神不安，阴户红肿，流出各种颜色的黏液，并无规律地产出死胎或弱胎为特征。

（1）病因　胃肠、心、肺、肾等系统疾病的重危期，生殖器官疾病，以及内服大量泻药、利尿剂、麻醉剂及其他引起子宫收缩的药物，都可引起流产。另外，饲料中蛋白质、维生素、矿物质缺乏，饲喂发霉饲料；剧烈外伤，挤压，驱赶等也可引起流产。

（2）症状　妊娠中突发食欲减少或废绝，出现不安，行动异常，阴户红肿，从阴道流出黄白色、黄褐色黏液，时时努责，然后产出死胎或木乃伊胎。一般乳房膨大，但无乳汁分泌，流产后无并发症者一般能自行恢复。

（3）防治　对怀孕母猪更应加强饲养管理。如有流产发生，应详细调查、分析发病原因及饲养管理情况，疑为传染病时应取

羊水、胎膜及流产胎儿的胃内容物进行检验，深埋流产物，消毒污染场所，对胎衣不下及有其他产后疾病的，应及时治疗。如果发现妊娠母猪胎动明显，有引起流产可能时，应及时注射黄体酮。

5. 死胎 本病除一些传染性疾病引起外，多因饲养管理不当，妊娠母猪腹部受到打击、冲撞而损伤胎儿。临床上以产出足月胎儿或不足月胎儿之死胎为特征。

(1) 病因 主要是饲养管理不当，饲喂变质发霉饲料；矿物质、维生素、微量元素缺乏；过早配种和近亲繁殖。

(2) 症状 母猪初期食欲下降，精神不振，随后起卧不安，弓背努责，阴户流出污浊液体，在怀孕后期，用手按腹部检查无胎动。如果时间过长，病猪精神极度差，不吃。如死胎腐败，常有体温升高，呼吸急促，心跳加快等全身症状，阴户流出恶露，如不及时治疗，常因急性子宫内膜炎而引起败血症死亡。

(3) 防治 加强饲养管理，增强母猪体质和抵抗力。防止腹部直接受到撞击。如果已诊断为死胎，可手术取出，必要时可注射脑垂体后叶素或催产素，一次皮下注射 10～50 国际单位，促使死胎排出。对虚弱母猪，术前、术后应适当补液。手术后将金霉素或土霉素 200 万～300 万国际单位的胶囊投入子宫内。病猪体温升高者，可肌肉注射青、链霉素，以防继发感染。胎儿产出后，勿使母猪受寒。

6. 子宫内膜炎 子宫内膜炎是子宫黏膜的黏液性或化脓性炎症，为母猪常见的一种生殖器官的疾病。子宫内膜炎发生后，往往发情不正常，或者发情虽正常，但不易受孕，即使妊娠也易发生流产。

(1) 病因 分娩时产道损伤而感染、胎衣不下或有胎衣碎片残存，子宫弛缓时恶露滞留，难产时手术不洁，人工授精时消毒不彻底，自然交配时公猪生殖器官或精液内有炎性分泌物等。

(2) 症状 在临床上可分为急性子宫内膜炎和慢性子宫内

膜炎两种。急性子宫内膜炎 多发生于产后及流产，全身症状明显，病猪食欲减退或废绝，体温升高，时常努责，有时随同努责从阴道内排出带臭味污秽不洁的暗褐色黏液或脓性分泌物。慢性子宫内膜炎多由于急性子宫内膜炎治疗不及时转化而来，全身症状不明显，病猪可能周期性地从阴户内排出少量混浊液体。

（3）防治　①保持猪舍干燥，临产时地面应清洁干燥；发生难产时助产应小心谨慎。取完胎儿、胎衣，应用雷佛诺尔液冲洗产道，并注入抗菌药物。人工授精时应注意消毒。②在炎症急性期首先应清除积留在子宫内的炎性分泌物，选择 0.9%生理盐水、0.02%新洁尔灭溶液、0.1%高锰酸钾溶液冲洗子宫，冲洗后务必将残存的溶液排出。最后，可向子宫内注入 80 万～160 万国际单位青霉素或 1 克金霉素。③对慢性子宫内膜炎的病猪，可用青霉素 80 万～100 万国际单位，链霉素 0.5～1 克，混于高压灭菌的植物油 20 毫升，注入子宫内。

此外，应用抗生素或磺胺类药物进行全身治疗。

7. 乳房炎　当饲养不当、乳房外伤、产房污秽等，常引起乳房炎，临床上以乳房红、肿、热、痛甚至化脓为特征。

（1）病因　乳房被咬伤、擦伤、踏伤、碰伤，以及猪舍污秽，病原微生物感染，引起发炎。产前产后突然喂给大量营养丰富的多汁饲料，泌乳过多而仔猪吸不完致乳房炎。

（2）症状　患病乳房可见潮红、肿胀、触之有热感。由于乳房疼痛，母猪拒绝仔猪吸吮。炎症化脓时，可排出黄色乳汁。如脓汁排不出，可形成脓肿，往往自行破溃而排出有臭味脓汁。

（3）防治　须防止外伤，猪舍应保持清洁干燥。冬季产仔前应多垫清软稻草，仔猪断奶前逐渐减少喂奶次数，使乳腺活动慢慢降低，当喂得过好，引起乳汁过多，可适当减少饲料。

当外伤引起乳房局部感染时，患部先用 0.1%雷佛诺尔液清洗消毒，再涂上 1%鱼石脂，肿胀周围用 0.5%普鲁卡因 20 毫升，青霉素 160 万国际单位，分 4 点注射封闭。如体温升高，可

全身使用抗生素。必要时手术切开处理。

8. 产褥热　本病是因产后子宫感染病原菌而引起高热。临床上以产后体温升高，寒颤、食欲废绝，阴户流出带有腥臭味分泌物为特征。

（1）病因　产房污秽，助产时消毒不严，或难产助产时造成子宫阴道黏膜损伤，感染病原菌发病。

（2）症状　母猪体温升高到41℃以上，食欲废绝、寒颤，乳房收缩，泌乳减少，呼吸、心跳加快。嗜睡，卧地不起，衰竭，四肢未端及耳尖发冷，时而拱背努责。阴户流出暗灰色带有恶臭味分泌物。

（3）防治　保持产房的清洁卫生，产前给母猪圈床垫上清洁干草，助产时严格消毒，细心接产，避免损伤产道。药物治疗时可选用下列药物：3%双氧水200～300毫升或0.1%雷佛诺尔溶液500～1 000毫升，冲洗子宫，每天1～2次，连用2～3天。青霉素160万国际单位，一次肌注，每天2～3次，连用3～5天。

9. 母猪产后瘫痪　本病是产后母猪突然发生的一种严重的急性神经障碍性疾病。

（1）病因　本病的病因目前还不十分清楚。一般认为是由于血糖、血钙骤然减少（母猪产后甲状腺机能障碍，失去调节血钙浓度作用，胰腺活动增强，致使血糖过少，特别是产后大量泌乳，血糖、血钙随乳汁流失），产后血压降低等原因使大脑皮层发生机能障碍。

（2）症状　本病多发生于产后2～5天。病猪精神极度萎顿。食欲显著减少或废绝，粪便干硬且少，以后停止排粪和排尿，轻者站立困难，重者不能站立，呈昏睡状态。乳汁很少或无乳，有时病猪伏卧，不让仔猪吸吮。

（3）治疗　加强护理，每天人工翻身几次，防止发生褥疮。同时，静脉注射10%葡萄糖酸钙注射液50～150毫升，每天1

次，连用7天。体弱猪还可肌注20%安钠咖5～10毫升，每天1次。也可用草把或粗布摩擦病猪皮肤，以促进血液循环和神经机能恢复。便秘时应投给缓泻剂（如硫酸钠或硫酸镁），或用温肥皂水灌肠，清除直肠内积蓄的粪便。

10. 无乳及泌乳不足 无乳及泌乳不足是母猪产仔后乳量明显不足，或完全无乳的一种病态。

（1）病因 主要是母猪在怀孕期和哺乳期间，饲喂不足或饲料营养不全所造成。此外，母猪患全身性严重疾病、热性传染病、乳房疾病、内分泌失调及过早交配，乳腺发育不全，均能引起无乳及泌乳不足。

（2）症状 仔猪吸奶次数增多，但因吃不饱而追赶母猪，乱跑乱叫。母猪乳房干瘪、松弛，人工挤奶也挤不出。有些母猪能挤出奶，但稀薄如水。

（3）防治 加强饲养管理，及时治疗原发病。每日用温水毛巾按摩乳房数次。对一些遗传性无乳母猪或乳汁不好者可予以淘汰。另可用下列中药治疗：①蒲公英12克，地锦草120克，芦根180克，忍冬藤120克，煎服，连服2剂，本方可用于虚热无乳的母猪；②王不留行9克，穿山甲6克，木通9克，煎水后喂服。

（五）中毒性疾病

1. 食盐中毒 食盐是猪日粮中不可缺少的成分。每千克饲料0.3～0.5克食盐，可增进食欲，增强消化机能，保证机体水盐代谢平衡。但若摄入过多，则可发生食盐中毒。本病特征是猪脑组织水肿、变性、坏死和消化道炎症，出现典型的神经症状和消化道紊乱症状。

（1）病因 主要是因饲料中食盐含量过多引起，每千克体重超过1.0～2.2克食盐均可引起中毒。食盐中毒作用主要表现有两种，一种是高渗氯化钠对胃肠道的局部刺激作用；另一种是钠离子在体内贮留造成离子平衡失调和组织细胞损害，特别是对

脑组织的损害。

(2) 症状　食盐中毒的猪表现极度口渴，口流白沫，食欲减少或不食，呕吐，黏膜潮红，腹痛、便秘或下痢，有时尿多。并表现出阵发性或持续性无目的徘徊或转圈，步态不稳，眼球震颤等神经症状。严重时瞳孔散大，呼吸困难，卧地不起，麻痹，全身肌肉颤抖，痉挛，四肢呈游泳状。若治疗不及时，多以死亡告终。

(3) 病理变化　胃肠黏膜充血、出血、水肿、胃溃疡，慢性食盐中毒肠胃病变不明显，主要病变在大脑，表现为大脑皮层软化，坏死。

(4) 治疗　食盐中毒时血中钙离子和钠离子平衡失调，在治疗时应增加钙离子浓度，同时以镇静、解痉为治疗原则。

中毒较轻时，可给猪大量饮水，以减低食盐在血中浓度，亦可剪耳放血。中毒较重的猪，用10%葡萄糖酸钙50~60毫升，加入10%葡萄糖中静脉注射，每日2次，也可用氯化钙加葡萄糖静脉注射。对神经症状明显者，还可用氯丙嗪、苯巴比妥钠、安定等镇静。亦可肌肉注射40%硫酸镁10毫升。

2. 酒糟中毒　酒糟是酿酒业的副产品，它含有丰富的蛋白质和脂肪，具有促进食欲、利于消化的作用。常作为补充料喂猪，但如酒糟贮存过久或贮存方法不当，饲喂量过大或长期单一饲喂，都可能引起猪酒糟中毒，特别是酒糟酸败而产生大量有机酸，杂醇油等有毒物，可引起猪发生胃肠炎、皮炎和神经系统障碍为特征的中毒病。

(1) 病因　突然大量饲喂酒糟或酒糟已变质仍喂猪，酒糟堆放不当，不搭配其他饲料而长期单纯喂酒糟，均可引起猪中毒。酒糟中毒实质是酒精中毒和醋酸中毒。

(2) 症状及病变　酒糟中毒时，病初消化紊乱，先便秘后拉稀，腹痛，严重时猪狂躁不安、兴奋，步态不稳，易跌倒，眩晕，逐渐失去知觉，麻痹，体温下降、虚脱，卧地不起。昏迷死

亡。部分猪皮肤红肿，出现水疱、溃疡，形成脓肿或皮肤坏死。也可发生口炎，体温升高，母猪流产等症状。

病死猪皮肤发红，眼结膜潮红、出血，脑血管充血、出血；心脏及皮下组织有出血斑点。常见肺水肿，充血，肠黏膜充血，肾肿胀，质脆。

（3）防治　酒糟不应多喂，更不能单一长期饲喂，应搭配其他饲料，酸败、变质的不能喂。发生中毒后，先将中毒猪放在通风干燥处，肌肉注射20%安钠咖2～4毫升，同时静脉注射复方氯化钠，5%碳酸氢钠，亦可静脉滴注5%葡萄糖生理盐水500～1 000毫升。

3. 棉籽饼中毒　棉籽饼是棉籽榨油后的副产品，常作为蛋白质饲料添加。由于棉籽饼中含有不等量的棉酚，棉酚对动物体有一定损害。怀孕母猪和仔猪对棉酚特别敏感。

（1）病因　棉籽饼中毒多因猪饲料中加入过量的棉籽饼而引起，或长期饲喂含棉籽饼的饲料亦可引起慢性中毒。仔猪吃了含毒的母乳也可中毒。棉酚是一种细胞毒、血液毒、血管毒和神经毒。棉酚刺激胃肠，引起胃肠炎，可直接破坏血红细胞，导致溶血，并毒害心、肝、肾等实质器官，使之发生变性和坏死。

（2）症状及病变　猪棉酚中毒发病慢、病程长，表现为精神沉郁，低头拱背，后肢无力，走路摇晃。鼻孔流出浆液性液体，粪便干黑带血，猪不断喝水，但尿量少。严重者心跳快而弱，呼吸急促，最后因衰弱而死。母猪可引起流产。

病变主要表现为组织器官弥漫性充血和水肿，心内外膜出血，肝脏肿大、瘀血，呈黄色或土黄色，质脆，有时可见坏死；肺瘀血、出血与水肿，气管、支气管充满泡沫样液体，肾脏肿大，实质变性，被膜散发点状出血，膀胱壁出血、水肿。

（3）防治　在喂棉籽饼时，应作减毒处理，如煮熟，或用2%石灰水，2.5%碳酸氢钠水浸泡一夜，清水冲洗，或发酵，均

可去毒。棉籽饼喂猪应限量，母猪不超过日量的5%，育肥猪不超过15%。

发现猪中毒时，立即停喂含棉籽饼饲料，中毒初期可内服硫酸镁20～25克，也可用2%碳酸氢钠溶液洗胃。发生血性下痢，可内服鞣酸蛋白2～5克，磺胺脒5～10克。还可皮下注射安钠咖，静脉注射葡萄糖，内加维生素C。若大群猪均出现轻度中毒现象，可在饲料中混入大蒜汁，并大量给予饮水，亦可解毒。

4. 发霉饲料中毒　霉变饲料引起的动物中毒，以饲料中黄曲霉毒素引起中毒最常见。猪只采食发霉饲料后引起肝脏损害，特别是仔猪，可在24～72小时内死亡。

（1）病因　黄曲霉素是一种很强的肝性毒素，其中黄曲霉B_1毒性最强。可引起动物致癌。黄曲霉广泛存在于自然界，在适合条件下产生毒素。玉米、花生、豆类、麦类、大米及其副产品的酒糟、油粕等最易受黄曲霉污染。所以本病发生主要是猪采食了黄曲霉毒素污染的上述谷物及其所生产的配合饲料所致。

（2）症状　中毒猪表现为食欲不振，精神差，口渴，异嗜，便血，拱背，腹部卷曲。可视黏膜黄染，皮肤充血、出血。有时步态强拘。严重的猪只不食，后肢无力，可视黏膜苍白，肛门便血，也可间歇性抽搐，头顶墙，角弓反张，共济失调。迅速死亡，或拖延2～3天死亡。

（3）病理变化　肝脏肿大、变性、坏死，色黄、质脆，全身肌肉、黏膜、皮下均有出血点和出血斑。肾弥慢性出血，胸、腹腔积液，胃肠道可见游离状血块。有时脾可出现出血性梗死，心内外膜出血，脑实质和脑膜血管扩张充血。

慢性中毒猪肝变硬，胆囊缩小，胆汁浓稠，严重黄疸，肾苍白肿胀，肩下、腿前肌肉可见瘀血及斑状出血。

（4）防治　防止饲料发霉、不喂霉变饲料是预防本病的关键，发霉的玉米、豆类不能作饲料。霉玉米浸泡于2%石灰水

中，数次换水，可部分去毒。

治疗：立即停喂发霉饲料，并可口服硫酸镁、液体石蜡、鱼石脂等药物。亦可剪耳放血。同时，静脉注射25%～50%葡萄糖、20%安钠咖、5%维生素C。

5. 氟乙酰胺中毒 氟乙酰胺（FCH_2CONH_2）为有机氟内吸性杀虫剂，亦称敌蚜胺。为剧毒级毒物。本品为白色针状结晶，无味、无臭，易溶于水，有吸湿性，不易挥发，其水溶液无色透明。

（1）病因 由于氟乙酰胺的广泛使用，使猪误食喷洒过农药的鲜草、蔬菜、瓜果、被污染的水，均可引起中毒。

氟乙酰胺为神经性毒物，因不易挥发，不溶于脂类，故只能经消化道吸收而中毒。氟乙酰胺在体内使糖代谢反应停止，三羧酸循环中断，氟柠檬酸在体内蓄积而导致严重中毒。

（2）症状 中毒特点是潜伏期长，精神沉郁，食欲减退，全身无力，不愿行走，病猪呕吐，流涎。急性中毒猪突然倒地，抽搐、惊厥，或角弓反张，有的数分钟内呼吸抑制，心跳停止而死亡。也可见到猪腹痛、腹泻，兴奋、沉郁、痉挛，口吐白沫，瞳孔散大，呻吟等症状。

（3）病理变化 急性中毒，可见心脏冠状脂肪有散在出血点，在纵沟和心尖有弥漫性出血点，心内膜有散在性出血点。肝脏肿大，胃肠黏膜脱落，并有散在出血点。血液凝固不良，因为大量氟被吸收后与血液中的钙相结合所致。

（4）防治 禁止喂喷过氟乙酰胺的植物茎叶、瓜果，被污染的饲草、饲料，保管好农药。

如因误食，可立即用淡肥皂水洗胃，也可用0.5%～1%硫酸铜催吐。50%乙酰胺水溶液（解氟灵）为特效解毒药，按0.1克/千克体重肌注，可连用5～6天。5%～10%葡萄糖或生理盐水静脉注射。为纠正酸中毒，可用5%碳酸氢钠静脉注射。如出现痉挛、抽搐，可肌肉注射氯丙嗪。

参考文献

[1] 费恩阁. 动物传染病学.：吉林科学出版社，1995
[2] 林宝忠等. 猪病防治与临床图解. 成都：四川科技出版社，1990
[3] 蔡宝祥等. 动物传染病诊断学. 南京：江苏科技出版社，1993
[4] 殷震. 动物病毒学. 北京：科学出版社. 第2版，1997
[5] 简载华. 兽医手册. 南昌：江西科技出版社. 第3版，1999
[6] 李佑民. 猪病防治手册. 北京：金盾出版社，1993
[7] 王元林. 农村实用猪病防治. 北京：中国经济出版社，1993
[8] 孙承恩等. 布鲁氏菌病. 银川：宁夏人民出版社，1985
[9] 丁伯良. 动物中毒病理学. 北京：中国农业出版社，1996
[10] 南京农学院. 家畜寄生虫病学. 上海：上海科技出版社，1979
[11] 94全国兽医微生物学与病毒学学术研讨会论文汇编. 南京. 1994
[12] 家畜传染病学分会第六次-兽医生物技术分会第二次学术研讨会论文集. 杭州，1995
[13] 1999全国兽医微生物学学术年会论文集，山东济宁，1999
[14] 中国畜牧兽医学会第十届全国会员代表大会即学术年会论文集（兽医卷），中国农业大学出版社，1996
[15] 李文刚. 聚合酶链反应检测猪细小病毒的研究. 中国兽医杂志. 1996，22（8）：3～5
[16] 何永强等. 猪口蹄疫和水疱病病毒免疫鉴别诊断方法的比较研究. 中国预防兽医学报. 1999，21（3）：228～230
[17] 曹军平等. 仔猪水肿病灭活菌苗的制备及对小鼠的保护试验. 中国畜禽传染病. 1997，4：1～2
[18] 吕天赐等. 促菌生预防仔猪水肿病效果观察. 中国畜禽传染病. 1997，4：32
[19] 杨待建等. 湖北省母猪繁殖障碍的原因分析. 中国畜禽传染病. 1996，3：46～48
[20] 朱庆虎等. 近十年我国猪伪狂犬病研究进展. 中国畜禽传染病. 1996，6：59～61
[21] 刘文兴等. 猪生殖-呼吸道综合征病毒分离鉴定及与欧、美PRRSV抗原的比较. 中国畜禽传染病. 1998，4：193～195

[22] 丁庆酉等．猪喘气病弱毒冻干疫苗的研究．中国兽医杂志．1989，7：2～4

[23] 张道永等．枝原净、土霉素、卡那霉素治疗猪喘气病比较试验．四川畜牧兽医．1985，4：10～11

[24] 金洪效等．猪喘气病弱毒冻干疫苗免疫性能测试．中国兽医科技．1990，2：4～6

[25] Lam KM，Switzer WP，Mycoplasmal pneumonia of swine active and passive immunizations．Am J Vet Res．1971，32：1737～1741

[26] Kristensen B，Paroz Ph，Cell-nediated and humoral immune response in swine after vaccination and natural infection with Mycoplasma hyopneumoniae．Am J Vet Res．1981，42：784～788

[27] Barile MF，Chandler DKF，Yoshida ，et al，Hamster challenge potency assay for evaluation of Mycoplasma pneumoniae vaccines．J．Med．Sci，1981，17：682～686

[28] A．D．Leman et al，Diseases of Swine．5th edition，1981

[29] 郭玉清等．从疑似 PRRS 流产胎儿中分离猪生殖与呼吸道综合征病毒（PRRSV）的研究．中国畜禽传染病．1996，2：1～4

[30] Leman．AD，et．al．Disease of Swine，7 th，Iowa state university press．1992：756～762

[31] Christianson，WT．Experimental reproduction of swine infetility and respirtory syndrome in pregnant sows．American Journal of veterinary research．53：485～488

[32] Yoon IJ，Joo HS ，et al．An indirect fluorescent antibody test for the detection of antibody to swine infectility and respiratory syndome virus in swine sera：The journal of veterinary diagnostic inrestigation．1992，4：144～147

[33] 赵德明．猪繁殖与呼吸综合征（PRRS）．中国兽医杂志．1996，22（14）：54～55

[34] 马志永．斑点酶免疫吸附实验检测猪繁殖与呼吸障碍综合征病毒抗体方法的建立．中国兽医科技．1997，4：3～4

[35] 王宁等．猪瘟病毒的分子免疫学研究进展．中国兽医杂志．1997，23（4）：56～58

[36] 黄瑜等．繁殖障碍型猪瘟的诊断．中国兽医杂志．1997，23（2）：12

[37] Ishikawa，KJ，et al.：Antibody responses of pigs inoculated with live vaccines against aujeszky's disease and swine fever．journal of the Japan veterinary

medical association，1993，46（12）：1006～1009

［38］A HL，A. The swine fever situation in Germany in 1992 and 1993. Deutsches Tierarzteblatt，1994，42（4）：314～316

［39］Laddomada，A，PATTa，c，et al.：epidemiology of classical swine fever in sardinia. veterinary record，1994，134（8）：183～187

［40］Wensvoort G，Terpstra C，et al：production of monoclonal antibodies against swine fever and their use in laboratory diagnosis. veterinary microbiology，1994，12：101～108

［41］黄银君．伪狂犬病病毒的分子生物学研究进展．中国兽医杂志．1995，21（1）：42～44

［42］李学武．新生仔猪伪狂犬病的诊断与防制．中国兽医科技．1997，4：34～35

［43］吴斌．三种不同方法检测猪伪狂犬病病毒血清抗体的研究．中国兽医科技．1997，5：23～24

［44］Mark A，Schoenbaum，et al. Pseudorabies virus latency and reativation in vaccinated swine. American journal of veterinary research. 1990，51：334～338

［45］Henderson，I. M et al：In vivo and in vitro genetic recombination between conventional and gene-deleted vaccine strains of pseudorabies virus. American journal of veterinary research. 1990，51：1656～1662

［46］祝俊杰．猪喘气病综合防制技术的研究及应用．中国兽医杂志．1993，19（8）：10～11

［47］周子正．猪喘气病弱毒冻干疫苗免疫效果的观察．畜牧与兽医．1990，5：220～221

［48］李继康．猪喘气病弱毒疫苗的研究．中国农业科学．1989，22（4）：75～83

［49］张焱．从407头进口种猪中检出猪喘气病．中国兽医杂志．1992，2：25

［50］Richard. F Ross，et al：Characteristics of protective activity of mycloplasma hyopneumoniae vaccine. American journal of vet. research. 1984，45：1899～1905

［51］Amanfu，W，Weng C M：Diagnosis of mycoplasmal pneumonia of swine sequential study by direct immunofluorescence. American journal of vet. research，1984，45：1349～1352

［52］郭正．猪细小病毒与母猪繁殖障碍．中国兽医杂志．1990，16（5）：

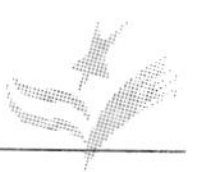

47～49

[53] 王在时．猪细小病毒病及研究进展．中国兽医杂志．1990，16（5）：44～46

[54] 王川庆．猪细小病毒病的研究．中国畜禽传染病．1995，1：45～47

[55] Mengeling．W L：Reproductive disease experimentaly induced by exposing pregnant gilts to porcine parvovirus．American．J．vet．res，1976，37：1393～1406

[56] Paul．PS：evaluation of a modified Live-virus vaccine for the prevention of porcine parvovirus-induced repoductive disease in swine．American．J．vet．res，1980，41：2007～2011

图书在版编目（CIP）数据

规模化养猪新技术/段诚中主编 .—北京：中国农业出版社，2000.8（2007.4 重印）
国家“九五”攻关成果
ISBN 978-7-109-06451-5

Ⅰ.规… Ⅱ.段… Ⅲ.养猪学 Ⅳ.S828

中国版本图书馆 CIP 数据核字（2000）第 32778 号

中国农业出版社出版
（北京市朝阳区农展馆北路 2 号）
（邮政编码 100125）
责任编辑 黄向阳

中国农业出版社印刷厂印刷 新华书店北京发行所发行
2000 年 8 月第 1 版 2011 年 12 月北京第 6 次印刷

开本：850mm×1168mm 1/32 印张：17.375
字数：430 千字 印数：31 001～34 000 册
定价：27.00 元